**SCHÄFFER
POESCHEL**

Handelsblatt
Mittelstands-Bibliothek – Band 4

Günter Seefelder

Krisenbewältigung und Sanierung

2007
Schäffer-Poeschel Verlag Stuttgart

Handelsblatt Mittelstands-Bibliothek

Bibliografische Information der Deutschen Nationalbibliothek
Die Deutsche Nationalbibliothek verzeichnet diese Publikation
in der Deutschen Nationalbibliografie; detaillierte bibliografische
Daten sind im Internet über http://dnb.d-nb.de abrufbar.

Gedruckt auf chlorfrei gebleichtem, säurefreiem und alterungs-
beständigem Papier

Band 4: ISBN 978-3-7910-2714-2
Gesamtwerk: ISBN 978-3-7910-2710-4

Dieses Werk einschließlich aller seiner Teile ist urheberrechtlich geschützt. Jede Verwertung außerhalb der engen Grenzen des Urheberrechtgesetzes ist ohne Zustimmung des Verlages unzulässig und strafbar. Das gilt insbesondere für Vervielfältigungen, Übersetzungen, Microverfilmungen und die Einspeicherung und Verarbeitung in elektronischen Systemen.

© 2007 Schäffer-Poeschel Verlag für Wirtschaft · Steuern · Recht GmbH

www.schaeffer-poeschel.de
info@schaeffer-poeschel.de

Einbandgestaltung: Willy Löffelhardt
Umschlagfoto: MEV Verlag GmbH, Augsburg
Satz: pws Print und Werbeservice Stuttgart GmbH
Druck und Bindung: Ebner & Spiegel GmbH, Ulm

Printed in Germany
Oktober 2007

Schäffer-Poeschel Verlag Stuttgart
Ein Tochterunternehmen der Verlagsgruppe Handelsblatt

Vorwort

Es gibt kaum Unternehmen, die über Jahrzehnte Bestand haben und nicht einmal in eine Krise gelangt wären. Aufgabe der Unternehmensführung ist es, eine solche Krise rechtzeitig zu erkennen, um zu verhindern, dass sie die Existenz des Unternehmens vernichtet. Je früher eine Krise des Unternehmens erkannt wird und je früher hierauf reagiert wird, desto größer sind die Chancen für eine erfolgreiche Sanierung des Unternehmens. Das Risiko der Zerschlagung des Unternehmens steigt exponentiell, je länger die Sanierung eines Unternehmens verschleppt wird. Trotz der Verbesserungen des neuen, seit 01.01.1999 geltenden Insolvenzrechts, das die Erhaltung von sanierungsfähigen Unternehmen erleichtert, wird das Risiko einer Zerschlagung des Unternehmens weiterhin sehr erheblich sein. Deshalb sollte weiterhin auf die Erreichung einer außergerichtlichen Sanierung größter Wert gelegt werden. Das neue Insolvenzrecht bietet dann letztlich nur einen Rettungsanker für Sanierungen, die außergerichtlich nicht erfolgreich waren. Ob der Anker hält oder nicht, ist dann oftmals auch eine Glückssache. Dieses Buch wendet sich vorrangig an kleine und mittlere Unternehmen und ihre Berater, da vor allem Unternehmen dieser Größenordnung in erheblichem Maße von der Insolvenzwelle erfasst werden. Unter betriebswirtschaftlichen Gesichtspunkten macht es kaum einen Unterschied, ob das Unternehmen als Einzelunternehmen, als GbR oder OHG, als KG, als GmbH oder AG, als Genossenschaft oder in einer anderen Rechtsform geführt wird. Soweit Rechtsfragen betroffen sind, liegen vor allem Unterschiede vor, ob das Unternehmen durch eine natürliche Person oder als juristische Person geführt wird. Das Buch konzentriert sich im Wesentlichen auf die Rechtsfragen, die bei einer Führung des Unternehmens in der Rechtsform der GmbH auftreten, da es sich hierbei um die häufigste verwendete Rechtsform für kleine und mittelständische Unternehmen handelt.

Dieses Buch gibt einen Überblick, wie eine Krise zu erkennen ist, behandelt die Möglichkeiten für den Erhalt eines in die Krise geratenen Unternehmens und gibt Tipps zum richtigen Umgang mit der Krisensituation.

im Juni 2007   Günter Seefelder

Der Autor

Günter Seefelder, Diplom-Betriebswirt (FH), Wirtschaftsjurist,
Ass. jur., Versicherungskaufmann
E-Mail: gs@seefelder.de
Internet: www.seefelder.de

Jahrgang 1948. Er berät seit drei Jahrzehnten mittelständische Unternehmen, ist Geschäftsführer verschiedener Unternehmensberatungsgesellschaften und Interimsmanager, insbesondere zum Zwecke der Restrukturierung oder Sanierung von Unternehmen.

Der Autor ist zudem persönlicher Berater von Unternehmensführern in allen grundsätzlichen Fragen der Unternehmensführung und Unternehmensentwicklung, erstellt Strategien und Konzepte für Unternehmensgründungen, Unternehmenserweiterungen, Unternehmenssanierungen, Unternehmensnachfolgen oder für den Verkauf von Unternehmen. Dabei wirkt er stets in den einzelnen Stufen der Umsetzung der Konzepte mit.

Er führt mit der Methode der Erlebnispädagogik Outdoor-Trainings für Manager durch, um die Grundlagen und Strukturen eines Risikomanagements transparent zu machen. Als Mediator in Wirtschaftsangelegenheiten ist der Autor im Bereich der Konfliktbewältigung tätig.

Inhaltsverzeichnis

Vorwort V
Der Autor VII
Abkürzungsverzeichnis................................. XXI

1	**Einleitung** 1	
1.1	Die Entwicklung der Insolvenzzahlen in den letzten Jahrzehnten.. 3	
1.2	Ursachen für die Entwicklung der Insolvenzen......... 5	
1.2.1	Globalisierung der Wirtschaft und Unternehmensführung... 6	
1.2.2	Finanzierungsverhalten der Banken und Sparkassen.... 7	
1.2.3	Hoher Verschuldungsgrad der Unternehmen........... 8	
1.2.4	Einfluss des Steuerrechts 9	
1.2.5	Liquiditätssicherung................................ 9	
1.2.6	Einfluss der Gesetzeslage und zahlreiche Verwaltungsaufgaben 10	
1.2.7	Arbeitsrechtliche Hindernisse 10	
1.2.8	Beschleunigung der Wirtschaft..................... 11	
1.2.9	Kleine und mittlere Unternehmen als verlängerte Werkbank... 11	
1.2.10	Zunahme der Selbständigkeit bei unternehmerischen Tätigkeiten 12	
1.2.11	Erhöhte Anforderungen an den »Beruf« Unternehmer .. 12	
1.3	Zusammenfassung................................ 12	
2	**Sanierung anstatt Zerschlagung** 14	
2.1	Änderungen durch die neue Insolvenzordnung........ 14	
2.1.1	Unternehmensfortführung durch den vorläufigen Insolvenzverwalter 15	
2.1.2	Verwendung von Sicherheiten für die Unternehmensfortführung...................................... 15	
2.1.3	Mitspracherechte der Gläubiger.................... 15	
2.1.4	Eigenverwaltung durch den Schuldner............... 15	
2.1.5	Insolvenzplanverfahren 15	

2.1.6	Restschuldbefreiung	16
2.1.7	Neue Kultur im Umgang mit Unternehmenskrisen	16
2.1.8	Aber: Warnung vor der Fluchtin die Insolvenz zum Zwecke der Sanierung	17
2.2	Folgerungen für kleine und mittlere Unternehmen	18
2.3	Soziale, traditionelle und psychologische Aspekte einer Unternehmenskrise	19
2.3.1	Erhaltung des Vermögens und des Einkommens	22
2.3.2	Erhaltung der Tradition	25
2.3.3	Erhaltung des Einflusses	27
2.3.4	Moralische Verpflichtungen	27
2.4	Sanierung – Restrukturierung – Turnaround	29
2.5	Sanierungsfähigkeit und Sanierungswürdigkeit	30
2.6	Zusammenfassung	32
3	**Haftungs- und Strafrechtsrisiken in der Unternehmenskrise**	**34**
3.1	Haftungsrisiken für die Geschäftsführer in der Krise des Unternehmens	34
3.1.1	Geschäftsführung und Vertretung	35
3.1.2	Sorgfaltsmaßstab	35
3.1.2.1	Sorgfalt eines ordentlichen Geschäftsmanns	35
3.1.2.2	Unternehmerische Entscheidungen	36
3.1.2.3	Wohl der Gesellschaft	36
3.1.2.4	Entscheidung auf der Basis angemessener Informationen	37
3.1.2.5	Überwachung der Mitarbeiter	37
3.1.2.6	Risk-Management	37
3.1.2.7	Organisatorische Verpflichtungen	38
3.1.2.8	Faktischer Geschäftsführer	38
3.1.3	Entstehung und Durchsetzung der Haftung	40
3.1.3.1	Beginn der Haftung	40
3.1.3.2	Ende der Haftung	40
3.1.3.3	Verjährung	41
3.1.3.4	Darlegungs- und Beweislast	41
3.1.4	Pflichten im Falle eines Insolvenzverfahrens	42
3.1.5	Haftung gegenüber der Gesellschaft	43
3.1.6	Entlastung	43
3.1.7	Treuepflicht	44
3.1.8	Weisungen der Gesellschafter	45
3.1.9	Mehrere Geschäftsführer	46
3.1.10	Pflichten der Aufsichtsorgane	47
3.1.11	Haftungsrisiken des Geschäftsführers einer englischen Limited	47

3.1.12	Schutz des Gesellschaftskapitals	49
3.1.12.1	Schutz des Stammkapitals einer GmbH	49
3.1.12.2	Eigenkapitalersetzendes Darlehen	51
3.1.12.3	Eigenkapitalersetzende Sicherheit	53
3.1.12.4	Eigenkapitalersetzende Nutzungsüberlassung	54
3.1.12.5	Ausnahmen	55
3.1.12.6	Existenzvernichtender Eingriff	56
3.1.12.7	Schutz des Gesellschaftskapitals bei der AG	56
3.1.13	Rechnungslegungsvorschriften	57
3.1.14	Die Führung der Geschäfte eines konzernabhängigen Unternehmens	58
3.1.15	Informationen über den Verlust des halben Kapitals	59
3.1.16	Insolvenzverschleppung	61
3.1.16.1	Pflicht zur Stellung eines Insolvenzantrags	61
3.1.16.2	Haftung gegenüber Gläubigern	63
3.1.16.3	Haftung für Vorschüsse von Gläubigern an das Insolvenzgericht	64
3.1.16.4	Zahlungen während der Insolvenzreife	64
3.1.17	Haftung für Steuerschulden	65
3.1.17.1	Haftung für Lohnsteuern	66
3.1.17.2	Umsatzsteuer	66
3.1.18	Haftung für Arbeitnehmerbeiträge zur Sozialversicherung	68
3.1.19	Unberechtigte Amtsniederlegung	70
3.1.20	Nichteinreichung des Jahresabschlusses zum elektronischen Bundesanzeiger	70
3.1.21	Kredite an Geschäftsführer	72
3.1.22	Sonstige Kreditgewährungen	72
3.1.23	Bürgschaft und Mithaftung	73
3.1.24	Zusammenfassung	73
3.2	Typische Straftatbestände in der Krise	77
3.2.1	Untreue	77
3.2.2	Unrichtige Bilanzierung	79
3.2.3	Unterlassen einer Anzeige über den Verlust des halben Kapitals	80
3.2.4	Geschäftslagentäuschung	80
3.2.5	Bankrottdelikte	80
3.2.6	Verletzung der Buchführungspflicht	81
3.2.7	Gläubigerbegünstigung	83
3.2.8	Kreditbetrug	83
3.2.9	Eingehungsbetrug	84
3.2.10	Subventionsbetrug	85
3.2.11	Bestechung	85
3.2.12	Insolvenzverschleppung	86

3.2.13	Nichtabführen von Arbeitnehmerbeiträgen zur Sozialversicherung	86
3.2.14	Zusammenfassung	88

4	**Die Krisenursachen und ihre Erkennung**	91
4.1	Regelfall: Die Krise als schleichender Vorgang	91
4.2	Die Krise des Unternehmens als Chance für ein erfolgreiches Change Management	92
4.3	Frühzeitiges Erkennen einer Krise	94
4.3.1	Frühzeitiges Erkennen einer strategischen Krise	97
4.3.2	Frühzeitiges Erkennen einer Erfolgskrise	100
4.3.3	Frühzeitiges Erkennen einer Liquiditätskrise	101
4.4	Einzelfälle für die Entwicklung einer Krise	102
4.4.1	Expansion	102
4.4.2	Erfolgreiche Reaktion auf die ersten Schwierigkeiten	103
4.4.3	Zunahme der Verschuldung	105
4.4.4	Veränderungen der Marktbedingungen	108
4.4.5	Zweitursache als Auslöser der Krise	109
4.5	Typische Störungen im Wachstum eines Unternehmens	114
4.6	Die Unternehmensplanung zur Früherkennung und Vermeidung einer Krise	116
4.6.1	Die strategische Unternehmensplanung	116
4.6.2	Die operative Unternehmensplanung	119
4.6.3	Die Szenarioplanung	119
4.6.4	Outdoor-Training, um Risikostrukturen sichtbar zu machen	121
4.6.5	Der Einsatz von Balanced Scorecards	122
4.7	Zusammenfassung	123

5	**Die Organisation der Unternehmenssanierung**	125
5.1	Die Organisation der Sanierung nach Feststellung einer Krise	127
5.1.1	Die Zusammenstellung des Krisenmanagements	127
5.1.2	Organisation bei vorausschauenden Unternehmenssanierungen	127
5.1.3	Organisation, wenn die Krise schon ernst ist	128
5.1.4	Organisation, wenn die Krise verschleppt wurde	128
5.1.5	Einbindung externer Berater	129
5.1.5.1	Anforderungen an den Sanierungsmanager	129
5.1.5.2	Einsatz eines vom Finanzierungsinstitut empfohlenen Sanierungsmanagers	130
5.1.5.3	Einsatz eines unabhängigen Sanierungsmanagers	131
5.1.5.4	Schaffung eines Sanierungsbeirats	133
5.1.6	Kritikfähigkeit	134

5.2	Zum Führungsstil bei der Sanierung	135
5.3	Vertraulichkeit und Information über die Krise	136
5.4	Kommunikation, Verhandlungsführung und Mediation	137
5.4.1	Keine Verhandlungsführung durch den Schuldner selbst	139
5.4.2	Verhandlungsführung durch einen externen Sanierer	139
5.4.3	Einschaltung eines Mediators für die zentralen Verhandlungen	142
5.5	Zusammenfassung	143
6	**Unternehmensanalyse und Sanierungsplan**	**146**
6.1	Unternehmensanalyse	146
6.2	Grundsätzlicher Inhalt der Unternehmensanalyse und des Sanierungsplans	149
6.3	Unternehmensanalyse und Sanierungsplan im Einzelnen	154
6.3.1	Beschreibung der rechtlichen Eckdaten	154
6.3.2	Ziele, Struktur und Leitbild der Unternehmenssanierung	154
6.3.3	Unternehmensstrategie	155
6.3.4	Branchen	158
6.3.4.1	Aussichten und Branchenwachstum	158
6.3.4.2	Abhängigkeit zu anderen Branchen	158
6.3.4.3	Position innerhalb der Branche	158
6.3.4.4	Eintrittsbarrieren	159
6.3.4.5	Potenzial zur Erhöhung der Marktanteile	159
6.3.4.6	Wettbewerbsintensität und Margen	159
6.3.5	Beschreibung der Produkte und Dienstleistungen des Unternehmens und seiner Positionierung	160
6.3.5.1	Produkte und Dienstleistungen	160
6.3.5.2	Elastizität	161
6.3.5.3	Positionierung	162
6.3.5.4	Zielgenauigkeit der Marketingkommunikation	162
6.3.6	Standort	162
6.3.6.1	Standortvorteile	162
6.3.6.2	Noch nicht ausgeschöpfte Standortvorteile	163
6.3.7	Kundenstruktur	163
6.3.7.1	Zusammensetzung der Kunden	163
6.3.7.2	Abhängigkeit von bestimmten Kunden	163
6.3.7.3	Zahlungsmoral der Kunden	164
6.3.8	Wissensmanagement	164
6.3.8.1	Datenerfassung und Auswertung	164
6.3.8.2	Abstimmung der Detailpläne	165

6.3.8.3	Technologien zur Datenerfassung und Auswertung	166
6.3.8.4	Stilles Wissen	166
6.3.9	Unternehmensbeständigkeit	167
6.3.9.1	Abhängigkeiten	167
6.3.9.2	Modelle der Unternehmensnachfolge	168
6.3.10	Management und Mitarbeiter	169
6.3.10.1	Fluktuation	169
6.3.10.2	Personalentwicklung	170
6.3.10.3	Altersstruktur der Mitarbeiter	170
6.3.10.4	Qualitätsniveau der Mitarbeiter	171
6.3.10.5	Anreizsysteme	171
6.3.10.6	Stärken- und Schwächenanalysen wichtiger Mitarbeiter	171
6.3.11	Finanzanalyse	172
6.3.11.1	Überblick	172
6.3.11.2	Eigenkapitalquote und Verschuldungsgrad	173
6.3.11.3	Höhe des Verschuldungsgrades	174
6.3.11.4	Stille Reserven	174
6.3.11.5	Immaterielle Vermögenswerte	175
6.3.11.6	Struktur der Fremdfinanzierung	175
6.3.11.7	Anteil der ausstehenden Forderungen zum Jahresumsatz	176
6.3.11.8	Anteil der offenen Verbindlichkeiten zum Jahresumsatz	177
6.3.12	Liquiditätsanalyse	178
6.3.12.1	Liquide Reserven	179
6.3.12.2	Cash-Flow gesamt	179
6.3.12.3	Cash-Flow in Bezug auf das Kerngeschäft	180
6.3.13	Investitionsanalyse	180
6.3.13.1	Überblick	180
6.3.13.2	Struktur des Anlagevermögens und Investitionsbedarf	181
6.3.14	Ertragswirtschaftliche Kennzahlen	182
6.3.14.1	Strukturelle Ergebnisanalyse	182
6.3.14.2	Rentabilitätsanalyse	183
6.3.14.3	Gesamtkapitalrentabilität	184
6.3.14.4	Ergebnis der gewöhnlichen Geschäftstätigkeit	185
6.3.14.5	Außerordentliche Erträge in Bezug zum Gesamtumsatz	185
6.3.14.6	Umsatzrendite	186
6.3.14.7	Return of Investment	186
6.3.14.8	Break-even-Analyse	186
6.3.15	Risiko-Management	187
6.3.15.1	Risikoinventur	187

6.3.15.2	Risikowahrscheinlichkeit für kapitale Ereignisse	189
6.3.15.3	Ertragsrisiken	189
6.3.15.4	Durchschnittlicher Auslastungsgrad	190
6.3.15.5	Sicherung des betriebsnotwendigen Humankapitals	190
6.3.15.6	Dokumentation des betriebsnotwendigen Know-hows	191
6.3.15.7	Existenzgefährdende Rechtsstreitigkeiten und behördliche Auflagen	191
6.3.15.8	Abhängigkeit von neuen Technologien	191
6.3.15.9	Übernahme der Kernkompetenz durch Wettbewerber	192
6.3.16	Controlling	193
6.3.16.1	Planungsrechnungs- und Liquiditätssteuerungsinstrumente	194
6.3.16.2	Organisation des Berichtswesens	194
6.3.16.3	Organisation der Erstellung der Jahresabschlüsse und BWAs	195
6.3.16.4	Umfang der Controlling-Tätigkeiten	195
6.3.16.5	Toleranzen	195
6.3.17	Aufstellung einer Schwachstellenanalyse	196
6.3.18	Darstellung der Krisensymptome und der Ursachen	197
6.3.19	Darstellung der Sanierungsmaßnahmen	197
6.3.19.1	Planung der kommenden drei bis fünf Jahre	197
6.3.19.2	Objektive Beurteilung der Chancen	197
6.3.19.3	Vergleichsrechnung	198
6.3.19.4	Chancen und Risiken	198
6.3.19.5	Anhang	198
6.4	Zusammenfassung	200
7	**Arbeitsrechtliche Maßnahmen außerhalb der Insolvenz**	**202**
7.1	Feststellung und Dokumentation der arbeitsrechtlichen Situation	204
7.2	Reduzierung der Personalkosten	205
7.2.1	Reduzierung des arbeitsvertraglichen Entgelts	205
7.2.2	Reduzierung von Leistungen, die durch Betriebsvereinbarung zugesagt sind	206
7.2.3	Reduzierung von Leistungen, die durch Tarifvertrag zugesagt sind	207
7.2.4	Reduzierung von Leistungen, die durch vertragliche Verweisung auf tarifvertragliche Regelungen zugesagt sind	207
7.3	Die betriebsbedingten Kündigungen	207
7.3.1	Dringende betriebliche Erfordernisse	208
7.3.2	Soziale Auswahl	209

7.3.3	Notfalls: Beendigung des Arbeitsverhältnisses im Kündigungsschutzprozess	209
7.4	Massenkündigungen	212
7.5	Erfolgsorientierte Vergütungsmodelle	214
7.5.1	Ergebnisbezogene Vergütungsmodelle	214
7.5.2	Unternehmensbeteiligung	214
7.6	Versetzungen	216
7.7	Interessenausgleich, Sozialplan	216
7.8	Kurzarbeit	218
7.9	Zusammenfassung	219
8	**Weitere Instrumente für eine außergerichtliche Unternehmenssanierung**	**221**
8.1	Liquiditätszufuhr durch Eigenkapital	226
8.1.1	Kapitalerhöhung	228
8.1.2	Kapitalherabsetzung mit Kapitalerhöhung	228
8.1.3	Nachschuss	229
8.1.4	Eigenkapitalersetzendes Gesellschafterdarlehen	230
8.1.5	Rangrücktrittserklärungen von Gläubigern	231
8.2	Auflösung von Vermögensreserven	231
8.2.1	Sale-and-lease-back	232
8.2.2	Verkauf nicht betriebsnotwendigen Vermögens	234
8.3	Liquiditätszufuhr durch Fremdkapital	235
8.4	Veränderung des Betriebsablaufs	235
8.4.1	Konzentration auf Kernkompetenzen	235
8.4.2	Sonstige Maßnahmen	236
8.4.2.1	Leasing	236
8.4.2.2	Forderungsmanagement	237
8.4.2.3	Mahn- und Inkassowesen	237
8.4.2.4	Factoring	237
8.4.2.5	Lageroptimierung	237
8.4.2.6	Outsourcing	237
8.4.2.7	Sonstiges	238
8.4.3	Personalmaßnahmen	238
8.5	Änderungen auf der Gesellschafterebene	241
8.6	Moratorium von Banken und Gläubigern	241
8.7	Forderungsverzichte von Gläubigern	244
8.8	Poolbildung und Sanierungstreuhand	246
8.9	Zusammenfassung	248
9	**Der Übergang des Betriebs auf einen neuen Rechtsträger (§ 613a BGB) außerhalb einer Insolvenz**	**251**
9.1	Betriebsübergang als Vorbedingung für die Sanierung	251
9.2	Die Regelung des § 613a BGB	254

9.2.1	Überblick.	254
9.2.2	Betrieb oder Betriebsteil	255
9.2.3	Übergang eines Betriebs oder Betriebsteils	256
9.2.4	Übergang der Arbeitsverhältnisse.	257
9.2.5	Haftung des Erwerbers	258
9.2.6	Übergang der kollektivrechtlichen Vereinbarungen	258
9.2.7	Zuordnung der Arbeitsverhältnisse.	258
9.2.8	Widerspruchsrecht der Arbeitnehmer.	259
9.2.9	Verbot der Kündigung wegen des Übergangs des Betriebs oder Teilbetriebs.	260
9.3	Zusammenfassung.	260
10	**Die Unternehmenssanierung im Insolvenzverfahren – Überblick**	**262**
10.1	Frühzeitige Antragstellung	262
10.2	Vorläufiger Insolvenzverwalter	266
10.3	Die Fortführung des Unternehmens durch den Insolvenzverwalter.	268
10.3.1	Der Erhalt des betriebsnotwendigen Vermögens	268
10.3.2	Die Abwicklung der laufenden Geschäfte	269
10.3.3	Die weitere Finanzierung des Unternehmens	270
10.3.4	Personalmaßnahmen.	271
10.3.5	Betriebsstilllegungen	271
10.3.6	Weitere betriebswirtschaftliche Maßnahmen	271
10.3.7	Erstellung eines Masse- und Gläubigerverzeichnisses und einer Vermögensübersicht.	272
10.3.8	Buchhaltung, Bilanzierung undsteuerliche Pflichten	273
10.3.9	Anfechtung von Rechtshandlungen.	273
10.3.9.1	Kongruente Deckung.	274
10.3.9.2	Inkongruente Deckung	275
10.3.9.3	Vorsätzliche Benachteiligung.	276
10.3.9.4	Vorsätzliche Benachteiligung durch entgeltliche Verträge mit nahe stehenden Personen.	277
10.3.9.5	Kapitalersetzende Darlehen	277
10.3.9.6	Unentgeltliche Verfügungen.	278
10.3.9.7	Benachteiligende Rechtsgeschäfte.	279
10.4	Die Eigenverwaltung.	281
10.4.1	Abstimmung mit den wesentlichen Gläubigern.	281
10.4.2	Persönlicher Kontakt zum Insolvenzgericht.	282
10.4.3	Durchführung vertrauensbildender Maßnahmen	282
10.4.4	Eigenverwaltung als Grundlage des Sanierungskonzepts	283
10.4.5	Positive Prognoseentscheidung des Insolvenzgerichts	284
10.4.6	Aufhebung der Eigenverwaltung.	284

10.4.7	Die Zusammenarbeit mit dem Sachwalter.	284
10.4.8	Aufstellung eines Insolvenzplans	285
10.5	Die Pflichten des Schuldners in der Insolvenz	285
10.5.1	Organschaftliche Bestellung des Geschäftsführers und dienstvertragliche Anstellung	285
10.5.2	Pflichten während des Eröffnungsverfahrens	285
10.5.3	Pflichten des Schuldners während des eröffneten Verfahrens	286
10.5.4	Pflichten des ehemaligen Geschäftsführers	286
10.6	Grafische Übersicht über den Ablauf des Insolvenzverfahrens	287
10.7	Zusammenfassung.	289

11 Die Sanierung eines Unternehmens nach dem Insolvenzplanverfahren ... 292

11.1	Planinitiative	293
11.2	Grundsätzliches zur Sanierung im Insolvenzplanverfahren.	293
11.2.1	Maßstab: Quotenerwartung der Gläubiger	294
11.2.2	Finanzierungsprobleme beider Unternehmensfortführung.	294
11.2.3	Kundenabwanderung	295
11.2.4	Fortführungsinteresse des vorläufigen oder endgültigen Insolvenzverwalters gering	296
11.2.5	Motivationseinbruch bei den Arbeitnehmern.	297
11.3	Die Durchführung personeller Maßnahmen im Insolvenzverfahren	298
11.3.1	Die Kündigung von Arbeitsverhältnissen und Betriebsvereinbarungen	298
11.3.2	Betriebsänderungen und Interessenausgleich	298
11.3.3	Sozialplan	300
11.3.4	Beschleunigte Klärung der Wirksamkeit von Kündigungen.	300
11.4	Insolvenzgeld	301
11.5	Der Inhalt eines Insolvenzplans	303
11.5.1	Darstellender Teil	303
11.5.1.1	Reaktion auf die Krisensymptome.	306
11.5.1.2	Angaben zum Eintritt der Insolvenz	307
11.5.1.3	Darstellung der vom vorläufigen und endgültigen Insolvenzverwalter getroffenen Maßnahmen.	307
11.5.1.4	Vergleichsrechnung.	307
11.5.2	Gestaltender Teil	320
11.5.2.1	Eingriff in Gläubigerrechte.	320
11.5.2.2	Einteilung der Gläubiger in Interessengruppen	320

11.6	Prüfung durch das Gericht	322
11.7	Zusammenfassung	325
12	**Erwerb des Betriebs aus der Insolvenz**	**328**
12.1	Sanierung im Insolvenzplanverfahren versus Auffanggesellschaft	329
12.1.1	Nachteil: erhöhtes Haftungsrisiko der die Sanierung fördernden Unternehmen	329
12.1.2	Nachteil: langfristig bleibender Imageschaden des sanierten Unternehmens	331
12.1.3	Vorteil: steuerlicher Verlustvortrag	333
12.1.4	Vorteil: geringere Transaktionskosten	334
12.2	Die Regelungen des § 613a BGB zum Erwerb eines Betriebs aus der Insolvenz	334
12.3	Zusammenfassung	337
13	**Die Zerschlagung des Unternehmens**	**339**
14	**Die Kosten einer Unternehmenssanierung**	**341**
15	**Schlussbetrachtung**	**349**

Glossar ... 353
Stichwortverzeichnis ... 361

Abkürzungsverzeichnis

a. a. O.	am angegebenen Ort
Abs.	Absatz
a. F.	alte Fassung
AG	Aktiengesellschaft, Zeitschrift »Die Aktiengesellschaft«
AktG	Aktiengesetz
AnfG	Anfechtungsgesetz
AO	Abgabenordnung
ArbGG	Arbeitsgerichtsgesetz
BAG	Bundesarbeitsgericht
BayObLG	Bayerisches Oberstes Landesgericht
BetrVG	Betriebsverfassungsgesetz
BFH	Bundesfinanzhof
BGB	Bürgerliches Gesetzbuch
BGH	Bundesgerichtshof
BSG	Bundessozialgericht
BVerfG	Bundesverfassungsgericht
BverwG	Bundesverwaltungsgericht
DB	Zeitschrift »Der Betrieb«
EG	Europäische Gemeinschaft
EK	Eigenkapital
EStG	Einkommensteuergesetz
EU	Europäische Union
FGG	Gesetz über die Angelegenheiten der freiwilligen Gerichtsbarkeit
FK	Fremdkapital
GBO	Grundbuchordnung
GbR	Gesellschaft bürgerlichen Rechts
GenG	Genossenschaftsgesetz
GewO	Gewerbeordnung
GewSt	Gewerbesteuer
GewStG	Gewerbesteuergesetz
GmbH	Gesellschaft mit beschränkter Haftung
GmbHG	GmbH-Gesetz
GoB	Grundsätze ordnungsmäßiger Buchführung
GuV	Gewinn- und Verlustrechnung

HGB	Handelsgesetzbuch
IHK	Industrie- und Handelskammer
InsO	Insolvenzordnung
InsVV	Insolvenzverwalterverordnung
KG	Kommanditgesellschaft
KO	Konkursordnung
KonTraG	Gesetz zur Kontrolle und Transparenz im Unternehmensbereich
KSchG	Kündigungsschutzgesetz
KSt	Körperschaftsteuer
KStG	Körperschaftsteuergesetz
LG	Landgericht
m.w.Nw.	mit weiteren Nachweisen
NJW	Neue Juristische Wochenschrift
Nr.	Nummer
NZA	Zeitschrift »Neue Zeitschrift für Arbeitsrecht«
OHG	Offene Handelsgesellschaft
OLG	Oberlandesgericht
S.	Seite
SGB III	Sozialgesetzbuch III (Arbeitsförderung)
StGB	Strafgesetzbuch
TVG	Tarifvertragsgesetz
UStG	Umsatzsteuergesetz
ZVG	Zwangsversteigerungsgesetz

1 Einleitung

Der Zusammenbruch eines Unternehmens hat zahlreiche negative Konsequenzen für ebenso zahlreich Betroffene. Bricht ein nicht lebensfähiges Unternehmen zusammen, so ist seine Entfernung aus dem Markt eine Maßnahme der Marktbereinigung und steht im Interesse einer funktionierenden Marktwirtschaft. Wenn aber ein an sich lebensfähiges Unternehmen zerschlagen wird, sind diese negativen Konsequenzen nicht hinnehmbar. Eine oftmals über Jahre und Jahrzehnte gewachsene organische Einheit wird zerstört. Die Arbeitnehmer verlieren ihre Arbeitsplätze und werden der betriebssozialen Einheit entwurzelt. Die Gläubiger müssen, soweit sie keine gesicherten Forderungen haben, in der Regel einen Totalverlust ihrer Forderungen hinnehmen, was dann vielleicht Ursache für den Zusammenbruch des Gläubigerunternehmens selbst ist. Und handelt es sich bei dem zerschlagenen Unternehmen um ein Familienunternehmen, wie es häufig bei den kleinen und mittleren Unternehmen der Fall ist, bedeutet die Zerstörung oftmals nicht nur den Wegfall der wirtschaftlichen Grundlage für die gesamte Familie, sondern es bedeutet vielfach auch durch die Zerrüttungen, die die Zerschlagung des Unternehmens mit sich bringen, den Wegfall der familiären Bande, z. B. durch Scheidung oder Entfremdung.

Unter der Geltung des bis Ende 1998 anwendbar gewesenen Konkursrechts wusste man, dass der Konkursantrag gleichbedeutend war mit der Zerschlagung des Unternehmens. Man versuchte, mit allen Mitteln einen Konkursantrag zu vermeiden. Die gesamte Familie zog vielfach das letzte Hemd aus, wenn auch nur eine kleine, meist unrealistische Chance bestand, den Konkurs zu vermeiden, gab Bürgschaften an die das Unternehmen finanzierenden Banken, um noch einen kleinen Kredit zu erhalten, verpfändete das Familienheim und zog auch noch die eigenen Kinder in die Haftung. Wenn, wie üblich, dadurch der Konkurs nicht verhindert werden konnte, waren alle Familienmitglieder oftmals für ihre gesamte Lebenszeit zum Sozialfall geworden – ohne Zukunft, ohne Träume, ohne Hoffnung und zuletzt ohne Selbstachtung. Man erhielt den Stempel des Versagers aufgedrückt. In Kenntnis einer solch negativen Zukunft im Falle eines Konkursantrags vermochte das Strafrecht seiner abschreckenden Funktion nicht mehr nachzukommen. Gläubiger und

Früher: Konkursantrag gleichbedeutend mit Zerschlagung des Unternehmens

Banken wurden getäuscht, Steuern hinterzogen, Bilanzen gefälscht, der Konkurs verschleppt, solange noch die vermeintliche Chance bestand, den Konkurs zu vermeiden.

Grundanliegen des neuen Insolvenzrechts: Fortführung der Unternehmen

Es ist zu hoffen, dass die entscheidende Änderung dieser negativen Grundhaltung des bisherigen Konkursrechts durch die neue, seit dem 01.01.1999 geltende Insolvenzordnung grundlegend geändert wird. Für empirisch nachweisbare Fakten, ob sich die negative Grundhaltung des bisherigen Konkursrechts entscheidend geändert hat, ist die Zeit seit der Geltung dieses Gesetzeswerkes noch zu kurz. Die Hoffnung ist aber begründet, denn das Grundanliegen der Insolvenzordnung ist die Fortführung der Unternehmen. Ferner sollen die Schuldner durch die Möglichkeit der Restschuldbefreiung nicht mehr ihrer Zukunft beraubt werden.

Aber eines gilt weiterhin – auch auf der Grundlage des neuen Insolvenzrechts – und dies soll das Buch deutlich machen: Entscheidend, ob ein Unternehmen sanierungsfähig ist und auch tatsächlich saniert werden kann, ist weiterhin der Schuldner selbst. Nur er selbst hat es in der Hand, ob die Sanierung möglich ist und gelingt. Zu hoffen, ein Insolvenzantrag, das neue Insolvenzrecht und der eingesetzte Insolvenzverwalter werden schon alles richten, wäre der falsche Weg. Das Unternehmen wird ebenso wie unter der Geltung des alten Konkursrechts zerschlagen werden.

Selbstverantwortlichkeit des Schuldners für die Sanierung

Denn auch zur Zeit der Geltung des alten Konkursrechts war die Sanierung des Unternehmens möglich, und zwar insbesondere als sogenannte außergerichtliche Sanierung oder als Sanierung über eine Auffanggesellschaft. Wer vorausschauend genug war, hatte, wenn er Fehler in der Unternehmensführung machte und das Unternehmen in die Krise brachte, auf dem kommunikativen Weg die Möglichkeit der Verhandlungen mit seinen Gläubigern. Wurden diese frühzeitig, Vertrauen erweckend und kompetent geführt, war die Stellung eines Konkursantrags oftmals nicht notwendig – oder ein gestellter Konkursantrag konnte alsbald zurückgenommen werden, nachdem unter dem Druck des Konkursantrags obstruktive Gläubiger umschwenkten und eine außergerichtliche Sanierung nun doch ermöglichten. Nicht immer war aber trotz bester Voraussetzungen und bestem Einsatz des Schuldners eine Sanierung möglich, z.B. weil gesicherte Gläubiger das betriebsnotwendige Vermögen dem Unternehmen entzogen. Unter der Geltung des neuen Insolvenzrechts können, und dies ist die entscheidende Verbesserung, ernsthaft verhandelte und aussichtsreiche Unternehmenssanierungen nunmehr auch rechtlich durchgesetzt werden.

Für nachlässige Schuldner ohne oder mit nur geringer Eigenverantwortung wird sich mit dem neuen Insolvenzrecht wenig geändert haben. Deren Unternehmen wird heute genauso zerschlagen wie früher. Dann ist es aber auch im gesamtwirtschaftlichen Interesse besser, dass ein solcher Wettbewerber aus dem Wettbewerb ausscheidet. Dem nachlässigen Schuldner verbleiben in diesem Fall nur noch die Verbesserungen bei der Restschuldbefreiung. Wer nicht nur nachlässig, sondern auch strafrechtlich relevant handelt, verspielt oftmals auch diesen für ihn letzten Vorteil des neuen Insolvenzrechts.

1.1 Die Entwicklung der Insolvenzzahlen in den letzten Jahrzehnten

Im früheren Bundesgebiet hatte Anfang der achtziger Jahre die Zahl der Insolvenzen nachhaltig zu steigen begonnen. Im Jahre 1985 wurde schließlich mit knapp 19.000 Insolvenzfällen die bis dahin höchste Zahl an Insolvenzen in der Nachkriegszeit verzeichnet. Erst ab Mitte 1986 setzte eine rückläufige Entwicklung ein, die ununterbrochen bis 1991 anhielt. In jenem Jahr kam es nur noch zu nahezu 13.000 Insolvenzfällen. Ab 1992, vor allem ab 1993 nahmen insbesondere die Unternehmenszusammenbrüche wieder zu.

Die gerichtlichen Auseinandersetzungen zwischen Gläubigern und Schuldnern aufgrund von Zahlungsunfähigkeit oder Überschuldung wurden in den alten und neuen Bundesländern bis Ende 1998 in unterschiedlichen Rechtsvorschriften geregelt. Während im früheren Bundesgebiet noch die Konkurs- und Vergleichsordnung galt, wurde in den neuen Ländern und Berlin-Ost die in wesentlichen Teilen noch vom Ministerrat der ehemaligen DDR erlassene Gesamtvollstreckungsordnung angewandt. Seit 01.01.1999 sind diese Rechtsvorschriften durch die neue einheitliche Insolvenzordnung (InsO) abgelöst worden, so dass in Ost und West die gleichen Rechtsvorschriften gelten.

Für die neuen Länder und Berlin-Ost liegen Insolvenzzahlen erst seit 1991 vor. In den Jahren 1992 und 1993 hat sich die Zahl der Anträge auf Eröffnung eines Gesamtvollstreckungsverfahrens gegenüber dem Vorjahr verdreifacht bzw. verdoppelt. Obwohl gegen Ende 1994 die Insolvenzzahlen nicht mehr in dem hohen Maße zugenommen haben wie in den Jahren davor, war der Anstieg im gesamten Jahr 1994 mit 75 % auf fast 5.000 Fälle immer noch beträchtlich. Auch in den folgenden Jahren setzte sich der Anstieg der Insolvenzen fort. 1998 belief sich die Gesamtzahl der Insolvenzen auf 9.545, d. h. 3,9 % mehr als 1997, um danach wieder steil anzusteigen.

Seit dem 01.01.1999 Vereinheitlichung des Insolvenzrechts für alte und neue Bundesländer

Mit der Einführung des neuen Insolvenzrechts zum 01.01.1999 ist die Vergleichbarkeit mit den Vorjahren eingeschränkt. Insbesondere durch die Schaffung des vereinfachten Insolvenzverfahrens, das Privatpersonen die Möglichkeit bietet, sich mit Hilfe eines Insolvenzverfahrens zu entschulden, ist die Gesamtzahl der Insolvenzen gestiegen. Näherungsweise vergleichbar sind aber die Zahlen zu den Unternehmensinsolvenzen. Zwischen 1999 und 2003 stiegen die Unternehmensinsolvenzen in Gesamtdeutschland von 26.620 im Jahre 1999 auf 39.470 im Jahre 2003, das ist eine Steigerung von nahezu 50 % innerhalb von vier Jahren. 2004 blieb die Anzahl der Unternehmensinsolvenzen auf diesem Niveau (39.270), um von hier an zurückzugehen (für 2006 geschätzt auf ca. 33.000).

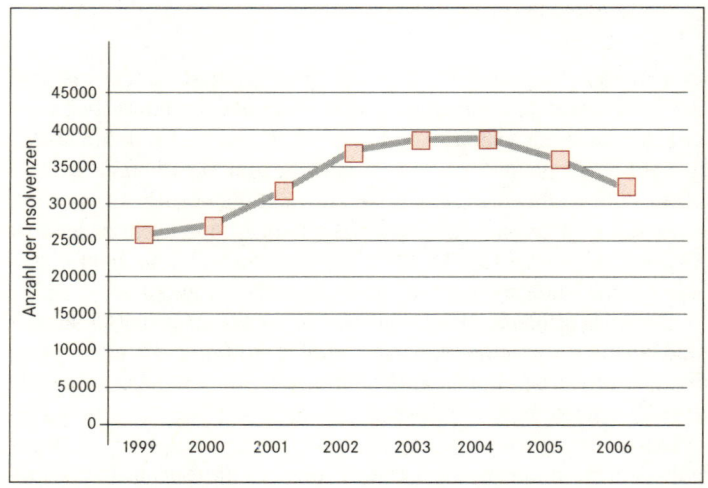

Abb. 1: Die Insolvenzentwicklung von 1999-2006; Quelle: Creditreform

Betrachtet man die Unternehmens-Insolvenzen für Gesamtdeutschland im 1. Halbjahr 2006 unter dem Gesichtspunkt der Unternehmensgröße, und zwar bezogen auf den Umsatz, so stellt man fest, dass nahezu zwei Drittel aller Unternehmensinsolvenzen auf Unternehmen entfallen, die einen jährlichen Umsatz von weniger als 0,5 Mio. € erzielt haben. Nahezu das zweite Drittel wird dann von den Unternehmen ausgefüllt, deren jährlicher Umsatz zwischen 0,5 Mio. € und 5,0 Mio. € lag. Dies bedeutet, dass 95 % aller Unternehmensinsolvenzen auf Unternehmen entfallen, die einen jährlichen Umsatz von bis zu 5,0 Mio. € erzielten.

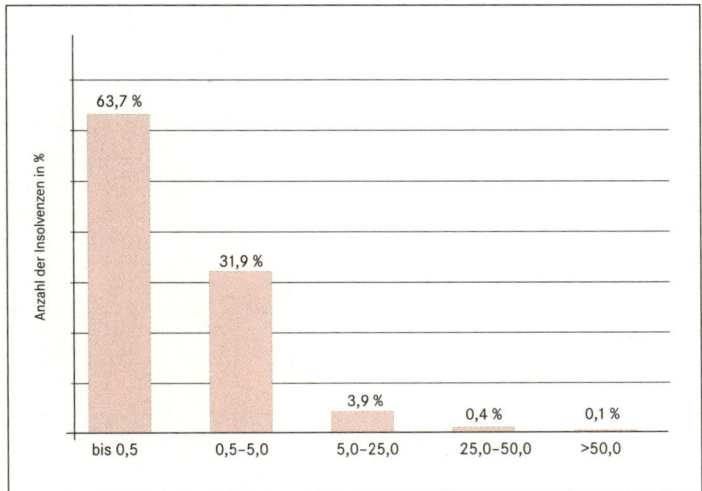

Abb. 2: Unternehmensinsolvenzen im 1. Halbjahr 2006 nach Unternehmensgrößen, Quelle: Creditreform

Betrachtet man die Insolvenzstatistik seit 1950, so zeigt das Anwachsen der Insolvenzen vor allem ab Mitte der 70er-Jahre ein ernstes Bild (Insolvenzen in den neuen Bundesländern sind nicht berücksichtigt, weil diese den Überblick verzerren würden) (siehe Abb. 3).

Hieraus kann man erkennen:
- In der Zeit von 1950 bis Anfang der 70er-Jahre, also mehr als 20 Jahre lang, war die Insolvenzrate praktisch konstant, sogar mit einem erheblichem Rückgang bis Mitte der 60er-Jahre.
- Seit Mitte der 70er-Jahre steigt die Insolvenzrate steil an.
- Der Aufwärtstrend beschleunigt sich seit den 90er-Jahren ganz erheblich.

Seit Mitte der 70er Jahre steigt die Insolvenzrate steil an

1.2 Ursachen für die Entwicklung der Insolvenzen

Was hat sich in den letzten dreißig Jahren so geändert, dass die Zusammenbrüche so steil angestiegen sind? Was hat sich vor allem seit den 90er-Jahren so geändert, dass sich die ohnehin stark steigende Insolvenzrate im Aufwärtstrend noch stärker beschleunigt? Haben die Unternehmer es verlernt, erfolgreich ein Unternehmen zu führen? Werden sie immer schlechter? Oder sind es einfach die Rahmenbedingungen, die sich erheblich verschlechtert haben? Wie wird sich diese Entwicklung fortsetzen? Werden die Insolvenzen auf diesem Stand bleiben oder sich gar noch erhöhen?

Erschwerung der wirtschaftlichen und rechtlichen Rahmenbedingungen

Einleitung

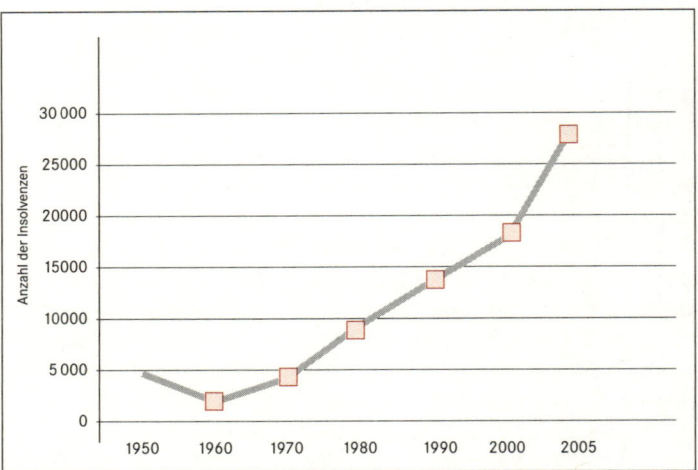

Abb. 3: Die Entwicklung der Insolvenzen von 1950 bis 2005 (alte Bundesländer), Quelle: Creditreform

Dass die Unternehmer schlechter geworden sind und daher die Unternehmen zahlreicher zusammengebrochen sind als bisher, kann kaum angenommen werden. Gründe hierfür sind nicht erkennbar. Deshalb können es nur die wirtschaftlichen und rechtlichen Rahmenbedingungen sein, die das erfolgreiche Wirtschaften immer schwerer gemacht haben.

1.2.1 Globalisierung der Wirtschaft und Unternehmensführung

Überregionale Konkurrenz

Die Wirtschaft wird immer globaler. Die Unternehmen stehen nicht mehr nur mit den Unternehmen am Nachbarort, sondern auch mit weit entfernten Unternehmen und – in zunehmendem Maße – sogar mit Unternehmen in anderen Kontinenten in Konkurrenz. Standortvorteile in anderen Ländern, z. B. geringere Steuern und Arbeitskosten und höhere Förderungen, wirken sich daher negativ aus. Je größer ein Unternehmen ist, desto mehr ist es in der Lage, die Vorteile der Globalisierung in eigenen unternehmerischen Erfolg zu verwandeln. So wird z. B. zur Durchführung einer lohnintensiven Produktion ein Zweigbetrieb in einem Land mit niedrigen Löhnen errichtet. Zudem werden Länder bevorzugt, die die Errichtung eines Produktionsstandortes mit Subventionen fördern. Große Unternehmen haben zudem den Vorteil, dass sie Mitarbeiter aus den eigenen Reihen vor Ort zur Leitung und Überwachung des Geschäftsbetriebs einsetzen können, so dass die Risiken einer fremdländischen unternehmerischen Tätigkeit begrenzt bleiben.

Ferner werden solche Unternehmen, um Unternehmenssteuern zu sparen, Holdings oder Zwischenholdings in Ländern errichten, die mit niedrigen Steuersätzen locken, so dass auch dieser Kostenfaktor erheblich reduziert werden kann.

Wer diese Möglichkeit besitzt, jeden Posten seiner GuV-Rechnung dahingehend zu überprüfen, ob es international kostengünstigere Alternativen gibt, wird auch hier weiterhin über große Konkurrenzvorteile verfügen. Wenn aber ein kleines oder mittleres Unternehmen solche Vorteile der Globalisierung nicht wahrnehmen kann, verliert es sehr schnell an Wettbewerb und ist darauf angewiesen, Nischenmärkte zu besetzen, bei denen die Nachteile, die Möglichkeiten der Globalisierung nicht nutzen zu können, nicht oder nur gering zu Buche schlagen. Er muss stets dahingehend wachsam sein, ob seine bisherigen Erfolgspotenziale weiterhin Bestand haben oder ob nicht ein Konkurrenzunternehmen die Chancen der Globalisierung erfolgreich nutzt und ihm so stark Konkurrenz macht, dass der Bestand des Unternehmens gefährdet sein kann.

Wer allerdings die Vorteile der Globalisierung nutzt und Unternehmen und Betriebe in ausländischen Ländern errichtet, geht neue Risiken ein, z. B. infolge von Unterschlagungen oder Sabotage oder von Diebstahl geistigen Eigentums.

1.2.2 Finanzierungsverhalten der Banken und Sparkassen

Die Geschäftstätigkeit der Banken und Sparkassen ist in den letzten Jahrzehnten stark ausgebaut worden. Sie drängten Unternehmen ihre Kredite förmlich auf, um die hohe, international vorhandene Liquidität unterzubringen. Dieses Verhalten hat vor allem die Banken selbst in Gefahr gebracht, Krisenkandidaten zu werden. Insolvenzen von Banken und Sparkassen wurden nur deshalb vermieden, weil die betroffenen Banken und Sparkassen von anderen Banken und Sparkassen aufgefangen wurden. In Folge dieser negativen Entwicklung haben die Banken, insbesondere auch auf Druck des Aufsichtsamtes, ihr Finanzierungsverhalten wesentlich geändert und korrigiert – vor allem gegenüber der mittelständischen Wirtschaft.

Verändertes Finanzierungsverhalten von Banken und Sparkassen

Kredite werden daher oftmals nur bei einer Sicherheitsverstärkung verlängert. Neukredite werden nur unter verschärften Bedingungen gegeben. Die Zinssätze werden erhöht. Die Beschlüsse in Basel, vor allem der sogenannte Basel II-Beschluss, hat diese Situation umso mehr zu Lasten der mittelständischen Unternehmen erschwert. Bei der Eigenkapital-Unterlegung von Krediten ist bei den finanzierenden Kreditinstituten stärker nach individuellen Risiken der Finanzierung zu differenzieren. Vor allem der Mittelstand ist hierdurch von einer Verteuerung der Kredite betroffen.

Basel II

Damit wird das Klima für mittelständische Unternehmen auch in Zukunft nicht besser, sondern eher noch schärfer. Denn fast ausschließlich werden die Unternehmenskrisen unmittelbar durch eine Liquiditätskrise eingeleitet. Insgesamt wird die mittelständische Wirtschaft durch die dargelegten Entwicklungen in Zukunft über weniger Kredite und wenn, dann zu höheren Zinsen verfügen können. Es ist zu erwarten, dass damit weiterhin zahlreiche kleine und mittelständische Unternehmen aus Liquiditätsgründen zusammenbrechen werden.

1.2.3 Hoher Verschuldungsgrad der Unternehmen

Keine Reserven bei hoher Verschuldung

Der Verschuldungsgrad der Unternehmen ist über Jahrzehnte hinweg stark angestiegen. Damit stehen in Zeiten der wirtschaftlichen Verschlechterung des Unternehmens keine Reserven zur Verfügung. Hinzu kommt, dass sich das Risiko eines Zusammenbruchs im Falle der wirtschaftlichen Verschlechterung des Unternehmens dadurch ganz erheblich verstärkt, weil die Banken und Sparkassen im Hinblick auf die hohe Verschuldung dem Unternehmen noch schneller weitere Kredite verweigern oder die Rückzahlung bestehende Kredite einfordern. Die Reduzierung der Summe der ausgegebenen Kredite ist beispielsweise möglich, wenn die feste Laufzeit eines Darlehens ausgelaufen ist und die Bank oder Sparkasse nicht bereit ist, eine Vereinbarung über die zeitliche Verlängerung des Darlehensvertrags zu schließen. Eine Reduzierung der Summe der ausgegebenen Kredite findet aber meist auf der Ebene des Kontokorrentkredits statt. Ein solcher ist in der Regel kurzfristig kündbar oder, falls eine feste Dauer vereinbart wurde, nur mit kurzer Laufzeit versehen. Besonders gerne machen Banken und Sparkassen von der Möglichkeit Gebrauch, den Kontokorrentkredit betragsmäßig zu reduzieren, anstatt ihn vollständig zu kündigen. In solchen Fällen rächt sich schnell eine fehlerhafte Finanzierung, wenn nämlich langfristige Finanzierungselemente durch die Ausschöpfung eines Kontokorrentrahmens finanziert werden. Hier kommt schnell eine Negativspirale in Bewegung, indem die Bank oder Sparkasse eingehende Kundenzahlungen so lange einbehält, bis sich der Kontostand innerhalb des neuen reduzierten Kontokorrentrahmens befindet. Dies bringt das Unternehmen aber meist in eine ernste Liquiditätskrise, weil diese Kundenzahlungen nicht mehr für die Zahlung der laufenden Kosten zur Verfügung stehen. Steuern und Sozialversicherungsbeiträge werden in solchen Fällen nicht gezahlt und Lieferantenverbindlichkeiten geschoben. Vollstreckungshandlungen dieser Gläubiger führen dann oftmals schnell zur Insolvenz des Unternehmens.

1.2.4 Einfluss des Steuerrechts

Den hohen Anstieg der Verschuldung der Unternehmen bedingt auch das Steuerrecht, das sich in seiner strukturellen Wirtschaftsschädlichkeit noch immer nicht wesentlich geändert hat. Denn die Aufnahme von Fremdkapital wird steuerlich begünstigt und die Aufnahme von Eigenkapital steuerlich bestraft. Vor allem die Einführung des Halbeinkünfteverfahrens beeinträchtigt die Eigenkapitalausstattung der Unternehmen ganz wesentlich. Stellt man eine Alternativrechnung unter steuerlichen Gesichtspunkten aus der Sicht des Gesellschafters einer GmbH, der üblichen Rechtsform kleiner und mittelständischer Unternehmen, auf, so stellt sich für ihn die Frage, wie seine Steuersituation aussieht, wenn er einerseits das Kapital der Gesellschaft als Stammkapital zuführt oder andererseits dem Unternehmen dieses Kapital als Gesellschafterdarlehen gibt. Diese Berechnung wird ihm zeigen, dass – je nach Höhe des anzuwendenden Hebesatzes bei der Gewerbesteuer – die Zuführung von Kapital in Form von Stammkapital nur sinnvoll ist, wenn der Gesellschafter persönlich zu Steuersätzen von ca. 37% bis 40% und mehr veranlagt wird. Die Inhaber kleiner und mittelständischer Unternehmen werden aber kaum zu solchen Steuersätzen veranlagt werden, und wenn, dann vielleicht nur für eine geringe Anzahl von Kalenderjahren. Selbst diejenigen, die ausnahmsweise mit ihren Steuersätzen über diesem Schwellenwert liegen, werden aber dennoch eine geringfügig erhöhte Steuer in Kauf nehmen, denn die Zuführung von Kapital an das Unternehmen in Form von Stammkapital ist endgültig und nur unter erheblich erschwerten Bedingungen der Kapitalreduzierung wieder korrigierbar. Der Gesellschafter muss und wird damit rechnen, dass in Zukunft, vor allem dann, wenn er sich in den Altersruhestand begeben möchte, seine Steuersätze in der Regel erheblich sinken werden. Er wäre schlecht beraten, dem Unternehmen die Liquidität als Stammkapital zur Verfügung zu stellen.

Fremdfinanzierung steuerlich begünstigt

1.2.5 Liquiditätssicherung

Die hohe Verschuldung der Unternehmen wird auch durch den Wunsch nach Liquiditätssicherung seitens der Gesellschafter bedingt. Gibt der Gesellschafter dem Unternehmen nämlich das Kapital als Gesellschafterdarlehen, so kann dieses leicht wieder zurückgefordert werden, solange die Rückzahlung aus dem freien Vermögen der Gesellschaft erfolgt. Dies ist bei der GmbH der Fall, solange das Stammkapital des Unternehmens durch die Rückzahlung nicht angegriffen wird.

Der Schutz der Kapitalausstattung des Unternehmens durch die gesetzlichen Vorschriften und durch die Rechtsprechung zum Eigenkapitalersatz von Gesellschafterdarlehen ist erheblich geringer als

Höhere Liquidität der Gesellschafter bei Finanzierung mittels Gesellschafterdarlehen

bei einer Erhöhung des Stammkapitals einer GmbH, deren Kapital dann nur mit aufwendigen Maßnahmen reduziert werden kann

Die Unternehmen werden daher weiterhin nur über keine oder nur geringe Reserven für eine Schlechtwetterperiode verfügen.

1.2.6 Einfluss der Gesetzeslage und zahlreiche Verwaltungsaufgaben

Hohe Kosten für Tätigkeiten gegenüber der öffentlichen Verwaltung

Die Gesetzeslage ist immer unübersichtlicher geworden und hat sich zu einem undurchdringbaren Dschungel ausgewachsen. Unternehmen befinden sich ständig in einem Kampf gegen Regularien, Hindernisse und Undurchsichtigkeiten. Dies erzeugt erhöhte Kosten, die bei kleinen und mittelständischen Unternehmen ungleich höher in die Stückkosten bei der Herstellung der Produkte und Dienstleistungen eingehen, als bei Großunternehmen, weil hier geeignetes Personal mit diesen Fragen beschäftigt ist, das in der Regel wesentlich geringere Kosten verursacht, als teure externe Berater. Ferner werden vor allem kleine und mittelständische Unternehmen mit Verwaltungstätigkeiten gegenüber Behörden und Institutionen, wiederum bezogen auf die Stückkosten, ganz erheblich höher belastet als Großunternehmen, die diese Verwaltungstätigkeiten allein aufgrund der anfallenden Masse sehr stark automatisieren können.

1.2.7 Arbeitsrechtliche Hindernisse

Hohe Kosten für Beratungen im Arbeitsrecht

Die arbeits- und sozialrechtlichen Bestimmungen der Mitarbeit im Betrieb haben sich für mittelständische Unternehmen zu einer kaum mehr überschaubaren Komplexität ausgeweitet. Nur Kleinstbetriebe sind hierbei etwas entlastet. So gilt z. B. das Kündigungsschutzgesetz nicht für Betriebe, in denen in der Regel fünf oder weniger Arbeitnehmer ausschließlich der zu ihrer Berufsausbildung Beschäftigten beschäftigt werden (§ 23 Abs. 1 KSchG), wobei in Betrieben und Verwaltungen, in denen in der Regel zehn oder weniger Arbeitnehmer ausschließlich der zu ihrer Berufsausbildung Beschäftigten beschäftigt werden, diese Regelungen nicht für Arbeitnehmer gelten, deren Arbeitsverhältnis nach dem 31.12.2003 begonnen hat; diese Arbeitnehmer sind bei der Feststellung der Zahl der beschäftigten Arbeitnehmer nach § 23 Abs. 1 Satz 2 KSchG bis zur Beschäftigung von in der Regel zehn Arbeitnehmern nicht zu berücksichtigen (§ 23 Abs. 1 Satz 3 KSchG). Ferner werden »erst« in Betrieben mit in der Regel mindestens fünf ständigen wahlberechtigten Arbeitnehmern, von denen drei wählbar sind, Betriebsräte gewählt (§ 1 BetrVG). Kleine und mittlere Betriebe, die nicht klein genug sind, um von solchen Vorschriften befreit zu sein, werden kaum in adäquater Weise mit diesen gesetzlichen Regelungen umgehen können. Die Kosten für eine ständig externe Betreuung durch Fachleute ist für solche Unternehmen aber oftmals nicht finanzierbar, so dass sie permanent einem Wettbewerbsnachteil unterworfen sind, wenn sie gegen gesetzliche Bestimmungen, die ihnen unbekannt sind, verstoßen.

1.2.8 Beschleunigung der Wirtschaft

Wer vorsichtig ist, wird vom Markt überrannt und kommt entweder gar nicht hoch oder geht schnell unter. Wer unvorsichtig ist – oder wie es in Bewerbungsanzeigen heißt, dynamisch, flexibel und einsatzbereit – muss mit ständigen Angriffen Dritter rechnen und befindet sich permanent im Kampf. Es gehört auch eine Portion Glück dazu, in diesem Kampf immer zu obsiegen, oder zumindest nur verschmerzbare Niederlagen einzustecken.

Unternehmer zu sein, setzt Expeditionserfahrung voraus

Alles in allem: Unternehmer zu sein, setzt heute Expeditionserfahrung voraus. Man muss sich auch bei schlechtestem Wetter und in riskantester Umgebung noch sicher bewegen und orientieren und damit das verbleibende Restrisiko reduzieren können. Hierzu benötigt man Erfahrung, Durchhaltevermögen, Kampfgeist und vor allem Winning Spirit. Vieles ist erlernbar, vieles aber auch nicht.

1.2.9 Kleine und mittlere Unternehmen als verlängerte Werkbank

Kleine und mittlere Unternehmen sind vielfach Zulieferanten von Produkten und Dienstleistungen gegenüber Großunternehmen. Seit vielen Jahren, begonnen insbesondere in der Kfz-Industrie, gliedern Großunternehmen immer mehr Teile ihrer Produktionstätigkeit auf selbstständige Unternehmen aus, die als sogenannte verlängerte Werkbank für das Großunternehmen tätig sind. Verschärft sich die Wettbewerbssituation für das Großunternehmen, werden zunächst die Preise gegenüber diesen Zulieferfirmen teils drastisch reduziert. Die Zulieferunternehmen unterliegen damit dem Zwang, leistungsfähiger und größer zu werden, was Managementfähigkeiten und Managementerfahrung voraussetzt, die im Unternehmen oftmals nicht vorhanden sind und am Markt durch eigenes Personal oder Berater teuer eingekauft werden müssen. Ferner verlangen die Großunternehmen, dass ihre Zulieferbetriebe zertifiziert sind, was bei diesen hohe Kosten verursacht.

»Scheinselbständige« Unternehmen

Viele dieser Zulieferunternehmen können nicht mehr mithalten und werden insolvent, weil sie zu spät oder zu wenig auf diese Veränderungen in der Zusammenarbeit reagiert haben.

Hinzu kommt, dass die Großunternehmen selbst in steigender Anzahl insolvent und entweder zerschlagen, aufgeteilt oder reduziert werden. Mit der Insolvenz des Großunternehmen werden in der Regel eine Vielzahl der beauftragten kleinen und mittelständischen Unternehmen mit in die Insolvenz hineingezogen.

1.2.10 Zunahme der Selbständigkeit bei unternehmerischen Tätigkeiten

Da aber immer mehr Menschen in die Selbständigkeit gehen – oder besser gesagt, gedrängt werden – und immer weniger für diesen Schritt vorbereitet sind, werden viele scheitern und die Insolvenzzahlen damit weiter in die Höhe treiben.

1.2.11 Erhöhte Anforderungen an den »Beruf« Unternehmer

Vertiefte Kenntnisse in Betriebswirtschaft und Recht notwendig

Die qualitativen Voraussetzungen für den »Beruf« Unternehmer sind, wie sich aus den obigen Ausführungen ergibt, permanent und erheblich gestiegen. Wer den »Beruf« Unternehmer ergreifen möchte, unterliegt keiner besonderen Notwendigkeit einer Ausbildung und auch keinen Zulassungsbeschränkungen, wie dies etwa bei den Rechtsanwälten, Ärzten, Wirtschaftsprüfern, Steuerberatern oder Architekten der Fall ist. Die Anforderungen an die Ausbildung und die Berufserfahrung sind aber ähnlich hoch. Ein erfolgreicher Unternehmer muss vertiefte Kenntnisse insbesondere der Betriebswirtschaft, der Rechtswissenschaft, des Steuerrechts, des Marketings, der Organisationswissenschaft und der Personalführung haben. Wer hier auf externe Berater angewiesen ist, hat schon von vorneherein verloren, weil die dadurch entstehenden Kosten einen wirtschaftlichen Betrieb meist unmöglich machen.

1.3 Zusammenfassung

1. Seit nunmehr drei Jahrzehnten nimmt die Anzahl der Unternehmensinsolvenzen ständig zu. Seit den 90er-Jahren hat sich das Wachstum der Unternehmensinsolvenzen erheblich beschleunigt. Es ist damit zu rechnen, dass die Insolvenzen auch in Zukunft hoch bleiben.
2. Die Ursachen für die ständig steigenden Unternehmensinsolvenzen sind vielfältig. Die Schwierigkeit und die Komplexität einer dauerhaft erfolgreichen Unternehmensführung wird weiterhin zunehmen. Damit ist die Führung eines Unternehmens per se eine Risikohandlung.
3. Durch die Globalisierung steht das Unternehmen mit Unternehmen in fernen Ländern in Konkurrenz, die aufgrund von Standortvorteilen über Konkurrenzvorteile verfügen. Die Aufrechterhaltung der Wettbewerbsfähigkeit wird damit immer schwerer. Damit ist auch die Planbarkeit zur Vermeidung einer Unternehmenskrise erheblich eingeschränkt.

4. Die Finanzierung des Unternehmens ist zunehmend schwieriger geworden. Damit werden weiterhin vermehrt Unternehmen infolge fehlender Liquidität wegen Zahlungsunfähigkeit insolvent werden. So ist das Finanzierungsverhalten der Banken und Sparkassen bei der Finanzierung kleiner und mittelständischer Unternehmen erheblich restriktiver geworden. Diese Tendenz wird anhalten. Kredite werden entweder gar nicht oder nur in geringerer Höhe oder zu höheren Zinsen vergeben. Auch die allgemein hohe Verschuldung der Unternehmen steht einer Liquiditätsbeschaffung durch Ausweitung der Fremdfinanzierung entgegen.
5. Die geringe Eigenkapitalausstattung und die hohe Verschuldung der Unternehmen macht diese anfällig für Unternehmenskrisen. Mitverantwortung für die geringe Eigenkapitalausstattung trägt das Steuerrecht, das eine höhere Eigenkapitalausstattung steuerlich bestraft. Auch der Wunsch nach Sicherung der Liquidität führt dazu, dass dem Unternehmen verstärkt Liquidität durch Gesellschafterdarlehen als durch haftendes Eigenkapital zur Verfügung gestellt wird.
6. Eine Liquiditätskrise wird meist dadurch beschleunigt, dass infolge arbeitsrechtlicher Hindernisse eine zügige Reduzierung der Arbeitskosten kaum möglich ist. Ist bereits aus den dargelegten Gründen die Liquiditätsbeschaffung begrenzt, kommt es schnell zur Zahlungsunfähigkeit, wenn eine Reduzierung der Kosten nur in erschwerter Weise möglich ist.
7. Eine erfolgreiche Unternehmensführung setzt einen fähigen Unternehmer voraus. Das »Berufsbild« Unternehmer hat sich heute eingereiht in andere schwierige Berufsbilder wie Ärzte, Rechtsanwälte, Steuerberater, Wirtschaftsprüfer oder Architekten, obwohl man von einem »Beruf« als Unternehmer (noch nicht) spricht. Nur wer hoch ausgebildet und langjährig erfahren ist, wird auf Dauer als Unternehmer erfolgreich sein.

2 Sanierung anstatt Zerschlagung

Ziel der neuen Insolvenzordnung: Eröffnung des Verfahrens und Sanierung des Unternehmens

Am 01.01.1999 ist die neue Insolvenzordnung in Kraft getreten. Über die Änderungen des bisherigen Konkurs- und Vergleichsrechts war viele Jahre lang beraten worden. Das bisherige Konkursrecht hat die Sanierung zahlungsunfähiger Betriebe kaum zugelassen. Der Konkurs des Unternehmens musste mit der Zerschlagung des Unternehmens gleichgesetzt werden. Zudem wurden mehr als drei Viertel aller Konkursanträge mangels Masse abgewiesen.

Eine grundsätzliche Änderung der Gesetzeslage wurde notwendig, da durch die erhebliche Anzahl der Insolvenzen auch Tausende von lebensfähigen Unternehmen unnütz zerschlagen wurden. Die vermeidbare Folge hiervon war der Verlust einer großen Anzahl von Arbeitsplätzen und viele Einzelschicksale von Unternehmern, die mit großen Zielen und Träumen angefangen haben, ihr Unternehmen aufzubauen und am Ende nur noch einen Scherbenhaufen vorliegen hatten – mit kaum einer Perspektive für die Zukunft.

Ziel der neuen Insolvenzordnung war es, die Zahl der mangels Masse abgewiesenen Insolvenzanträge drastisch zu reduzieren. Ferner sollten Gläubiger dem Unternehmen das für die Unternehmensfortführung notwendige Betriebsvermögen nicht einseitig entziehen können. Mit dem Insolvenzplanverfahren sollte zudem eine verbesserte Möglichkeit zur Sanierung von Unternehmen geschaffen werden. Die Möglichkeiten obstruktiver Gläubiger, sinnvolle Sanierungspläne zu Fall zu bringen, sollten wesentlich reduziert werden. Und schließlich sollte der Schuldner die Chance erhalten, von seinen Restschulden befreit zu werden.

2.1 Änderungen durch die neue Insolvenzordnung

Die neue Insolvenzordnung hatte insbesondere die folgenden Neuerungen eingeführt.

2.1.1 Unternehmensfortführung durch den vorläufigen Insolvenzverwalter

Hat das Insolvenzgericht für das Unternehmen einen vorläufigen Insolvenzverwalter bestellt und dem Unternehmen ein allgemeines Verfügungsverbot auferlegt, liegt die Verwaltungs- und Verfügungsbefugnis bei dem vorläufigen Insolvenzverwalter (§ 22 InsO). Damit hat dieser u. a. das Vermögen des Unternehmens zu sichern und zu erhalten, das Unternehmen bis zur Entscheidung über die Eröffnung des Insolvenzverfahrens fortzuführen und zu prüfen, welche Aussichten für eine Fortführung des Unternehmens bestehen.

Fortführung des Unternehmens im Insolvenzeröffnungsverfahren

2.1.2 Verwendung von Sicherheiten für die Unternehmensfortführung

Ziel des neuen Gesetzeswerkes ist die Sanierung. Bisher stand die Zerschlagung im Vordergrund. Das neue Insolvenzrecht soll die Fortführung zahlungsunfähiger Firmen mit positiver Fortsetzungsprognose erleichtern. Deshalb wurden die Möglichkeiten von Gläubigern beschränkt, Sicherheiten vorab aus dem Unternehmen herauszulösen.

Erhalt des betriebsnotwendigen Vermögens

2.1.3 Mitspracherechte der Gläubiger

Im Schutz der Insolvenzordnung wird die Sanierung des Unternehmens wesentlich erleichtert. Die Rechte der Gläubiger werden durch erweiterte und verbesserte Mitspracherechte und die Einführung des Insolvenzplanverfahrens gestärkt.

2.1.4 Eigenverwaltung durch den Schuldner

Nach § 270 InsO ist das Unternehmen berechtigt, unter der Aufsicht eines Sachwalters die Insolvenzmasse zu verwalten und über sie zu verfügen, wenn das Insolvenzgericht in dem Beschluss über die Eröffnung des Insolvenzverfahrens die Eigenverwaltung anordnet. Die Anordnung setzt voraus,
- dass sie vom Schuldner beantragt worden ist,
- dass – wenn der Eröffnungsantrag von einem Gläubiger gestellt wird – der Gläubiger dem Antrag des Schuldners zugestimmt hat und
- dass nach den Umständen zu erwarten ist, dass die Anordnung nicht zu einer Verzögerung des Verfahrens oder zu sonstigen Nachteilen für die Gläubiger führen wird.

2.1.5 Insolvenzplanverfahren

Im Mittelpunkt der Insolvenzordnung steht der Insolvenzplan. Nach § 217 InsO können die Befriedigung der absonderungsberechtigten Gläubiger und der Insolvenzgläubiger, die Verwertung der Insolvenz-

Die Sanierung auf der Grundlage des Insolvenzplans

masse und deren Verteilung an die Beteiligten sowie die Haftung des Schuldners nach der Beendigung des Insolvenzverfahrens in einem Insolvenzplan abweichend von den Vorschriften der Insolvenzordnung geregelt werden. Ziel des Insolvenzplans ist es, eine Sanierung des Unternehmens zu erreichen, bei der die wesentlichen Entscheidungen durch die Gläubiger getroffen werden.

2.1.6 Restschuldbefreiung

Aber auch die Rechtsstellung des Schuldners wird im Insolvenzplanverfahren gestärkt, insbesondere durch die Möglichkeit der Restschuldbefreiung im Anschluss an die Plandurchführung. Außerdem ist die Möglichkeit einer Verbraucherinsolvenz vorgesehen, mit der sich private Schuldner von einer bislang meist lebenslänglichen Schuldenlast befreien können.

2.1.7 Neue Kultur im Umgang mit Unternehmenskrisen

Die zweite Chance für Unternehmer

Nicht zuletzt – vielleicht sogar als der zentrale Inhalt des neuen Insolvenzrechts – stellen die Grundtendenz der Insolvenzordnung und ihre dem Eintritt einer Krise zugrunde liegenden Wertungen eine Abkehr von dem bisherigen Insolvenzrecht dar. Bisher galt: Wer insolvent geworden ist, hat verloren. Sein Unternehmen wird zerschlagen. Der Unternehmer wird jahrzehntelang verfolgt und auf dem finanziellen und wirtschaftlichen Minimalstand gehalten. Damit war der Eintritt der Insolvenz aus folgenden Gründen ein ganz gravierender und persönlicher Makel, nämlich:

- Es bestand keine positive Zukunft mehr. Man konnte nicht mehr planen, weil alles durch erneute Vollstreckungen zunichte gemachte werden würde. Man konnte für die Zukunft nur noch mit den pfändungsfreien Beträgen rechnen und kalkulieren.
- Man verlor die Selbstachtung, da man den Stempel des Verlierers aufgedrückt bekam, den man kaum mehr loswerden konnte.
- Man war ein Verlierer auf allen Ebenen. Finanziell war man auf das Minimum der Pfändungsfreibeträge begrenzt. Im Rahmen einer persönlichen Beziehung zu einem Lebenspartner konnte man kein persönliches Profil entwickeln, auf das der Lebenspartner stolz sein konnte. Bei Freunden und Bekannten war man der »Konkursler«, also der Versager, und wurde mehr oder minder stark herabgewürdigt.
- Um die durch die Insolvenz bedingten Erniedrigungen zu vermeiden, vermied man, Beziehungen und Freundschaften einzugehen und zog sich zurück. Vielfach war der Alkoholismus oder eine andere Suchtkrankheit eine zwangsläufige Folge dieser Entwicklung.

Das neue Insolvenzrecht geht von einer anderen Kultur im Umgang mit Krisen aus. Ziel der Insolvenzordnung ist die Fortführung eines fortführungswürdigen Unternehmens, also ein Neuanfang nach einem Misserfolg. Das Unternehmen wird saniert, die aggressiven Gläubiger werden abgewehrt. Der Schuldner erhält durch die Sanierung und die Restschuldbefreiung eine neue Zukunft. Wenn diese neue Grundhaltung des Insolvenzrechts und die ihr zugrunde liegende Kultur im Umgang mit Krisen wirkt, hat die neue Insolvenzordnung viel erreicht

Neue Zukunft durch Restschuldbefreiung

2.1.8 Aber: Warnung vor der Flucht in die Insolvenz zum Zwecke der Sanierung

Vor einer Flucht in die Insolvenz zum Zwecke der Sanierung des Unternehmens ist aber zu warnen. Auch nach der neuen Insolvenzordnung wird die Sanierung eines Unternehmens nur dann eine adäquate Chance auf Erfolg haben, wenn bereits vor dem Insolvenzantrag ernsthaft und nachhaltig eine außergerichtliche Sanierung versucht worden ist und diese Versuche zu einem breiten Konsens bei den wichtigsten Gläubigern geführt haben. Nur solche Versuche werden den vorläufigen und endgültigen Insolvenzverwalter davon überzeugen, dass die Fortführung des Unternehmens gegenüber seiner Zerschlagung der bessere Weg ist. Die Möglichkeit, wie sie in der Insolvenzordnung in § 157 Satz 2 anklingt, dass die Gläubigerversammlung den Verwalter zur Ausarbeitung eines Insolvenzplans zum Zwecke der Sanierung des Unternehmens beauftragt, hat mehr nur theoretischen Charakter. Denn entweder wird der Verwalter solch eine Fortführung selbst vorschlagen oder aber sich gegen einen Fortführungswunsch der Gläubiger aussprechen, wenn er von einer positiven Fortsetzungsprognose nicht überzeugt ist.

Adäquate Chance auf Sanierung im Insolvenzverfahren nur, wenn breiter Konsens mit dem Insolvenzverwalter und den Gläubigern besteht

Ferner wird sich die Sanierung im Insolvenzverfahren eher auf Großunternehmen beschränken, bei denen die finanzierenden Banken, der Betriebsrat und die Gewerkschaften und die Landes- und Bundespolitik den Motor für die Sanierung darstellen. In einem solchen Falle kann dann auch die Finanzierung der Unternehmensfortführung im Insolvenzverfahren erfolgen, was bei kleineren und mittleren Unternehmen in der Regel nicht erreichbar ist.

Vorrangig außergerichtliche Sanierung bei kleinen und mittleren Unternehmen

Auf der anderen Seite kann allein die Existenz der Möglichkeit einer Sanierung im Insolvenzplanverfahren bei kleinen und mittleren Unternehmen den entscheidenden Durchbruch bei den Verhandlungen zur außergerichtlichen Sanierung bringen. Denn bei einer gut vorbereiteten und engagiert betriebenen außergerichtlichen Sanierung, die an wenigen obstruktiven Gläubigern scheitert, kann diesen Gläubigern aufgezeigt werden, dass ihr Widerstand im Gegensatz zum früheren Konkursrecht die Sanierung des Unternehmens im Insolvenzplanverfahren nicht verhindern kann. Dann wird der Widerstand für die obstruktiven Gläubiger in der Regel uninteressant, so dass sie sich einer außergerichtlichen Lösung öffnen werden. Sollte der Widerstand jedoch weiterhin anhalten und sollte die Mehrheit der Betroffenen weiterhin am Ziel der Sanierung festhalten, wäre eine Sanierung von kleinen und mittleren Unternehmen auch im Insolvenzplanverfahren Erfolg versprechend.

2.2 Folgerungen für kleine und mittlere Unternehmen

Unternehmer müssen über den Willen verfügen, unbedingt siegen zu wollen

Jedes kleine und mittlere Unternehmen sollte sich des Risikos bewusst sein, was es bedeutet, sich in selbstständiger Tätigkeit und eigener Verantwortung den Anforderungen des Marktes und der kaum oder nur schwierig überblickbaren Regularien auszusetzen. Es ist verlockend, der »eigene Herr« zu sein. Unternehmer zu sein, ist auch von vielen Vorteilen und Chancen geprägt. Unternehmer zu sein bedeutet, über eine wesentlich höhere persönliche Anerkennung zu verfügen und die Chance zu haben, ganz überdurchschnittlich gut zu verdienen und großes Vermögen zu erwerben.

Und schließlich bedeutet es mehr oder weniger auch ein Abenteuer, sich durch die Widrigkeiten des Marktes und der Regularien kämpfen zu müssen. Dieser Aspekt sollte nicht unterschätzt werden. Nur derjenige, der wirklich über den sogenannten »winning spirit« verfügt, also über den Willen, unbedingt siegen zu wollen, bringt die nötige Kraft auf, das Unternehmen auf Erfolgskurs zu setzen und zu halten und das Unternehmen auch sicher bei schlechtem Klima durch die »hohe See« steuern zu können. Wer nicht bereit oder fähig ist, mit einem solchen unbedingten Siegerwillen auch hohen persönlichen Einsatz zu erbringen, wird auf Dauer scheitern. Vor allem dann, wenn das Unternehmen in die Krise kommt wird er diese nur mit einem ausgeprägten Siegerwillen durchstehen können.

Fast jedes Unternehmen kommt einmal in die Krise

Jeder kleine und mittelständische Unternehmer sollte sich aber auch bewusst sein, welches hohe Risiko er eingeht, unternehmerisch tätig zu sein. Da er in der Regel nicht nur vorübergehend, sondern langfristig, in der Regel sein Leben lang Unternehmer sein wird, muss er stets davon ausgehen, dass sein Unternehmen irgendwann in eine Krise gelangt, in der alles auf der Kippe steht. Nur mit einem solchen Bewusstsein wird man stets

- wachsam genug sein, den Aufzug einer Krise zu erkennen,
- Risikovorsorge betreiben,
- sein Selbstwertgefühl behalten, wenn die Krise eintritt, und
- verständig und willens genug sein, eigene Fehler zu erkennen

und kritikfähig zu sein, um es in Zukunft besser zu machen, also aus dem negativen Wissen, wie etwas nicht geht, zu lernen.

Wer diese Ratschläge beherzigt sollte Unternehmer werden und bleiben. Analog zu einem früheren Werbeslogan der Bahn »Der nächste Winter kommt bestimmt« kann sich der Unternehmer auf das Credo einstimmen »Die nächste Krise kommt bestimmt«. Wie dieses Buch zeigt, gibt es zahlreiche Wege, erfolgreich und gestärkt aus einer Krise herauszutreten. Einzig und allein ist man als Unternehmer selbst dafür verantwortlich, den richtigen Weg aus der Krise zu finden. Wer sich auf andere verlässt oder von diesen zuviel erwartet, hat verloren.

2.3 Soziale, traditionelle und psychologische Aspekte einer Unternehmenskrise

Bei der Krise des Unternehmens und seiner Sanierung sind nicht nur rein finanzielle und wirtschaftliche Aspekte zu beachten. Deshalb kann ein Sanierungskonzept auch nicht auf den Rechenstift, also auf reine finanzielle und wirtschaftliche Berechnungen, reduziert werden. Mit der Krise des Unternehmens sind zahlreiche soziale, traditionelle und psychologische Aspekte der von der Krise des Unternehmens Betroffenen verbunden. Ein Sanierungskonzept hat diese nichtmonetären und nichtökonomischen Grundlagen und Werte mit zu berücksichtigen. Ein Sanierungskonzept muss daher auf der Grundlage einer gesamtheitlichen Betrachtung der Problematik erfolgen.

> Gesamtheitliche Betrachtung einer Unternehmenskrise

Auch die Angst vor der Insolvenz und ihren weiteren Folgen bringt viele kleine und mittlere Unternehmen und ihre Inhaber bzw. Gesellschafter dazu, fast blind ein bei objektiver Betrachtung wenig aussichtsreiches Sanierungskonzept durchzuführen oder eine neue Sicherheit für die Vermeidung einer Kreditkündigung zu stellen, nur um den Zusammenbruch des Unternehmens zu vermeiden.

Beispiel:
Max Bartels war Außendienstmitarbeiter eines Unternehmens, das Fertigprodukte wie z. B. Körbchen, Vasen und andere Geschenkartikel an Gärtnereibetriebe verkauft. Er träumte stets von einem eigenen kleinen Unternehmen, das er mit seiner Ehefrau und seinen drei erwachsenen Kindern betreibt. Im Rahmen seiner beruflichen Tätigkeit teilte ihm ein Kunde seines Unternehmens, den er regelmäßig besuchte, mit, dass er seine Gärtnerei aus Altersgründen verkaufen möchte, und fragte Max Bartels, ob er denn nicht einen Käufer kenne. Der Kunde betrieb eine

Sanierung anstatt Zerschlagung

Gärtnerei auf einem gepachteten Grundstück mit angeschlossenem Verkaufsladen.

Der Traum vom eigenen Unternehmen

Max Bartels sah dies als Chance an, seinen Traum vom eigenen Familienunternehmen zu verwirklichen. Er erwarb die Gärtnerei, kündigte sein Angestelltenverhältnis bei seinem Arbeitgeber und schloss einen Pachtvertrag für das Gärtnereigrundstück und für das Ladengeschäft. Die Einrichtung des Ladens und der Gärtnerei und den Warenbestand erwarb er zu einem Preis von 400.000 €, den er über die örtliche Sparkasse finanzierte. Im Rahmen eines Existenzgründerprogramms wurde die Sparkasse mit einer staatlichen Bürgschaft über einen Betrag von 100.000 € abgesichert. Für den Restbetrag von 300.000 € verlangte die Sparkasse die Mithaftung der Ehefrau und je eine Bürgschaft der drei Kinder in Höhe von 50.000 €.

Die Gärtnerei wurde als Einzelunternehmen von Max Bartels geführt. Seine Ehefrau und seine drei Kinder wurden bei ihm angestellt. Sie wohnen in der Nähe der Gärtnerei in einem kleinen Einfamilienhaus, das den Eheleuten Bartels gemeinsam gehört. Die Schulden auf dem Haus waren fast abbezahlt.

Anfangs ging alles gut. Der Geschäftsbetrieb entwickelte sich und machte Gewinne, die ein erträgliches Auskommen gewährleisteten. Große Sprünge konnte man aber nicht machen, was man aber ohnehin nicht beabsichtigte. Nach fünf Jahren war die Gärtnerei in finanzielle Schwierigkeiten gekommen, weil in der Nähe eine andere und größere Gärtnerei

Konkurrenz durch Einzelhandelsketten

ihren Geschäftsbetrieb eröffnete. Gewinne wurden keine mehr erzielt. Um die laufenden Kosten decken zu können, wurden die Löhne für die Familienmitglieder reduziert. Max Bartels arbeitete ohne Vergütung. Man war weiterhin zuversichtlich, weil man das Produktsortiment von der neuen Konkurrenz zunehmend abgrenzen konnte und die Kunden langsam wieder zurückkehrten, denn die Beratung und Betreuung bei Max Bartels war besser, als in der anonymen Großgärtnerei.

Um die Durststrecke weiter überwinden zu können, wurde die Sparkasse gebeten, die Tilgungsanteile bei den laufenden Annuitäten für eine gewisse Zeit auszusetzen. Die Sparkasse verweigerte dies und drohte die Kreditkündigung und die Durchführung von Zwangsvollstreckungsmaßnahmen an, wenn sich bei den Annuitäten Rückstände von mehr als zwei Monatsraten ergeben würden. Um die Raten an die Sparkasse zahlen zu können, wurden Zahlungen an die Lieferanten, Umsatzsteuerzahlungen an das Finanzamt und Zahlungen für Sozialversicherungsbeiträge immer mehr hinausgeschoben. Alsbald erfolgten die ersten Zwangsvollstreckungen von diesen Gläubigern.

Nachbesicherung der Bank oder Sparkasse kurz vor dem Zusammenbruch

Wiederum bemühte sich Max Bartels bei der Sparkasse um Erleichterung. Er bat um Aussetzung der Annuitäten für einige Monate. Die Sparkasse sagte ihm dies nunmehr unter der Voraussetzung zu, dass er und seine Ehefrau ihr eine Grundschuld auf dem gemeinsamen Eigenheim einräumen und dass die Ansprüche aus einer Lebensversicherung an sie abgetreten werden, die bislang zur Absicherung der Ehefrau für das Alter diente. Max Bartels sah keine Chance, dem etwas entgegen zu setzen. Zu diesem Zeitpunkt war bereits deutlich erkennbar, dass die Gärtnerei kaum eine Fortsetzungschance mehr hatte, weil das Unternehmen im Wettbewerb immer weiter zurückfiel und der Liquiditätsentzug schon zu lange angehalten hatte, so dass eine Neustrukturierung des Ladens nicht mehr finanzierbar war. Danach akzeptierten er und seine Ehefrau die Bedingungen und räumten die zusätzlichen Sicherheiten ein. Drei Monate später stellte Max Bartels Insolvenzantrag.

Die Sparkasse kündigte die an sie abgetretene Lebensversicherung, versteigerte das Eigenheim der Familie und forderte Ehefrau und Kinder auf, die Mithaftungen und die Bürgschaften einzulösen. Die gesamte Familie stand vor dem Ruin. Sie suchte sich eine kleine Mietwohnung ein paar Orte weiter und zog um. Max Bartels beantragte Sozialhilfe. Die Tatsache, dass die Ehefrau und die Kinder bei ihm angestellt waren, erwies sich nun als Glücksfall, da diese nunmehr Arbeitslosengeld bezogen. Da aber der Verdienst sehr gering war, lag das Arbeitslosengeld gerade einmal an der Pfändungsgrenze. Dennoch versuchte die Sparkasse, mit Vollstreckungen und der Abgabe von eidesstattlichen Versicherungen zu erkunden, ob sich doch noch irgendwo ein kleiner Geldbetrag finden lassen würde, der gepfändet werden könnte. Dadurch wurden die Ehefrau und die Kinder stigmatisiert, indem sie im Schuldnerverzeichnis eingetragen waren und ihr anderweitiges Fortkommen erheblich beeinträchtigt wurde. Sie verloren ihr Bankkonto und mussten sich ihren Lohn bar auszahlen lassen. Erst mit viel Glück konnte eine teure und schlechte Mietwohnung angemietet werden, weil alle Vermieter den Abschluss eines Mietvertrags abgelehnt hatten, nachdem Ehefrau und Kinder die eidesstattliche Versicherung über ihre Vermögensverhältnisse abgegeben hatten und diese darum bangten, ihre Miete nicht bezahlt zu bekommen, wenn sie einen Mietvertrag abschließen würden. Ehefrau und Kinder wurden dadurch zu Menschen zweiter Klasse herabgewürdigt.

Max Bartels war durch diese Situation, in die er seine Familienmitglieder gebracht hatte, persönlich gebrochen. Die ständigen Besuche des Gerichtsvollziehers entwickelten sich zudem zu einem Trauma. Er konnte nicht mehr ruhig schlafen und jedes Mal, wenn es an der Wohnungstür läutete, hatte er Angst, dies könnte wieder der Gerichtsvollzieher sein. Ferner wollten seine Familie und er, dass in der neuen Mietwohnung ein Neuanfang möglich sei und dass der Umzug einen Vorhang zur negativen Vergangenheit darstellt. Aber es sprach sich schnell herum, dass die Familie als Unternehmer gescheitert und ein Sozialfall ist. Sie wurde von der Nachbarschaft geächtet und mit diversen Reaktionen herabgewürdigt. Max Bartels machte sich erhebliche Vorwürfe insbesondere deshalb, dass er die gesamte Familie mit seinem Wunsch zur Selbständigkeit in

Vollstreckungen als traumatische Erschütterung

diese Problematik hineingezogen hat. Er, der früher immer sehr lebenslustig war, zog sich immer mehr zurück und wurde apathisch. Kurze Zeit später erkrankte er schwer und starb, was die Ärzte auf den verloren gegangenen Lebensmut zurückführten.

<small>Soziale und psychologische Aspekte sind Teil des Sanierungskonzepts</small>

Die Art und Weise und die Heftigkeit der persönlichen Konflikte, die eine Unternehmenskrise mit sich bringt, und der Umgang mit diesen Konflikten ist in der Regel entscheidend dafür, ob eine Sanierung des Unternehmens überhaupt gelingt und wenn sie gelingt, wie gut sie gelingt und ob sie von Dauer ist. Nur dann, wenn man die sozialen und psychologischen Aspekte, in die eine Unternehmenskrise eingebettet ist, erforscht und in das Sanierungskonzept integriert, wird eine erfolgreiche Unternehmenssanierung und eine dauerhaft stabile Unternehmensentwicklung möglich sein. Wenn der Mut des Unternehmers und die Zuversicht in seine Fähigkeiten gebrochen sind, wird er aus seinen bisherigen Fehlern nicht mehr lernen können, weil er es nicht mehr versucht, einen Neustart zu wagen. In diesem Falle stellt sich die Frage, wer die Führung des sanierten Unternehmens mit frischem Elan fortsetzen könnte. Die Suche nach dieser Führungskraft wird oftmals nicht leicht sein, zumal viele fähige Personen Angst davor haben, das gleiche Schicksal zu erleiden wie der bisherige Unternehmer. Oftmals scheitern sanierungswürdige Unternehmen daran, weil eine Unternehmensführung nicht im ausreichenden Maße ermöglicht werden kann.

2.3.1 Erhaltung des Vermögens und des Einkommens

Für einen kleinen und mittelständischen Unternehmer bedeutet die unternehmerische Tätigkeit in der Regel
- den laufenden Erwerb von Einkommen zum Lebensunterhalt für sich,
- den laufenden Erwerb von Einkommen zum Lebensunterhalt für die mitarbeitenden Familienmitglieder,
- die Schaffung von Vermögen für sich,
- die Schaffung von Vermögen, um es an die nächste Generation weitergeben zu können, und
- die finanzielle Absicherung für das Alter.

<small>Langzeitarbeitslosigkeit des Unternehmers oftmals Folge einer Insolvenz</small>

Mit dem Zusammenbruch des Unternehmens scheitern all diese Ziele. Das Scheitern ist dabei folgenschwer und nur selten reparabel. So fällt mit dem Zusammenbruch des Unternehmens nicht nur das laufende Einkommen zur Finanzierung des Lebensunterhalts für den Unternehmer weg. Dieser hat in der Regel kaum mehr eine adäquate Chance für eine Ersatzbeschäftigung, denn für eine neue unternehmerische Tätigkeit fehlen meist die finanziellen Ressourcen und auch der unternehmerische Mut für einen Neuanfang ist gebrochen. Einer unselbständigen Tätigkeit als Angestellter steht meist schon entgegen, dass Arbeitgeber kaum bisherige Arbeitgeber einstellen wollen, sondern nur Arbeitnehmer, die gelernt haben, sich einem Arbeitgeber unterzuordnen. Für den gescheiterten Unternehmer ist daher Langzeitarbeitslosigkeit oftmals die Folge.

Der Zusammenbruch des Unternehmens reduziert den Wert des Unternehmens auf den meist sehr geringen Zerschlagungswert. Werthaltig ist das Unternehmen in der Regel nur bei dessen Fortführung. Damit wird der Unternehmer nicht nur vermögenslos, sondern hat auch keine Möglichkeit mehr für eine Vererbung von Vermögen an die nächste Generation.

Und schließlich ist die Altersversorgung der Unternehmer bei kleinen und mittleren Unternehmen fast immer auf das Unternehmen aufgebaut, so dass der Zusammenbruch des Unternehmens zum Wegfall der Altersversorgung führt. Aber selbst dann, wenn der Unternehmer durch den Abschluss entsprechender Rentenversicherungen vorgesorgt hat oder die betriebliche Altersversorgung der Insolvenzsicherung unterliegt, wird der Unternehmer in der Regel in solch hohen Haftungsverpflichtungen stehen, dass der Rentenbezug durch Pfändungen ohnehin stark gefährdet ist und der Unternehmer nur mit dem pfändungsfreien Betrag rechnen kann.

Aufgrund dieser Situation wird der Unternehmer geneigt sein, eine auch nur geringe Chance für die Sanierung des Unternehmens zu nutzen. Vor allem wird er aufgrund dieser psychologischen und sozialen Aspekte kaum in der Lage sein, die Sanierungsverhandlungen mit kühlem Kopf und reduziert auf Zahlen und wirtschaftliche Aspekte zu führen. Er wird, sobald sich die Chance für eine Sanierung bietet, frühzeitig diese erste Chance wahrnehmen und nicht auf ein besseres Verhandlungsergebnis drängen, weil eine harte Verhandlungsstrategie stets die Gefahr in sich birgt, dass die Sanierung scheitert. Diese sozialen und psychologischen Aspekte werden daher in der Regel zur Folge haben, dass die Unternehmenssanierung schlecht konzipiert und das Unternehmen nur unzureichend saniert wird und daher, wenn überhaupt, nur infolge eines erheblichen persönlichen Einsatzes und infolge überdurchschnittlich hoher Entbehrungen der Familie überleben kann.

Der Zusammenbruch beeinträchtigt meist die Altersversorgung des Unternehmers

Zudem ist der konzeptionelle Mangel für die Struktur der Unternehmensführung in der Regel dadurch geprägt, dass der Unternehmer alles auf eine Karte setzt. Er investiert sein gesamtes Vermögen in das Unternehmen und investiert durch Haftungen und Bürgschaften auch noch das künftig mit Hilfe der Arbeitskraft erst noch zu verdienende Vermögen. Scheitert er, steht er vor dem absoluten Nichts. Das gesamte Vermögen ist verloren und sein künftiger Ar-

Steht der Unternehmer unter Druck, wird die Sanierung meist schlecht konzipiert und verhandelt

beitslohn verbleibt ihm nur in Höhe des unpfändbaren Teilbetrags. Deshalb sollte jeder Unternehmer schon von Anfang an sein Unternehmen so gestalten, dass er auch im Falle des Zusammenbruchs des Unternehmens weiterhin ein angemessenes Auskommen hat und nur einen Teil seines Vermögens verliert.

Tipp

Teilen Sie Ihren Familienbetrieb in verschiedene Bereiche auf und trennen Sie diese strikt!

- Die rechtliche Zuordnung der einzelnen Bereiche sollte unterschiedlich auf die Familienmitglieder verteilt sein.
- Vermeiden Sie, dass ein Unternehmen Haftungen, z. B. eine Bürgschaft, für ein anderes Unternehmen übernimmt.
- Wenn ein Unternehmen in die Krise kommt, prüfen Sie nur anhand von Zahlen und wirtschaftlicher Zusammenhänge, ob sich die Sanierung lohnt.
- Gehen Sie mit kühlem Kopf an die Sanierung des Unternehmens.
- Verhandeln Sie bei der Sanierung hart, bis Sie das Gefühl haben, dass sich das sanierte Unternehmen dann dauerhaft stabil entwickeln kann.

Beispiel:
Hans Müller hat von seinem Vater einen Schreinereibetrieb geerbt, den er mit 25 Mitarbeitern in Form einer Einzelfirma führt. Seine Frau ist bei ihm im Rahmen eines Ehegattenarbeitsverhältnisses angestellt. Ferner ist sein Sohn als ausgebildeter Schreiner in der Produktion und die Tochter als ausgebildete Bürokauffrau in der Verwaltung tätig.
Die Familie Müller erlebte die Insolvenz der Gärtnerei von Max Bartels mit. Sie war über das Ausmaß der sozialen und psychologischen Folgen sehr erschüttert und bekam Angst, vielleicht selbst einmal in diese Lage zu kommen. Nach zahlreichen Beratungsgesprächen wurde folgendes Modell konzipiert und umgesetzt:

- *Hans Müller brachte seinen Schreinereibetrieb in eine neu gegründete GmbH ein, an der alle vier Familienmitglieder zu je ¼ beteiligt sind. Diese Schreinerei befasst sich nur mit der Bauschreinerei.*
- *Ferner wurde eine zweite GmbH gegründet, die sein Sohn führt. Auch an dieser GmbH waren alle vier Familienmitglieder zu je ¼ beteiligt. Dieser Schreinereibetrieb befasst sich ausschließlich mit Kunst- und Möbelschreinereien.*
- *Für den Verkauf von Fertigprodukten in einem Ladengeschäft wurde eine dritte GmbH gegründet, an der die Familiemitglieder wiederum zu je ¼ beteiligt waren.*

Aufteilung eines Familienbetriebs in rechtlich selbständige Geschäftsbereiche

• *Und schließlich wurde eine GmbH & Co. KG gegründet, an der alle vier Familienmitglieder ebenfalls zu je ¼ beteiligt sind. In diese GmbH & Co. KG wurden das Betriebsgrundstück und die Schreinereianlagen eingebracht und an die jeweiligen Schreinerei-GmbHs verpachtet.*
Käme einer der Betriebe in eine Krise, könnte man notfalls auf diesen verzichten und ihn liquidieren. Die wirtschaftliche Existenz der Familie würde durch den Verlust einer Gesellschaft nicht gefährdet werden. Zudem wäre man in Sanierungsverhandlungen offener und könnte mit kühlem Kopf an die Frage herangehen, ob sich die Sanierungsinvestition rechnet oder nicht. Gläubiger könnten dann ihre Forderungen und Bedingungen nicht auf der Grundlage von Existenzängsten maximieren. Und schließlich verblieben finanzielle Ressourcen, die es ermöglichen würden, ein insolventes Unternehmen vom Insolvenzverwalter zu erwerben. Dabei könnte eine der anderen GmbHs jederzeit als Auffanggesellschaft fungieren.

Checkliste

Wie hoch ist Ihr persönliches Risiko für das Fortkommen, wenn Ihr Unternehmen insolvent wird?

✔ Verfügen Sie neben Ihrem Unternehmen noch über Vermögenswerte, die Ihnen im Falle der Insolvenz Ihres Unternehmens verbleiben?

✔ Haben Sie im Falle der Insolvenz Ihres Unternehmens die Möglichkeit, über alternative Einkommensquellen einen angemessenen, wenn auch reduzierten Lebensstandard zu unterhalten?

✔ Werden Ihr Ehegatte und Ihre Kinder im Falle der Insolvenz Ihres Unternehmens in die Haftung genommen?

✔ Wenn Sie im eigenen Haus oder in der eigenen Wohnung leben: Verbleibt Ihnen diese Immobilie im Falle der Insolvenz Ihres Unternehmens?

✔ Ist Ihre Altersversorgung von der erfolgreichen Fortsetzung Ihrer unternehmerischen Tätigkeit abhängig?

✔ Können Ihre Kinder auch dann noch eine Ausbildung machen, z. B. das Abitur oder ein Studium, wenn Ihr Unternehmen insolvent werden würde?

✔ Haben Sie einen Risikocheck durch einen erfahrenen Berater durchführen lassen?

2.3.2 Erhaltung der Tradition

Das Ziel vieler kleiner und mittlerer Unternehmen ist oftmals nicht in erster Linie die Maximierung finanzieller und wirtschaftlicher Ergebnisse. Meist handelt es sich um Familienbetriebe, in denen oftmals Tradition und Zusammenhalt eine ganz wesentliche Rolle spielen. In der Krise des Unternehmens sind solche Aspekte dann

Renditegesichtspunkte bei der Unternehmenssanierung nicht immer vorrangig

sehr häufig finanziellen und wirtschaftlichen Aspekten vorangestellt. Renditegesichtspunkte, ob die Sanierung eines Unternehmens durchgeführt oder das Unternehmen besser liquidiert werden soll, spielen keine zentrale Rolle. So wird z. B. ein ländlicher Familienbetrieb, der über Generationen geführt und weitergegeben wurde, auch dann saniert, wenn er über viele Jahre hinweg keine Rendite verspricht und aus betriebswirtschaftlicher Sicht keine positive Fortsetzungsprognose aufweist. Wichtig ist dabei in erster Linie, den Betrieb im Sinne der Familientradition zu erhalten.

Das Sanierungskonzept kann in einem solchen Falle weder vorsehen, dass sich ein Fremder an dem Unternehmen z. B. als Gesellschafter, beteiligt, noch kommt der Verkauf des Unternehmens in Betracht. Wenn eine Stärkung der Kapitalbasis zum Zwecke der Sanierung notwendig sein sollte, müsste die Familientradition erforscht und danach gefragt werden, wer aus der Familie die notwendigen finanziellen Mittel hat, um das Unternehmen finanziell zu stärken. Oftmals werden solche geeignete Personen unter nicht unerheblichen moralischen Druck gesetzt, im Sinne der Familientradition dem Unternehmen aus der Krise zu helfen.

Sanierung durch Erweiterung des Gesellschafterkreises aus der Verwandtschaft

Beispiel:
Die Großgaststätte Zum goldenen Adler ist ein Familienbetrieb der Familie Thaler, der in den alten Gemeindeschriften vor dreihundert Jahren erwähnt ist, nachdem damals der Betrieb von der Familie Thaler errichtet und eingeweiht wurde. Infolge eines Brandes kam das Unternehmen in eine ernste Krise, weil das Schadenereignis nur unzureichend versichert war. Es drohte die Zwangsversteigerung der Immobilie und die Brauerei hatte schon Interessenten für die Übernahme der Gaststätte.

Die drohende Versteigerung der Gaststätte war Tagesgespräch im Ort. Der Betrieb sollte unbedingt als Traditionsbetrieb erhalten werden und im Besitz der Familie Thaler verbleiben. Das Sanierungskonzept sah vor, dass die Großgaststätte von nun an in der Rechtsform der GmbH & Co. KG weitergeführt wird und sich an der Gesellschaft als Kommanditisten all diejenigen beteiligen können, deren Stammbaum zur Familie Thaler zurückgeht, die vor dreihundert Jahren den Goldenen Adler errichtet und erstmals betrieben hat. Um herauszufinden, welche Personen hierfür in Betracht kommen, wurde eine Ahnenrecherche vorgenommen. Es wurden mehr als 1.000 Personen festgestellt, die diese Voraussetzungen erfüllten. Mit diesen Personen wurde Kontakt aufgenommen. Fünfzig Personen waren bereit, sich an der GmbH & Co. KG zu beteiligen. Durch den entsprechenden Kapitalzufluss konnten alle rückständigen Zahlungen geleistet werden, insbesondere sämtliche Kredite zurückgezahlt werden.

2.3.3 Erhaltung des Einflusses

Die Beteiligten an Familienunternehmen oder langjährige Partner eines Unternehmens haben sich meist erst über die lange Zeit der Zusammenarbeit eng verbündet. Oftmals stand die enge Verbindung auf der Kippe und je mehr Krisen erfolgt waren und überwunden wurden, desto gestärkter war die Verbindung in der Folgezeit. Banken und Sparkassen, die das Unternehmen in der Regel lediglich als reines Zahlenwerk sehen, achten auf diese psychologischen Grundlagen nicht. Wenn sie dem Unternehmen, wie oft üblich, im Rahmen der Sanierung die Aufnahme eines unternehmerischen Partners verordnen, der nicht nur wesentliche Mitspracherechte oder gar die Mehrheit am Unternehmen erhalten, sondern der auch die finanzielle Grundlage für die Finanzierung schaffen soll, ist dieses Sanierungsmodell meist von vorne herein zum Scheitern verurteilt. Denn die Familie oder die Partnerschaft wird nicht bereit sein, einen Dritten aufzunehmen, weil sie befürchtet, dass damit das langjährig gewachsene persönliche Verhältnis zerbrechen wird und sie ihren Einfluss auf das Unternehmen verlieren werden. Sie befürchten, dass dann alles nur noch schlechter wird.

Ein Sanierungskonzept muss daher bei einer solchen Ausgangslage beachten, dass die bisherige Führung im Unternehmen entweder den Einfluss weiterhin behält, oder es muss ein Modell finden, wie sich die Interessenslage der bisherigen Unternehmensführung mit einer Erweiterung des Gesellschafterkreises vereinbaren lässt.

Beachtung der Interessenslage der Unternehmensführung bei der Erweiterung des Gesellschafterkreises

2.3.4 Moralische Verpflichtungen

Kleine und mittlere Betriebe sind mit ihrer Belegschaft meist über eine lange Zeit gewachsen. Es hat sich damit eine enge Symbiose zwischen Unternehmer und Mitarbeiter gebildet. In Traditionsbetrieben ist es häufig der Fall, dass schon Vater und Großvater als Arbeitnehmer im Unternehmen gearbeitet haben.

In einem solchen Falle hat die Unternehmensführung kaum die Möglichkeiten, aufgrund einer kühlen Berechnung herauszufinden, wie viele Arbeitnehmer entlassen werden, um wieder gute Gewinne machen zu können. Die Unternehmensführung ist aufgrund tief greifender moralischer Verpflichtungen wenig in der Lage, ihren Arbeitnehmern zu kündigen. Ein Sanierungskonzept muss daher in solchen Fällen andere Wege als den Personalabbau gehen.

Eine Unternehmenssanierung kann nicht immer über den Weg des Personalabbaus gehen

---

Beispiel:
Alfred Holz betrieb als Einzelunternehmen ein Sägewerk in einem kleinen Bergdorf, das schon seit 200 Jahren dort existierte und das er von seinem Vater übernahm. Er beschäftigte mehr als dreihundert Holzarbeiter aus dem Dorf. Das Unternehmen kam in finanzielle Schwierigkeiten, weil es im-

mer unwirtschaftlicher wurde, in einer mehr handwerklichen Ausführung den Forst zu bewirtschaften und das Holz zu bearbeiten.
Die finanzierende Bank betrieb die Zwangsversteigerung des Sägewerksgrundstücks und des umfangreichen Waldgebietes. Die Bank hatte bereits mit einer überörtlichen Holz-AG vereinbart, dass diese das Sägewerk und die Waldgrundstücke in der Zwangsversteigerung erwirbt. Interessiert war die Holz-AG nur an den Waldgrundstücken. Die Sägemaschinen sollten abgebaut und billigst verkauft oder verschrottet werden. Die Hallen, in denen das Sägewerk betrieben wurde, sollten abgerissen und das Grundstück als Parkplatz für Touristen verwendet werden. Sämtliche Arbeitnehmer sollten entlassen werden, da man die Forstbewirtschaftung in den Waldgrundstücken mit den eigenen Arbeitnehmern erledigen könne.
Für die Arbeitnehmer von Alfred Holz bedeutete dies, dass sie kaum Chancen auf eine andere Arbeit hatten. Sie waren von den Arbeitsplätzen in dem Sägewerk vollständig abhängig. Ersatzarbeitsplätze waren am Ort nicht vorhanden und die meisten Arbeitnehmer waren durch ihre Integration in den Ort und in die Familie kaum in der Lage, wegzuziehen, um eine neue Arbeitsstelle woanders anzunehmen.

Sanierung durch Erweiterung des Geschäftsbetriebs, sofern ein positiver Deckungsbeitrag gegeben ist

Alfred Holz war am Ort gut angesehen und gehörte zu den Honoratioren. Der gesamte Ort erwartete von ihm, dass er eine Lösung für die Problematik finden werde. Auch Alfred Holz wollte dies, weil er das Schicksal einer Dauerarbeitslosigkeit für die mehr als dreihundert Beschäftigten vermeiden wollte und weil er das auch den meist schon verstorbenen Vätern und Großvätern seiner Mitarbeiter schuldig sei, die schon in dem Sägewerk gearbeitet haben.
Das Sanierungskonzept sah eine wesentliche Verbesserung des Maschinenparks vor. Da aber dann für dieselbe Arbeitsmenge nur eine erheblich geringere Anzahl an Holzarbeitern notwendig war, musste zur Vermeidung von Entlassungen noch eine zusätzliche Arbeitsmenge geschaffen werden, um alle Mitarbeiter beschäftigen zu können. Hierfür sah das Sanierungskonzept vor, dass das Unternehmen die handwerkliche Herstellung und die Restauration historischer Bauernmöbel neu in das Unternehmenskonzept aufnimmt. Das Sanierungskonzept wurde durchgerechnet. Es wurde festgestellt, dass in den nächsten zehn Jahren allenfalls die laufenden Kosten erwirtschaftet werden können. Mit Gewinnen war kaum zu rechnen. Alfred Holz war aber bereit, diesen Weg zu gehen, da es in erster Linie um den Erhalt des Betriebs und der Arbeitsplätze und nicht um die Erzielung einer angemessenen Rendite ging. Wichtig war lediglich, dass die laufenden Kosten aus den Einnahmen finanziert werden können.
Das Sanierungskonzept wurde umgesetzt. Mit Hilfe öffentlicher Förderungen wurde der Maschinenpark erneuert. Die jüngeren Holzarbeiter wurden umgeschult, um die modernen Maschinen bedienen zu können.

Alfred Holz warb mit Unterstützung der Gemeinde und des Touristikverbandes überörtlich für den neuen Geschäftszweig »Bauernmöbel«. Parallel dazu wurde ein anderer Teil der Holzarbeiter mit Unterstützung des örtlichen Kulturvereins im Bereich der Restauration historischer Bauernmöbel geschult. Das Projekt lief so gut an, dass bereits nach vier Jahren das Unternehmen erhebliche Gewinne erwirtschaften konnte. Diese wurden im Unternehmen stehen gelassen, um finanzielle Reserven für künftige Krisen zu haben.

2.4 Sanierung – Restrukturierung – Turnaround

Vielfach werden im Rahmen einer Unternehmenssanierung synonym auch die Begriffe Restrukturierung oder Turnaround verwendet. Die Begriffe Restrukturierung und Turnaround unterscheiden sich aber von dem Begriff der Unternehmenssanierung.

| Die Bedeutung der Begriffe Sanierung, Restrukturierung und Turnaround

Der Begriff der Sanierung wird in der betriebswirtschaftlichen Literatur unterschiedlich definiert. Unter Sanierung im weiteren Sinne werden alle außerordentlichen Maßnahmen verstanden, die der Gesundung eines Not leidenden Unternehmens dienen. Von der Sanierung eines Unternehmens im engeren Sinne wird dann gesprochen, wenn die Krise bereits so weit fortgeschritten ist, dass der Bestand des Unternehmens ernsthaft gefährdet ist. So wenden beispielsweise die Finanzgerichte und die Finanzbehörden bei einem Erlass von Steuerforderungen aus Billigkeitsgründen, die anlässlich der Sanierung des Unternehmens verursacht worden sind (hierzu näher Kap. 8.7), den engeren Begriff der Sanierung an. Danach ist ein Unternehmen als sanierungsbedürftig anzusehen, wenn ohne die Sanierung die für eine erfolgreiche Weiterführung des Betriebs und die Abdeckung der bestehenden Verpflichtungen erforderliche Betriebssubstanz nicht erhalten werden könnte (Urteil des BFH vom 16.05.2002, BStBl II 2002, 854).

| Der Begriff »Sanierung«

Werden schädliche Strukturen, die, wenn sie nicht behoben werden, zur Sanierungsbedürftigkeit des Unternehmens führen, in der Frühphase der Entstehung verändert, spricht man eher von der Restrukturierung des Unternehmens. Die Verwendung dieses Begriffes beinhaltet also noch nicht die Notwendigkeit der Sanierung des Unternehmens zur Beseitigung einer den Bestand des Unternehmens gefährdenden Krise. Um eine solche Gefährdung erst gar nicht entstehen zu lassen, wird das Unternehmen restrukturiert. Bei der Restrukturierung werden also Krisenherde beseitigt, bevor sie virulent werden.

| Der Begriff – »Restrukturierung«

Will man die Betonung auf das zu erreichende Ziel legen, das im Wege einer Restrukturierung des Unternehmens erreicht werden

| Der Begriff »Turnaround«

soll, spricht man eher vom Turnaround. Der sich negativ entwickelnde Kurs des Unternehmens ist verändert, das Unternehmen ist wieder auf Erfolgskurs.

2.5 Sanierungsfähigkeit und Sanierungswürdigkeit

Prüfung der Sanierungsfähigkeit

Eine Unternehmenssanierung setzt nicht nur die Sanierungsbedürftigkeit voraus, sondern auch die Sanierungsfähigkeit und die Sanierungswürdigkeit.

Im Rahmen der Erstellung des Konzepts ist für eine Unternehmenssanierung zunächst festzustellen, ob das Unternehmen überhaupt sanierungsfähig ist. Sind z. B. die Investitionen in eine notwendige neue Vertriebsstruktur zur Erhöhung des Umsatzes oder die Sozialplanforderungen für einen notwendigen Abbau der Belegschaft so hoch, dass von vorneherein keine Möglichkeit für ihre Finanzierung besteht, so fehlt dem Unternehmen die Sanierungsfähigkeit. Die Liquidation des Unternehmens verbleibt dann als einzige Handlungsalternative.

Oftmals wären die Möglichkeiten der Finanzierung der Kosten für eine Unternehmenssanierung noch gegeben, z. B. durch Einbringung von Gesellschafterdarlehen. Hier stellt sich dann aber die Frage, ob der Sanierungsaufwand es rechtfertigt, das Unternehmen fortzuführen oder ob es nicht sinnvoller ist, die Sanierungskosten zu sparen, das Unternehmen zu zerschlagen und zu liquidieren und die ersparten Sanierungskosten für den Aufbau eines neuen Unternehmens zu verwenden. Ist z. B. der Barwert der prognostizierten Erträge des sanierten Unternehmens geriner als die Kosten für die Sanierung des Unternehmens, dann wäre eine Sanierung des Unternehmens betriebswirtschaftlich nicht sinnvoll. Die Investition

Sanierung oder Aufbau eines neuen Unternehmens?

»Unternehmenssanierung« würde keine adäquate Rendite versprechen. Eine Sanierungswürdigkeit würde nicht gegeben sein. So ist vielfach im Rahmen von Unternehmenssanierungen der Ausspruch zu hören, dass man »gutes Geld« nicht »schlechtem Geld« hinterherwerfen soll.

Jedoch sind Renditegesichtspunkte, wie bereits dargelegt, nicht immer allein entscheidend über die Frage, ob eine Sanierungswürdigkeit eines Unternehmens vorliegt, da oftmals besondere Interessenslagen die Renditegesichtspunkte überlagern. Auch kann z. B. ein bestimmtes Unternehmen in einem Konzern eine strategische Bedeutung für den Konzern oder für ein anderes Konzernunternehmen haben, so dass im Sinne einer Konzernbetrachtung doch noch eine adäquate Rendite mit der Unternehmenssanierung erwirtschaftet werden kann.

Sanierungsfähigkeit und Sanierungswürdigkeit

> **Sehen Sie die Sanierung als eine Investition in ein neues Unternehmen, nämlich als Investition in das bisherige Unternehmen in neuem Gewande**
>
> - Betrachten Sie die Sanierungskosten als Investitionskosten.
> - Fragen Sie danach, ob die Aufwendungen für die Sanierungskosten eine adäquate Rendite versprechen.
> - Wirft die Investition »Sanierung« keine angemessene Rendite ab, sollte die Sanierung eher unterlassen werden, soweit nicht übergeordnete Interessenslagen eine Sanierung dennoch rechtfertigen.

Tipp

Ob eine Sanierungsfähigkeit und eine Sanierungswürdigkeit des Unternehmens vorliegt, kann oftmals zum Zeitpunkt der Erkenntnis der Sanierungsbedürftigkeit des Unternehmens noch nicht gesagt werden. Denn die Beantwortung dieser Frage wird meist maßgeblich von der Bereitschaft der Gläubiger abhängen, in welchem Maße sie zur Leistung eines Sanierungsbeitrags bereit sind. Je größer ihr Sanierungsbeitrag ist, desto eher ergibt sich die Sanierungsfähigkeit und Sanierungswürdigkeit.

Beispiel:
Ein Unternehmen in der Rechtsform der GmbH & Co. KG droht insolvent zu werden, weil dem Unternehmen wichtige Schlüsselmärkte für seine Produkte weggebrochen sind. Die Gesellschafter der GmbH & Co. KG haben zwei Alternativen. Entweder wird das Unternehmen infolge der Insolvenz zerschlagen und sie haben das bisher eingesetzte Kapital verloren, oder sie investieren einen Betrag von 1 Mio. €, um neue Märkte für ihre Produkte zu akquirieren. Diesen Betrag könnten sie teils aus eigenem Vermögen aufbringen.

Nach eingehender Befassung mit dem möglichen Alternativkonzept liegen folgende realistisch anzunehmende Daten vor: In den ersten beiden Jahren wird ein Verlust durch Akquisitionskosten von 1 Mio. € erzielt. Im dritten Jahr wird ein erster Gewinn von 50.000 € erwirtschaftet. Danach steigen die Gewinne auf 75.000 € im vierten Jahr, auf 100.000 € im fünften Jahr und auf 125.000 € im sechsten Jahr. Ab dem siebten Jahr kann dauerhaft mit einem Gewinn von 150.000 € gerechnet werden.

Ferner stellen die Gesellschafter folgende Rechnung auf: Sie könnten den Betrag von 1 Mio. € in festverzinsliche Staatsanleihen der Bundesrepublik Deutschland anlegen und würden hierfür Zinsen von jährlich 5 % erhalten. Wenn sie anstatt dessen den Betrag in die Sanierung der GmbH & Co. KG investieren, wollen sie diese Rendite zuzüglich einem Risikozuschlag von 8 % jährlich im Hinblick auf das erhöhte Risiko eines sanierten Unternehmens erwirtschaften. Ihre Renditeerwartung für die

Rechenbeispiel zur Höhe notwendiger Forderungsverzichte

Investition von Sanierungskosten in Höhe von 1 Mio. € liegt damit bei 13 % jährlich.

Hieraus ermitteln die Gesellschafter den Barwert der aus dem sanierten Unternehmen erwarteten Gewinne und stellen diesen mit einem Betrag von 685.000 € fest. Da dieser Betrag wesentlich unter den Investitionskosten von 1 Mio. € liegt wollen sie die Sanierung unterlassen und das Unternehmen zerschlagen und liquidieren. Den Gläubigern wird alternativ angeboten, sich an den Sanierungskosten in der Weise zu beteiligen, dass sie auf Forderungen in Höhe von 400.000 € verzichten, damit die Gesellschafter des zu sanierenden Unternehmens anstatt eines Betrages von 1 Mio. € lediglich 600.000 € an Kosten für die Sanierung des Unternehmens aufzuwenden haben. Da das Ausfallsrisiko für die Gläubiger im Falle der Insolvenz des Unternehmens höher sein würde als der Betrag von 0,4 Mio. € stimmen die Gläubiger einem solchen Forderungsverzicht zu. Das Unternehmen wird saniert und fortgeführt und jeder hat gewonnen.

2.6 Zusammenfassung

1. Insbesondere seit der Geltung der neuen Insolvenzordnung bestehen wesentlich verbesserte Möglichkeiten für eine Unternehmenssanierung. Die Stellung eines Insolvenzantrages führt im Gegensatz zu früher heute nicht mehr in der Regel zur Zerschlagung des Unternehmens.
2. Mit der Möglichkeit der Restschuldbefreiung hat man eine weitere Chance, Unternehmer zu sein. Man erhält dadurch eine »zweite Chance«.
3. Durch die wesentlich verbesserten Möglichkeiten einer Unternehmenssanierung wird eine positive Unternehmenskultur gefördert. Der Mut zur Selbstständigkeit bedeutet im Falle des Zusammenbruchs des Unternehmens bei persönlicher Haftung nicht mehr wie früher ein gescheitertes Leben.
4. Scheitern als Unternehmer gilt in zunehmender Weise nicht mehr als Versagen. Dafür sind die Marktbedingungen für eine auf Dauer erfolgreiche Unternehmensführung zu komplex.
5. Vor der Flucht in die Insolvenz ist weiterhin zu warnen. Denn die Sanierung eines Unternehmens in der Insolvenz wird nur dann eine adäquate Chance auf Erfolg haben, wenn bereits vor dem Insolvenzantrag ernsthaft und nachhaltig eine außergerichtliche Sanierung versucht worden ist und diese Versuche zu einem breiten Konsens bei den wichtigsten Gläubigern geführt haben.
6. Erfolgreicher Unternehmer zu sein, setzt voraus, über ein erhebliches Maß an winnig-spirit, also über den unbedingten Willen, siegen zu wollen, zu verfügen.

7. Die erfolgreiche Sanierung eines Unternehmens setzt eine Gesamtbetrachtung, also eine ganzheitliche Sicht der Situation voraus. Hierzu gehören nicht nur finanzielle und wirtschaftliche Sachverhalte, sondern auch soziale, traditionelle und psychologische Aspekte.
8. Eine Unternehmenssanierung setzt nicht nur die Sanierungsbedürftigkeit, sondern auch die Sanierungsfähigkeit und die Sanierungswürdigkeit voraus.
9. Die Entscheidung zur Sanierung eines Unternehmens ist eine Investitionsentscheidung. Die Investition »Unternehmenssanierung« muss eine angemessene Rendite erwirtschaften, andernfalls ist es wirtschaftlich besser, das Unternehmen zu zerschlagen. Investiert wird in ein neues, restrukturiertes Unternehmen, mit erheblich verbesserter Leistungsfähigkeit. Der Erfolg der Unternehmenssanierung muss daher im Verhältnis zu den Kosten gesehen werden. Oftmals ist es besser, die Kosten für eine Unternehmenssanierung in den Aufbau eines neuen Unternehmens zu investieren.
10. Gläubiger beteiligen sich in der Regel an den Sanierungskosten durch Forderungsverzichte, wenn sie dadurch höhere Zahlungen erhalten als im Falle der Zerschlagung des Unternehmens.

3 Haftungs- und Strafrechtsrisiken in der Unternehmenskrise

3.1 Haftungsrisiken für die Geschäftsführer in der Krise des Unternehmens

Hohe Haftungsrisiken für den Geschäftsführer

Die Haftungsrisiken für Unternehmensleiter sind sehr weitreichend. Die meisten Unternehmensleiter machen sich hierzu bei der Übernahme des Geschäftsführungsamtes nur selten ausreichende Gedanken. Sie sind überzeugt, dass sie alles richtig machen werden. Viele verlassen sich zudem darauf, dass dann, wenn das Unternehmen in die Krise kommt, ohnehin nur die Gesellschaft haftet, die meist als GmbH oder GmbH & Co. KG oder als AG die Haftung auf das eingesetzte Kapital beschränkt hat. Dies ist nur teilweise richtig. Denn wenn die Gesellschaft in die Krise kommt, geht es den Gläubigern ganz erheblich um die Frage der persönlichen Haftung der Geschäftsführung. Wie nachfolgend zu zeigen ist, sind vor allem in der Krise der Gesellschaft die haftungsrechtlichen, aber auch die strafrechtlichen Risiken sehr hoch. Nur selten vermag es ein Geschäftsführer, in der Krise der Gesellschaft solche Risiken zu vermeiden. Da nahezu jedes Unternehmen einmal in die Krise kommt, sollten die Unternehmensführer sich frühzeitig mit solchen Risiken befassen, denn wenn die Krise kommt, ist in der Regel nicht mehr ausreichend Zeit dafür, sich zur Vermeidung solcher Risiken mit der Materie befasst zu machen. Wer sich rechtzeitig mit den Risiken der Geschäftsführung vertraut macht, wird zumindest die bedeutendsten Fehler, die seine eigene wirtschaftliche Existenz kosten würden, vermeiden.

Haftungsrisiken und strafrechtliche Risiken für die Geschäftsführung bestehen in jeder Lage des Unternehmens, egal ob es gut geht oder nicht. In der Regel sind bei einem gut laufenden Geschäftsbetrieb solche Risiken klein. Besonders hoch sind Haftungsprobleme im Zusammenhang mit Unternehmenskrisen.

Sehr häufig ist gerade die sorgfaltswidrige Geschäftsführung selbst Ursache für den Eintritt der Sanierungsbedürftigkeit des Unternehmens. In diesen Fällen wird eine Sanierung kaum eine Chance haben, wenn es nicht zum Austausch der Geschäftsführung kommt, weil das Vertrauen der Gläubiger in eine künftig sorgfältige Wahrnehmung der Geschäftsführungspflichten in der Regel erschüttert ist. Kommt es zum Zusammenbruch des Unternehmens, hat der pflichtwidrig handelnde Geschäftsführer in der Regel den gesamten Schaden infolge der Vernichtung des Unternehmens zu tragen.

Sorgfaltswidrige Geschäftsführung häufige Ursache für den Eintritt der Sanierungsbedürftigkeit

3.1.1 Geschäftsführung und Vertretung

Der Geschäftsführer einer Kapitalgesellschaft ist das zur Geschäftsführung und zur Vertretung berufene Organ der Gesellschaft. Bei der GmbH wird er vom Gesetz als Geschäftsführer und bei der AG als Vorstand bezeichnet. Wenn im Folgenden nur vom Geschäftsführer gesprochen wird, gilt das auch für den Geschäftsführer einer AG, nämlich den Vorstand, soweit nicht auf Besonderheiten bei der AG hingewiesen wird.

Der Geschäftsführer hat die Stellung eines gesetzlichen Vertreters. Diese Pflicht wird nicht erst durch den Anstellungsvertrag begründet, sondern ist sogenannte Organpflicht aufgrund der Bestellung zum Geschäftsführer. Der Geschäftsführer vertritt die Gesellschaft nach außen. Diese organschaftliche Vertretungsbefugnis des Geschäftsführers ist unbeschränkt.

3.1.2 Sorgfaltsmaßstab
3.1.2.1 Sorgfalt eines ordentlichen Geschäftsmanns

Bei der Führung der Geschäfte hat der Geschäftsführer einer GmbH die Sorgfalt eines ordentlichen Geschäftsmannes (§ 43 Abs. 1 GmbHG) und der Vorstand einer AG die Sorgfalt eines ordentlichen und gewissenhaften Geschäftsleiters (§ 93 Abs. 1 Satz 1 AktG) anzuwenden. Die Sorgfalt des ordentlichen Geschäftsmanns ist diejenige in verantwortlicher, leitender Position bei selbständiger treuhänderischer Wahrnehmung fremder Vermögensinteressen.

Sorgfalt eines ordentlichen Geschäftsmanns

Persönliche Eigenschaften des Geschäftsführungsorgans haben keinen Einfluss auf den Pflichtenmaßstab. Ein jugendlicher und unerfahrener Geschäftsführer unterliegt dem gleichen Pflichtenmaßstab wie ein »alter Hase«. Ob sich der Geschäftsführer in dem Wirrwarr der gesetzlichen Vorschriften für seine Pflichten auskennt, spielt keine Rolle. Er muss sich diese Kenntnisse aneignen oder den Geschäftsbetrieb so organisieren, dass das Fehlen der Kenntnisse nicht zu einer Beeinträchtigung des Unternehmens führt.

3.1.2.2 Unternehmerische Entscheidungen

Eingehung gewagter Geschäfte

Schwierig ist die Beurteilung, wann der Geschäftsführer durch Eingehung sogenannter gewagter Geschäfte seine Geschäftsführerpflichten verletzt. Bei der Geschäftsführung ist dem Geschäftsführer ein breiter Ermessensspielraum eingeräumt, ohne den eine unternehmerische Tätigkeit kaum denkbar ist. Typische unternehmerische Risiken müssen bei der Unternehmensführung in der Regel zwangsläufig eingegangen werden. Hierzu gehört auch die Gefahr von Fehlbeurteilungen und Fehleinschätzungen, der jeder Unternehmensleiter, mag er auch noch so verantwortungsbewusst handeln, ausgesetzt ist.

Die Vornahme risikobehafteter Geschäfte stellt also für sich allein keine Pflichtverletzung dar. Eine Verletzung des Sorgfaltsmaßstabs kommt erst in Betracht, wenn die Grenzen, in denen sich ein von Verantwortungsbewusstsein getragenes, ausschließlich am Unternehmenswohl orientiertes, auf sorgfältiger Ermittlung der Entscheidungsgrundlagen beruhendes unternehmerisches Handeln bewegen muss, deutlich überschritten sind (so der BGH in seinem Urteil vom 21.04.1997 für den Vorstand einer AG, DB 1997, 1068).

Der Geschäftsführer darf also die Grenze des erlaubten Risikos nicht überschreiten. Was erlaubt ist, bemisst sich nach der Relation zwischen der Wahrscheinlichkeit des Misslingens zur Höhe des möglichen Schadens. Es kommt auf die Umstände des Einzelfalls an.

Weiter Handlungsspielraum eines Unternehmensleiters

So ist nach der Rechtsprechung des BGH der weite Handlungsspielraum eines Unternehmensleiters dann überschritten, wenn aus Sicht eines ordentlichen und gewissenhaften Geschäftsleiters das hohe Risiko eines Schadens unabweisbar ist und keine vernünftigen wirtschaftlichen Gründe dafür sprechen, dieses Risiko dennoch einzugehen (BGH vom 21.03.2005, DB 2005, 1270). Der Unternehmensleiter haftet persönlich, wenn er die Grenze des erlaubten Risikos schuldhaft überschreitet. Dabei muss sich das Verschulden nur auf die haftungsbegründende Pflichtverletzung und nicht auf den haftungsausfüllenden Schaden beziehen (a. a. O.). Dies bedeutet, dass es für die Annahme eines Verschuldens nicht darauf ankommt, ob der konkrete Schaden zum Zeitpunkt der unternehmerischen Maßnahmen und Vereinbarungen vorhersehbar ist.

3.1.2.3 Wohl der Gesellschaft

Handeln zum Wohl der Gesellschaft

Motiv für die unternehmerische Entscheidung muss stets das Wohl der Gesellschaft sein. Ein Handeln zum Wohl der Gesellschaft liegt vor, wenn es der langfristigen Ertragsstärkung und Wettbewerbsfähigkeit des Unternehmens und seiner Produkte und Dienstleistungen dient. Entscheidend sind die Interessen der Gesellschaft.

Eigene und sachfremde Interessen hat der Unternehmensführer zurückzustellen.

3.1.2.4 Entscheidung auf der Basis angemessener Informationen

Die Entscheidung muss auf der Grundlage angemessener Informationen erfolgen. Auf dieser Grundlage müssen die einzelnen Aspekte der anstehenden Entscheidung und die damit verbundenen Risiken abgewogen werden. Die Entscheidungsgrundlagen müssen sorgfältig ermittelt werden. Dies bedeutet nicht, dass alle erdenklichen, sondern nur die gebotenen Informationen ermittelt werden müssen, die nach den Umständen des Einzelfalls angemessen sind. Insbesondere sind die Informationen unter Berücksichtigung der für die Entscheidung zur Verfügung stehenden Zeit, der Bedeutung der Entscheidung und dem Verhältnis der Kosten für die Informationsbeschaffenheit und dem zu erwartenden Nutzen der Information zu beschaffen.

Sorgfältige Ermittlung der Entscheidungsgrundlagen

3.1.2.5 Überwachung der Mitarbeiter

Mitarbeiter des Unternehmens sind von den Geschäftsführern regelmäßig zu kontrollieren. Je häufiger bei Mitarbeitern Fehler erkennbar werden, umso häufiger haben die Geschäftsführer zu kontrollieren. Je weniger Fehler dagegen bei Mitarbeitern erkennbar sind, umso mehr können sich Geschäftsführer auf deren ordnungsgemäße Mitarbeit verlassen. Überwachen die Geschäftsführer die Mitarbeiter nicht, haften sie für den eingetretenen Schaden aus eigenem Verschulden und nicht etwa für das fremde Verschulden der Mitarbeiter.

Kontrollpflicht des Geschäftsführers gegenüber Mitarbeitern

3.1.2.6 Risk-Management

Zu den Pflichten eines Geschäftsführers als ordentlicher Geschäftsmann bzw. eines Vorstands als ordentlicher und gewissenhafter Geschäftsleiter gehört auch ein effektives Risk-Management. Hierzu gehört die Einrichtung einer Risikoinventur, die die Geschäftstätigkeit und ihr externes Umfeld im Großen und Ganzen vollständig erfasst. Hierzu gehört auch die Überwachung der Risikotatbestände.

Einrichtung einer Risikoinventur

Einen Teilbereich des Risk-Managements hat das Aktiengesetz in § 91 Abs. 2 AktG festgeschrieben. Hiernach hat der Vorstand einer AG geeignete Maßnahmen zu treffen, insbesondere ein Überwachungssystem einzurichten, damit den Fortbestand der Gesellschaft gefährdende Entwicklungen früh erkannt werden. Durch diese erst 1998 in das Aktienrecht eingeführte Vorschrift soll die Leitungsverantwortung des Vorstands verdeutlicht werden, soweit es um Entwicklungen geht, die den Bestand des Unternehmens gefährden können. Die Vorschrift verlangt geeignete Maßnahmen zur Früherkennung solcher Entwicklungen. Frühzeitig bedeutet, dass einer nachteiligen Entwicklung noch so rechtzeitig entgegen gewirkt werden kann, dass sie keine den Bestand des Unternehmens gefährdenden Ausmaße annimmt. Mit der ausdrücklichen Erwähnung im Gesetz zur Einrichtung insbesondere eines Überwachungssystems soll sichergestellt werden, dass die Innenrevision und das Controlling die von ihnen gewonnenen Kenntnisse zeitnah dem Vorstand weitervermitteln.

Früherkennung von Risikotatbeständen

Geschäftsführer und Vorstände haften gegenüber dem Unternehmen (§§ 43 Abs. 2 GmbHG, 93 Abs. 2 AktG), wenn sie kein geeignetes Risk-Management und Controlling eingeführt haben, um die Krise des Unternehmens oder eine Risikosituation rechtzeitig zu erkennen und nach Eintritt der Krise bzw. bei Realisation des Risikos erfolgversprechende Chancen zur Beseitigung der Krise bzw. der Folgen des eingetretenen Risikos nicht nutzen konnten.

3.1.2.7 Organisatorische Verpflichtungen

Die Geschäftsführer und Vorstände sind verpflichtet, die wirtschaftliche und finanzielle Situation des Unternehmens laufend zu überwachen und zu überblicken. Sie müssen stets informiert sein über die maßgeblichen Unternehmensdaten wie Rentabilität, Liquidität, Vermögensentwicklung, Marktsituation usw. Fehlentscheidungen müssen durch ein geeignetes Controlling frühzeitig erkannt werden. Ferner haben die Geschäftsführer und Vorstände bei Vorliegen von Krisenmerkmalen wie

- nachhaltige Liquiditätsschwierigkeiten,
- länger andauernde negative Ertragslage oder
- erhebliche Forderungsausfälle zu prüfen, ob eine Insolvenzreife des Unternehmens eingetreten ist.

Verpflichtung zur Organisation des Geschäftsbetriebs

Grundsätzlich folgt aus der Verpflichtung des Geschäftsführers zur Leitung der Gesellschaft, dass er verpflichtet ist, diese zu organisieren. Er hat zu entscheiden, welche Aufgaben im Unternehmen durch welche Stellen erfüllt werden sollen. Möglich ist es, Aufgaben an andere Mitglieder der Geschäftsführung zu übertragen, was als »horizontale Delegation« bezeichnet wird. Möglich ist es aber auch, Aufgaben an nachgeordnete Führungsebenen zu übertragen. Dies wird als »vertikale Delegation« bezeichnet. Der Kernbereich der Leitung muss aber stets beim Leitungsorgan als Kollegialorgan verbleiben.

3.1.2.8 Faktischer Geschäftsführer

Faktischer Geschäftsführer ist derjenige, der die Geschäfte der Gesellschaft führt ohne Geschäftsführer zu sein. Dies kann daran liegen, dass die Bestellung zum Geschäftsführer fehlerhaft ist. Dies kann aber auch daran liegen, dass – wie in den meisten Fällen – der Betreffende im Einverständnis mit allen Gesellschaftern tätig wird, ohne förmlich zum Geschäftsführer bestellt zu sein, z. B. weil der faktische Geschäftsführer nicht nach außen in Erscheinung treten möchte oder weil er dies nicht darf, etwa weil ihm durch strafbare Handlungen dies für eine bestimmte Zeit nicht gestattet ist (vgl. § 6 Abs. 2 Satz 3 GmbHG) oder er einem Gewerbeverbot wegen Unzuverlässigkeit unterliegt.

Der faktische Geschäftsführer wird haftungs- und strafrechtlich so behandelt, als wäre er ordnungsgemäß bestellter Geschäftsführer.

Führung der Geschäfte ohne Bestellung zum Geschäftsführer

Faktisch ist eine Person dann Geschäftsführer, wenn sie die Geschäftsführungsfunktionen in maßgeblichem Umfang übernommen hat, wobei seiner Geschäftsführung ein Übergewicht, wenn nicht gar eine überragende Stellung zukommen muss. Die Stellung ist dann überragend, wenn von den nachfolgenden acht klassischen Merkmalen im Kernbereich der Geschäftsführung mindestens sechs erfüllt sind. Diese acht Merkmale sind (Bayerisches Oberstes Landesgericht vom 20.02.1997, NJW 1997, 1936):
1. Bestimmung der Unternehmenspolitik,
2. Unternehmensorganisation,
3. Einstellung von Mitarbeitern,
4. Gestaltung von Geschäftsbeziehungen zu Vertragspartnern,
5. Verhandlung mit Kreditgebern,
6. Gehaltshöhe,
7. Entscheidung der Steuerangelegenheiten,
8. Steuerung der Buchhaltung.

Für die deliktische Haftung einer Person als faktischer Geschäftsführer einer GmbH ist es erforderlich, dass der Betreffende nach dem Gesamterscheinungsbild seines Auftretens die Geschicke der Gesellschaft – über die interne Einwirkung auf die satzungsmäßige Geschäftsführung hinaus – durch eigenes Handeln im Außenverhältnis, das die Tätigkeit des rechtlichen Geschäftsführungsorgans nachhaltig prägt, maßgeblich in die Hand genommen hat (BGH vom 27.06.2005, DB 2005, 1787 im Anschluss an BGH vom 25.02.2002, DB 2002, 995).

> **Tipp**
>
> - Dokumentieren Sie bei wesentlichen Entscheidungen den Entscheidungsvorgang, insbesondere welche Informationen Sie eingeholt haben, welche tragenden Argumente für die Entscheidung bestimmend waren und wie die Kontrolle der Umsetzung der Entscheidung erfolgt ist.
> - Legen Sie besonderen Wert auf eine solche Dokumentation, wenn Sie eine Entscheidung gegen den Willen eines Geschäftsleiterkollegens oder leitenden Mitarbeiters durchgesetzt haben. Diese würden im Falle, dass sich die Entscheidung als schädlich herausstellen sollte, gegen Sie aussagen, dass die Fehlerhaftigkeit der Entscheidung von Anfang an bekannt und daher der Schaden voraussehbar gewesen sei.
> - Holen Sie bei entscheidenden Fragen eine interne schriftliche Stellungnahme der maßgeblichen Personen, z. B. aus der Rechtsabteilung, ein.
> - Deponieren Sie diese Dokumente unter Wahrung der Vertraulichkeit außerhalb der Geschäftsräume.

3.1.3 Entstehung und Durchsetzung der Haftung
3.1.3.1 Beginn der Haftung

Die Haftung des Geschäftsführers als Organ der Gesellschaft beginnt mit seiner organschaftlichen Bestellung. So wird beispielsweise der Geschäftsführer einer GmbH erst mit seiner Bestellung für die Abführung von Sozialversicherungsbeiträgen verantwortlich; das pflichtwidrige Verhalten früherer Geschäftsführer kann ihm grundsätzlich nicht zugerechnet werden (BGH vom 11.12.2001, DB 2002, 422).

Haftung für Organverschulden

Ob und wann ein Anstellungsvertrag abgeschlossen wird ist für die organschaftliche Haftung nach § 43 GmbHG oder § 93 AktG ohne Belang. Ohne Belang ist es auch, ob und wann der bestellte Geschäftsführer in das Handelsregister eingetragen wird. Die Haftung beginnt mit der Annahme des Amtes. Wurde der Geschäftsführer nur »pro forma« bestellt und wird die Geschäftsführungstätigkeit tatsächlich von einem faktischen Geschäftsführer ausgeübt, entlastet dies den bestellten Geschäftsführer von seiner Haftung nicht.

3.1.3.2 Ende der Haftung

Die Haftung endet mit der Beendigung des Geschäftsführeramtes, entweder durch Abberufung oder durch Niederlegung des Amtes durch den Geschäftsführer, es sei denn, dass der Geschäftsführer trotz Abberufung oder Amtsniederlegung die Geschäftsführung tatsächlich fortführt.

3.1.3.3 Verjährung

Die Verjährungsfrist für Ansprüche der GmbH gegen ihren Geschäftsführer bzw. der AG gegen Vorstand oder Aufsichtsrat beträgt fünf Jahre (§§ 43 Abs. 4 GmbHG, 93 Abs. 6, 116 Satz 1 AktG).

Bei der GmbH kann die Frist für die Haftung des Geschäftsführers abgekürzt werden, solange nicht die Pflichtverletzung des Geschäftsführers darin besteht, dass er entgegen § 43 Abs. 3 GmbHG an der Auszahlung gebundenen Kapitals der GmbH an Gesellschafter mitgewirkt hat (BGH vom 16.09.2002, DB 2002, 2480).

Verjährungsfrist fünf Jahre

3.1.3.4 Darlegungs- und Beweislast

Die Frage, wer welche Darlegungs- und Beweislast bei der Geltendmachung von Schadenersatzansprüchen gegen Geschäftsführer hat, entscheidet oftmals ganz erheblich darüber, ob eine Haftungsinanspruchnahme erfolgen kann oder nicht.

Bei der AG trifft den Vorstand nach § 93 Abs. 2 Satz 2 AktG die Beweislast, wenn streitig ist, ob er die Sorgfalt eines ordentlichen und gewissenhaften Geschäftsleiters angewandt hat. Damit weicht bei der AG das Gesetz von den allgemeinen Grundsätzen ab, nach der jede Partei die Voraussetzungen der ihr günstigen Norm zu beweisen hat. Nach dem Aktienrecht hat die AG den Eintritt und die Höhe des Schadens, die Handlung des in Anspruch genommenen Vorstandsmitglieds und die Kausalität zwischen seiner Handlung und dem Eintritt des Schadens zu beweisen. Dabei bezeichnet die Handlung dasjenige positive Tun oder Unterlassen, das die AG dem Vorstandsmitglied als möglicherweise pflichtwidrig vorwerfen will. Gelingt der AG die Darlegung und der Beweis der Handlung oder des Unterlassens, so ist es Sache des Vorstands, seinerseits darzulegen und zu beweisen, dass das Tun oder Unterlassen nicht pflichtwidrig oder nicht schuldhaft gewesen ist oder dass der Schaden auch bei pflichtgemäßem Handeln oder Unterlassen eingetreten wäre. Damit legt das Gesetz dem Vorstandsmitglied die Beweislast nicht nur für fehlendes Verschulden, sondern auch für fehlende Pflichtwidrigkeit auf.

Verschärfte Darlegungs- und Beweislast für Geschäftsführer und Vorstände

Bei der GmbH fehlt eine solche Vorschrift wie bei der AG in § 93 Abs. 2 Satz 2 AktG. Dennoch erfolgt die Verteilung der Darlegungs- und Beweislast nach allgemeinen Grundsätzen zur Aufteilung der Beweislast nach Gefahrenkreisen und Beweisnähe. So trifft die GmbH im Rechtsstreit um Schadenersatzansprüche gegen ihren Geschäftsführer gemäß § 43 Abs. 2 GmbHG entsprechend den Grundsätzen zu § 93 Abs. 2 AktG die Darlegungs- und Beweislast nur dafür, dass und inwieweit ihr durch ein Verhalten des Geschäftsführers in dessen Pflichtenkreis ein Schaden erwachsen ist (BGH vom 04.11.2002, DB 2002, 2706). Hierbei können ihr auch die Erleichterungen des § 287

ZPO zugute kommen, wie der BGH in dem zitierten Urteil ebenfalls festgestellt hat. Nach § 287 Abs. 1 ZPO kann das Gericht unter Würdigung aller Umstände nach freier Überzeugung entscheiden, ob und in welcher Höhe ein Schaden entstanden ist.

Geschäftsführer hat fehlendes Verschulden zu beweisen

Deshalb sind auch bei der GmbH von dieser der Schaden und die Kausalität mit dem Verhalten des Geschäftsführers darzulegen und zu beweisen. Demgegenüber trifft den Geschäftsführer die Darlegungs- und Beweislast dafür, dass ihn kein Verschulden trifft oder dass der Schaden auch bei pflichtgemäßem Alternativverhalten eingetreten wäre. Auch dies hat der BGH in dem zitierten Urteil ausgeführt.

3.1.4 Pflichten im Falle eines Insolvenzverfahrens

Funktionsänderung des Geschäftsführeramtes bei Insolvenz des Unternehmens

Im Falle der Insolvenz der Gesellschaft kommt es zu Besonderheiten bei Kompetenz und Haftung. Nach Eröffnung des Insolvenzverfahrens gehen die Aufgaben und Befugnisse des Schuldners grundsätzlich auf den Insolvenzverwalter über. Mit der Eröffnung des Insolvenzverfahrens über das Vermögen der Gesellschaft ist eine Funktionsänderung des Geschäftsführeramtes eingetreten. Die ursprünglich vorrangigen Gesellschafterinteressen treten hinter die Gläubigerinteressen zurück. Die §§ 101 Abs. 1 Satz 1, 97 Abs. 1 Satz 2 InsO stellen klar, dass der Schuldner bzw. der Geschäftsführer selbst solche Tatsachen offenbaren muss, die zu seiner Verfolgung wegen einer Straftat oder Ordnungswidrigkeit führen könnten. Jedoch darf seine Aussage in einem Straf- oder Ordnungswidrigkeitenverfahren nur mit seiner Zustimmung verwertet werden (§ 97 Abs. 1 InsO).

Der Schuldner bzw. der Geschäftsführer ist weiterhin dem Insolvenzgericht, dem Insolvenzverwalter, dem Gläubigerausschuss und auf Anordnung des Gerichts der Gläubigerversammlung über alle das Verfahren betreffenden Verhältnisse zur Auskunft verpflichtet (§§ 101, 97 Abs. 1 Satz 1 InsO). Ferner hat er den Insolvenzverwalter bei der Erfüllung seiner Aufgaben zu unterstützen (§§ 101, 97 Abs. 2 InsO).

Keine Funktionsänderung auf der Gesellschafterebene

Gesellschafterversammlungen der Schuldnergesellschaft sind weiterhin vom Geschäftsführer einzuberufen. Registerrechtliche Anforderungen, wie etwa die Anmeldung von Satzungsänderungen oder Kapitalerhöhungen zum Handelsregister (§§ 55, 57 GmbHG), oder die Einreichung der Gesellschafterlisten (§§ 40, 78 GmbHG), müssen weiterhin vom Geschäftsführer und nicht vom Insolvenzverwalter erfüllt werden.

Flucht aus den Mitwirkungspflichten nicht durch Amtsniederlegung möglich

Ein Geschäftsführer der Schuldnergesellschaft kann sich diesen Mitwirkungs- und Auskunftspflichten nicht durch Amtsniederlegung entziehen. Gleiches gilt, wenn die Gesellschafter den Geschäftsführer abberufen haben. Denn die §§ 97 Abs. 1 und 98 InsO gelten entsprechend für Personen, die nicht früher als zwei Jahre vor dem Antrag auf Eröffnung des Insolvenzverfahrens aus dem Amt ausgeschieden sind (§ 101 Abs. 1 Satz 2 InsO). Unabhängig von der öffentlich-rechtlichen Auskunftspflicht kann sich eine Informationspflicht gegenüber der insolventen Gesellschaft auch als nachwirkende Treuepflicht des Anstellungsverhältnisses ergeben. Diese dienstvertraglichen Rechte der Gesellschaft können nach Eröffnung des Insolvenzverfahrens vom Insolvenzverwalter geltend gemacht werden.

3.1.5 Haftung gegenüber der Gesellschaft

Wendet der Geschäftsführer bei der Geschäftsführung nicht die Sorgfalt eines ordentlichen Geschäftsmannes an, ist er der Gesellschaft gegenüber für alle hierdurch verursachten Schäden verantwortlich (§ 43 Abs. 2 GmbHG). Bei einer Haftung des GmbH-Geschäftsführers beschließen die Gesellschafter über die Geltendmachung von solchen Schadenersatzansprüchen (§ 46 Ziffer 8 GmbHG). Wird ein solcher Beschluss nicht gefasst, kann der Geschäftsführer nicht in die Haftung genommen werden. Wird die Gesellschaft insolvent, so kann der Insolvenzverwalter die Schadenersatzansprüche gegen den Geschäftsführer auch ohne Beschluss der Gesellschafter geltend machen. Die Entlastung des Geschäftsführers durch die Gesellschafter gibt dem Geschäftsführer keinen vollständigen Schutz vor einer Inanspruchnahme. So befreit z. B. die Entlastung den Geschäftsführer nicht im Hinblick auf Verstöße gegen die Grundsätze der Kapitalsicherung, wenn diese Haftung zur Befriedigung der Gläubiger erforderlich ist. Die Verjährungsfrist für diese Ansprüche beträgt fünf Jahre (§ 43 Abs. 4 GmbHG).

Geltendmachung von Schadenersatzansprüchen durch die Gesellschaft

Auch der Vorstand, der seine Pflichten verletzt, haftet gegenüber der Gesellschaft (§ 93 Abs. 2 AktG). Die Entscheidung zur Haftungsinanspruchnahme des Vorstands wird vom Aufsichtsrat getroffen. Der Aufsichtsrat ist verpflichtet, Schadenersatzansprüche gegen den Vorstand geltend zu machen, wenn die Geltendmachung hinreichende Aussicht auf Erfolg hat.

3.1.6 Entlastung

Nach § 46 Nr. 5 GmbHG entscheiden die Gesellschafter einer GmbH (in der Regel alljährlich) über die Entlastung ihres Geschäftsführers. Die Entlastung bedeutet die Billigung der Geschäftsführung für die Vergangenheit und die Bekundung von Vertrauen für die Zukunft. Bei der GmbH hat die Entlastung eine sogenannte Präklusionswirkung. Das heißt, dass mit dem Entlastungsbeschluss etwaige Schadenersatzansprüche gegen den Geschäftsführer entfallen, sofern

Entlastung nur bei Aufklärung der Gesellschafter

die Anspruchsvoraussetzungen den Gesellschaftern bekannt oder erkennbar waren und die Geschäftsführer die erforderlichen Informationen zur Verfügung gestellt haben.

Kein Anspruch auf Entlastung

Der Geschäftsführer hat keinen Anspruch auf Entlastung, da ein Vertrauen nicht erzwungen werden kann. Ferner ist die Entlastung nicht darauf beschränkt, festzustellen, ob der Geschäftsführer in den Angelegenheiten der Gesellschaft die Sorgfalt eines ordentlichen Geschäftsmannes angewandt hat, sondern auch, ob er seine unternehmerischen Entschließungen zweckmäßig getroffen hat. Zur Beurteilung dieser Frage hat die Gesellschafterversammlung eine breite Spanne des Ermessens, die es ihr erlaubt, die Entlastung zu erteilen oder zu verweigern, ohne gegen das Gesetz zu verstoßen. Daher hat der Geschäftsführer auch keine Möglichkeit, eine innerhalb des Ermessensrahmens liegende Versagung der Entlastung gerichtlich nachprüfen zu lassen.

Die Entlastung des Geschäftsführers einer GmbH durch die Gesellschafterversammlung gibt dem Geschäftsführer keinen vollständigen Schutz vor einer Inanspruchnahme. So befreit z.B. die Entlastung den Geschäftsführer nicht im Hinblick auf Verstöße gegen die Grundsätze der Kapitalsicherung, wenn diese Haftung zur Befriedigung der Gläubiger erforderlich ist.

Tipp

Verlassen Sie sich als GmbH-Geschäftsführer nicht darauf, dass die Gesellschafter Ihrem Handeln zugestimmt haben und zustimmen!

- Ein Entlastungsbeschluss der Gesellschafter hat keine Wirkung, wenn Sie gegen die Grundsätze der Kapitalsicherung verstoßen haben und die Geltendmachung der Ansprüche zur Befriedigung der Gläubiger notwendig ist.
- Gläubiger können die Schadenersatzansprüche der Gesellschaft gegen Sie pfänden.
- Der Insolvenzverwalter kann die Schadenersatzansprüche gegen Sie geltendmachen.

3.1.7 Treuepflicht

Geschäftsführer als Verwalter des Gesellschaftsvermögens

Gegenüber der Gesellschaft haben die Geschäftsführer eine gesteigerte Treuepflicht. Die Treuepflicht ist Korrelat ihrer weitreichenden Befugnisse und faktischen Einwirkungsmöglichkeiten. Ihnen sind das Gesellschaftsvermögen und sämtliche wirtschaftlichen und ideellen Interessen der Gesellschaft anvertraut. Sie unterliegen Verschwiegenheitspflichten, deren Verletzung strafbar ist.

Außerdem unterliegen sie während der Dauer ihres Amtes auch ohne ausdrückliche Vereinbarung oder Satzungsregelung einem Wettbewerbsverbot.

3.1.8 Weisungen der Gesellschafter

Eine persönliche Verantwortung des Geschäftsführers einer GmbH scheidet aus, wenn er Weisungen der Gesellschafter ausführt, die ihm diese erteilt haben. Die Weisungen müssen allerdings wirksam sein, was der Geschäftsführer zu überprüfen hat. Notfalls muss er sich hierzu kompetenten Rechtsrat einholen.

Weisungsbefugnisse der Gesellschafter einer GmbH

Die Gesellschafter einer GmbH können durch Gesellschafterbeschluss dem Geschäftsführer bis an die Grenze der Gesetzeswidrigkeiten Weisungen erteilen. Eine Pflicht zur Befolgung von Weisungen der Gesellschafter durch den Geschäftsführer mit der Folge seiner Haftungsfreistellung besteht nicht, wenn es sich um eine auf die Verletzung des Kapitalerhaltungsverbots gerichtete Weisung handelt. Denn solch eine Weisung wäre rechtswidrig. Der Geschäftsführer darf sie also nicht befolgen. Gleiches gilt für Weisungen, die einen existenzvernichtenden Eingriff zur Folge haben.

Ist der Gesellschafterbeschluss gegen den Widerspruch einer Minderheit von Gesellschaftern erfolgt, muss der Geschäftsführer abschätzen, ob der Gesellschafterbeschluss angefochten wird und welche Erfolgsaussichten solch eine Anfechtung haben würde. Gegebenenfalls hat er den Ablauf der Anfechtungsfrist abzuwarten, die auch ohne entsprechende Satzungsbestimmung ca. einen Monat beträgt.

Bei der AG ist die Situation anders. Nach § 76 Abs. 1 AktG hat der Vorstand die Leitung unter eigener Verantwortung zu leisten. Damit übt er die Leitung grundsätzlich weisungsfrei aus, d. h. er ist nicht an Weisungen der Gesellschafter gebunden, es sei denn, der Vorstand selbst hat gemäß § 119 Abs. 2 AktG eine Entscheidung der Hauptversammlung herbeigeführt oder es ist ein Beherrschungsvertrag (§ 291 AktG) mit einem Gesellschafter vereinbart. Ebenso steht dem Aufsichtsrat im Hinblick auf Fragen der Geschäftsführung kein Weisungsrecht gegenüber dem Vorstand zu. Auch im Hinblick auf Geschäfte, die einem Zustimmungsvorbehalt gemäß § 111 Abs. 4 Satz 2 AktG unterliegen, ergeben sich keine diesbezüglichen Weisungsrechte. Die Initiative zur Vornahme derartiger Geschäfte muss auch insoweit vom Vorstand ausgehen.

Anders bei der AG: Leitung der Gesellschaft in eigener Verantwortung

Bei der AG tritt die Ersatzpflicht des Vorstandes aber nicht ein, wenn die Handlung auf einem gesetzmäßigen Beschluss der Hauptversammlung beruht (§ 93 Abs. 4 Satz 1 AktG). Dadurch, dass der Aufsichtsrat die Handlung gebilligt hat, wird die Ersatzpflicht nicht ausgeschlossen (§ 93 Abs. 4 Satz 2 AktG).

3.1.9 Mehrere Geschäftsführer

Mehr Sicherheit für Unternehmen und Geschäftsführer durch Gesamtvertretungmacht

Sind mehrere Geschäftsführer bestellt, vertreten sie, wenn nichts anderes geregelt ist, die Gesellschaft gemeinsam. Eine Erklärung ist damit erst gültig, wenn sie von der notwendigen Anzahl der Geschäftsführer abgegeben wurde. Die Gesamtvertretungsmacht schützt nicht nur die Gesellschaft vor unüberlegtem und schnellem Handeln des alleinvertretungsbefugten Geschäftsführers, sondern schützt auch diesen selbst. Da rechtsgeschäftliche Erklärungen oftmals auch mündlich abgegeben werden, kann aus Sicht des Vertragspartners sehr schnell der Eindruck entstehen, dass eine bestimmte Aussage des alleinvertretungsberechtigten Geschäftsführers zu einer bindenden Erklärung geführt hat, an die man die Gesellschaft festhalten möchte. Bei der Gesamtvertretungsmacht wird es dem Dritten in der Regel schwer fallen, eine solche bindende Erklärung zu behaupten, da er dann die Erklärung der hierfür erforderlichen Anzahl der Geschäftsführer behaupten und beweisen müsste.

Pflicht zur Kooperation bei mehreren Geschäftsführern

Die Geschäftsführer haben untereinander die Pflicht zur Kooperation, aber auch die Pflicht zur gegenseitigen Überwachung. Sie haben sich untereinander über alle wesentlichen Vorkommnisse zu informieren. Sie können sich daher bei der Verletzung gesetzlicher Pflichten oftmals nur schwerlich darauf berufen, dass sie für die in Rede stehende Gesetzesverletzung, z.B. die rechtzeitige Abführung der Arbeitnehmerbeiträge zur Sozialversicherung, nicht der zuständige Geschäftsführer gewesen seien und sie damit keine Verantwortung treffe. Sieht ein Geschäftsführer, dass seine Mitgeschäftsführer ihr Amt rechtswidrig ausüben und ist es ihm nicht möglich, sie zu einem gesetzestreuen Verhalten anzuregen, so muss er notfalls von seinem Amt zurücktreten, um einer Haftung zu entgehen.

> **Tipp**
>
> Verlassen Sie sich als Geschäftsführer einer GmbH nicht auf Ihre Mitgeschäftsführer!
>
> - Erkundigen Sie sich regelmäßig nach dem Stand der Angelegenheiten, die einem Mitgeschäftsführer nach dem Geschäftsverteilungsplan zugewiesen sind.
> - Überprüfen Sie seine Tätigkeit regelmäßig und stichprobenhaft.
> - Können Sie ihren Mitgeschäftsführer nicht dazu bringen, dass er die Geschäfte sorgfältig führt und sind auch die Gesellschafter nicht bereit, einen unzuverlässigen Geschäftsführer abzuberufen, legen Sie zur Vermeidung eigener Haftungsrisiken Ihr Amt nieder.

3.1.10 Pflichten der Aufsichtsorgane

Im Gegensatz zur GmbH oder GmbH & Co. KG ist bei der AG ein Aufsichtsrat als Pflichtorgan zu bilden. Der Aufsichtsrat besteht aus mindestens drei Mitgliedern (§ 95 Abs. 1 AktG). Der Aufsichtsrat hat die Geschäftsführung zu überwachen (§ 111 Abs. 1 AktG). Hierzu kann er die Bücher und Schriften der Gesellschaft einsehen und prüfen und für bestimmte Aufgaben auch Sachverständige beauftragen (§ 111 Abs. 2 AktG). Die Überwachungspflicht ist nicht allein vergangenheitsbezogen. Die Überwachung muss vielmehr auch präventiv angelegt sein, also in die Zukunft hinein wirken. Der Umfang der Überwachungstätigkeit des Aufsichtsrats wird durch die entsprechende Risikolage der Gesellschaft bestimmt. Ist die Lage der AG angespannt oder bestehen sonstige risikoträchtige Besonderheiten, muss die Überwachungstätigkeit intensiviert werden. Damit hat der Aufsichtsrat vor allem in der Krise des Unternehmens verstärkt den Vorstand zu überwachen, mit ihm die Situation zu beraten und auf die notwendigen Handlungen Einfluss zu nehmen.

Überwachungspflicht des Aufsichtsrats

Hat der Vorstand die Krise durch fehlerhafte Unternehmensführung schuldhaft verursacht oder verschleppt, muss der Aufsichtsrat auch die Geltendmachung von Schadenersatzansprüchen gegen den Vorstand prüfen und über die Anspruchsverfolgung entscheiden.

Entscheidung über Haftungsinanspruchnahme der Vorstandsmitglieder

Verletzt der Aufsichtsrat seine Pflichten schuldhaft, haftet er persönlich gegenüber der Gesellschaft für den hierdurch eingetretenen Schaden (§§ 116, 93 AktG).

Bei der GmbH kann durch den Gesellschaftsvertrag die Bestellung eines Aufsichtsrats vorgesehen werden (§ 52 GmbHG). Die Vorschriften des Aktiengesetzes, so auch die Vorschriften über die Haftung der Aufsichtsratsmitglieder, sind nur insoweit anwendbar, als nicht im Gesellschaftsvertrag etwas anderes bestimmt ist.

3.1.11 Haftungsrisiken des Geschäftsführers einer englischen Limited

In Deutschland können auch Unternehmen in der Rechtsform einer ausländischen Gesellschaft geführt werden, wenn es sich um eine Gesellschaft aus einem EU-Mitgliedsstaat handelt und der Gründungsstaat das Auseinanderfallen von Satzungs- und Verwaltungssitz zulässt. Nicht notwendig ist hiernach, dass die Gesellschaft im Gründungsstaat eine eigene Geschäftstätigkeit entfaltet. Nach englischem Recht ist es zulässig, dass eine Limited (»private company limited by shares«) ihren Satzungssitz in England und ihren Verwaltungssitz in Deutschland hat, so dass die Voraussetzungen dafür vorliegen, dass eine englische Limited ihre alleinige Geschäftstätigkeit in Deutschland ausüben kann.

Haftung des Geschäftsführers einer in Deutschland tätigen englischen Limited

Interessant und beliebt ist die Verwendung einer englischen Limited in Deutschland deswegen, weil bei der Gründung einer Limited kein bestimmtes Mindestkapital eingezahlt werden muss und der Gründungsvorgang sehr schnell und kostengünstig abgewickelt werden kann.

Die Limited kennt praktisch kein Gründungskapital. Die Gründungsurkunde unterscheidet zwischen dem »nominal capital« und dem »issued capital«. Das »nominal capital« ähnelt eher dem genehmigten Kapital bei einer AG. Der Kapitalanteil, der tatsächlich ausgegeben wird, wird als »issued capital« bezeichnet. Der Zuzugsstaat darf den Zuzug der EU-Auslandsgesellschaft grundsätzlich nicht durch Vorgaben einer bestimmten Mindestkapitalausstattung hindern (Entscheidung des Europäischen Gerichtshofs vom 30.09.1999 »Inspire Art«, DB 2003, 2219), so dass sich die Kapitalausstattung der in Deutschland tätigen englischen Limited nach den englischen Kapitalvorschriften richtet.

Die Haftung des Geschäftsführers für rechtsgeschäftliche Verbindlichkeiten einer gemäß Companies Act 1985 in England gegründeten private limited company mit tatsächlichem Verwaltungssitz in der Bundesrepublik Deutschland richtet sich nach dem am Ort ihrer Gründung geltenden Recht. Der Niederlassungsfreiheit (Art. 43, 48 EGV) steht entgegen, den Geschäftsführer einer solchen englischen private limited company mit Verwaltungssitz in Deutschland wegen fehlender Eintragung in einem deutschen Handelsregister der persönlichen Handelndenhaftung analog § 11 Abs. 2 GmbHG für deren rechtsgeschäftliche Verbindlichkeiten zu unterwerfen (BGH vom 14.03.2005, DB 2005, 1047).

Maßgeblichkeit des englischen Rechts

Die Maßgeblichkeit englischen Rechts kann für den Geschäftsführer sehr schnell zu einer nicht überschaubaren Haftungsproblematik führen, die die anfänglichen Vorteile der Verwendung der englischen Rechtsform der Limited infolge der geringen Kapitalausstattung gegenüber der deutschen GmbH mit ihren strengen und hohen Kapitalausstattungs- und -erhaltungsvorschriften in ihr Gegenteil verkehren. Denn in einem wesentlichen Punkt unterscheidet sich die englische Limited von der deutschen GmbH ganz erheblich. Während bei der deutschen GmbH die Strenge des Gesetzes den Schwerpunkt auf ihre Gründung legt und dann den Pflichtenmaßstab reduziert, lässt das englische Gesellschaftsrecht eine schnelle und einfache Gründung der Limited zu und legt den Pflichtenmaßstab dann aber auf die Zeit nach der Gründung.

Auflösung der Limited von Amts wegen

So müssen die Jahres- und Geschäftsberichte pünktlich vorgelegt werden, und zwar in englischer Sprache. Verzögerungen können sehr teuer werden und schnell zur Auflösung der Limited führen. Ferner kennt das englische Recht keine Bestimmung einer Pflicht zur Stellung eines Insolvenzantrags, wie dies in § 64 GmbHG normiert ist. Der Geschäftsführer einer Limited haftet aber wegen »fraudulent trading«, wenn er die Geschäfte der Limited dennoch fortsetzt.

Weiter gibt es im englischen Recht die Haftung wegen »wrongful trading«, denn der Geschäftsführer einer Limited ist wie der Geschäftsführer einer deutschen GmbH verpflichtet, die finanziellen Verhältnisse der Gesellschaft regelmäßig zu überprüfen. Sieht der Geschäftsführer einer englischen Limited, dass das geringe Kapital der Gesellschaft zu einer Krise und zum Eintritt einer Insolvenz führen könnte, so ist er verpflichtet, alles zu tun, um mögliche Verluste der Gläubiger zu minimieren. Hierzu gehört entweder die Zurverfügungstellung ausreichenden Gesellschaftskapitals oder die Einstellung oder Reduzierung des Geschäftsbetriebs.

3.1.12 Schutz des Gesellschaftskapitals
3.1.12.1 Schutz des Stammkapitals einer GmbH

Bei der GmbH ist die Einhaltung des das gesamte GmbH-Recht beherrschenden Grundsatzes der Aufbringung und Erhaltung des Stammkapitals von dem Geschäftsführer zu überwachen. Der Geschäftsführer hat insbesondere darüber zu wachen, dass das zur Erhaltung des Stammkapitals erforderliche Vermögen der Gesellschaft nicht an die Gesellschafter ausgezahlt wird (§ 30 Abs. 1 GmbHG). Damit soll das Vermögen der Gesellschaft in Höhe des Stammkapitals geschützt werden.

Schutz des Vermögens einer GmbH in Höhe des Stammkapitals

Zahlungen, die den Gesellschaftern aus dem zur Erhaltung des Stammkapitals erforderlichen Vermögen der Gesellschaft geleistet worden sind, sind von diesen zurückzuerstatten (§ 31 Abs. 1 GmbHG). War der Empfänger jedoch in gutem Glauben, so kann die Erstattung nur insoweit verlangt werden, als sie zur Befriedigung der Gesellschaftsgläubiger erforderlich ist (§ 31 Abs. 2 GmbHG). Ist die Erstattung vom Empfänger nicht zu erlangen, so haften für den zu erstattenden Betrag, soweit er zur Befriedigung der Gesellschaftsgläubiger- erforderlich ist, die übrigen Gesellschafter nach Verhältnis ihrer Geschäftsanteile (§ 31 Abs. 3 Satz 1 GmbHG). Soweit die Gesellschafter hierfür Zahlung geleistet haben, sind ihnen die Geschäftsführer solidarisch zum Ersatz verpflichtet (§ 31 Abs. 6 GmbHG). Die Ansprüche der Gesellschaft verjähren für die Ansprüche nach § 31 Abs. 1 GmbHG in zehn Jahren und für die Ansprüche nach § 31 Abs. 3 GmbHG in fünf Jahren; die Verjährung beginnt mit dem Ablauf des Tages, an welchem die Zahlung, deren Erstattung beansprucht wird, geleistet ist (§ 31 Abs. 5 Satz 1 GmbHG).

Rückerstattungspflichten der Gesellschafter

Auch Kreditgewährungen an Gesellschafter, die nicht aus Rücklagen oder Gewinnvorträgen, sondern zu Lasten des gebundenen Vermögens der Gesellschaft bestritten werden, sind auch dann grundsätzlich als verbotene Auszahlung von Gesellschaftsvermögen im Sinne von § 30 GmbHG zu bewerten, wenn der Rückzahlungsanspruch gegen den Gesellschafter vollwertig sein sollte (BGH vom 24.11.2003, DB 2004, 371 f.). Nach Sinn und Zweck des § 30 GmbHG soll nämlich das Vermögen der Gesellschaft bis zur Höhe der Stammkapitalziffer dem Zugriff der Gesellschafter entzogen werden; damit soll nach Möglichkeit der GmbH ein ihren Bestand schützendes Mindestbetriebsvermögen und ihren Gläubigern eine Befriedigungsreserve gesichert werden.

Die »Auszahlung« des Gesellschaftskapitals an Gesellschafter wird in der Regel nicht durch eine direkte Zahlung an die Gesellschafter erfolgen, sondern meist verdeckt sein, wie z. B. durch überhöhte Zahlungen der Gesellschaft bei einem Geschäft mit dem Gesellschafter oder bei der Zubilligung anderer Vorteile. Unterlässt oder verhindert der Geschäftsführer eine verbotene Auszahlung nicht, verstößt er gegen seine Pflichten aus § 43 Abs. 1 GmbHG (BGH vom 24.11.2003, DB 2004, 371 ff.) und haftet daher für den eingetretenen Schaden. Eine entsprechende Weisung der Gesellschafterversammlung entlastet ihn nicht vom Vorwurf des pflichtwidrigen Handelns.

Verbot der verdeckten Gewinnausschüttungen

Beispiel:
A und B sind Gesellschafter der A+B GmbH zu je 1/2. Geschäftsführer der A+B GmbH ist A. A ist der Vater von B. Die A+B GmbH ist Eigentümerin eines Grundstücks mit einem Wert von 150.000 €. A verkauft als Geschäftsführer der A+B GmbH an seinen Sohn das Grundstück unter Wert, um seinem Sohn ein Startvermögen für seine angehende Ehe einzuräumen. Der Preis wird mit 125.000 € vereinbart, den B an die A+B GmbH zahlt. Nach fast fünf Jahren wird die A+B GmbH insolvent. Der Verkauf des Grundstücks unter Wert wird aufgedeckt. Der Insolvenzverwalter macht gegen A und B persönlich und als Gesamtschuldner den Differenzbetrag von 25.000 € geltend. Ferner erfährt das Finanzamt von dem Sachverhalt und stellt den Sachverhalt als verdeckte Gewinnausschüttung fest. Da von der A+B GmbH die Steuern nicht erlangt werden können, macht das Finanzamt die Steuerforderung gegen A und B persönlich geltend.

Tipp

Vermeiden Sie als Geschäftsführer einer GmbH verdeckte Gewinnausschüttungen an Gesellschafter!

- Kann die verdeckte Gewinnausschüttung von den Gesellschaftern im Insolvenzfalle nicht mehr von den Gesellschaftern erstattet werden, haften Sie hierfür persönlich.
- Sie haften hierfür fünf Jahre lang seit der verdeckten Leistung an die Gesellschafter.

3.1.12.2 Eigenkapitalersetzendes Darlehen

Grundsätzlich können Gesellschafter die GmbH über das gesetzlich hinausgehende Mindestkapital von 25.000 € finanzieren wie sie wollen. Insbesondere haben sie die Möglichkeit, der Gesellschaft zusätzlich zum gesetzlich notwendigen Mindestkapital Liquidität durch die Vergabe von Gesellschafterdarlehen zu verschaffen. Ein solches Darlehen kann aber rechtlich schnell als eigenkapitalersetzend zu bewerten sein. Die Qualifizierung eines Gesellschafterdarlehens als eigenkapitalersetzend hat für Gesellschafter und Geschäftsführer weit reichende rechtliche Folgen. So kann der Gesellschafter, der der Gesellschaft in einem Zeitpunkt, in dem ihr die Gesellschafter als ordentliche Kaufleute Eigenkapital zugeführt hätten, statt dessen ein Darlehen gewährt hat, den Anspruch auf Rückgewähr des Darlehens im Insolvenzverfahren über das Vermögen der Gesellschaft nur als nachrangiger Insolvenzgläubiger geltend machen (§ 32a Abs. 1 GmbHG). Das Gesetz ordnet also den Rangrücktritt für Forderungen aus eigenkapitalersetzenden Darlehen hinter alle anderen Gläubiger an. In der Regel fällt hierdurch der Darlehensanspruch in der vollen Höhe aus, weil die Insolvenzmasse nicht ausreicht, auch die Forderungen der nachrangigen Insolvenzgläubiger ganz oder teilweise zu befriedigen.

Eigenkapitalersetzendes Gesellschafterdarlehen in der Insolvenz der Gesellschaft

Die Qualifizierung eines Gesellschafterdarlehens als eigenkapitalersetzend liegt aber auch dann vor, wenn es zu einem Insolvenzfall nicht gekommen ist. Solange das Darlehen eigenkapitalersetzend ist, darf es dem Darlehensgeber nicht zurückgezahlt werden. Ferner dürfen hierauf keine Zinsen geleistet werden. Der Geschäftsführer ist verpflichtet, Forderungen von Gesellschaftern auf Rückzahlung des eigenkapitalersetzenden Darlehens oder auf Zahlung von Zinsen hierauf zurückzuweisen.

Rückzahlungsverbot auch außerhalb der Insolvenz, solange der Eigenkapitalersatz anhält

Dabei hat der Geschäftsführer eigenständig zu prüfen, ob das Darlehen des Gesellschafters eigenkapitalersetzend ist. Ein Darlehen ist nach der Rechtssprechung insbesondere dann eigenkapitalersetzend, wenn die nachfolgenden zwei Voraussetzungen vorliegen:

- Die Gesellschaft war zum Zeitpunkt der Hingabe des Gesellschafterdarlehen kreditunwürdig. Dies ist anzunehmen, wenn ein außen stehender Dritter der Gesellschaft dieses Darlehen entweder nicht oder nicht zu marktüblichen Bedingungen gegeben hätte.
- Ohne dieses Darlehen hätte die Gesellschaft liquidiert werden oder Insolvenzantrag stellen müssen.

Definition für den Eigenkapitalersatz eines Gesellschafterdarlehens

Diese Regeln des Eigenkapitalersatzes von Gesellschafterdarlehen finden aber nicht nur bei der erstmaligen Ausreichung von Darlehen Anwendung, sondern auch dann, wenn ein bereits früher ausgereich-

Stehenlassen von Gesellschafterdarlehen in der Krise

tes Darlehen in der Krise der Gesellschaft stehen gelassen wird. Ein solches Stehenlassen liegt insbesondere vor, wenn ein ablaufender Darlehensvertrag in der Krise verlängert wird, weil andernfalls die Gesellschaft hätte liquidiert werden oder Insolvenzantrag stellen müssen.

> **Beispiel:**
> *Der Insolvenzverwalter der A+B GmbH hat ferner folgenden Sachverhalt festgestellt: Zwei Jahre vor dem Insolvenzantrag ist ein Darlehen des B in Höhe von 100.000 €, das er vor sieben Jahren der Gesellschaft für eine feste Laufzeit von fünf Jahren gegeben hat, ausgelaufen. Vor sieben Jahren befand sich das Unternehmen noch in einer sehr guten wirtschaftlichen Verfassung und erwirtschaftete gute Gewinne. Als das Darlehen vor zwei Jahren auslief, belief sich der Anspruch noch auf 20.000 €. Die Gesellschaft verfügte bei Auslaufen des Darlehens aber über kein Vermögen, das ihr die Rückzahlung des Darlehens an B ermöglicht hätte. Da bereits erhebliche Verluste erzielt wurden, war eine Umschuldung durch eine Bank oder Sparkasse ausgeschlossen. B hatte daher das Darlehen um eine Laufzeit von 18 Monaten verlängert. Sechs Monate vor dem Insolvenzantrag zahlte die A+B GmbH das Darlehen dem B zurück. Der Insolvenzverwalter focht die Darlehensrückzahlung an und verlangte von B die Erstattung des Darlehensbetrags und kündigte dem A die Geltendmachung von Haftungsansprüchen an, wenn er die von B geforderte Erstattung nicht erhalten sollte.*
> *Das Zahlungsverlangen des Insolvenzverwalters war rechtmäßig. Dadurch, dass B das Darlehen vor zwei Jahren stehen gelassen hatte, wurde es eigenkapitalersetzend. Die Gesellschaft war zur Rückzahlung nicht in der Lage, insbesondere war sie nicht in der Lage, sich hierfür zu angemessenen Bedingungen einen Kredit zu besorgen. Hätte B seinen fälligen Darlehensanspruch durchgesetzt, hätte die Gesellschaft liquidiert werden oder Insolvenzantrag stellen müssen. B hätte die Rückzahlung des Darlehens nicht verlangen dürfen. A hätte als Geschäftsführer die Auszahlung nicht vornehmen dürfen.*

Und schließlich gilt diese Rechtslage auch für andere Rechtshandlungen eines Gesellschafters oder Dritten, die der Darlehensgewährung nach dieser Sachlage wirtschaftlich entsprechen. Dies kann z. B. im Falle der Darlehensgewährung durch einen nahen Angehörigen oder durch eine Konzerngesellschaft, die nicht an der in die Krise geratenen Gesellschaft beteiligt ist, gegeben sein (§ 32a Abs. 3 Satz 1 GmbHG).

Fachmännische Prüfung des Eigenkapitalersatzes

Wegen der in der Regel schwierigen rechtlichen Fragen, wann eine Gesellschafterleistung eigenkapitalersetzend ist und wann nicht, wird der Geschäftsführer bei der Beurteilung des Sachverhalts fachlich sehr schnell überfordert sein. Er muss sich dann notfalls fachmännischen Rat einholen.

> **Prüfen Sie als Geschäftsführer einer GmbH, ob Darlehen der Gesellschafter an die Gesellschaft eigenkapitalersetzend sind.**
> - Schalten Sie notfalls einen Berater ein.
> - Sind die Darlehen eigenkapitalersetzend, leisten Sie keine Zahlungen auf diese Darlehen. Zahlen Sie weder Zinsen noch eine Tilgung. Andernfalls haften Sie die nächsten fünf Jahre für diese Zahlungen persönlich, wenn Ihre Haftung zur Befriedigung der Gläubiger notwendig ist.

Tipp

3.1.12.3 Eigenkapitalersetzende Sicherheit

Ist der Kredit der Gesellschaft in der Krise von einem Dritten, z. B. einer Bank oder Sparkasse, gewährt und hat sich der Gesellschafter für diesen Kredit verbürgt oder eine Sicherheit gestellt, liegt hierin eine eigenkapitalersetzende Sicherheit. Dies bedeutet für den Darlehensgeber, dass dieser im Insolvenzverfahren über das Vermögen der Gesellschaft von dieser nur für den Betrag verhältnismäßige Befriedigung erlangen kann, mit dem er bei der Inanspruchnahme der Sicherung oder des Bürgen ausgefallen ist (§ 32a Abs. 2 GmbHG). Hat die Gesellschaft das Darlehen im letzten Jahr vor dem Antrag auf Eröffnung des Insolvenzverfahrens oder nach diesem Antrag zurückgezahlt, so hat der Gesellschafter, der die Sicherheit bestellt hatte oder als Bürge haftete, der Gesellschaft den zurückgezahlten Betrag zu erstatten, und zwar bis zur Höhe des Betrages, mit dem der Gesellschafter als Bürge haftete oder der dem Wert der von ihm bestellten Sicherung im Zeitpunkt der Rückzahlung des Darlehens entspricht (§ 32b Satz 1 und 2 GmbHG).

Vorrangige Inanspruchnahme des Sicherheitengebers

Jedoch wird der Gesellschafter von der Verpflichtung frei, wenn er die Gegenstände, die dem Gläubiger als Sicherheit gedient hatten, der Gesellschaft zu ihrer Befriedigung zur Verfügung stellt.

Übertragung der Sicherheiten auf die Gesellschaft

Auch hier gilt diese Rechtslage für andere Rechtshandlungen eines Gesellschafters oder Dritten, die der Darlehensgewährung nach dieser Sachlage wirtschaftlich entsprechen (§ 32a Abs. 3 Satz 1 GmbHG).

Diese Vorschriften haben auch Auswirkungen für die Krise der Gesellschaft außerhalb eines Insolvenzverfahrens. Liegt eine eigenkapitalersetzende Sicherheit des Gesellschafters vor, ist dieser verpflichtet, die Gesellschaft von den Zahlungen an den Kreditgeber nach Maßgabe des § 31b GmbHG freizustellen. Der Geschäftsführer ist verpflichtet, diesen Freistellungsanspruch gegen den Gesellschafter geltend zu machen.

Freistellung der Gesellschaft von den Zahlungsverpflichtungen gegenüber dem Kreditgeber

> **Tipp**
>
> **Haben Gesellschafter einer GmbH eine eigenkapitalersetzende Sicherheit gestellt, fordern Sie diese als Geschäftsführer auf, die Zahlungen an die Bank direkt vorzunehmen.**
>
> Gehen Sie notfalls in Konfrontation zu den Gesellschaftern.
>
> Andernfalls haften Sie die nächsten fünf Jahre für diese Zahlungen persönlich, wenn Ihre Haftung zur Befriedigung der Gläubiger notwendig ist.

3.1.12.4 Eigenkapitalersetzende Nutzungsüberlassung

Ein Gesellschafter kann der Gesellschaft anstatt einem Darlehen, mit dem z. B. Anlagegegenstände wie Maschinen oder Immobilien erworben werden, diese Sachwerte der Gesellschaft selbst zur Verfügung stellen, indem er beispielsweise in seinem Eigentum stehende Immobilien an diese vermietet oder verpachtet. Auf diese Leistungen sind nach der Rechtsprechung ebenso die Grundsätze für eigenkapitalersetzende Leistungen der Gesellschafter anzuwenden. Während es bei der Darlehensvergabe zur Feststellung des Eigenkapitalersatzes auf die Kreditunwürdigkeit der Gesellschaft ankommt, kommt es hier auf die Überlassungsunwürdigkeit an.

Definition einer Überlassungsunwürdigkeit einer Gesellschaft

Überlassungsunwürdig ist eine Gesellschaft
- bei Standard-Wirtschaftsgütern, die generell für eine Vielzahl von Verwendern in Betracht kommen, wenn die Gesellschaft nicht sicher in der Lage ist, das laufende Nutzungsentgelt zu bezahlen und eventuelle Schäden an der überlassenen Sache auszugleichen, und
- bei Anlagegütern, die auf individuelle Besonderheiten der Gesellschaft zugeschnitten sind und sich anderweitig nicht oder kaum ohne Veränderungen nutzen lassen, wenn ein vernünftig handelnder Vermieter nicht sicher sein kann, die Investitionskosten und angemessenen Gewinn einschließlich Veränderungskosten während der Überlassungszeit zu erhalten.

Keine Zahlungen auf die eigenkapitalersetzende Nutzungsüberlassung durch die Gesellschaft

Liegt eine eigenkapitalersetzende Nutzungsüberlassung vor, kann der Gesellschafter die Gegenleistung für die Nutzungsüberlassung von der Gesellschaft solange nicht verlangen, solange die eigenkapitalersetzende Nutzungsüberlassung anhält. Der Geschäftsführer darf Zahlungen von Nutzungsentgelt an den Gesellschafter nicht leisten, andernfalls macht er sich selbst schadenersatzpflichtig.

Beispiel:

Als die A+B GmbH in Zahlungsschwierigkeiten kam, wurde ihr der von ihr gepachtete Lagerplatz für ihre Produkte gekündigt, weil die Pacht nicht mehr bezahlt werden konnte. B hatte aber noch das von der Gesellschaft erworbene Grundstück, das als Lagerplatz geeignet war und das er kurzfristig leer machen und der A+B GmbH zur Vermeidung der andernfalls notwendig werdenden Betriebseinstellung verpachten konnte. Die A+B GmbH zahlte hierauf die Pacht, sobald es die Liquiditätslage der Gesellschaft erlaubte. Der Insolvenzverwalter machte mit Recht die Rückzahlung der Pachtzahlungen gegen B als unrechtmäßigen Empfänger von Zahlungen auf eine eigenkapitalersetzende Nutzungsüberlassung geltend. Dem A drohte er an, im Wege des Schadenersatzes die Zahlungen von ihm zu verlangen, wenn er die Rückzahlung von B nicht erhalten werde, weil die Pachtzahlungen wegen des Eigenkapitalersatzes von ihm hätten verweigert werden müssen.

Um eine Kollision bei der Nutzungsüberlassung von Immobilien seitens des Gesellschafters an die Gesellschaft mit den Interessen der Grundpfandgläubiger zu vermeiden, wird nach der Rechtsprechung danach unterschieden, ob eine Zwangsverwaltung angeordnet worden ist oder nicht. Denn eine eigenkapitalersetzende Nutzungsüberlassung hat im Hinblick auf das Nutzungsentgelt dieselben Auswirkungen wie eine Stundungsabrede zwischen Vermieter und Mieter. Eine Stundung hat den Charakter einer Vorausverfügung über den Mietzins, die nach § 1124 BGB mit der Zwangsverwaltung des Grundstücks unwirksam wird. Mit der Anordnung der Zwangsverwaltung zugunsten des Grundpfandgläubigers hat die Gesellschaft den Mietzins von nun an dem Grundpfandgläubiger zu bezahlen.

Zahlung an den Grundpfandgläubiger durch die Gesellschaft erst nach Anordnung der Zwangsverwaltung

Liegt eine eigenkapitalersetzende Nutzungsüberlassung von Gesellschaftern der GmbH vor, zahlen Sie hierauf keine Vergütung.

Sind bereits Zahlungen erfolgt, fordern Sie diese zurück.

Andernfalls haften Sie die nächsten fünf Jahre persönlich für die geleisteten und nicht zurückgeführten Zahlungen, wenn Ihre Haftung zur Befriedigung der Gläubiger erforderlich ist.

Tipp

3.1.12.5 Ausnahmen

Die Regeln über den Eigenkapitalersatz gelten jedoch nicht für den nicht geschäftsführenden Gesellschafter, der mit 10 % oder weniger am Stammkapital beteiligt ist (§ 32a Abs. 3 Satz 2 GmbHG). Erwirbt ein Darlehensgeber in der Krise der Gesellschaft Geschäftsanteile

Gering beteiligte Gesellschafter oder Neugesellschafter zum Zwecke der Sanierung

zum Zwecke der Überwindung der Krise, führt dies für seine bestehenden oder neu gewährten Kredite nicht zur Anwendung der Regeln über den Eigenkapitalersatz (§ 32a Abs. 3 Satz 3 GmbHG).

3.1.12.6 Existenzvernichtender Eingriff

Eine Haftung des Geschäftsführers einer GmbH besteht auch in dem Falle, in dem er existenzvernichtende Eingriffe durch Gesellschafter unterstützt oder nicht verhindert. Das Verbot des existenzvernichtenden Eingriffs ergänzt die Pflichten aus § 30 GmbHG und greift erst ein, wenn dessen Anwendungsbereich nicht eröffnet ist. Ein existenzvernichtender Eingriff der Gesellschafter liegt vor, wenn die Gesellschafter ihrer Gesellschaft Vermögen entziehen, das zur Erfüllung von Verbindlichkeiten benötigt wird und das an sich verteilungsfähig wäre, weil es sich um kein sogenanntes gebundenes Vermögen im Sinne der Verpflichtung zur Kapitalerhaltung nach § 30 GmbHG handelt. Als existenzvernichtende Eingriffe kommen insbesondere in Frage

- die Einbindung des Unternehmens in ein System des Cash-Pooling ohne Rücksicht auf die Liquidität des Unternehmens,
- der Entzug von überlebensnotwendigem Finanz- oder Anlagevermögen,
- die Übertragung unvertretbarer Risiken sowie
- die Besicherung von Gesellschafterverbindlichkeiten durch Vermögenswerte der Gesellschaft.

Haftung der Geschäftsführer und Gesellschafter bei existenzvernichtendem Eingriff

Neben den Geschäftsführern haften die Gesellschafter, die diesen existenzvernichtenden Eingriff veranlasst haben. Der Geschäftsführer darf solchen Weisungen nicht nachkommen, da solche rechtswidrig sind. Eine etwaige Haftung des Gesellschafters einer GmbH wegen existenzvernichtenden Eingriffs in das Gesellschaftsvermögen kann während eines laufenden Insolvenzverfahrens nur von dem Insolvenzverwalter, nicht aber von einzelnen Gläubigern der GmbH geltend gemacht werden (BGH vom 25.07.2005, DB 2005, 2182).

3.1.12.7 Schutz des Gesellschaftskapitals bei der AG

Der Vermögensschutz bei der AG unterscheidet sich von dem bei der GmbH und ist wesentlich strenger ausgestaltet. Nach § 57 Abs. 1 Satz 1 AktG ist jegliche Leistung an die Aktionäre verboten, soweit es sich nicht um eine ordnungsgemäße Verteilung von Bilanzgewinn handelt. Anders als bei der GmbH darf daher Vermögen außerhalb der Gewinnverteilung nicht an die Gesellschafter ausbezahlt werden, und zwar auch dann nicht, wenn das verbleibende Kapital zur Deckung des Grundkapitals ausreicht. Aktionäre haben das rechtswidrig Erlangte gemäß § 62 AktG an die AG zurückzuwähren.

Vorstandsmitglieder verletzen bei einer solchen rechtswidrigen Auszahlung ihre Sorgfaltspflichten und haften für den Schaden der Gesellschaft persönlich (§ 93 Abs. 1 AktG).

3.1.13 Rechnungslegungsvorschriften

Der Geschäftsführer ist verpflichtet, für die ordnungsgemäße Buchführung der Gesellschaft zu sorgen. Die Buchführungspflicht umfasst die Pflicht zur Aufzeichnung der Geschäftsvorfälle, zur Errichtung von Inventaren, zur Aufstellung der Eröffnungsbilanz, des Jahresabschlusses und des Lageberichtes und zur Offenlegung des Jahresabschlusses. Die Buchführung muss so beschaffen sein, dass sie einem sachverständigen Dritten innerhalb angemessener Zeit einen Überblick über die Geschäftsvorfälle und über die Lage des Unternehmens vermitteln kann.

Überblick über die Lage der Gesellschaft

Der Jahresabschluss und der Lagebericht sind vom Geschäftsführer in den ersten drei Monaten des Geschäftsjahres für das vorangegangene Geschäftsjahr aufzustellen (§ 264 Abs. 1 HGB). GmbHs sind oftmals sogenannte kleine Kapitalgesellschaften gemäß § 267 Abs. 1 HGB, die den Jahresabschluss auch später aufstellen dürfen, wenn dies einem ordnungsgemäßen Geschäftsgang entspricht. In jedem Falle sind diese Unterlagen innerhalb der ersten sechs Monate des Geschäftsjahrs aufzustellen; ein Lagebericht braucht von kleinen Kapitalgesellschaften nicht aufgestellt zu werden (§ 264 Abs. 1 Satz 3 HGB).

Unverzüglich nach der Aufstellung des Jahresabschlusses und des Lageberichtes hat der Geschäftsführer diese den Gesellschaftern zum Zwecke der Feststellung vorzulegen (§ 42a Abs. 1 GmbHG). Die Vorlage hat so rechtzeitig zu erfolgen, dass die Gesellschafter innerhalb der gesetzlichen Frist des § 42a Abs. 2 GmbHG die Feststellung des Jahresabschlusses beschließen können, nämlich innerhalb der ersten acht Monate des auf das Geschäftsjahr, dessen Jahresabschluss festzustellen ist, folgenden Jahres. Bei den sogenannten kleinen Gesellschaften beträgt die Frist elf Monate.

Frist zur Aufstellung des Jahresabschlusses durch kleine Kapitalgesellschaften maximal sechs Monate

---

Achten Sie darauf, dass der Jahresabschluss bei kleinen Kapitalgesellschaften innerhalb eines Zeitraums von längstens sechs Monaten seit dem vorangegangenen Geschäftsjahr aufzustellen ist.

Bedenken Sie, dass die Regelfrist für die Aufstellung des Jahresabschlusses drei Monate beträgt und bei kleinen Kapitalgesellschaften die Frist nur bis zur maximalen Frist von sechs Monaten verlängert wird, wenn dies einem ordnungsgemäßen Geschäftsgang entspricht.

Tipp

3.1.14 Die Führung der Geschäfte eines konzernabhängigen Unternehmens

Ist die vom Geschäftsführer geführte Gesellschaft konzernabhängig, so hat dies nachhaltige Einwirkungen auf die interne Zuständigkeitsordnung, die Stellung der Gesellschaftsorgane zueinander und die Rechte der Gesellschafter. Denn die Gesellschafterin der vom Geschäftsführer geleiteten Gesellschaft benutzt die Tochtergesellschaft oftmals vorrangig für eigene Belange und nimmt dadurch Nachteile bei ihrer Beteiligungsgesellschaft bewusst in Kauf. Oftmals ist der Gesellschaftsvertrag der von dem Geschäftsführer geleiteten Gesellschaft an die Konzernlage angepasst.

Interessenskonflikte des Geschäftsführers der konzernabhängigen Gesellschaft

Der Geschäftsführer ist aber den Interessen der von ihm geleiteten Gesellschaft und nicht irgendwelchen Interessen der Mehrheitsgesellschafterin verpflichtet. Dies kann für ihn sehr schnell zu Konflikten und auch zu unüberschaubaren Haftungsverhältnissen bis hin zur Strafbarkeit wegen Untreue führen.

Am einfachsten ist für den Geschäftsführer der konzernabhängigen Gesellschaft die Leitung der Gesellschaft, wenn die von ihm geführte Gesellschaft mit der Muttergesellschaft mittels eines Beherrschungsvertrages verbunden ist. Ein Beherrschungsvertrag

Beherrschungsvertrag

ist ein sogenannter Unternehmensvertrag, mit dem die abhängige GmbH die Leitung ihrer Gesellschaft einem anderen Unternehmen unterstellt, das damit das Recht erhält, der Geschäftsführung direkt Weisungen zu erteilen (vgl. § 291 Abs. 1 AktG). In Analogie zu § 308 AktG ist die beherrschende Gesellschaft auch nach dem GmbH-Recht berechtigt, dem Geschäftsführer der beherrschten Gesellschaft Weisungen zu erteilen, die für die Gesellschaft nachteilig sein können, wenn sie den Belangen des herrschenden Unternehmens oder der mit ihm und der Gesellschaft konzernverbundenen Unternehmen dienen.

Besteht ein solcher Beherrschungsvertrag nicht, ist das abhängige Unternehmen aber gleichwohl in den Konzern eingebunden, hat der Geschäftsführer der abhängigen Gesellschaft stets zu überwachen, ob die Belange der von ihm geführten Gesellschaft noch ausreichend gewahrt sind. Ist dies nicht der Fall, muss er notfalls in Konfrontation zur herrschenden Gesellschafterin gehen. Diese ist allerdings maßgebliche Person für den Anstellungsvertrag des Geschäftsführers und wird im Konfliktfalle dem Geschäftsführer Nachteile androhen. Der Geschäftsführer kommt hier schnell in einen schweren Konflikt zwischen seinen Pflichten aus der Geschäftsführung und seinen eigenen Interessen.

Beispiel:
C ist Geschäftsführer der C-Vertriebs GmbH und ist sehr erfolgreich. Die C-Vertriebs GmbH ist 100%ige Tochtergesellschaft der C-AG. Die C-AG verlangt vom Geschäftsführer der C-Vertriebs GmbH, dass diese nunmehr höhere Preise gegenüber einer in einem Niedrigsteuerland ansässigen 100%igen Tochtergesellschaft der C-AG für den Bezug der dort produzierten Waren bezahlt, damit bei der C-Vertriebs GmbH kein Gewinn anfällt und damit keine Gelder durch Steuerzahlungen abfließen.

Der Geschäftsführer der C-Vertriebs GmbH ist verpflichtet, sich gegen dieses Ansinnen zur Wehr zu setzen, denn Interesse der C-Vertriebs GmbH ist nicht, dass die Gewinne bei der ausländischen Schwestergesellschaft anfallen. Beugt sich der Geschäftsführer der Aufforderung der C-AG und wird die C-Vertriebs GmbH insolvent, dann haftet der Geschäftsführer der Gesellschaft persönlich für den eingetretenen Schaden.

Konzerninterne Preise

Berücksichtigen Sie als Geschäftsführer einer konzernabhängigen Gesellschaft, dass Sie verpflichtet sind, ausschließlich die Interessen der von Ihnen vertretenen Gesellschaft zu wahren.

- Wenn Sie von der Muttergesellschaft aufgefordert werden, dieser oder einer anderen Konzerngesellschaft einen Vorteil zu gewähren, prüfen Sie genau, ob dann zumindest auf anderer Ebene eine gleichwertige Gegenleistung an die Gesellschaft zurückfließt.
- Schalten Sie notfalls einen Berater ein.
- Gehen Sie notfalls in Konflikt mit der Muttergesellschaft.
- Weisen Sie diese darauf hin, dass Sie die von Ihnen vertretene Gesellschaft zu Gunsten des Konzerns nur benachteiligen dürfen, wenn ein Beherrschungsvertrag abgeschlossen wird.
- Halten Sie diese Verpflichtungen nicht ein, haften Sie die nächsten fünf Jahre persönlich für den Nachteil der von Ihnen vertretenen Gesellschaft.

Tipp

3.1.15 Informationen über den Verlust des halben Kapitals

Sinkt das Eigenkapital einer GmbH in der Jahresbilanz oder einer Zwischenbilanz auf den Betrag des halben Stammkapitals ab, muss der Geschäftsführer unverzüglich eine Gesellschafterversammlung einberufen und hierüber informieren (§ 49 Abs. 3 GmbHG). Gleiches gilt für den Vorstand einer AG, wenn ein Verlust in Höhe der Hälfte des Grundkapitals besteht (§ 92 Abs. 1 AktG). Ziel der Vorschriften ist es, den Gesellschaftern rechtzeitig Gelegenheit zu geben, die Sache zu überprüfen und Maßnahmen einzuleiten, um die Krise der Gesellschaft frühzeitig zu beseitigen.

Einberufung einer Gesellschafterversammlung bei Verlust des halben Kapitals

Muster einer Einladung zur außerordentlichen Gesellschafterversammlung wegen Verlustes des halben Stammkapitals

An die Gesellschafter der
Alpha-Beta GmbH

Als Geschäftsführer der Alpha-Beta GmbH lade ich hiermit zu einer außerordentlichen Gesellschafterversammlung am Mittwoch, den 14. August 2007, um 19.00 Uhr in den Geschäftsräumen der Gesellschaft ein.

Aus der wegen anhaltender Verluste erstellten Halbjahresbilanz der Gesellschaft zum 30.06.2007 ergibt sich, dass das Eigenkapital der Gesellschaft unter den Betrag des halben Stammkapitals gesunken ist.

Als Tagesordnung kündige ich die Aussprache hierzu und die Beschlussfassung über Maßnahmen zur Beseitigung des Bilanzverlustes an.

Datum, Ort, Unterschrift des Geschäftsführers

Vorausschauende Beobachtung der Vermögensentwicklung

Der Geschäftsführer darf jedoch nicht abwarten, bis die Jahresbilanz vorliegt. Er hat die wirtschaftliche Lage des Unternehmens laufend zu beobachten und gegebenenfalls einen Vermögensstatus zu erstellen.

Verletzt der Geschäftsführer oder Vorstand diese Vorschriften und hätte ein Schaden der Gesellschaft durch rechtzeitige Information über den Verlust des halben Stammkapitals oder des halben Grundkapitals vermieden werden können, haftet der Geschäftsführer oder Vorstand der Gesellschaft und den Gesellschaftern persönlich (§ 43 Abs. 2 GmbHG, § 823 Abs. 2 BGB i.V.m. § 84 Abs. 1 Ziffer 1 GmbHG bzw. § 93 Abs. 2 AktG, § 823 Abs. 2 BGB i.V.m. § 401 Abs. 1 Ziffer 1 AktG).

> **Tipp**
>
> **Prüfen Sie regelmäßig, ob das halbe Stammkapital bzw. das halbe Grundkapital noch vorhanden ist**
>
> - Stellen Sie notfalls Zwischenabschlüsse auf.
> - Informieren Sie unverzüglich die Gesellschafter, wenn das halbe Stammkapital oder das halbe Grundkapital verbraucht sind.
> - Unterlassen Sie dies und hätten die Gesellschafter bei rechtzeitiger Information die Gesellschaft saniert, haften Sie für den dadurch eingetretenen Schaden persönlich.
> - Ein solcher Schadensersatzanspruch wird dann in der Regel ganz besonders hoch sein.

3.1.16 Insolvenzverschleppung
3.1.16.1 Pflicht zur Stellung eines Insolvenzantrags

Wird eine Kapitalgesellschaft oder eine GmbH & Co. KG zahlungsunfähig oder ergibt sich aus dem Jahresabschluss oder einer Zwischenbilanz die Überschuldung der Gesellschaft, so hat der Geschäftsführer ohne schuldhaftes Zögern, spätestens aber innerhalb von drei Wochen seit der Feststellung der Zahlungsunfähigkeit oder Überschuldung Insolvenzantrag zu stellen (§ 64 Abs. 1 GmbHG für den Geschäftsführer einer GmbH, § 92 Abs. 2 AktG für den Vorstand einer AG, §§ 177a, 130a Abs. 1 HGB für den Geschäftsführer einer GmbH & Co. KG). Bei der Drei-Wochen-Frist handelt es sich um eine Höchstfrist. Diese darf nur ausgenutzt werden, wenn berechtigte Chancen für die Sanierung des Unternehmens bestehen. Ist dies nicht der Fall, so muss sofort Insolvenzantrag gestellt werden.

Insolvenzantragspflichten bei Zahlungsunfähigkeit oder Überschuldung

Zahlungsunfähigkeit liegt vor, wenn der Schuldner nicht in der Lage ist, die fälligen Zahlungsverpflichtungen zu erfüllen (§ 17 Abs. 2 Satz 1 InsO). Zahlungsunfähigkeit ist in der Regel anzunehmen, wenn der Schuldner seine Zahlungen eingestellt hat (§ 17 Abs. 2 Satz 2 InsO).

Abzugrenzen ist die Zahlungsunfähigkeit von der Zahlungsstockung. Eine Zahlungsstockung liegt vor, wenn der Schuldner nur zurzeit nicht in der Lage ist, die fälligen Zahlungsverpflichtungen zu erfüllen, aber konkrete Aussichten auf eine baldige Beendigung des Zahlungsengpasses erkennbar sind. Nach dem BGH vom 24.05.2005 (DB 2005, 1787) ist eine bloße Zahlungsstockung anzunehmen,

Abgrenzung der Zahlungsunfähigkeit von der Zahlungsstockung

- wenn der Zeitraum nicht überschritten wird, den eine kreditwürdige Person benötigt, um sich die benötigten Mittel zu leihen. Dafür sind drei Wochen erforderlich, aber auch ausreichend.
- Beträgt eine innerhalb von drei Wochen nicht zu beseitigende Liquiditätslücke des Schuldners weniger als 10 % seiner fälligen Gesamtverbindlichkeiten, ist regelmäßig von Zahlungsfähigkeit

auszugehen, es sei denn, es ist bereits absehbar, dass die Lücke demnächst mehr als 10% erreichen wird.
- Beträgt die Liquiditätslücke des Schuldners 10% oder mehr, ist regelmäßig von Zahlungsunfähigkeit auszugehen, sofern nicht ausnahmsweise mit an Sicherheit grenzender Wahrscheinlichkeit zu erwarten ist, dass die Liquiditätslücke demnächst vollständig oder fast vollständig beseitigt werden wird und den Gläubigern ein Zuwarten nach den besonderen Umständen des Einzelfalls zuzumuten ist.

Überschuldung

Eine Überschuldung liegt vor, wenn das Vermögen des Schuldners die bestehenden Verbindlichkeiten nicht mehr deckt (§ 19 Abs. 2 Satz 1 InsO). Bei der Bewertung des Vermögens des Schuldners ist jedoch die Fortführung des Unternehmens zugrunde zu legen, wenn diese nach den Umständen überwiegend wahrscheinlich ist (§ 19 Abs. 2 Satz 2 InsO).

In der Regel ist das Vorliegen einer Zahlungsunfähigkeit wesentlich leichter festzustellen als das Vorliegen einer Überschuldung. Eine Überschuldung ist durch Aufstellung einer sogenannten Überschuldungsbilanz festzustellen.

Checkliste

> **Eine Überschuldungsbilanz ist nach folgenden Schritten aufzustellen:**
>
> ✔ Zunächst ist festzustellen, ob eine positive Fortsetzungsprognose für das Unternehmen besteht. Wird diese als überwiegend wahrscheinlich bejaht, ist die Bewertung nach Fortführungswerten vorzunehmen.
>
> ✔ Die Bewertung von Aktiva und Passiva hat nach tatsächlichen Werten, also nicht nach Buchwerten, zu erfolgen. Die Werte sind mit dem Betrag anzusetzen, der ihnen im Rahmen eines Gesamtkaufpreises zuzuordnen wäre. Damit sind stille Reserven und Lasten aufzudecken.
>
> ✔ Bei den Aktiven sind auch nicht bilanzierungsfähige Vermögenswerte, wie etwa selbst geschaffene immaterielle Wirtschaftsgüter, anzusetzen. Auch ein originärer Firmenwert kann ausgewiesen werden.
>
> ✔ Bei den Passiven sind Eigenkapital und freie Rücklagen nicht anzusetzen. Anzusetzen sind dagegen Rückstellungen für ungewisse Verbindlichkeiten im Sinne des § 249 Abs. 1 Satz 1 HGB, soweit ernsthaft mit einer Inanspruchnahme des Schuldners ohne die Eröffnung eines Insolvenzverfahrens zu rechnen ist. Anzusetzen sind auch Rückstellungen für Verluste, soweit sie auch ohne Insolvenzverfahren eintreten. Verbindlichkeiten aus laufenden Pensionen sind mit ihrem Barwert zu passivieren, soweit nicht eine Kürzung wegen der wirtschaftlichen Krise des Schuldners berechtigt ist.

> ✔ Problematisch und strittig ist die Bilanzierung von Rückgewähransprüchen aufgrund eigenkapitalersetzender Gesellschafterleistungen. Diese begründen nach § 39 Abs. 1 Nr. 5 InsO Insolvenzforderungen und sind deshalb zum Zwecke der Feststellung einer Überschuldung grundsätzlich zu passivieren. Ist mit dem Gläubiger ein Rangrücktritt in der Weise vereinbart, dass die Forderung uneingeschränkt nur aus künftigen Gewinnen oder aus einem Liquidationsüberschuss zu begleichen ist, wird diese Forderung in der Regel nicht in eine Überschuldungsbilanz aufzunehmen sein. Sicher kann die Aufnahme eigenkapitalersetzender Leistungen aber vermieden werden, indem der Gläubiger auf seine Forderungen in der Weise bedingt verzichtet, dass die Forderung mit Beendigung der Krise wieder auflebt.

3.1.16.2 Haftung gegenüber Gläubigern

Stellen der Geschäftsführer einer GmbH oder einer GmbH & Co. KG oder der Vorstand einer AG schuldhaft zu spät einen Insolvenzantrag haften sie gegenüber den Gläubigern persönlich für den Schaden, der ihnen durch die verspätete Stellung eines Insolvenzantrages entstanden ist (§ 823 Abs. 2 BGB i.V.m. § 84 Abs. 1 Nr. 2 GmbHG bzw. § 401 Abs. 1 Nr. 2 AktG bzw. §§ 177a, 130a, 130b HGB – je nach Rechtsform). Eine fahrlässig verspätete Antragstellung genügt für die Begründung der Haftung. *(Haftung bei Insolvenzverschleppung)*

Soweit Altgläubiger mit ihren Forderungen ausfallen, können sie den Geschäftsführer oder Vorstand persönlich auf den sogenannten Quotenschaden in Anspruch nehmen. Danach hat der Geschäftsführer dem Gläubiger den Betrag zu ersetzen, den dieser als weitere Quote erhalten hätte, wenn rechtzeitig Insolvenzantrag gestellt worden wäre.

Eine über den Ersatz des sog. »Quotenschadens« hinausgehende Insolvenzverschleppungshaftung des Geschäftsführers einer GmbH aus §§ 823 Abs. 2 BGB, 64 Abs. 1 GmbHG erstreckt sich nur auf den Vertrauensschaden, der einem Neugläubiger dadurch entsteht, dass er der aktuell insolvenzreifen GmbH Kredit gewährt oder eine sonstige Vorleistung an sie erbringt (BGH vom 06.06.1994, DB 1994, 1608, BGH vom 25.07.2005, DB 2005, 2182).

Neugläubiger, die ihre Forderungen erst in der Phase der Insolvenzverschleppung erlangt haben, können ihre Ersatzansprüche dagegen auf den vollen Schaden erstrecken: Normzweck der Insolvenzantragspflichtens ist, insolvenzreife Gesellschaften mit beschränktem Haftungsfonds vom Geschäftsverkehr fernzuhalten, damit durch das Auftreten solcher Gebilde nicht Gläubiger geschädigt/gefährdet werden. Eine solche persönliche Haftung für den Geschäftsführer oder Vorstand einer Gesellschaft kann betragsmäßig damit sehr schnell Beträge erreichen, zu deren Bezahlung der Geschäftsführer oder Vorstand nicht mehr in der Lage ist. *(Volle Haftung gegenüber Neugläubigern)*

> **Tipp**
>
> **Vermeiden Sie als Geschäftsführer oder Vorstand schon aus eigenem Interesse, verspätet Insolvenzantrag zu stellen!**
>
> Sie gehen die Gefahr ein, den Gläubigern persönlich für ihre ausgefallenen Forderungen zu haften. Diese Haftung kann ein nicht mehr überschaubares Ausmaß erreichen. Schalten Sie rechtzeitig fachmännische Berater zur Klärung der Frage ein, ob Sie bereits verpflichtet sind, Insolvenzantrag zu stellen.

Laufende Beobachtung der wirtschaftlichen Lage des Unternehmens

Nach der ständigen Rechtsprechung ist der Geschäftsführer mit der Sorgfalt eines ordentlichen Geschäftsleiters verpflichtet, die wirtschaftliche Lage des Unternehmens laufend zu beobachten. Beim Anzeichen einer Krise muss er sich durch einen Vermögensstatus einen Überblick über den Vermögensstand verschaffen. Bei rechnerischer Überschuldung hat er eine Fortsetzungsprognose zu erstellen, dabei ist ihm ein gewisser Beurteilungsspielraum zuzubilligen, wobei sich der Geschäftsführer ggf. fachmännisch beraten lassen muss. Dabei hat der Gläubiger zu beweisen, ob die objektiven Voraussetzungen der Insolvenzantragspflicht zu einem bestimmten Zeitpunkt vorliegen. Ob es gerechtfertigt war, das Unternehmen fortzuführen, hat der Geschäftsführer darzulegen.

3.1.16.3 Haftung für Vorschüsse von Gläubigern an das Insolvenzgericht

Ferner haftet der Geschäftsführer auch im Falle einer schuldhaft und verspäteten Stellung eines Insolvenzantrags für Vorschüsse, die ein Gläubiger an das Insolvenzgericht geleistet hat (§ 26 Abs. 3 InsO). Die Vorschrift des § 26 InsO verfolgt das Ziel, die Anzahl mangels Masse eingestellter Insolvenzverfahren zu verringern. Deshalb wird ein Insolvenzverfahren nach § 26 Abs. 1 Satz 2 InsO bereits dann eröffnet, wenn die Kosten des Verfahrens, d. h. die Gerichtskosten und die Vergütungen und Auslagen des vorläufigen und endgültigen Insolvenzverwalters sowie des Gläubigerausschusses gedeckt sind. Es reicht aus, wenn ein Dritter den entsprechenden Geldbetrag als Vorschuss leistet.

3.1.16.4 Zahlungen während der Insolvenzreife

Nach §§ 64 Abs. 2 Satz 1 GmbHG, 92 Abs. 3 Satz 1 AktG sind die Geschäftsführer und Vorstände der Gesellschaft zum Ersatz von Zahlungen verpflichtet, die nach Eintritt der Zahlungsunfähigkeit der Gesellschaft oder nach Feststellung ihrer Überschuldung geleistet werden. Dies gilt nach §§ 64 Abs. 2 Satz 2 GmbHG, 92 Abs. 3 Satz 2 AktG nicht für Zahlungen, die auch nach diesem Zeitpunkt mit der

Sorgfalt eines ordentlichen Geschäftsmanns vereinbar sind. Zulässig sind damit insbesondere Leistungen
- zum Zwecke der Sanierung des Unternehmens,
- zur Vermeidung einer unwirtschaftlichen sofortigen Betriebsstilllegung oder
- zur Erfüllung vorteilhafter Austauschverträge.

Grundsatz der Masseerhaltung im Vorfeld des Insolvenzverfahrens

Diese Vorschrift hat zum Ziel, Masseverkürzungen im Vorfeld des Insolvenzverfahrens zu verhindern bzw. für den Fall, dass der Geschäftsführer dieser Massesicherungspflicht nicht nachkommt, sicherzustellen, dass das Gesellschaftsvermögen wieder aufgefüllt wird, damit es im Insolvenzverfahren zur ranggerechten und gleichmäßigen Befriedigung aller Gesellschaftsgläubiger zur Verfügung steht (BGH vom 31.03.2003, DB 2003, 1213 m.w.Nw.). Liegt infolge der Zahlung ein Aktivtausch vor, besteht ein Haftungsanspruch gegen den Geschäftsführer nicht. Ein solcher Aktivtausch liegt vor, wenn durch die Zahlung ein entsprechender Gegenwert in das Gesellschaftsvermögen gelangt und dort verblieben ist.

3.1.17 Haftung für Steuerschulden

In der Krise der Gesellschaft werden in der Regel Steuerzahlungen aufgeschoben oder gar Steuererklärungen nicht abgegeben, um die hierdurch errechneten Steuern nicht bezahlen zu müssen. Werden jedoch Steuerschulden durch grob fahrlässige Verletzung der Geschäftsführerpflichten nicht erfüllt, so haftet für diese dem Finanzamt ausgefallenen Steuern der Geschäftsführer persönlich.

Persönliche Haftung bei nicht abgeführten Lohn- und Umsatzsteuern

Eine solche Haftung besteht in Insolvenzfällen regelmäßig. Denn die Geschäftsführer versuchen zunächst, das Unternehmen zu retten, indem sie mit der verfügbaren Restliquidität die zur Unternehmensfortführung dringendsten Zahlungen in der Hoffnung leisten, dass die auflaufenden Rückstände später beglichen werden können. Ausgeführt werden z. B. regelmäßig folgende Zahlungen:

Haftungsrisiko bei Verwendung der Restliquidität nur für betriebsnotwendige Zahlungen

- Die Arbeitnehmer erhalten ihre Löhne, damit sie weiterarbeiten und keine Unruhe aufkommt.
- Die wichtigsten Lieferanten werden bezahlt, weil diese sonst keine Ware mehr liefern, ohne die der Produktions- oder Handelsbetrieb nicht mehr fortgesetzt werden könnte.
- Die Telefon- und Stromrechnungen werden bezahlt, weil andernfalls das Abstellen von Telefon und Strom drohen würde, was unmittelbar das Aus für das Unternehmen bedeuten würde.
- Kraftstoffe, Versicherungen und Steuern für die Fahrzeuge werden bezahlt, weil sonst Waren nicht ausgeliefert oder Kundenbesuche nicht mehr durchgeführt werden könnten.

Eingespart wird bei allen Zahlungen, die für die unmittelbare Fortsetzung des Geschäftsbetriebs nicht betriebsnotwendig sind, wie z. B.

- bei den Zahlungen an Lieferanten, sofern von diesen weitere betriebsnotwendige Lieferungen nicht mehr benötigt werden,
- bei den Zinsen und Tilgungen gegenüber den Banken/Sparkassen, wenn der Kontokorrent ausgeschöpft und Überziehungen nicht mehr zugelassen werden,
- bei den Zahlungen auf Steuern und Sozialversicherungen.

Das Finanzamt erlässt gegen den Geschäftsführer persönlich einen Haftungsbescheid, mit dem in das gesamte persönliche Vermögen des Geschäftsführers vollstreckt wird. Die Voraussetzung für die Haftung unterscheidet sich je nach Steuerart.

3.1.17.1 Haftung für Lohnsteuern

Auszahlung der Nettolöhne kürzen

Sind Lohnsteuern rückständig, haftet der Geschäftsführer in der Regel gegenüber dem Finanzamt persönlich für ausgefallene Lohnsteuerforderungen. Denn der Geschäftsführer hätte bei mangelnder Liquidität die Nettolöhne entsprechend kürzen müssen, um auch die hierdurch reduzierten Lohnsteuern hierauf bezahlen zu können.

3.1.17.2 Umsatzsteuer

Quotenmäßige Bedienung der Umsatzsteuerschuld

Lässt die Liquiditätslage der Gesellschaft eine vollständige Bezahlung der Forderungen der Gläubiger nicht zu, so hat der Geschäftsführer das Finanzamt entsprechend dem Anteil der an die anderen Gläubiger geleisteten Quote zu bedienen. Dies bedeutet, dass der Geschäftsführer verpflichtet ist, Zahlungen an andere Gläubiger entsprechend zu reduzieren, um auch im gleichen Maße Umsatzsteuern an das Finanzamt zahlen zu können.

Der Geschäftsführer muss daher regelmäßig überprüfen, in welchem Maße er Zahlungen an die Gläubiger leistet. Zahlt er an diese beispielsweise nur 70 % der Forderungen, dann hat er auch Umsatzsteuern in Höhe von 70 % der Umsatzsteuerschuld zu bezahlen. Da der Geschäftsführer dem Finanzamt nur für grob fahrlässige Verletzung der Geschäftsführerpflichten haftet, ist der Geschäftsführer nicht gehalten, die Quote bis in das letzte Detail zu berechnen. Es genügt eine überschlägige Berechnung.

Soweit der Geschäftsführer dies nicht beachtet, haftet er dem Finanzamt für die ausgefallene Quote persönlich.

Finanzamt X-Stadt

Herrn
Alfons Müller
X-Straße 1
00000 X-Stadt

Muster eines Haftungsbescheids an einen Geschäftsführer wegen Nichtabführung von Lohnsteuern

14.08.2007

Haftungsbescheid

Sehr geehrter Herr Müller,
die Firma Alfons Müller GmbH schuldet die nachfolgenden Abgaben:

a) Lohnsteuer	11/06 bis 03/07	5.000 €
b) Solidaritätszuschläge	11/06 bis 03/07	1.000 €
c) Kirchensteuer ev.	11/06 bis 03/07	500 €
d) Kirchensteuer rk.	11/06 bis 03/07	500 €
e) Säumniszuschläge	11/06 bis 03/07	1.250 €
gesamt		8.250 €

Für diese Rückstände haften Sie nach § 69 AO. Sie werden deshalb für die oben aufgeführten Abgaben in Höhe von 8.250 € (Lohnsteuer 5.000 €, Solidaritätszuschläge 1.000 €, Kirchensteuer ev. 500 €, Kirchensteuer rk. 500 €, Säumniszuschläge 1.250 €) in die Haftung genommen (§ 191 Abs. 1 AO).

Bitte zahlen Sie den Betrag von 8.250 € bis spätestens 17.09.2007 an die Finanzkasse. Die Zahlungsaufforderung ist zulässig nach § 219 Satz 2 AO, weil Sie gesetzlich verpflichtet waren, die Steuern einzubehalten und abzuführen bzw. zu Lasten des Steuerzahlers zu entrichten. Wenn Sie die Haftungsschulden nicht bis zum Ablauf des Fälligkeitstages zahlen, muss mit Vollstreckungsmaßnahmen gerechnet werden. Dafür entstehen außerdem Kosten.

Rechtsbehelfsbelehrung: ....

Finanzamt X-Stadt

> **Tipp**
>
> **Vergessen Sie als Geschäftsführer oder Vorstand in der Krise nicht das Finanzamt.**
> - Zahlen Sie alle Lohnsteuern. Reicht die Liquidität hierfür nicht aus, kürzen Sie die Lohnzahlungen.
> - Zahlen Sie die Umsatzsteuern mindestens in dem prozentualen Maße, wie Sie die anderen Gläubiger bezahlen.
> - Wenn Sie diese Regeln nicht beachten, werden Sie persönlich an das Finanzamt die Steuern zahlen müssen.

3.1.18 Haftung für Arbeitnehmerbeiträge zur Sozialversicherung

Haftungsfalle Nr. 1: Nichtzahlung der Arbeitnehmerbeiträge zur Sozialversicherung

Persönlich haftet der Geschäftsführer auch gegenüber den Sozialversicherungsträgern für nicht abgeführte Arbeitnehmeranteile zur Sozialversicherung. Diese können den Geschäftsführer vor den Zivilgerichten auf Zahlung verklagen.

Mit der neuen seit 01.01.1999 geltenden Insolvenzordnung ist jedoch ein Paradigmenwechsel bei der Beurteilung der Pflicht zur Zahlung der Arbeitnehmerbeiträge zur Sozialversicherung eingetreten, weil die frühere Konkursordnung anders als die heute geltende Insolvenzordnung den Arbeitnehmerbeiträgen zur Sozialversicherung noch den Vorrang einräumte. Dies hat der BGH in seinem Urteil vom 18.04.2005 (DB 2005, 1321 m.w.Nw.) ausdrücklich festgestellt. Danach entfällt die Haftung des Geschäftsführers für nicht abgeführte Arbeitnehmerbeiträge zur Sozialversicherung, wenn der Insolvenzverwalter die Zahlungen an die Sozialkasse nach der InsO hätte anfechten können. In diesem Falle ist mangels Kausalität ein Schaden für den Sozialversicherungsträger nicht eingetreten. § 266a StGB begründet hiernach in der Insolvenzsituation keinen Vorrang der Ansprüche der Sozialkasse. Der Geschäftsführer, der in dieser Lage die Arbeitnehmer

Keine Haftung, falls Zahlung zur Anfechtbarkeit führen würde

> **Tipp**
>
> **Zahlen Sie als Geschäftsführer oder Vorstand, wenn die Liquidität für die Bezahlung aller Sozialversicherungsbeiträge nicht reicht, zumindest die Arbeitnehmerbeiträge.**
>
> Vermerken Sie deutlich auf dem Überweisungsträger, dass damit die Arbeitnehmerbeiträge bezahlt werden.
>
> Andernfalls werden Sie persönlich in die Haftung genommen.
>
> Dies gilt allerdings nicht mehr, wenn Ihr Unternehmen bereits zahlungsunfähig ist, weil Sie dann vorrangig die Pflicht zur Massesicherung haben (§ 64 Abs. 2 GmbHG).

anteile noch abführt, statt das Gebot der Massesicherung (§ 64 Abs. 2 GmbHG) zu beachten, würde daher nicht mit der Sorgfalt eines ordentlichen Geschäftsmanns i.S.v. § 64 Abs. 2 GmbHG handeln.

Checkliste

Zur Klärung der persönlichen Haftungsrisiken von Geschäftsführern und Vorständen im Falle eingetretener Insolvenz des Unternehmens hilft Ihnen folgender Fragenkatalog:

- ✔ Sind die GmbH-Gesellschafter rechtzeitig über den Verlust des halben Stammkapitals informiert worden und wenn nicht, hätten die Gesellschafter bei Kenntnis des Verlustes Insolvenz vermeidende Maßnahmen durchgeführt?
- ✔ Ist der Jahresabschluss rechtzeitig aufgestellt worden?
- ✔ Wurden alle Arbeitnehmerbeiträge an die Sozialversicherung bezahlt?
- ✔ Wurde bei nur teilweiser Zahlung der Sozialversicherungsbeiträge auf dem Überweisungsträger deutlich vermerkt, dass es sich um die Zahlung der Arbeitnehmerbeiträge handelt?
- ✔ Wurden die Lohnsteuern abgeführt?
- ✔ Wurden die Lohnzahlungen gekürzt, wenn nicht alle Lohnsteuern gezahlt werden konnten?
- ✔ Sind Umsatzsteuern zumindest in dem Verhältnis gezahlt worden, wie andere Gläubiger befriedigt wurden?
- ✔ Ist, falls das Unternehmen durch eine juristische Person oder durch eine GmbH & Co. KG betrieben wird, sorgfältig und durch externe Berater überprüft worden, ob Zahlungsunfähigkeit oder Überschuldung vorliegt?
- ✔ Sind in der Krise des Unternehmens die Lieferanten gegen Vorkasse bezahlt worden?
- ✔ Wurde rechtzeitig Insolvenzantrag gestellt?
- ✔ Wurden Zahlungen auf eigenkapitalersetzende Darlehen an Gesellschafter geleistet?
- ✔ Wurden Zahlungen auf eigenkapitalersetzende Nutzungsüberlassungen verweigert?
- ✔ Wurden die Gesellschafter bei der Stellung von eigenkapitalersetzenden Sicherheiten aufgefordert, die Zahlungen direkt an die Bank oder Sparkasse zu leisten oder zumindest der Gesellschaft die Gelder zur Verfügung zu stellen, die zu den Zahlungen auf die Darlehen notwendig sind?
- ✔ Wurden verdeckte Gewinnausschüttungen an die Gesellschafter, z. B. durch für die Gesellschaft ungünstige Verträge mit Gesellschaftern, vermieden?
- ✔ Wurden von den Mitgeschäftsführern regelmäßig Informationen über ihre Tätigkeiten für die Gesellschaft eingeholt und stichprobenhaft auf die Einhaltung der Sorgfaltspflicht überprüft?

> ✔ Wurden die Mitarbeiter regelmäßig dahingehend überwacht, ob sie fehlerfrei arbeiten?
> ✔ Verfügte das Unternehmen über ein geeignetes Risk-Management-System und wenn nicht, hätte die Insolvenz mit einem solchen System vermieden werden können?

3.1.19 Unberechtigte Amtsniederlegung

Das Geschäftsführungsamt ist ein organschaftliches Amt. Mit der Bestellung zum Geschäftsführer wird dieser organschaftlicher Vertreter der GmbH. Damit unterliegt er allen gesetzlichen und satzungsmäßigen Verpflichtungen. Von dem organschaftlichen Amt als Geschäftsführer ist der Anstellungsvertrag zu unterscheiden, der vertraglich das Anstellungsverhältnis mit der Gesellschaft, insbesondere seine Vergütung regelt. Der Abschluss eines Anstellungsvertrages ist nicht zwingend notwendig.

Unabhängig von den vertraglichen Regelungen im Anstellungsvertrag kann der Geschäftsführer seine Organstellung durch Amtsniederlegung beenden. Mit der Amtsniederlegung wird seine Organstellung beseitigt. Die Gesellschaft wird nunmehr nicht mehr von ihm vertreten. Die Amtsniederlegung ist gegenüber dem Bestellorgan zu erklären, also in der Regel gegenüber den Gesellschaftern.

Amtsniederlegung zur Unzeit

Verletzt der Geschäftsführer mit der Amtsniederlegung die schuldrechtlichen Vereinbarungen im Anstellungsvertrag, ist er deshalb der Gesellschaft gegenüber schadenersatzpflichtig. Aber auch dann, wenn ein Anstellungsvertrag nicht besteht oder diesbezüglich keine Regelungen enthält, kann sich der Geschäftsführer gegenüber der Gesellschaft bei einer unberechtigten Amtsniederlegung schadenersatzpflichtig machen. Dies ist insbesondere dann der Fall, wenn der alleinige Geschäftsführer sein Amt willkürlich und zur Unzeit niederlegt, wenn also die GmbH in einer wichtigen Phase mit der Amtsniederlegung führerlos wird. Dies kann insbesondere dann der Fall sein, wenn der Geschäftsführer die drohende Insolvenz auf das Unternehmen zukommen sieht und meint, durch eine schnelle Amtsniederlegung könne er sich von den Pflichten aus seiner Geschäftsführertätigkeit befreien. Ein in dieser Weise handelnder Geschäftsführer geht erhebliche Risiken ein, persönlich auf Schadenersatz in Anspruch genommen zu werden.

3.1.20 Nichteinreichung des Jahresabschlusses zum elektronischen Bundesanzeiger

Pflicht zur Einreichung der Jahresabschlüsse

Nach § 325 HGB haben die gesetzlichen Vertreter von Kapitalgesellschaften den Jahresabschluss unverzüglich nach seiner Vorlage an die Gesellschafter, jedoch spätestens vor Abschluss des zwölften

Monats des dem Abschlussstichtag nachfolgenden Geschäftsjahres beim Betreiber des elektronischen Bundesanzeigers elektronisch einzureichen.

Der Umfang der einzureichenden Unterlagen richtet sich nach der Größe des Unternehmens. Große Kapitalgesellschaften haben folgende Unterlagen offenzulegen:
- den Jahresabschluss, bestehend aus Bilanz, GuV und Anhang,
- den Lagebericht,
- bei prüfungspflichtigen Kapitalgesellschaften den Bestätigungsvermerk des Abschlussprüfers oder den Vermerk über dessen Versagung,
- den Bericht des Aufsichtsrats,
- den Vorschlag über die Verwendung des Ergebnisses und den Beschluss über seine Verwendung unter Angabe des Jahresüberschusses oder Jahresfehlbetrags, soweit sich dieser nicht aus dem Jahresabschluss ergibt, und
- bei einem anders lautenden Feststellungsbeschluss der aufgrund dieses Beschlusses geänderte Jahresabschluss.

Mittelgroße Kapitalgesellschaften brauchen ihre Bilanz nicht in dem Umfang zu veröffentlichen, wie sie aufgestellt ist, sondern können sie in verkürzter Form beim Betreiber des elektronischen Bundesanzeigers einreichen. In § 327 HGB ist die Gliederung dargestellt.

Einreichung in verkürzter Form bei mittelgroßen Kapitalgesellschaften

Kleine Kapitalgesellschaften brauchen gemäß § 326 HGB lediglich die Bilanz und den Anhang einzureichen. Der Anhang braucht die die GuV betreffenden Angaben nicht zu enthalten.

Eine kleine Kapitalgesellschaft liegt dann vor, wenn mindestens zwei der drei nachfolgenden Merkmale nicht überschritten werden (§ 267 Abs. 1 HGB):
- Bilanzsumme 4.015.000 € nach Abzug eines auf der Aktivseite ausgewiesenen Fehlbetrags (§ 268 Abs. 3 HGB),
- Umsatzerlöse 8.030.000 €,
- durchschnittliche Arbeitnehmerzahl 50.

Ist die Kapitalgesellschaft größer, liegt eine mittelgroße Kapitalgesellschaft vor, wenn mindestens zwei der drei nachfolgenden Merkmale nicht überschritten werden (§ 267 Abs. 2 HGB):
- Bilanzsumme 16.060.000 € nach Abzug eines auf der Aktivseite ausgewiesenen Fehlbetrags (§ 268 Abs. 3 HGB),
- Umsatzerlöse 31.120.000 €,
- durchschnittliche Arbeitnehmerzahl 250.

Insbesondere Unternehmen, die sich in der Krise befinden, scheuen die Einreichung des Jahresabschlusses, um die Krise so lange wie

Festsetzung von Ordnungsgeld durch das Registergericht

möglich nach außen geheim halten zu können. Nach § 335 Abs. 1 HGB ist gegen die Mitglieder des vertretungsberechtigten Organs einer Kapitalgesellschaft, die diese Pflichten nicht befolgen, wegen des pflichtwidrigen Unterlassens der rechtzeitigen Offenlegung vom Bundesamt für Justiz ein Ordnungsgeldverfahren durchzuführen. Den Beteiligten ist unter Androhung eines Ordnungsgeldes in bestimmter Höhe aufzugeben, innerhalb einer Frist von sechs Wochen vom Zugang der Androhung an ihrer gesetzlichen Verpflichtung nachzukommen oder die Unterlassung mittels Einspruchs gegen die Verfügung zu rechtfertigen (§ 335 Abs. 3 Satz 1 HGB).

3.1.21 Kredite an Geschäftsführer

Keine Kredite an Geschäftsführer aus dem zur Erhaltung des Stammkapitals erforderlichen Vermögens

Nach § 43a Satz 1 GmbHG dürfen den Geschäftsführern, anderen gesetzlichen Vertretern, Prokuristen oder zum gesamten Geschäftsbetrieb ermächtigten Handlungsbevollmächtigten Kredite nicht aus dem zur Erhaltung des Stammkapitals erforderlichen Vermögen der Gesellschaft gewährt werden. Ein hiergegen gewährter Kredit ist ohne Rücksicht auf entgegenstehende Vereinbarungen sofort zurückzugewähren. Dies bedeutet, dass die Rückzahlung auch dann zu erfolgen hat, wenn der Rückzahlungsanspruch werthaltig ist, etwa weil werthaltige Sicherheiten gewährt worden sind (BGH vom 24.11.2003, DB 2004, 371 f.). Ein Kredit an die genannten Personen darf nur aus dem freien Vermögen der GmbH gegeben werden.

Geschäftsführer, die unter Verstoß gegen diese Bestimmungen eine solche Kreditgewährung durchgeführt haben, sind persönlich dafür haftbar, wenn der Gesellschaft Schaden entsteht.

3.1.22 Sonstige Kreditgewährungen

Auch im Übrigen sind Kreditgewährungen durch den Geschäftsführer als Vertreter der GmbH mit Vorsicht zu behandeln. Soweit Kredite an Gesellschafter gewährt werden, hat der Geschäftsführer nach den §§ 30, 31 GmbHG darauf zu achten, dass den Gesellschaftern dadurch nicht gebundenes Stammkapital zurückgewährt wird. Eine Rückgewährung liegt nur dann nicht vor, wenn eine volle Werthaltigkeit der Kreditgewährung besteht, das heißt, dass ein angemessener Zinssatz vereinbart wurde und eine volle Absicherung des Kredits erfolgt ist.

Bonitätsprüfung und Sicherheitengestellung bei Kreditgewährung an Dritte

Aber auch bei der Gewährung von Waren- und Finanzkrediten an Dritte hat der Geschäftsführer darauf zu achten, dass dies nur in allgemein üblicher Höhe, insbesondere im branchenmäßigen Umfang geschieht und entsprechende Sicherheiten gestellt werden. Bereits aus der Gewährung der Kredite ohne übliche Sicherheiten folgt ein hohes Schadensrisiko des Darlehensgebers, ohne dass es darauf ankommt, ob schon im Zeitpunkt der Kreditvergabe der Eintritt des konkreten späteren Schadens vorhersehbar war (BGH für die Darlehensvergabe durch den Vorstand, Urteil vom 21.03.2005, DB 2005, 1270).

Insbesondere müssen vor der Kreditvergabe die geschäftlichen Verhältnisse des Vertragspartners überprüft werden.

Verstößt der Geschäftsführer gegen diese Verpflichtungen, ist er der Gesellschaft zum Schadenersatz verpflichtet.

3.1.23 Bürgschaft und Mithaftung

Nimmt die Gesellschaft einen Kredit auf, wird die Bank oder Sparkasse in der Regel die Mithaftung des Geschäftsführers verlangen, insbesondere wenn der Geschäftsführer auch Gesellschafter der Gesellschaft ist. Die Haftung des Geschäftsführers geschieht entweder durch eine Bürgschaft oder durch eine Mithaftungserklärung. Damit kann sich der Geschäftsführer dem Kreditinstitut nicht auf die Haftungsbeschränkung der Gesellschaft berufen, sondern muss für die Rückzahlung des Kredites im vereinbarten Umfange persönlich einstehen und mit seinem Privatvermögen haften.

Bürgschaft und Mithaftung des Geschäftsführers

Die in den letzten Jahren immer mehr zum Schutze vor unbedachten Mithaftungen zu Lasten der Kreditunternehmen ausgeweitete Rechtsprechung kommt nicht dem Geschäftsführer zu Gute. Nach der Rechtsprechung des Bundesverfassungsgerichts und des Bundesgerichtshofs zur Sittenwidrigkeit von Bürgschaften und anderen Mithaftungen sind solche Haftungen vor allem von Kindern und Ehegatten für sittenwidrig und damit für nichtig erklärt worden, soweit diese von den eingegangenen Haftungen deutlich überfordert werden. Diese Rechtsprechung ist auf den Geschäftsführer nicht bzw. nur in äußersten Ausnahmefällen anwendbar.

Schließlich kommt für den Geschäftsführer erschwerend hinzu, dass seine Mithaftung vom Kreditinstitut oftmals in den Allgemeinen Geschäftsbedingungen geregelt ist, was der BGH für zulässig angesehen hat. Zwar muss die Bürgschaftserklärung vom Geschäftsführer im Formular nochmals gesondert unterzeichnet werden, solch eine Unterschrift im Kreditvertrag mit der Gesellschaft ist allerdings schnell gemacht. Die persönlichen Folgen sind für den Geschäftsführer dann aber fatal, wenn die Gesellschaft insolvent wird und das Kreditinstitut die Rückzahlung des Kredits vom Geschäftsführer persönlich einfordert.

Regelung der Haftungsübernahme in AGBs

3.1.24 Zusammenfassung

1. Die Geschäftsführer eines sich in der Krise befindlichen Unternehmens sind besonderen Haftungsgefahren ausgesetzt. In dieser Phase unterliegen sie einer erheblich gesteigerten Sorgfaltspflicht. Zahlreiche gesetzliche Bestimmungen führen zu einer persönlichen Haftung der Geschäftsführer mit ihrem gesamten

persönlichen Vermögen. Die Haftungsvorschriften sind nur schwer überschaubar. Die Geschäftsführer werden eine persönliche Haftung daher in der Regel nur vermeiden können, wenn sie sich frühzeitig hierzu beraten lassen.
2. Die Geschäftsführer müssen die Geschäfte mit der Sorgfalt eines ordentlichen Kaufmanns führen. Fehlen ihnen hierzu Kenntnisse, entlastet sie dies nicht. Sie müssen sich diese Kenntnisse aneignen oder sich einschlägig beraten lassen.
3. Der Insolvenzverwalter die Haftungsansprüche gegen den Geschäftsführer einer GmbH direkt geltend machen. Eines Beschlusses der Gesellschafter bedarf es hierzu nicht. Eine bereits erteilte Entlastung des Geschäftsführers befreit ihn nicht von der Haftung, wenn er gegen die Grundsätze der Kapitalsicherung verstoßen hat. Die Verjährungsfrist für die Haftung des Geschäftsführers beträgt fünf Jahre.
4. Mehrere Geschäftsführer haben untereinander die Pflicht zur Kooperation und zur gegenseitigen Information und Überwachung. Verletzt der Geschäftsführer diese Regeln haftet er grundsätzlich gesamtschuldnerisch auch für einen Schaden, den sein Mitgeschäftsführer schuldhaft verursacht hat.
5. Der Geschäftsführer hat ferner die Pflicht zur Überwachung der Mitarbeiter. Die Intensität der Pflicht zur Überwachung hängt davon ab, wie sehr er sich auf die Mitarbeiter verlassen kann. Verletzt er die Überwachungspflicht und wird deshalb von den Mitarbeitern ein Schaden verursacht, haftet der Geschäftsführer hierfür persönlich.
6. Der Geschäftsführer muss durch ein geeignetes Risk-Management das Unternehmen vor Schaden bewahren. Führt er ein geeignetes Risk-Management-System nicht ein oder überwacht er nicht die Risikotatbestände, so haftet der Geschäftsführer hierfür persönlich, wenn dadurch dem Unternehmen ein Schaden entsteht.
7. Der Geschäftsführer hat insbesondere darüber zu wachen, dass das zur Erhaltung des Stammkapitals erforderliche Vermögen nicht an die Gesellschafter ausbezahlt wird. Insbesondere hat er zu vermeiden, dass die Auszahlung im Wege einer verdeckten Gewinnausschüttung erfolgt. Kann ein hiernach unzulässig ausbezahltes Vermögen nicht von den Gesellschaftern zurückerhalten werden, haftet hierfür der Geschäftsführer persönlich.
8. Gibt ein Gesellschafter einer GmbH oder einer GmbH & Co. KG oder ein Aktionär einer AG ein Darlehen zu einer Zeit, zu der die Gesellschaft von Dritten ein solches Darlehen nicht oder nicht zu marktüblichen Bedingungen erhalten hätte und hätte die Gesellschaft ohne Vergabe des Darlehens liquidiert wer-

den oder Insolvenzantrag stellen müssen, so ist das Darlehen eigenkapitalersetzend. Der Gesellschafter darf dieses Darlehen weder an die Gesellschafter zurückzahlen noch Zinsen hierauf bezahlen, solange der Eigenkapitalersatz gegeben ist. Tätigt der Geschäftsführer hierauf dennoch Zahlungen hat er hierfür persönlich einzustehen.

9. Stellt der Gesellschafter einer GmbH oder GmbH & Co. KG oder der Aktionär einer AG anstatt der Vergabe eines eigenkapitalersetzenden Darlehens an die Gesellschaft einem Dritten Sicherheiten zur Verfügung, damit dieser der Gesellschaft ein Darlehen gibt, so sind die Sicherheiten eigenkapitalersetzend. Der Gesellschafter und Sicherheitengeber hat der Gesellschaft entweder die Sicherheiten oder diejenigen Geldbeträge zur Verfügung zu stellen, die die Gesellschaft für die Zahlungen auf das Darlehen benötigt. Unterlässt der Geschäftsführer die Geltendmachung der Ansprüche gegen den Gesellschafter, haftet er hierfür persönlich.

10. Stellt der Gesellschafter der Gesellschaft weder ein eigenkapitalersetzendes Darlehen noch einem Darlehensgeber eigenkapitalersetzende Sicherheiten zur Verfügung, sondern räumt er der Gesellschaft anstatt dessen die Nutzung an unbeweglichen oder beweglichen Gegenständen ein, liegt grundsätzlich eine eigenkapitalersetzende Nutzungsüberlassung vor. Der Geschäftsführer darf in diesem Falle dem Gesellschafter nicht das Nutzungsentgelt bezahlen, andernfalls haftet er persönlich der Gesellschaft hierfür.

11. Die Regeln zum Eigenkapitalersatz sind unter bestimmten Voraussetzungen nicht anzuwenden, so insbesondere nicht, wenn der Gesellschafter nicht geschäftsführend und nur mit 10 % oder weniger an der Gesellschaft beteiligt ist oder wenn er die Gesellschaftsanteile erst in der Krise der Gesellschaft zum Zwecke ihrer Überwindung erworben hat.

12. In der Krise der Gesellschaft ist durch die Geschäftsführung vor allem auf die rechtzeitige Aufstellung des Jahresabschlusses Wert zu legen. Kleine Kapitalgesellschaften im Sinne des § 267 Abs. 1 HGB haben hierfür maximal eine Frist bis zu sechs Monaten nach Schluss des Geschäftsjahres zur Verfügung, wenn dies einem ordnungsgemäßen Geschäftsgang entspricht.

13. Besonders sorgfältig muss der Geschäftsführer bei der Führung von konzernabhängigen Gesellschaften sein. Es muss stets darauf achten, dass er nur die Interessen der von ihm vertretenen Gesellschaft vertritt. Er darf die von ihm vertretene Gesellschaft nicht im Interesse des Konzerns oder einzelner Konzern-

gesellschaften benachteiligen. Benachteiligende Weisungen der beherrschenden Gesellschaft darf er nur beachten, wenn mit der herrschenden Gesellschaft ein sogenannter Beherrschungs- oder Gewinnabführungsvertrag geschlossen wurde. Dieser verpflichtet allerdings die herrschende Gesellschaft zur Übernahme aller Verluste der abhängigen Gesellschaft.

14. Sinkt das Eigenkapital einer GmbH in der Jahresbilanz oder in einer Zwischenbilanz auf den Betrag des halben Stammkapitals herab oder erzielt eine AG einen Verlust in Höhe der Hälfte des Grundkapitals, hat die Geschäftsführung unverzüglich eine Gesellschafter- bzw. Hauptversammlung einzuberufen, damit die Gesellschafter bzw. Aktionäre hierüber informiert werden und Maßnahmen zur Beseitigung der Krise beschließen können.

15. Wird eine Kapitalgesellschaft oder eine GmbH & Co. KG zahlungsunfähig oder ergibt sich aus dem Jahresabschluss oder einer Zwischenbilanz die Überschuldung der Gesellschaft, so hat der Geschäftsführer oder Vorstand ohne schuldhaftes Zögern, spätestens aber innerhalb von drei Wochen seit der Feststellung der Zahlungsunfähigkeit oder Überschuldung Insolvenzantrag zu stellen. Stellt er verspätet Insolvenzantrag haftet er gegenüber den Gläubigern der Gesellschaft persönlich, und zwar in voller Höhe für Forderungen, die in der Phase der Insolvenzverschleppung begründet wurden. Gegenüber Gläubigern, bei denen ihre Forderung schon vor dem Beginn der Insolvenzverschleppung begründet wurden, haftet er dem Gläubiger auf den Schaden, den er dadurch erleidet, weil seine Quote durch die Insolvenzverschleppung reduziert ist. Ferner haftet der Geschäftsführer im Falle eines schuldhaft verspäteten Insolvenzantrags für Vorschüsse eines Gläubigers, die dieser an das Insolvenzgericht zum Zwecke der Eröffnung des Insolvenzverfahrens geleistet hat.

16. Der Geschäftsführer und Vorstand haftet in der Regel persönlich gegenüber dem Finanzamt für nicht abgeführte Lohnsteuern, weil er bei fehlender Liquidität die Lohnauszahlungen entsprechend hätte kürzen müssen. Auf nicht abgeführte Umsatzsteuerzahlungen haftet der Geschäftsführer gegenüber dem Finanzamt persönlich, soweit er das Finanzamt in prozentual geringerem Maße befriedigt hat, als andere Gläubiger.

17. Und schließlich haftet der Geschäftsführer und Vorstand in der Regel dem Sozialversicherungsträger auch persönlich für nicht abgeführte Arbeitnehmerbeiträge zur Sozialversicherung. Erst wenn die Zahlung von Arbeitnehmerbeiträgen einen Tatbestand verwirklichen würde, der zur insolvenzrechtlichen Anfechtbar-

keit führen oder wenn die Nichtzahlung zum Zwecke der Masseerhaltung nach § 64 Abs. 2 GmbHG erfolgen würde, könnte der Geschäftsführer eine persönliche Haftung vermeiden.

3.2 Typische Straftatbestände in der Krise

In der Krise des Unternehmens werden regelmäßig Strafgesetze verletzt. Die Gründe für die verstärkt strafbaren Handlungen in der Krise liegen darin, *Gründe für strafbares Verhalten in der Krise*

- dass die Sorgfaltsmaßstäbe im Allgemeinen herabgesetzt sind, nachdem ohnehin nicht mehr alle Verpflichtungen erfüllt werden können,
- dass das Ziel der Unternehmensführung darauf gerichtet ist, die Krise zu meistern, so dass im Anschluss an eine erfolgreiche Sanierung des Unternehmens ohnehin nicht mehr danach gefragt werden würde, ob während der Krise strafbare Handlungen erfolgt sind, und
- dass für den Fall der Krise eine fast unüberschaubare Anzahl von Strafgesetzen wirksam wird, von denen ein Geschäftsführer in der Regel keine vollständige Kenntnis hat, weil ihm die Erfahrung für die Geschäftsführung eines in der Krise befindlichen Unternehmens fehlt.

3.2.1 Untreue

Zunächst besteht der allgemeine Straftatbestand der Untreue, der in jeder Phase des Unternehmens anwendbar ist. Der Straftatbestand des § 266 StGB ist so außerordentlich kompliziert, dass man in Zweifelsfällen nur schwer bestimmen kann, ob eine Untreue vorliegt oder nicht. Der Tatbestand der Untreue beinhaltet nach dem Gesetz zwei Fallkonstellationen, nämlich den Missbrauchstatbestand und den Treuebruchstatbestand. *Missbrauchs- und Treuebruchtatbestand bei der Untreue*

Nach dem Missbrauchstatbestand macht sich der Geschäftsführer wegen einer Untreue gemäß § 266 StGB strafbar, wenn er seine Verpflichtungen, die Vermögensinteressen der Gesellschaft wahrzunehmen, vorsätzlich verletzt und er hierdurch der Gesellschaft einen Nachteil zufügt. Der Straftatbestand setzt also objektiv den Eintritt eines Vermögensschadens voraus, der durch den Missbrauch einer Verfügungs- und Verpflichtungsbefugnis oder einer Vermögensbetreuungspflicht verursacht sein muss. Subjektiv ist für die Strafbarkeit zumindest bedingter Vorsatz erforderlich. Möglich ist eine strafbare Untreue auch durch Unterlassen.

Beispiele für Untreuedelikte

Beispiele für ein strafbares Verhalten des Geschäftsführers durch den Missbrauch seiner Vermögensbetreuungsbefugnis durch aktives Tun sind:
- verschleierte Verschiebungen von Gesellschaftsvermögen in das persönliche Vermögen oder in das Vermögen der Gesellschafter, z.B. durch verdeckte Gewinnausschüttungen oder durch falsche Bilanzierung,
- Sicherungsübereignung von Gegenständen der Gesellschaft ohne Rechtsgrund,
- Wahrnehmung gewinnträchtiger Geschäfte durch den Geschäftsführer persönlich anstatt durch die Gesellschaft,
- Annahme von Schmiergeldern zwecks Abschluss von Liefer- und Dienstleistungsverträgen gegen überteuertes Entgelt,
- Gewinnverteilung aufgrund falscher Bilanz,
- Kreditgewährung ohne hinreichende Sicherheiten,
- Unterlassen des Einschreitens gegenüber einer Untreuehandlung eines anderen Geschäftsführers zum Nachteil der GmbH,
- übertriebene Präsentation; Freigiebigkeiten, soweit sie das Maß des Üblichen überschreiten,
- Rückzahlung eines eigenkapitalersetzenden Darlehens in der Situation des § 32a GmbHG.

Beispiele für ein strafbares Verhalten des Geschäftsführers durch den Missbrauch seiner Vermögensbetreuungsbefugnis durch Unterlassen sind:
- vorsätzliches Schweigen auf ein unzutreffendes kaufmännisches Bestätigungsschreiben zum Nachteil der Gesellschaft,
- Nichteinschreiten gegen eine unbefugte Aufrechnung der Bank, die ohne Rechtsgrund eine Forderung der GmbH gegen eine Schuld des Geschäftsführers verrechnet,
- unterlassene Weiterleitung empfangener Schmiergelder.

Nach dem Treuebruchstatbestand liegt eine strafbare Untreue aber auch dann vor, wenn der Geschäftsführer seine Pflicht, die Vermögensinteressen der GmbH wahrzunehmen, verletzt und damit einen Treuebruch im Sinne des § 266 StGB begeht. Eine Verletzung der Pflicht zur Betreuung der Vermögensinteressen der GmbH liegt bereits dann vor, wenn einer der Beispielsfälle, wie oben genannt, gegeben ist. Auch der Treuebruch im Sinne des § 266 StGB kann durch aktives Tun oder durch Unterlassen verwirklicht werden z.B. wenn
- der Geschäftsführer drohende Gefahren nicht abwendet und ein gebotenes Einschreiten unterlässt,
- geschuldete Entgelte für private Nutzungen nicht abführt oder
- Insiderinformationen zur Schädigung der vertretenen GmbH einsetzt.

Weitere Beispiele treuwidriger Vermögensverschiebungen sind
- die Bildung »schwarzer Kassen« oder die Errichtung von Konten für Schmiergeldzahlungen,
- »Kick-Back-Geschäfte« oder
- Vereinbarung überhöhter Zahlungsverpflichtungen mit einem Dritten.

Liegt eine Einwilligung der Gesellschafterversammlung der GmbH vor, entfällt die Pflichtwidrigkeit. Die Einwilligung lässt die Pflichtwidrigkeit aber dann nicht entfallen, wenn sie gesetzwidrig oder erschlichen ist oder auf Willensmängeln beruht.

Durch die Tathandlung muss sowohl im Missbrauchstatbestand als auch im Treuebruchstatbestand des § 266 StGB dem Vermögen der GmbH ein Nachteil zugefügt werden. Ein Nachteil entfällt, wenn durch die Tathandlung zugleich ein entsprechender Vermögenszuwachs erzielt wurde. So liegt zwar in einer Schmiergeldzahlung eine Pflichtwidrigkeit. Wenn das dadurch abgeschlossene Geschäft aber entsprechend vorteilhaft für die GmbH ist, entfällt der Nachteil.

Nachteilszufügung für Vermögen der GmbH oder AG

Als Nachteil für die GmbH ist allerdings auch ein Gefährdungsschaden für eine Untreue ausreichend. Ein Gefährdungsschaden liegt z. B. vor,
- wenn durch eine unordentliche Buchführung die Durchsetzung berechtigter Ansprüche verhindert oder erschwert wird oder
- wenn Kredite nicht oder nicht hinreichend gesichert ausgereicht werden.

Zunehmend wird in der Rechtsprechung des BGH der strafrechtlichen Verantwortung des Vorstands eine größere Bedeutung beigemessen. So wurde vom BGH in dem »Mannesmann-Urteil« am 21.12.2005 (DB 2006, 323) entschieden, dass eine nicht im Dienstvertrag vorgesehene Sonderzahlung, die ausschließlich belohnenden Charakter hat und der Gesellschaft keinen zukunftsbezogenen Nutzen bringt, gegen das Interesse der Gesellschaft verstößt und eine treupflichtwidrige Schädigung des anvertrauten Gesellschaftsvermögens im Sinne von § 266 StGB darstellt.

3.2.2 Unrichtige Bilanzierung

§ 331 HGB enthält Straftatbestände, die sich auf unrichtige Darstellungen beziehen. Nach § 331 Nr. 1 HGB macht sich ein Geschäftsführer oder Vorstand strafbar, wenn er die Verhältnisse der Gesellschaft in der Eröffnungsbilanz, im Jahresabschluss oder im Lagebericht unrichtig wiedergibt oder verschleiert. § 331 Nr. 2 bis Nr. 4 HGB bezieht sich auf unrichtige Angaben im Hinblick auf einen Konzern.

Strafbarkeit der »kreativen« Buchführung

Damit ist die »kreative Buchführung« strafbar, wie sie häufig in der Krise eines Unternehmens zu beobachten ist, wie z.B. eine falsche Inventur oder die vorsätzlich falsche Höherbewertung der Aktiva oder Niedrigerbewertung der Passiva. Da für die Bilanzierung oftmals weite Bewertungs- und Beurteilungsspielräume und hierüber unter Fachleuten oftmals unterschiedliche Auffassungen bestehen, liegt eine unrichtige Wiedergabe im Sinne dieser Vorschrift und damit eine Strafbarkeit aber erst vor, wenn der gewählte Ansatz in der Bilanz eindeutig nicht mehr vertretbar ist.

3.2.3 Unterlassen einer Anzeige über den Verlust des halben Kapitals

Unterlässt der Geschäftsführer, den Gesellschaftern den Verlust in Höhe der Hälfte des Stammkapitals anzuzeigen, ist dies nach § 84 Abs. 1 Nr. 1 GmbHG strafbar. Für den Vorstand einer AG ist die Strafbarkeit nach § 401 Abs. 1 Nr. 1 AktG gegeben, wenn dieser es entgegen § 92 Abs. 1 AktG unterlässt, bei einem Verlust in Höhe der Hälfte des Grundkapitals die Hauptversammlung einzuberufen und ihr dies anzuzeigen.

3.2.4 Geschäftslagentäuschung

Unwahre oder verschleierte Darstellungen in öffentlichen Mitteilungen

Nach § 82 Abs. 2 Ziffer 2 GmbHG macht sich ein Geschäftsführer strafbar, wenn er in einer öffentlichen Mitteilung die Vermögenslage der Gesellschaft unwahr darstellt oder verschleiert, soweit die Tat nicht bereits nach § 331 Nr. 1 HGB strafbar ist. Solche strafbaren Handlungen erfolgen meist im Rahmen von Rundschreiben der Gesellschaft an Gläubiger oder in Presseerklärungen, nachdem die Krise des Unternehmens bekannt geworden ist. Mit solchen Maßnahmen soll die wahre Sachlage der Krise verschleiert und Kunden und Lieferanten von negativen Reaktionen abgehalten werden.

Die Mitglieder des Vorstandes einer AG machen sich nach § 400 Abs. 1 Nr. 1 AktG strafbar, wenn sie die Verhältnisse der Gesellschaft einschließlich ihrer Beziehungen zu verbundenen Unternehmen in Darstellungen oder Übersichten über den Vermögensgegenstand, in Vorträgen oder Auskünften in der Hauptversammlung unrichtig wiedergeben oder verschleiern.

3.2.5 Bankrottdelikte

Nach § 283 StGB sind eine Reihe von Handlungen oder Unterlassungen als sogenannte Bankrottdelikte unter Strafe gestellt, sofern sie bei einer Überschuldung oder drohenden oder eingetretenen Zahlungsunfähigkeit begangen wurden. Weitere Voraussetzung für die Strafbarkeit ist, dass die Zahlungen vom Täter eingestellt wurden oder über das Vermögen des Unternehmens das Insolvenzverfahren eröffnet oder der Eröffnungsantrag mangels Masse abgewiesen worden ist (§ 283 Abs. 6 StGB).

Nach § 283 Abs. 1 StGB ist der Schuldner strafbar, wenn er **Katalog der Bankrottdelikte**

- Bestandteile seines Vermögens, die im Falle der Eröffnung des Insolvenzverfahrens zur Insolvenzmasse gehören, beiseite schafft oder verheimlicht oder in einer den Anforderungen einer ordnungsgemäßen Wirtschaft widersprechenden Weise zerstört, beschädigt oder unbrauchbar macht (Nr. 1),
- in einer den Anforderungen einer ordnungsgemäßen Wirtschaft widersprechenden Weise Verlust- oder Spekulationsgeschäfte oder Differenzgeschäfte mit Waren oder Wertpapieren eingeht oder durch unwirtschaftliche Ausgaben, Spiel oder Wette übermäßige Beträge verbraucht oder schuldig wird (Nr. 2),
- Waren oder Wertpapiere auf Kredit beschafft und sie oder die aus diesen Waren hergestellten Sachen erheblich unter ihrem Wert in einer den Anforderungen einer ordnungsgemäßen Wirtschaft widersprechenden Weise veräußert oder sonst abgibt (Nr. 3),
- Rechte anderer vortäuscht oder erdichtete Rechte anerkennt (Nr. 4),
- Handelsbücher, zu deren Führung er gesetzlich verpflichtet ist, zu führen unterlässt oder so führt oder verändert, dass die Übersicht über seinen Vermögensstand erschwert wird (Nr. 5),
- Handelsbücher oder sonstige Unterlagen, zu deren Aufbewahrung ein Kaufmann nach Handelsrecht verpflichtet ist, vor Ablauf der für Buchführungspflichtige bestehenden Aufbewahrungsfristen beiseite schafft, verheimlicht, zerstört oder beschädigt und dadurch die Übersicht über seinen Vermögensstand erschwert (Nr. 6),
- entgegen dem Handelsrecht Bilanzen so aufstellt, dass die Übersicht über seinen Vermögensstand erschwert wird oder es unterlässt, die Bilanz seines Vermögens oder das Inventar in der vorgeschriebenen Zeit aufzustellen (Nr. 7) oder
- in einer anderen, den Anforderungen einer ordnungsgemäßen Wirtschaft grob widersprechenden Weise seinen Vermögensgegenstand verringert oder seine wirklichen geschäftlichen Verhältnisse verheimlicht oder verschleiert (Nr. 8).

3.2.6 Verletzung der Buchführungspflicht

Auch die Verletzung der Buchführungspflichten ist unter der Voraussetzung, dass die Zahlungen vom Täter eingestellt wurden oder über das Vermögen des Unternehmens das Insolvenzverfahren eröffnet oder der Eröffnungsantrag mangels Masse abgewiesen worden ist, nach § 283b StGB strafbar.

Katalog der strafbaren Verletzungen von Buchführungspflichten

Nach § 283b StGB wird bestraft, wer
- Handelsbücher, zu deren Führung er gesetzlich verpflichtet ist, zu führen unterlässt oder so führt oder verändert, dass die Übersicht über seinen Vermögensstand erschwert wird (Nr. 1),
- Handelsbücher oder sonstige Unterlagen, zu deren Aufbewahrung er nach Handelsrecht verpflichtet ist, vor Ablauf der gesetzlichen Aufbewahrungsfristen beiseite schafft, verheimlicht, zerstört oder beschädigt und dadurch die Übersicht über seinen Vermögensstand erschwert (Nr. 2),
- entgegen dem Handelsrecht Bilanzen so aufstellt, dass die Übersicht über seinen Vermögensstand erschwert wird, oder es unterlässt, die Bilanz seines Vermögens oder das Inventar in der vorgeschriebenen Zeit aufzustellen (Nr. 3).

Verspätete Erstellung der Bilanzen

Soweit dieses Strafgesetz die Handlungen unter Strafe stellt, wie sie bereits in § 283 StGB aufgeführt sind, besteht der Unterschied darin, dass die Handlungen hiernach nicht erst in der Krise erfolgen müssen. Die Strafrechtsnorm des § 283 StGB verlangt dagegen, dass die Handlung »bei Überschuldung oder bei drohender oder eingetretener Zahlungsunfähigkeit« vorgenommen wird. Für die Strafbarkeit nach § 283b StGB genügt es, dass die Verfehlungen bereits vor einer Überschuldung oder eingetretener oder drohender Zahlungsunfähigkeit vorgenommen worden sind. Deshalb ist der Strafbarkeitsrahmen nach § 283 StGB schärfer, nämlich mit »Freiheitsstrafe bis zu fünf Jahren« als der Strafbarkeitsrahmen des § 283b StGB mit »Freiheitsstrafe bis zu zwei Jahren«.

Hinzuweisen ist vor allem auf den Tatbestand der verspäteten Erstellung der Bilanzen (§ 283b Abs. 1 Nr. 3 StGB). In der Krise der Gesellschaft wird die übliche Praxis der Unternehmen und Steuerberater, Jahresabschlüsse erst weit nach Ablauf der gesetzlichen Aufstellungspflichten zu erstellen, für den Geschäftsführer strafrechtlich verhängnisvoll. Wird er z. B. wegen einer verspäteten Erstellung des Jahresabschlusses oder wegen anderer Tatbestände der §§ 283 bis 283d StGB verurteilt, kann er auf die Dauer von fünf Jahren seit Rechtskraft des Urteils nicht Geschäftsführer einer GmbH oder Mitglied des Vorstands einer AG sein (§§ 6 Abs. 2 Satz 3 GmbHG, 76 Abs. 3 Satz 3 AktG). Der Geschäftsführer muss seinen Steuerberater daher in der Krise des Unternehmens verstärkt drängen, die rechtzeitige Fertigstellung des Abschlusses abzuliefern.

Berufsverbot für Geschäftsführer und Vorstände

Vor allem ist darauf hinzuweisen, dass die Strafbarkeit insoweit auch für fahrlässiges Handeln gegeben ist (§ 283b Abs. 2 StGB). Damit kann das fünfjährige Verbot der Ausübung einer Geschäftsführer- oder Vorstandstätigkeit sehr schnell eintreten.

Allerdings ist der Geschäftsführer, meist unter Nichtkenntnis der Strafbarkeit, oftmals daran interessiert, nicht zu schnell die Bilanz vorliegen zu haben. Denn er weiß, dass diese nicht gut aussieht und weiß, dass er sich damit viele unliebsamen Fragen stellen lassen muss, insbesondere von den das Unternehmen finanzierenden Banken und Sparkassen und auch von den Gesellschaftern oder Mitgesellschaftern. Er hofft auf eine Verbesserung der Lage, z. B. durch Hereinnahme eines größeren Auftrags, so dass er dann den unschönen Jahresabschluss zusammen mit der positiven Information präsentieren kann.

3.2.7 Gläubigerbegünstigung

Strafbar macht sich ferner, wer in Kenntnis seiner Zahlungsunfähigkeit einem Gläubiger eine Sicherheit oder Befriedigung gewährt, die dieser nicht oder nicht in der Art oder nicht zu der Zeit zu beanspruchen hat und ihn dadurch absichtlich oder wissentlich vor den übrigen Gläubigern begünstigt (§ 283c StGB). Auch die Verletzung dieser Bestimmungen führt zum fünfjährigen Verbot der Ausübung der Geschäftsführertätigkeit (§ 6 Abs. 2 Satz 3 GmbHG), bzw. Vorstandstätigkeit (§ 76 Abs. 2 Satz 3 AktG).

Strafbarkeit bei inkongruenter Deckung oder Befriedigung bei Zahlungsunfähigkeit

Voraussetzung für die Strafbarkeit ist, dass bereits eine Zahlungsunfähigkeit vorliegt. Die Tathandlung setzt weiter voraus, dass dem Gläubiger eine inkongruente Deckung oder Befriedigung seiner Ansprüche gewährt wird, also eine Deckung oder Befriedigung, auf die er zum Zeitpunkt der Tathandlung keinen Anspruch hatte.

3.2.8 Kreditbetrug

Der Kreditbetrug ist nach § 265b StGB strafbar.
Nach § 265b StGB ist strafbar,

- wer einem Finanzierungsinstitut im Zusammenhang mit einem Antrag auf Gewährung, Belassung oder Veränderung der Bedingungen eines Kredits für ein Unternehmen
- über wirtschaftliche Verhältnisse unrichtige oder unvollständige Unterlagen, namentlich Bilanzen, Gewinn- und Verlustrechnungen, Vermögensübersichten oder Gutachten vorlegt oder schriftlich unrichtige oder unvollständige Angaben macht, die für den Kreditnehmer vorteilhaft und für die Entscheidung über einen solchen Antrag erheblich sind, oder
- solche Verschlechterungen der in den Unterlagen oder Angaben dargestellten wirtschaftlichen Verhältnisse bei der Vorlage nicht mitteilt, die über die Entscheidung über einen solchen Antrag erheblich sind.

Voraussetzungen für die Strafbarkeit eines Kreditbetrugs

Schutz des Allgemeininteresses

Diese Strafvorschrift besteht nicht nur zum Schutz des Vermögens des Kreditgebers, sondern auch zum Schutz des Allgemeininteresses an der Verhütung von Gefahren für die Wirtschaft im Ganzen. Durch die Vergabe von Krediten an nicht kreditwürdige Personen erwächst dem Wirtschaftssystem insgesamt ein erheblicher Schaden, denn Banken können durch Kreditausfälle zusammenbrechen mit der Folge eines hohen Vertrauensverlustes von Bürgern und Unternehmen in das Bankensystem; oder die Banken sind durch hohe Kreditabschreibungen gezwungen, diese Verluste auf die Kunden durch höhere Zinsen, Provisionen und Bankgebühren umzulegen.

Kreditbetrug als abstraktes Gefährdungsdelikt

Bei einem Kreditbetrug nach dieser Vorschrift handelt es sich um ein sogenanntes abstraktes Gefährdungsdelikt. Auf die Frage, ob dem Finanzierungsinstitut ein Schaden entstanden ist, kommt es für die Strafbarkeit des Handelns deshalb nicht an. Die Strafbarkeit besteht selbst dann, wenn das Finanzierungsinstitut den Kreditantrag abgelehnt hat.

Die Strafvorschrift ist nur anzuwenden, wenn sowohl der Kreditnehmer als auch der Kreditgeber ein Betrieb oder ein Unternehmen ist, das nach Art und Umfang einen in kaufmännischer Weise eingerichteten Geschäftsbetrieb erfordert. Unter Kredite im Sinne der Vorschrift sind Gelddarlehen aller Art, Akzeptkredite, der entgeltliche Erwerb und die Stundung von Geldforderungen, die Diskontierung von Wechseln und Schecks und die Übernahme von Bürgschaften, Garantien und sonstigen Gewährleistungen zu verstehen (§ 265b Abs. 3 Ziffer 2 StGB). Damit umfasst die Strafvorschrift nicht nur die Kreditgewährung von Banken, sondern auch die Warenkredite der Lieferanten.

Mit dieser Vorschrift soll die Strafbarkeit im Vorfeld eines Betruges erweitert werden.

3.2.9 Eingehungsbetrug

Bestellungen bei nicht ausreichender Liquidität

Auch wenn noch keine Zahlungsunfähigkeit des Unternehmens vorliegt, macht sich der Geschäftsführer in der Krise des Unternehmens schnell wegen eines sogenannten Eingehungsbetrugs strafbar (§ 263 StGB). Dieser wird in der Regel insbesondere gegenüber den Lieferanten des Unternehmens begangen. Der Geschäftsführer benötigt die Lieferungen zur Fortsetzung des Geschäftsbetriebs, aber er verfügt nicht über die Liquidität und kann sie auch nicht bis zum Fälligkeitstermin erwarten. Er täuscht den Lieferanten über diese Sachlage und bringt diesen in eine Vermögensgefährdung.

3.2.10 Subventionsbetrug

Der Geschäftsführer haftet persönlich im Falle eines Subventionsbetrugs. Ein Subventionsbetrug nach § 264 Abs. 1 StGB liegt vor, wenn der Geschäftsführer

Täuschung über subventionserhebliche Tatsachen

- einer für die Bewilligung einer Subvention zuständigen Behörde oder einer anderen in das Subventionsverfahren eingeschalteten Stelle oder Person (Subventionsgeber) über subventionserhebliche Tatsachen für sich oder einen anderen unrichtige oder unvollständige Angaben macht, die für ihn oder den anderen vorteilhaft sind,
- einen Gegenstand oder eine Geldleistung, deren Verwendung durch Rechtsvorschriften oder durch den Subventionsgeber im Hinblick auf eine Subvention beschränkt ist, entgegen der Verwendungsbeschränkung verwendet,
- den Subventionsgeber entgegen den Rechtsvorschriften über die Subventionsvergabe über subventionserhebliche Tatsachen in Unkenntnis lässt oder
- in einem Subventionsverfahren eine durch unrichtige oder unvollständige Angaben erlangte Bescheinigung über eine Subventionsberechtigung oder über subventionserhebliche Tatsachen gebraucht.

Wie die Gesetzesformulierungen zeigen, ist es vor allem bei komplizierten Investitionen, die teilweise mit Subventionen finanziert werden, schnell möglich, einem Vorwurf des Subventionsbetrugs ausgesetzt zu werden, wenn die Bearbeitung der Subventionsanträge nicht mit äußerster Sorgfalt erfolgt ist. Dabei ist in der Praxis zu beobachten, dass im Insolvenzfalle bei der regelmäßig stattfindenden Überprüfung auf strafrechtlich relevante Vorgänge vor allem in Fällen der Finanzierung durch Subventionen eine Überprüfung vorgenommen wird, ob und inwieweit sich der Verdacht eines Subventionsbetrugs ergeben könnte. Dies folgt zum einen daraus, dass ein Subventionsbetrug das staatliche Vermögen betrifft und daher die Staatsanwaltschaften als Staatsorgane diesem Vermögen näher stehen als dem Vermögen eines Privatgläubigers, und dass zum anderen gerade in Fällen, in denen sich ein Unternehmen in der Krise befindet, schnell die Krise durch falsche Angaben bei Subventionsanträgen auf Kosten des Staates gelöst werden soll.

Regelmäßige Überprüfung auf subventionserhebliche Tatbestände in Insolvenzfällen

3.2.11 Bestechung

Wer einem Beamten oder Angestellten im öffentlichen Dienst Schmiergelder verspricht oder gewährt, um rechtswidrig einen Vorteil z. B. bei der Vergabe eines Auftrages zu erhalten, macht sich nach § 324 StGB strafbar. Der Geschäftsführer haftet der Gesellschaft in

Zahlung von Schmiergeldern

diesem Falle auch für die ausgezahlten Schmiergelder, weil es nicht im Interesse der Gesellschaft sein kann, dass der Geschäftsführer der Gesellschaft Vorteile durch strafbare Handlungen verschafft.

Soweit im Übrigen Schmiergelder bezahlt werden und damit keine rechtswidrige Tat begangen wird, werden diese von der Finanzverwaltung in der Regel als Betriebsausgabe anerkannt, wenn die Benennung des Empfängers erfolgt.

3.2.12 Insolvenzverschleppung

Verspätete Stellung eines Insolvenzantrags

Soweit bei Körperschaften und bei der GmbH & Co. KG die Pflicht zur Stellung eines Insolvenzantrags im Falle der Zahlungsunfähigkeit oder Überschuldung besteht, ist der Geschäftsführer strafrechtlich dafür verantwortlich, wenn ein Insolvenzantrag nicht rechtzeitig gestellt wird (z. B. § 84 Abs. 1 Nr. 2 GmbHG für den Geschäftsführer einer GmbH, § 401 Abs. 1 Nr. 2 AktG für den Vorstand einer AG, §§ 177a, 130a, 130b HGB für den Geschäftsführer einer GmbH & Co. KG). Der Insolvenzantrag muss ohne schuldhaftes Zögern, spätestens aber drei Wochen nach Eintritt der Zahlungsunfähigkeit oder Feststellung der Überschuldung gestellt werden (§ 64 Abs. 1 GmbHG für den Geschäftsführer einer GmbH, § 92 Abs. 2 AktG für den Vorstand einer AG, §§ 177a, 130a Abs. 1 HGB für den Geschäftsführer einer GmbH & Co. KG).

Häufig werden die Insolvenzantragspflichten bei kleinen und mittelständischen Unternehmen verletzt. Die Geschäftsführer, die meist auch ganz oder wesentlich an der Gesellschaft beteiligt sind, hoffen weiterhin, dass sich der Insolvenzantrag noch vermeiden lässt, wenn z. B. eine zweifelhafte Forderung doch noch bezahlt wird oder sich die Auftragslage alsbald verbessert. Solche Hoffnungen bewahren ihn aber nicht vor der Strafbarkeit seines Handelns. Rechtmäßig würde ein Geschäftsführer nur handeln, wenn er eine berechtigte Hoffnung haben kann, kurzfristig die Zahlung der fälligen Verbindlichkeiten wieder aufnehmen zu können, z. B. weil bereits Vermögenswerte, etwa eine Immobilie, verkauft sind, bei denen der Kaufpreis kurzfristig fällig wird. In einem solchen Falle läge keine Zahlungsunfähigkeit, sondern nur eine Zahlungsstockung vor.

3.2.13 Nichtabführen von Arbeitnehmerbeiträgen zur Sozialversicherung

Möglichkeit, von einer Bestrafung abzusehen

Die Nichtabführung von Arbeitnehmerbeiträgen zur Sozialversicherung ist strafbar, und zwar selbst dann, wenn sie lediglich verspätet abgeführt werden (§ 266a Abs. 1 StGB). Der Geschäftsführer ist verpflichtet, die Arbeitnehmerbeiträge zur Sozialversicherung vor allen anderen Gläubigern zu bezahlen. Wenn allerdings bereits Zahlungsunfähigkeit eingetreten ist, geht der Grundsatz der Massesicherung (§ 64 Abs. 2 GmbHG) vor.

Das Gericht kann von einer Bestrafung nach dieser Vorschrift absehen (§ 266a Abs. 5 Satz 1 StGB), wenn der Arbeitgeber
- spätestens im Zeitpunkt der Fälligkeit oder unverzüglich danach
- der Einzugsstelle schriftlich
- die Höhe der vorenthaltenen Beträge mitteilt und
- darlegt, warum die fristgemäße Zahlung nicht möglich ist, obwohl er sich ernsthaft darum bemüht hat.

Werden die Beiträge dann nachträglich innerhalb der von der Einzugsstelle bestimmten angemessenen Frist entrichtet, wird der Täter insoweit nicht bestraft (§ 266a Abs. 5 Satz 2 StGB).

Der Grundsatz der Massesicherung des § 64 Abs. 2 GmbHG berührt jedoch dann nicht die Strafbarkeit nach § 266a Abs. 1 StGB, wenn ein Verantwortlicher, der bei Insolvenzreife die fehlende Sanierungsmöglichkeit erkennt, das Unternehmen weiter führt, ohne einen Insolvenzantrag zu stellen (BGH, Urteil vom 09.08.2005, DB 2005, 2516). § 64 Abs. 2 GmbHG besagt, dass die Geschäftsführer nach Eintritt der Zahlungsunfähigkeit oder Feststellung der Überschuldung Zahlungen nicht mehr leisten dürfen, es sei denn, dass diese auch nach diesem Zeitpunkt mit der Sorgfalt eines ordentlichen Geschäftsmanns vereinbar sind. Wird das Unternehmen insolvenzreif, obliegt es der Geschäftsführung, spätestens innerhalb von drei Wochen Insolvenzantrag zu stellen (§ 64 Abs. 1 GmbHG). Nur innerhalb dieses Zeitraums ist die Pflicht zur Abführung der Arbeitnehmerbeiträge suspendiert. Lässt der Geschäftsführer trotz fortbestehender Insolvenzreife diese Frist verstreichen, ist im Hinblick auf die Strafvorschrift des § 266a Abs. 1 StGB der Rechtfertigungsgrund entfallen, der sich aus der innerhalb der Insolvenzantragsfrist vorzunehmenden Prüfung der Sanierungsfähigkeit ergibt. Nach diesem Zeitpunkt hat er dann aus den ihm zur Verfügung stehenden Mitteln vorrangig die Beiträge im Sinne des § 266a Abs. 1 StGB zu erbringen. Derjenige Verantwortliche, der bei gegebener Insolvenzreife erkennt, dass für das Unternehmen keine Sanierungsmöglichkeit mehr besteht, und trotzdem keinen Insolvenzantrag stellt, kann sich jedenfalls in strafrechtlicher Hinsicht nicht auf den Grundsatz der Massesicherung (§ 64 Abs. 2 GmbHG) berufen, wenn er das Unternehmen dennoch weiter führt. Er kann sich nämlich ohne weiters aus dieser (nur scheinbaren) Konfliktlage dadurch zu befreien, dass er seiner Pflicht aus § 64 Abs. 1 GmbHG nachkommt und den gebotenen Insolvenzantrag stellt.

Massesicherung und Strafbarkeit

Rechtfertigung durch Massesicherung entfällt bei Insolvenzverschleppung

Tipp — **Führen Sie Ihre Geschäfte so, dass Sie sich nicht strafbar machen.**

Ein Unternehmen, dessen Inhaber oder Geschäftsführer sich bei der Unternehmensführung strafbar gemacht hat, wird kaum eine Chance auf Sanierung haben. Denken Sie also daran: »Strafbare Handlungen haben kurze Beine«.

Checkliste — **Wie vermeidet man als Geschäftsführer oder Vorstand die typischen Straftatbestände bei Unternehmenskrisen?**

✔ Drängen Sie Ihren Steuerberater, dass er den Jahresabschluss rechtzeitig erstellt. Zahlen Sie lieber andere Gläubiger nicht, wenn der Steuerberater die Erstellung verweigert, weil seine Honoraransprüche nicht sichergestellt sind.

✔ Denken Sie daran, dass das Risiko, als Geschäftsführer strafrechtlich nach § 266a StGB wegen Vorenthalten und Veruntreuen von Arbeitsentgelt belangt zu werden und für die offenen Arbeitnehmerbeiträge persönlich zu haften, sehr hoch ist.

✔ Denken Sie daran, dass das Strafgericht von einer Bestrafung nach § 266a StGB absehen kann, wenn Sie spätestens im Zeitpunkt der Fälligkeit oder unverzüglich danach der Einzugsstelle schriftlich die Höhe der vorenthaltenen Arbeitnehmerbeiträge mitteilen und darlegen, warum die fristgemäße Zahlung nicht möglich ist, obwohl Sie sich ernsthaft darum bemüht haben.

✔ Wenn die Liquidität nicht für alle Sozialversicherungsbeiträge reicht, zahlen Sie nur die Arbeitnehmerbeiträge und geben Sie die Verwendung deutlich auf den Überweisungsbelegen an.

✔ Bevorzugen Sie in der Krise keinen Gläubiger, indem sie ihm eine Sicherheit oder Befriedigung gewähren, die er nicht oder nicht in der Art oder nicht zu der Zeit zu beanspruchen hat.

3.2.14 Zusammenfassung

1. Die Geschäftsführer und Unternehmer sind besonderen Strafbarkeitsrisiken ausgesetzt, wenn sich das Unternehmen in der Krise befindet. Diese Strafrechtsbestimmungen sind in der Regel nur schwer überschaubar. Der Geschäftsführer und Unternehmer eines sich in der Krise befindlichen Unternehmens wird eine Strafbarkeit in der Regel nur vermeiden können, wenn er sich frühzeitig zu seinen Pflichten beraten lässt.
2. Ein Geschäftsführer oder Vorstand macht sich strafbar, wenn er die Verhältnisse im Jahresabschluss oder im Lagebericht unrichtig wiedergibt oder verschleiert (§ 331 Nr. 1 HGB).
3. Strafbar ist auch das Unterlassen der Anzeige über den Verlust

des halben Kapitals (§ 84 Abs. 1 Ziffer 1 für den GmbH-Geschäftsführer und § 401 Abs. 1 Nr. 1 AktG für den Vorstand).
4. Öffentliche Mitteilungen, in denen die Krise verschleiert, insbesondere die Vermögenslage der Gesellschaft unwahr dargestellt wird, sind strafbar (§ 82 Abs. 2 GmbH für den GmbH-Geschäftsführer, § 400 Abs. 1 Nr. 1 AktG für den Vorstand).
5. Sehr umfangreich und in den konkreten Ausgestaltungen wenig überschaubar ist der umfangreiche Katalog der Bankrott-Delikte des § 283 Abs. 1 StGB. Voraussetzung für eine Strafbarkeit ist, dass die Handlungen oder Unterlassungen bei einer Überschuldung oder drohenden oder eingetretenen Zahlungsunfähigkeit begangen wurden und dass die Zahlungen eingestellt wurden oder über das Vermögen des Unternehmens das Insolvenzverfahren eröffnet oder der Eröffnungsantrag mangels Masse abgewiesen wurde. Zur Strafbarkeit führt dabei beispielsweise, wenn Bestandteile des Vermögens, die im Falle der Eröffnung des Insolvenzverfahrens zur Insolvenzmasse gehören, beiseite geschafft oder verheimlicht werden, wenn Bilanzen entgegen dem Handelsrecht so aufgestellt werden, dass die Übersicht über den Vermögensstand erschwert ist oder Bilanzen verspätetet aufgestellt werden.
6. Nach § 283b StGB ist die Verletzung von Buchführungspflichten mit einem milderen Strafrahmen auch dann strafbar, wenn die Buchführungspflichten verletzt wurden, als noch nicht Überschuldung oder drohende oder eingetretene Zahlungsunfähigkeit oder wenn nur fahrlässigen Verhalten vorlag.
7. Strafbar ist ferner, wer in Kenntnis seiner Zahlungsunfähigkeit einem Gläubiger eine Sicherheit oder Befriedigung gewährt, die dieser nicht oder nicht in der Art oder nicht zu der Zeit zu beanspruchen hat (§ 283c StGB).
8. Wird ein Geschäftsführer oder Vorstand wegen einer Straftat nach den §§ 283 bis 283d StGB verurteilt, kann er auf die Dauer von fünf Jahren seit der Rechtskraft des Urteils nicht Geschäftsführer oder Vorstand sein.
9. Nach § 265b StGB ist der Kreditbetrug als abstraktes Gefährdungsdelikt strafbar. Für die Strafbarkeit genügt allein die Gefährdung des Kreditgebers, z.B. durch unrichtige Darstellung der wirtschaftlichen Verhältnisse im Zusammenhang mit einem Kreditantrag. Kreditgeber sind hiernach auch Lieferanten.
10. Wenn Waren oder Dienstleistungen bestellt werden, obwohl der Besteller mangels Liquidität nicht die fristgerechte Zahlung erwarten kann, liegt ein sogenannter Eingehungsbetrug vor (§ 263 StGB).

11. Die verspätete Stellung eines Insolvenzantrages ist für einen GmbH-Geschäftsführer gemäß § 84 Abs. 1 Ziffer 2 GmbHG und für einen Vorstand gemäß § 401 Abs. 1 Nr. 2 AktG strafbar.
12. Und schließlich ist allein die verspätete Abführung der Arbeitnehmerbeiträge zur Sozialversicherung strafbar (§ 266a StGB). Strafverschärfend ist es, wenn die Sozialversicherungsträger mit der Beitreibung dieser Beiträge dann auch noch ausfallen.

4 Die Krisenursachen und ihre Erkennung

4.1 Regelfall: Die Krise als schleichender Vorgang

Nur selten kommen Krisen unerwartet. Meist ist die Krise ein schleichender Vorgang, der oftmals seit vielen Jahren besteht und sich immer mehr verstärkt, bis die Krankheitssymptome des Unternehmens offen zu Tage treten. In Zeiten guter konjunktureller Entwicklung werden solche Krankheitssymptome oftmals überdeckt, weil der Markt stark genug ist, die fehlerhaften Strukturen auszugleichen. Kippt der Markt, wirken sich die fehlerhaften Strukturen um so schneller und schädlicher aus. Das Unternehmen droht insolvent zu werden. Die Problematik besteht in solchen Fällen, dass notwendige Maßnahmen nicht eingeleitet werden, weil die Fehler nicht im Bereich der eigenen Unternehmensführung gesucht werden. Das Management ist sehr schnell dazu geneigt, die Insolvenzgefährdung des Unternehmens allein auf die Verschlechterung des Marktes zurückzuführen.

Eine gute Konjunktur überdeckt oftmals fehlerhafte Strukturen

Überdurchschnittlich krisenanfällig sind vor allem junge Unternehmen in den ersten Jahren nach ihrer Gründung. Dies hat ihre Ursache in der Regel darin, dass die eigenen Möglichkeiten für eine erfolgreiche Führung eines eigenen Unternehmens zu optimistisch gesehen werden. Diese realitätsferne Einschätzung kommt meist aus einer Unerfahrenheit und einer schlechten Vorbereitung auf die unternehmerische Selbstständigkeit. Die Ziele werden zu hoch angesetzt, die Schwierigkeiten des bis zur Erreichung der Ziele notwendigen Weges und die Zeitspanne bis zum Erreichen der Gewinnschwelle werden unterschätzt. Stellt der Unternehmer dann fest, dass die Ziele in der ursprünglichen Planung unrealistisch angesetzt waren, fehlt es ihm dann oftmals am Durchhaltevermögen und auch an den Reserven. Solche Krisen führen dann häufig zur Insolvenz des jungen Unternehmens und zu seiner Zerschlagung, weil eine positive Fortsetzungsprognose nicht besteht.

Junge Unternehmen sind besonders krisenanfällig

4.2 Die Krise des Unternehmens als Chance für ein erfolgreiches Change Management

Die Ursachen, die zur Krise des Unternehmens führen, sind zahlreich und komplex. In der Regel handelt es sich nicht um einzelne Ursachen, sondern um ein komplexes Paket von Ursachen.

Ursachen für den Eintritt in die Verlustphase

Regelmäßig wird die Unternehmenskrise konkret dadurch eingeleitet, dass das Unternehmen Verluste erwirtschaftet, und zwar häufig in ganz erheblichem Umfange. Dies kann daran liegen, dass das Management zu starr an früher erfolgreichen Konzepten festgehalten und nicht erkannt hat, dass sich die Marktbedingungen geändert haben. Dies kann aber auch in einer übereilten Expansion des Unternehmens liegen, nachdem sich der Unternehmer selbst etwas beweisen wollte. Der Eintritt des Verlustes kann aber auch seine Ursache in einer Führungsschwäche des Managements haben, das den Konflikt zur Reduzierung der Belegschaft oder zur Verbesserung der Arbeitsorganisation scheute und daher Entscheidungen verschleppte. Oder die Ursachen können darin liegen, dass erhebliche Mängel im Produktionsbereich bestehen, wonach weiterhin veraltete Technologien eingesetzt werden oder eine unwirtschaftliche Eigenfertigung anstatt einer wirtschaftlich effektiveren Fremdfertigung erfolgt.

Bereitschaft zur Veränderung oftmals erst durch den Druck der Krise

In jedem Falle liegen irgendwelche fehlgeleiteten Strukturen vor, die geändert werden müssen, wenn das Unternehmen dauerhaft gesunden soll. Oftmals haben das Management und auch die Mitarbeiter schon lange erkannt, dass das Unternehmen krank ist. Aber krankhafte Strukturen zu verändern, bedeutet Unsicherheit, Furcht vor Neuem und Energieeinsatz. Deswegen werden krankhafte Strukturen oftmals hartnäckig konserviert. Erst dann, wenn die krankhaften Strukturen in eine unmittelbar existenzbedrohliche Situation münden, wächst die Bereitschaft zur Veränderung. Damit wachsen auch die Möglichkeiten zum Change-Management. Erst mit dem Hervortreten der Existenzbedrohung wächst die Bereitschaft aller Betroffenen, insbesondere auch der Arbeitnehmer, sich mit einem radikalen Unternehmensumbau zu identifizieren und diesen mitzutragen oder ihn zumindest zu akzeptieren.

Grundregeln eines erfolgreichen Change-Managements

Die Grundregeln eines erfolgreichen Change-Managements sind:
- die Festlegung eines konkreten Ziels,
- die frühzeitige Vermittlung der Ziele an alle Betroffenen,
- die Festlegung der konkreten Wege, die zum Ziel führen,
- die Vermittlung des zu gehenden Weges an alle Betroffenen,
- die regelmäßige Unterrichtung der Betroffenen davon, wie weit man bereits gekommen ist,

Die Krise des Unternehmens als Chance für ein erfolgreiches Change Management 93

- die regelmäßige Unterrichtung der Betroffenen davon, was nunmehr die nächsten Schritte sein werden, und
- die regelmäßige Unterrichtung der Betroffenen, wenn etwas schief gelaufen ist.

> **Beispiel:**
> Die Gamma Media GmbH (GM GmbH) produzierte mit 75 Mitarbeitern Kurzfilme, Videoclips und Werbespots für fünf Filmgesellschaften. Eine dieser Gesellschaften, die einen Umsatzanteil von etwa 50% am Gesamtvolumen ausmachte, wurde von einer ausländischen Gesellschaft aufgekauft. Von nun an wurden die Aufträge nicht mehr an die GM GmbH, sondern auf Weisung der neuen ausländischen Gesellschafterin an eine ihrer Tochtergesellschaften vergeben. Die GM GmbH kam dadurch in eine schwere Krise, weil die Beschaffung von Ersatzaufträgen nicht innerhalb kurzer Zeit möglich sein würde. Ferner war eine drastische Betriebsreduzierung keine angemessene Lösung, weil die Mitarbeiter alle sehr gut eingespielt waren und durch eine Reduzierung der Belegschaft erhebliches Know-how abfließen und mit einer Reduzierung der Belegschaft um 50% das Geschäftsvolumen um weit mehr als 50% zurückgehen würde. Mit einem solch verringerten Geschäftsvolumen wäre eine Finanzierung der teuren, weitgehend auf Leasing-Basis angeschafften Produktionsmittel nicht mehr möglich. Es gab also nur den Weg, zusammen mit den Mitarbeitern weiterzumachen.
>
> Es wurde deshalb eine Betriebsversammlung durchgeführt, in der die Situation von der Geschäftsführung offen dargelegt wurde. Es kam daraufhin zu einer eingehenden Diskussion, die mit dem Ergebnis endete, dass die gesamte Belegschaft das Unternehmen so erhalten wolle, wie es bisher war und die Zeit bis zur Akquisition der Ersatzaufträge mit vereinten Kräften und Kreativität überwunden werden könne. Man vertagte die Betriebsversammlung um eine Woche, damit sich jeder zu dem Weg, der zum Ziel führen soll, seine Gedanken machen konnte.
>
> Nach einer Woche fand die vertagte Betriebsversammlung statt. Die Belegschaft unterbreitete die Vorschläge, dass einerseits neue Aufträge akquiriert werden und wies darauf hin, dass es noch Marktnischen gäbe, die bisher vom Unternehmen noch nicht erschlossen worden seien. Die Mitarbeiter empfahlen ferner, unter Einbindung der Agentur für Arbeit Kurzarbeit durchzuführen, bis die neue Auftragslage wieder eine Vollbeschäftigung ermöglicht. Sie kündigten größtmögliche Bereitschaft an, einen solchen Weg zu unterstützen. Die einen wollten eine lang dauernde Weltreise durchführen. Die anderen wollten ihr Familienheim umbauen. Und wieder andere wollten sich mehr um die Kinder und um die betagten Verwandten kümmern.
>
> Dies wurde so durchgeführt. In regelmäßigen Rundmails wurden die Mitarbeiter über den Stand der Fortschritte informiert. Sukzessive konnten sie wieder voll beschäftigt werden.

Einbindung der Mitarbeiter in die Problematik

Fehlerhafte Kommunikation gegenüber den Mitarbeitern

Die Krise als Chance wird vertan, wenn diese Regeln nicht eingehalten werden. Meist reagieren nämlich Unternehmen nach Ausbruch der Krise völlig anders. Man versucht, die Situation zu verschleiern, obwohl die Betroffenen bereits längst gemerkt haben, dass sich das Unternehmen in der Krise befindet. Mit kurzen Informationen will man die Betroffenen auf Distanz halten, bis eine Lösung in Sicht ist. Ist eine Lösung in Sicht, wird diese feierlich mitgeteilt in der Absicht, als die großen Retter anerkannt zu werden. Eine solche Vorgehensweise erreicht, dass sich die Mitarbeiter nicht mit dem Unternehmen identifizieren, ihre Arbeit machen, soweit es unbedingt nötig ist und sich lediglich als ausführende Hilfsorgane betrachten, die hier arbeiten, weil man einen Job zum Geld verdienen benötigt. Mit einem solchen Umgang der Krise wird erhebliches Humankapital verschleudert.

Tipp

> **Die Krise als Chance zum Change-Management!**
> - Die Unternehmenskrise kann auch positiv gesehen werden. Sie bedeutet die Chance, bereits lang bestehende fehlerhafte Strukturen im Unternehmen aufbrechen und radikal umbauen zu können.
> - Informieren Sie alle Betroffenen frühzeitig über die Ziele und Wege der anstehenden Veränderungen.
> - Erwarten Sie zumindest eine Akzeptanz des Veränderungsprozesses.
> - Versuchen Sie nicht, die Krise und die Ziele und Wege der Sanierung zu verschleiern.

4.3 Frühzeitiges Erkennen einer Krise

Von strategischen Versäumnissen zur Liquiditätskrise

Die strategischen Versäumnisse führen zu Verlusten des Unternehmens und diese verursachen dann meist eine Liquiditätskrise. Damit ist die Zahlungsfähigkeit des Unternehmens bedroht. Die Verluste vermindern die Vermögenswerte des Unternehmens. Eine zusätzliche Bankfinanzierung zur Finanzierung der Verluste kommt daher nicht oder nur noch in begrenztem Maße in Betracht, weil sich die Sicherheitensituation für die Banken verschlechtert und weil die Verlusterzielung das Rating des Unternehmens und damit die Bonität negativ beeinflusst hat. Die Krise des Unternehmens wird vor allem dann verschärft, wenn die Banken in einer solchen Phase die kurzfristige Fremdfinanzierung reduzieren, z. B. durch Kürzung eines Kontokorrentrahmens. Hieran zeigt sich, dass die Krise des Unternehmens auch durch lange zurückliegende Managementfehler beschleunigt wird, denn bei einem vorausschauenden Finanzmanagement wäre auf eine langfristig vereinbarte Fremdfinanzierung Wert gelegt worden, so dass bei Eintritt des Unternehmens in eine Verlustphase ein zusätzlicher Entzug der Liquidität durch Reduzierung der Fremdfinanzierung nur in geringem Umfange rechtlich möglich gewesen wäre.

Aber selbst Krisen von Unternehmen, die von außen in das Unternehmen getragen werden, können auf lange zurück liegende Managementfehler zurückzuführen sein. So kann z.B. ein Brand oder eine Überschwemmung das Unternehmen in die Krise stürzen, wenn nicht in ausreichender Weise ein Versicherungsschutz durch eine Betriebsunterbrechungsversicherung besteht. Oder hohe Schadenersatzansprüche aufgrund des Produkthaftungsgesetzes können auf eine mangelhafte Qualitätssicherung zurückzuführen sein.

Eine Verknüpfung zwischen strategischer Krise, Erfolgskrise und Liquiditätskrise ist meist gegeben. Jedoch sind die Reihenfolgen der Entstehung unterschiedlich. Eine strategische Krise führt zur Erfolgskrise und diese zur Liquiditätskrise. Umgekehrt kann es aber infolge falscher Liquiditätsplanung sein, dass zur Einsparung notwendige unternehmerische Entwicklungen nicht vorgenommen werden, mit der Folge, dass eine Erfolgskrise eintritt, die sodann in eine strategische Krise übergeht.

Verknüpfung zwischen strategischer Krise, Erfolgskrise und Liquiditätskrise

Um den Eintritt einer Unternehmenskrise zu vermeiden oder ihre Auswirkungen zu begrenzen, ist regelmäßig eine Unternehmensanalyse durchzuführen. Meist wurden solche Unternehmensanalysen nicht oder nur unzureichend durchgeführt, andernfalls die Notwendigkeit der Sanierung des Unternehmens in der Regel nicht entstanden wäre. Daher ist spätestens mit der Erstellung eines Sanierungsplans eine solche Unternehmensanalyse vorzunehmen. Insbesondere sind dort die Gründe zu erforschen, weswegen es zur Unternehmenskrise und zur Sanierungsbedürftigkeit des Unternehmens gekommen ist (hierzu näher vgl. Kap. 6.3.18).

Regelmäßige Durchführung einer Unternehmensanalyse

Mit der Unternehmensanalyse werden Zusammenhänge und Abhängigkeiten im Unternehmen und mit externen Faktoren erforscht und dargestellt. Die Unternehmensanalyse ist Grundlage für weit reichende Entscheidungen des Managements, wie z.B. im Rahmen der strategischen Unternehmensplanung oder auch im Wege des Verkaufs von Unternehmen. Die Unternehmensanalyse umfasst die Plausibilität der Unternehmensziele und die Strategie zur Erreichung gesetzter Ziele. Die Analyse erforscht z.B. die Zusammenhänge von Umsatz, Ertrag, Liquidität und der Struktur der Finanzierung des Unternehmens. Die Betrachtungen des Unternehmens durch Kunden und andere Geschäftspartner werden in Wechselwirkung gestellt zur Öffentlichkeitsarbeit, zu den Geschäftsgrundsätzen und zur Unternehmensphilosophie. Der Grad der Zufriedenheit der Kunden und die Ursachen für eine Unzufriedenheit werden erforscht. Das

System der Lagerhaltung, der Einkaufs- und Verkaufsbedingungen, des Mahn- und Inkassowesens werden in Relation zur Liquiditätsplanung gebracht. Die Qualität des Betriebsklimas und die Effizienz der Leistungen der Belegschaft werden erforscht. Unzufriedenheiten von Mitarbeitern, die sich insbesondere in einer erhöhten Quote von Krankmeldungen oder einer erhöhten Quote arbeitsrechtlicher Streitigkeiten dokumentieren, werden ebenso aufgezeigt.

Erforschung und Analyse der Schwachstellen aus externer Sicht

Die Analyse sollte unter Einbindung externer Berater erfolgen, da deren Sichtweise oftmals schneller und konsequenter die Schwachstellen des Unternehmens aufzeigen. Vor allem sollten die Meinungen der Kunden erfasst und analysiert werden. Vielfach werden diese Meinungen in den Beschwerden zum Ausdruck gebracht, z. B. über Qualitätsmängel beim Produkt und der Dienstleistung, beim Service und der Verlässlichkeit. Von großem Vorteil bei der Analyse der Krisenursachen wäre hierbei das Outsourcen des Beschwerdemanagements. Durch die Tätigkeit eines externen Beschwerdemanagements wird die Position des Unternehmens im Markt transparent. Ferner werden Lösungsmöglichkeiten aufgezeigt und dadurch eine Verbesserung im Wettbewerb erlangt. Unzufriedene Kunden werden zu zufriedenen Kunden und diese werden stärker an das Unternehmen gebunden. Insbesondere ist das eigene Management für solche Aufgaben wenig geeignet, da die Beschwerden der Kunden letztlich die Mängel des Managements selbst aufdecken, so dass ein wenig kritikfähiges Management wenig geneigt sein wird, die Richtigkeit der Beschwerden anzuerkennen und darauf richtig zu reagieren. Ein externes Beschwerdemanagement strukturiert die Art und Weise der Beschwerden. Die ermittelten Ergebnisse können damit wesentlich leichter vom Management angenommen und in zielführende Managemententscheidungen umgesetzt werden.

Wird eine Unternehmensanalyse durchgeführt und regelmäßig überprüft, werden frühzeitig Fehler in der Entwicklung des Unternehmens aufgedeckt. Schädliche Strukturen, die das Unternehmen zu einem späteren Zeitpunkt in die Krise stürzen, können vermieden oder rechtzeitig beseitigt werden.

Anzeichen für den Beginn einer Unternehmenskrise

Und selbst dann, wenn die ersten Anzeichen für den Beginn einer Unternehmenskrise sichtbar werden, kann durch eine zügige und effiziente Unternehmensanalyse das Schadenspotenzial der Krise noch ganz erheblich entschärft werden. Solche Anzeichen sind in der Regel, dass Skonto nicht mehr in Anspruch genommen werden kann, dass Sozialversicherungsbeiträge und Lohnsteuern nicht mehr termingerecht bezahlt werden können, dass die monatlichen Umsätze und Ergebnisse eine bestimmte Untergrenze unterschreiten oder dass die Leistungsträger des Unternehmens vermehrt das Unternehmen verlassen.

> **Checkliste**
>
> **Vorfragen zu einem frühzeitigen Erkennen einer Unternehmenskrise?**
> - Sind die Unternehmensziele plausibel?
> - Ist die Strategie zur Erreichung der Unternehmensziele geeignet?
> - In welchen Abhängigkeiten stehen Umsatz und Ertrag?
> - In welchen Abhängigkeiten stehen Liquidität und Ertrag?
> - Wie betrachten Kunden und Geschäftspartner das Unternehmen?
> - In welchem Maße sind Kunden mit dem Angebot des Unternehmens zufrieden?
> - Welchen Einfluss haben die Lagerhaltung, die Einkaufs- und Verkaufsbedingungen und das Mahn- und Inkassowesen auf die Liquidität?
> - Wie ist das Betriebsklima?
> - Welche strukturellen Versäumnisse ergeben sich aus den Beschwerden der Kunden?

4.3.1 Frühzeitiges Erkennen einer strategischen Krise

Am meisten Schwierigkeiten bereitet den Unternehmen das frühzeitige Erkennen einer strategischen Krise. Eine strategische Krise liegt vor, wenn die Grundlagen der unternehmerischen Tätigkeit, die den Erfolg des Unternehmens in der Zukunft ausmachen, gestört sind. Das frühzeitige Erkennen einer strategischen Krise setzt zunächst voraus, dass die Grundlagen des Erfolgs der unternehmerischen Tätigkeit überhaupt bekannt sind. Vielfach und oftmals über eine lange Zeit erwirtschaften Unternehmen gute Erträge, weil sie von einem allgemeinen oder branchenbedingten Wirtschaftsaufschwung getragen worden oder sie womöglich zufällig in eine Marktlücke geraten sind. Sie haben sich daher keine besonderen Gedanken über die Frage gemacht, warum sie erfolgreich sind. Es genügte ihnen stets die Tatsache, dass sie erfolgreich sind.

Erforschung der bisherigen Erfolgspotenziale

Die Grundlagen für den Erfolg des Unternehmens ändern sich aber. Die Änderungen erfolgen dabei meist in kleinen Schritten und sind daher nur schwer sichtbar. Hat das Unternehmen nicht erforscht, was die Grundlagen seines Erfolgs sind, wird es die Veränderungen im strategischen Umfeld des Unternehmens nicht wahrnehmen. Denn die Auswirkungen auf den Erfolg des Unternehmens sind zunächst eher klein und werden mit den ohnehin regelmäßig bestehenden Schwankungen begründet. Erst wenn die strategischen Grundlagen des Unternehmens erheblich gestört sind, wird sich eine erhöhte und vor allem dauerhafte negative Entwicklung zeigen, die sich dann nicht mehr mit den normalen Schwankungen rechtfertigen lassen. Die Problematik besteht in diesem Falle darin, dass

Langer Zeitraum zwischen dem Erkennen einer strategischen Krise und der Beseitigung der Krisenursachen

zwischen dem Erkennen einer strategischen Krise und der Beseitigung der Krisenursachen sehr lange Zeiträume liegen. Denn genau so langsam, wie sich eine strategische Krise bildet, erfolgt auch ihre Veränderung.

Beispiel:
Zwei Studenten der Elektronik haben im Rahmen ihrer Diplomarbeiten ein neues Produkt entwickelt. Für die Vermarktung dieses Produkts gründeten sie ein eigenes Unternehmen. Das erste Jahr war sehr mühsam, weil die Vermarktungsstrukturen erst aufgebaut und das Produkt bekannt gemacht werden mussten. Das Unternehmen erzielte erhebliche Verluste, die mit Finanzmitteln der Eltern finanziert wurden. Im zweiten Jahr war das Ergebnis ausgeglichen und im dritten Jahr wurden bereits erhebliche Gewinne erzielt. Es wurde sichtbar, dass das Marktvolumen nur zu einem geringen Bruchteil ausgeschöpft wurde. Um eine bessere Marktdurchdringung zu erreichen, gründeten sie Büros in verschiedenen europäischen Ländern und kauften sich in einem Unternehmen in den USA ein.

Der Erfolg des Unternehmens hielt unvermindert an und steigerte sich zunehmend und erheblich. Die beiden ehemaligen Studenten konzentrierten sich mit vollem Einsatz auf die weitere Vermarktung des Produkts.

Abhängigkeit von einem einzigen Produkt

Dieser typische Sachverhalt trägt den Beginn einer strategischen Krise in sich. Zu erkennen ist die Krise darin, dass die ehemaligen Studenten langfristige Strukturen geschaffen haben und den Erfolg ihres Unternehmens auf ein einziges Produkt setzen und sich nicht die Frage stellen, was ist, wenn der Erfolg dieses Produkts nachlässt. Die ehemaligen Studenten lassen nämlich den typischen Verlauf eines Produktzyklus außer Acht. Nach dem typischen Verlauf wird am Anfang der Markteinführung eines neuen Produkts Verlust erzielt, der dann allmählich in eine Kostendeckung und in eine Gewinnerzielung übergeht. Sodann nimmt die Gewinnerzielung stark zu. Bald darauf vermindert sich die Steigerung des Gewinns, weil Konkurrenten an dem Marktpotenzial teilhaben wollen und weil eine zunehmende Marktsättigung eintritt. Die Gewinnkurve flacht ab und die Gewinne gehen alsbald zurück. Die durch die geschaffenen Unternehmensstrukturen bedingten Fixkosten können kaum und wenn, dann nur allmählich reduziert werden. Das Unternehmen erzielt von nun an steigende Verluste, für deren Finanzierung oftmals keine Reserven bestehen. Das Unternehmen kommt in eine ernste Krise, die seinen Bestand gefährdet.

Typischer Produktzyklus

Die ehemaligen Studenten hätten richtig gehandelt, wenn sie bereits zu dem Zeitpunkt, zu dem die Vermarktung ihres Produkts die ersten Gewinne erzielte, an der Entwicklung eines Nachfolgeprodukts gearbeitet hätten. Die Entwicklungskosten und die Kosten für die Markteinführung hätten aus den Gewinnen des ersten Produkts, das sie im Rah-

men ihrer Diplomarbeit entwickelt haben, finanziert werden müssen. Dann wäre zu dem Zeitpunkt, zu dem die ersten Gewinne des ersten Produkts zurückgehen, bereits das zweite Produkt in die Gewinnzone eingetreten.

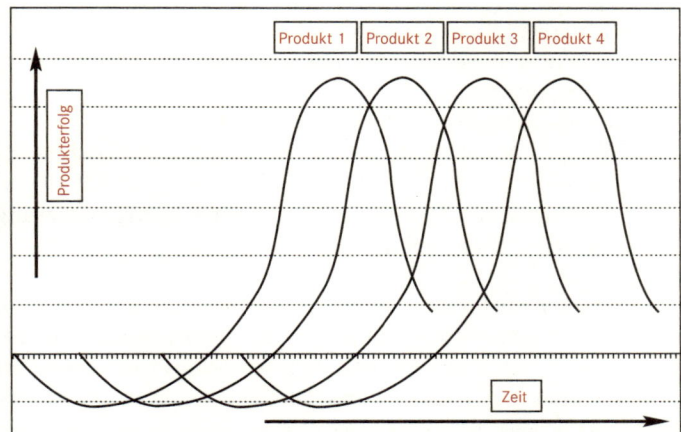

Abb. 4: Typischer Produktzyklus

Eine optimale langfristige Unternehmensplanung hätte den beiden ehemaligen Studenten gezeigt, dass die vorübergehende Alleinstellung im Markt die strategischen Erfolgspotenziale des Unternehmens sind. Das exponentielle Ansteigen der Gewinne war zusammen mit der fehlenden Entwicklung eines Nachfolgeprodukts das frühe Warnzeichen für die Herausbildung einer strategischen Krise, da diesem Ansteigen alsbald die Verflachung des Gewinnanstiegs und sodann der Rückgang des Gewinns folgt. Die ehemaligen Studenten hätten bereits bei der Markteinführung des ersten Produktes mit der Entwicklung des Nachfolgeproduktes beginnen müssen.

Langfristige Unternehmensplanung

Symptome für die Herausbildung strategischer Krisen können sein:
- ein Rückgang bei den Marktanteilen,
- die Zunahme des Marktwiderstandes, der sich an verstärkten Forderungen nach Zugeständnissen zeigt,
- die Zunahme von Beschwerden,
- zunehmende Störungen im Produktionsprozess, z. B. durch Ausfall von Maschinen,
- die Verlangsamung der Lagerumschlagshäufigkeit,
- zunehmende Verzögerungen bei der Auslieferung,
- zunehmend negative Berichterstattungen in den Medien,
- verstärkte Kündigung qualifizierter Mitarbeiter,
- der Rückgang von Bewerbungen,

Symptome für die Herausbildung strategischer Krisen

- die Ermöglichung von Neueinstellungen in der Regel nur mit erhöhten Lohnzugeständnissen,
- erhöhte Krankheitsraten,
- sich negativ veränderndes Betriebsklima,
- die reduzierte Durchsetzungsfähigkeit des Managements gegenüber Mitarbeitern,
- die zunehmende Vermeidung von Kontakten der Mitarbeiter zu den Führungskräften,
- erhöhte Aufwendungen für Bankgespräche,
- das Verlangen nach zusätzlichen Sicherheiten für bestehende Kredite, oder
- die Ablehnung der Vergabe von Neukrediten zur Finanzierung vernünftiger unternehmerischer Maßnahmen.

Eine Früherkennung strategischer Krisen ist vor allem dann möglich, wenn die einzelnen Veränderungen in eine Gesamtbetrachtung gesetzt werden. Wenn sich sämtliche Parameter einheitlich in eine negative Richtung entwickeln, ist dies dann ein deutliches Zeichen für eine sich bildende ernste strategische Krise.

Tipp

Führen Sie regelmäßige Grundsatzgespräche mit den externen Beratern durch!

- In diesen Grundsatzgesprächen sollte es nicht nur um die Chancen des Unternehmens, sondern auch um die Risiken gehen.
- Es sollte ein fester wiederkehrender Termin eingeplant werden, z. B. jeder erste Freitagabend im Monat, denn die Bedeutung einer solchen Besprechung ergibt sich oftmals erst bei der Besprechung selbst.
- Die Gespräche sollten in angenehmer Atmosphäre durchgeführt werden, um die Kreativität zu stimulieren, z. B. bei einem schönen Abendessen.

4.3.2 Frühzeitiges Erkennen einer Erfolgskrise

Fehlende Möglichkeiten zur Gewinnerzielung

Eine Erfolgskrise liegt vor, wenn es dem Unternehmen nicht möglich ist, Gewinne zu erzielen. Hält diese Phase nicht nur kurzfristig an, führt dies zum Aufbrauchen des Eigenkapitals. Soweit dem Unternehmen noch immer nicht eine Gewinnerzielung ermöglicht ist, führt dies zur Insolvenz.

Wird die Erfolgskrise erst erkannt, wenn der Jahresabschluss oder eine monatliche betriebswirtschaftliche Auswertung einen Verlust ausweist, bedeutet dies, dass die Möglichkeiten für eine frühzeitige Erkennung der Symptome einer Erfolgskrise ungenutzt verstrichen sind. Denn das Entstehen einer Erfolgskrise kann schon wesentlich früher erkannt werden. Frühzeitig erkannt werden können Erfolgskrisen z. B.

- durch ein Sinken der Eigenkapitalquote,
- durch die Anwendung kreativer Buchführungsmethoden, z. B. bei der Bewertung der Vorräte,
- durch reduzierte Deckungsbeiträge bei umsatzstarken Produkten,
- durch frühzeitiges Feststellen von Kalkulationsfehlern,
- durch frühzeitiges Feststellen von Qualitätsmängeln oder
- durch verstärktes Fordern von Rabatten seitens der Kunden.

Warnsignale bei Erfolgskrisen

4.3.3 Frühzeitiges Erkennen einer Liquiditätskrise

Eine Liquiditätskrise liegt vor, wenn die Zahlungsfähigkeit des Unternehmens gestört oder bedroht ist. Ein frühzeitiges Erkennen einer Liquiditätskrise beginnt nicht erst, wenn fällige Zahlungen nicht mehr geleistet werden können. Frühzeitig erkannt werden können Liquiditätskrisen z. B.

- durch eine kurz- und mittelfristige Liquiditätsplanung,
- durch die zunehmende Ausschöpfung eines Kontokorrentrahmens,
- durch die mangelnde Fähigkeit, Skonti in Anspruch zu nehmen oder
- durch schwieriger werdende Bankgespräche.

Warnsignale bei Liquiditätskrisen

Typischer Verlauf einer Liquiditätskrise	
keine Krise	Zahlungen werden mit Skonto geleistet
erste Warnhinweise	auf Skonto wird verzichtet, aber es wird noch pünktlich bezahlt
stärkere Warnhinweise	es wird verspätet bezahlt, aber noch vor Eingang einer Mahnung
bedenkliche Warnhinweise	es wird erst nach Eingang der Mahnung bezahlt
ernste Warnhinweise	es wird erst nach der »letzten Mahnung« gezahlt
die Krise ist voll im Gange	es wird nur nach Eingang von Anwaltsschreiben oder von Schreiben von Inkassobüros gezahlt

offene Krise	es wird nur nach Eingang gerichtlicher Maßnahmen bezahlt, z. B. nach Zustellung eines Mahnbescheids oder einer Klage
offene und ernste Krise	es wird nur nach Zustellung eines Vollstreckungstitels bezahlt, z. B. Vollstreckungsbescheid oder Versäumnisurteil
deutliche Zeichen für eine drohende Zahlungsunfähigkeit	es wird erst nach Besuch des Gerichtsvollziehers bezahlt
die Krise ist in vollem Umfange entfacht	der Gerichtsvollzieher erhält lediglich Ratenzahlungen
oftmals Schlussakt	Zahlungen werden nicht mehr geleistet

4.4 Einzelfälle für die Entwicklung einer Krise

Nachfolgend werden einzelne Möglichkeiten dargestellt, die für die Entwicklung einer Unternehmenskrise typisch sind. Anhand eines über die folgenden Kapitel hinweg dargestellten Beispiels der Firma Josef Huber GmbH mit verschiedenen Varianten wird eine solche Entwicklung dargestellt.

4.4.1 Expansion

Expansionsdrang

In der Regel drängt jeder Unternehmer zur Expansion. Psychologische Aspekte sind dafür meist bestimmend. Der Unternehmer möchte sich etwas beweisen. Er sieht die Unternehmensführung und die Erreichung der selbst gesetzten Ziele als sportive Herausforderung an. Er möchte durch mehr Einkommen und mehr Vermögen seinen sozialen Stand erhöhen, sich gegenüber anderen positiv abgrenzen, mit diesen in Wettbewerb kommen, seine Selbstachtung dabei verfestigen.

Betriebswirtschaftliche und zutreffende Argumente werden oftmals verwendet, um seine persönlichen Ziele legitimieren zu können, wie z. B. das Erreichen einer optimalen Betriebsgröße, die Reduzierung der Stückkosten durch Massenproduktion, die Erreichung einer notwendigen Umsatzgröße zum Zwecke eines optimalen Einsatzes der Werbung und Öffentlichkeitsarbeit.

Selbst geschaffener Expansionsdruck

Ein solches Engagement ist sinnvoll und auch im gesamtwirtschaftlichen Interesse. Denn was die Volkswirtschaft braucht, sind engagierte Unternehmer, die Arbeitsplätze schaffen. Jedoch ist häufig der selbst auferlegte Expansionsdruck so erheblich, dass keinerlei Zeit mehr bleibt, das Unternehmen zu konsolidieren, geschaffene

Strukturen erst einmal setzen zu lassen. Eine betriebswirtschaftlich sinnvolle Expansionspolitik sollte daher nur in Stufen erfolgen. Zwischen den einzelnen Stufen sollte eine Phase der Ruhe liegen, in der die Organisation des Unternehmens in der neu entstandenen Struktur verbessert und gefestigt wird.

Werden diese Grundsätze missachtet, kommt es zu sich häufenden Störfaktoren im Unternehmen. Arbeitnehmer werden unzufrieden, weil die nötige Zeit zum Aufbau einer gewachsenen betriebssozialen Struktur nicht vorhanden ist. Der Finanzierungsbedarf steigt erheblich, so dass die Neufinanzierung stets schwieriger wird und die Kreditverhandlungen bei einer Fremdfinanzierung immer mehr Vorarbeit und Besprechungsbedarf in Anspruch nehmen. Die Leistungsfähigkeit des Managements wächst nicht im erforderlichen Maße mit der Expansion des Unternehmens. Das Management arbeitet länger, auch nachts und am Wochenende. Ruhephasen, die sonst für strategische Überlegungen genutzt wurden, entfallen. Managemententscheidungen werden schneller als bisher getroffen. Die Häufigkeit fehlerhafter Managemententscheidungen steigt exponentiell an. Ein solches Szenario ist Rezept für die Entstehung ernster, den Bestand des Unternehmens gefährdender Krisen.

Nachteile einer überhasteten Expansion

**Beispiel für die Entwicklung der Krise bei der Firma Huber:
Vom Elektroreparatur-Betrieb zum Ladengeschäft**

Die Firma Josef Huber GmbH ist ein mittelständischer Betrieb und ein Familienunternehmen. Das Unternehmen wurde von Josef Huber vor mehr als 35 Jahren als Einzelunternehmen gegründet und später als GmbH fortgeführt. Josef Huber, der heute 60 Jahre alt ist, machte sich nach seiner Lehre zum Elektriker und dem Erwerb des Meistertitels selbständig. Zunächst reparierte er Elektrogeräte für seine Kunden. Da die Reparatur von Elektrogeräten immer unwirtschaftlicher wurde, weil die Preise für die Neuanschaffung von Geräten immer billiger wurden, verkaufte er in zunehmender Weise Elektrogeräte. Im Sog eines erheblichen Branchenwachstums eröffnete er sodann ein Ladengeschäft und verkaufte darin Radios, Schallplattenspieler, Fernseher, Tonbandgeräte und andere Elektrogeräte. Das Branchenwachstum hielt unverändert an. So expandierte er, vergrößerte sein Ladengeschäft und stellte laufend neues Personal ein. Mit der Zeit errichtete er eine weitere Zweigstelle in einem anderen Stadtteil, für die er einen Betriebsleiter einstellte. Mit diesem hielt er stets engen Kontakt und vermittelte ihm sein Know-how.

Expansion aufgrund eines Branchenwachstums

4.4.2 Erfolgreiche Reaktion auf die ersten Schwierigkeiten

Jedes Unternehmen wird früher oder später einmal in eine Krise geraten. Entscheidend ist dann, wie auf die Krise reagiert wird und

Selbstkritik und Lernbereitschaft

insbesondere, in welchem Stadium der Krise reagiert wird. Vorausschauende Unternehmensführer werden die ersten Krisenanzeichen schnell und als Signal erkennen, etwas dagegen zu tun. Sie sind selbstkritisch genug, den Eintritt der ersten Krisenanzeichen, wie sie oben beschrieben sind, auch als eigene Fehler oder Versäumnisse in der Unternehmensführung zu erkennen und sind bereit, hieraus zu lernen.

Wesentlich tiefer wird ein Unternehmen in die Krise kommen, wenn der Unternehmensführer den ersten Eintritt der Krisensymptome nicht erkennt oder sich seiner Erkenntnis verweigert. Hier besteht aber immer noch die Chance, dass die späteren und heftigeren Krisensymptome den Erkenntnishorizont des Unternehmers wachrütteln und der Unternehmensführer zumindest dann reagiert. In diesem Stadium sind meist noch gute Möglichkeiten gegeben, eine Restrukturierung des Unternehmens herbeizuführen. Der eingetretene Schaden durch das Nichterkennen der ersten Krisensymptome ist aber in der Regel nicht unerheblich.

Wesentlich schwieriger wird es sein, wenn der Unternehmensführer auf die späteren und heftigeren Krisensymptome in der Weise reagiert, dass er die Schuld bei allen anderen als sich selbst sucht und seinen Mitarbeitern, die schlecht arbeiten, seinen Banken, die schlecht finanzieren und der Politik, die schlechte Rahmenbedingungen schafft, Vorwürfe macht. Eine solche Reaktion zeigt, dass die Fähigkeit, aus der Krise zu lernen, nicht gegeben ist. Ein solch geführtes Unternehmen wird wenig Chancen für eine Sanierung haben, wenn es nicht zu einem Wechsel in der Geschäftsführung kommt. Ist ein solcher Wechsel nicht möglich, z. B. weil der Unternehmensführer selbst der Inhaber oder alleiniger oder mehrheitlicher Gesellschafter ist, ist die Wahrscheinlichkeit der Zerschlagung des Unternehmens und seiner Beseitigung aus dem Markt überdurchschnittlich hoch.

Beispiel für die Entwicklung der Krise bei der Firma Huber:
Die Expansionsphase mit Computer und Software
Ab Ende der 80er-Jahre wurde der Verkauf von Elektrogeräten immer problematischer. Der Markt war gesättigt und die Handelsspannen reduzierten sich erheblich. Gleichzeitig erreichte der Personal-Computer den privaten Anwender. Herr Huber legte von nun an den Schwerpunkt auf den Verkauf von Computer, Zubehör und Software. Umsatz und Gewinn des Unternehmens stiegen ständig. Mit einem Lebensalter von etwa 45 Jahren sah sich Herr Huber stark und erfahren genug, die Chancen des Marktes um so mehr auszukosten und expandierte weiter. Er konzentrierte sich mit seinem Angebot in zunehmender Weise auf die kleinen und mittelständischen Unternehmen, denen er komplette EDV-Systeme

für die unternehmerische Anwendung lieferte und sie mit dem gesamten EDV-Zubehör, das hohe Handelsspannen aufwies, versorgte.

Ferner stellte er Fachkräfte für den Software-Bereich ein, die die Beratung der Kunden übernahmen und zahlreiche Programme für die unternehmerische Anwendung erstellten. Und schließlich übernahm er den Kundenservice für die Geschäftskunden und reparierte und wartete auf der Basis von Wartungsverträgen die im Unternehmen seiner Kunden verwendeten EDV-Geräte. Mittlerweile weitete sich der Betrieb auf 150 Mitarbeiter aus.

4.4.3 Zunahme der Verschuldung

Eine häufige Ursache für den Eintritt einer Unternehmenskrise ist ein überhöhter Verschuldunggrad. Dieser entsteht meist durch eine anhaltende Expansion des Unternehmens. Finanziert wird das Wachstum vorrangig durch Fremdmittel, insbesondere durch Banken und Sparkassen. Wenn ein Unternehmen über längere Zeit erfolgreich war, sind die Banken und Sparkassen zu einer höheren Finanzierung bereit. Sie wollen den Kunden nicht verlieren und an seinem Wachstum teilhaben. Vielfach sind für die Expansion nicht unerhebliche Investitionen notwendig, wie z. B. der Bau eines Bürogebäudes, einer Lagerhalle oder einer Produktionsstätte. Ein solches Gebäude muss dann noch eingerichtet werden mit Produktionsanlagen und Büroausstattungen. Auch ohne Bau werden oftmals erhebliche Investitionen getätigt, wie Investitionen in Rationalisierungen, z. B. durch den Erwerb eines neuen EDV-Systems, durch Erwerb anderer Unternehmen als strategische Beteiligungen oder durch den Erwerb von gewerblichen Schutzrechten.

Gründe für die Zunahme der Verschuldung

Der Verschuldungsgrad des Unternehmens errechnet sich aus der Relation des Fremdkapitals (FK) zum (EK). Er errechnet sich nach der Formel: FK/EK. Je höher der Verschuldungsgrad, desto höher ist die potenzielle Gefährdung des Unternehmens in seinem Bestand bei Auftreten einer Krise.

Kommt es bei einem überhöhtem Verschuldungsgrad des Unternehmens zu einer Ertragskrise des Unternehmens, z. B. weil sich der Markt ändert, dann wirkt sich die hohe Verschuldung schnell und negativ aus. Die Banken und Sparkassen werden unruhig, überprüfen ihre Sicherheiten, werten diese ab, verlangen die Verstärkung der Sicherheiten und reduzieren Kreditlinien. Aus der Ertragkrise entwickelt sich infolge der hohen Verschuldung des Unternehmens eine ernste Liquiditätskrise.

Verschuldungsgrad

Beispiel:
Das Unternehmen A hat ein Gesamtkapital von 150, das sich aufteilt in ein Eigenkapital von 100 und ein Fremdkapital von 50, das mit Vermö-

gensgegenständen des Unternehmens voll abgesichert ist. Der Verschuldungsgrad beträgt daher 0,5. Macht das Unternehmen über zwei Jahre Verluste mit jeweils 40, bis eine Reorganisation des Unternehmens wieder zur Erzielung von Gewinnen führt, sind nach zwei Jahren von dem Eigenkapital noch immer 20 vorhanden. Die Fremdkapitalgeber werden mit Beginn der Verlustphase dem Unternehmen die notwendige Zeit zur Reorganisation einräumen, wenn, wie bei einem solchen Zeitraum anzunehmen, mit hoher Wahrscheinlichkeit diese Zeit zur Reorganisation ausreichen wird. Ferner würde aus Sicht der Fremdkapitalgeber eine Sicherheitenverwertung auch im zweiten Jahr noch zur Befriedigung aller Forderungen führen, wenn sich wider Erwarten abzeichnen sollte, dass ein positiver Trend bei der Reorganisation nicht gegeben ist. Das Risiko des Unternehmens für eine ernste, den Bestand des Unternehmens gefährdende Krise ist daher bei einem Verschuldungsgrad von 0,5 eher klein.

Bei geringerem Verschuldungsgrad steht ein längerer Zeitraum zur Reorganisation zur Verfügung

Setzt sich dagegen das Gesamtkapital des Unternehmens aus einem Eigenkapital von 50 und einem Fremdkapital von 100 zusammen, beträgt der Verschuldungsgrad das Vierfache des vorherigen Beispiels, nämlich 2. Der Verlust ist hier zudem höher als 40, weil infolge des höheren Verschuldungsgrades noch weitere Verpflichtungen für Zinsen hinzukommen. Wird im Hinblick auf den hohen Verschuldungsgrad ein höherer Zinssatz für das Fremdkapital von 100 gegenüber dem Fremdkapital von 50 in vorherigen Beispiel angenommen, erzielt das Unternehmen in dieser Alternative etwa einen Verlust von jährlich 46 bis 48. Dies bedeutet, dass die Reorganisation des Unternehmens nach etwa einem Jahr auf Kosten und Risiko der Fremdkapitalgeber gehen würde, weil dann das Eigenkapital aufgebraucht ist. Die Fremdkapitalgeber müssten zur Vermeidung eines Ausfallrisikos für ihre Forderung unverzüglich mit Eintritt der Verlustphase die Sicherheitenverwertung anstreben, um keine wertvolle Zeit zu verlieren.

Fristigkeit der Verschuldung

Ferner ist für die Beurteilung, ob eine optimale Kapitalstruktur vorliegt, nicht nur der Verschuldungsgrad, sondern auch die Fristigkeit der Verschuldung zu berücksichtigen. Dabei gilt die Faustregel, dass langfristig im Unternehmen gebundenes Vermögen (z. B. Immobilien, Produktionsanlagen) durch Eigenkapital und eventuell durch einen kleinen Anteil an langfristiger Fremdfinanzierung finanziert wird. Langfristiges Umlaufvermögen (z. B. Mindestbestand an Vorräten) kann langfristig fremd finanziert werden. Nur kurzfristig gebundenes Vermögen (z. B. Forderungen aus Lieferungen und Leistungen oder nicht betriebsnotwendige Vorräte) kann kurzfristig fremd finanziert werden, z. B. durch Verbindlichkeiten aus Lieferungen und Leistungen und einem Kontokorrentkredit.

Anlagevermögen	Eigenkapital
Umlaufvermögen langfristig	Eigenkapital und/oder Fremdkapital langfristig
Umlaufvermögen kurzfristig	Fremdkapital kurzfristig

Abb. 5: Faustregel zur Erreichung einer optimalen Abstimmung der Finanzierungslaufzeiten

> **Tipp**
>
> **Überprüfen Sie Ihren Kontokorrent!**
> - Vermeiden Sie, dass Ihre betriebsnotwendigen Vorräte und der Mindestwarenbestand oder gar das Anlagevermögen durch einen Kontokorrent finanziert sind.
> - Ist dies der Fall, schulden Sie diesen Teil in einen langfristigen Kredit um.

Beispiel für die Entwicklung der Krise bei der Firma Huber: Die Investitionsphase

Da es am Standort des Unternehmens zu dieser Zeit sehr schwer war, geeigneten Verkaufs- und Büroraum für seine Expansionspläne zu erhalten, kaufte Josef Huber durch seine GmbH Mitte der 90er-Jahre ein Grundstück im Stadtgebiet und bebaute es nach seinen Plänen. In diesem Anwesen eröffnete er sein zentrales Ladengeschäft. Ferner betrieb er dort die Verwaltung und die Geschäftsbereiche für EDV-Beratung und Softwareentwicklung. Die Kosten für das Anwesen betrugen insgesamt 8 Mio. € und wurden in voller Höhe durch die Hausbank A in Höhe von 5,0 Mio. €, durch die Bank B in Höhe von 2,5 Mio. € und durch die Bank C in Höhe von 0,5 Mio. € finanziert, die jeweils Einzelkredite, also keine Konsortialkredite an die GmbH vergaben. Abgesichert wurden die Kredite durch die Bestellung von Grundschulden auf dem Objekt in Höhe von 5 Mio. € für die Bank A, in Höhe von 2,5 Mio. € für die Bank B und in Höhe von 0,5 Mio. € für die Bank C. Ferner übernahm Josef Huber persönliche Bürgschaften gegenüber der Bank B in Höhe von 2,5 Mio. € und der Bank C in Höhe von 0,5 Mio. €.

Gegen Ende der 90er-Jahre erwirtschaftete die GmbH im Bereich des Verkaufs einen Umsatzanteil von 60 %. Der Beratungsbereich erwirtschaftete einen Anteil von 10 %, der Bereich Kundenservice und Wartung machte einen Anteil von ebenfalls 10 % und der Bereich Software-Lizenzen einen Anteil von 20 % des Umsatzes aus.

Im Laufe der Zeit beteiligte er seine Ehefrau und mit Erreichung der Volljährigkeit auch seine beiden Kinder am Unternehmen. Josef Huber blieb

Verschuldung durch Investitionen

Übernahme von Bürgschaften

alleiniger Geschäftsführer der GmbH und behielt 60% der Geschäftsanteile. Er führte das Unternehmen weiterhin wie ein Einzelunternehmen. Seine freie Liquidität investierte er im wesentlichen in das Unternehmen, und zwar teils als Stammkapital in Form von Kapitalerhöhungen und teils als Gesellschafterdarlehen. Seine Kinder gaben frühzeitig zu erkennen, dass sie nicht in das väterliche Unternehmen als Mitarbeiter einsteigen wollen.

Vertrauen der Mitarbeiter in die Unternehmensführung

Die Mitarbeiter des Unternehmens erkannten die Führungsqualitäten von Herrn Huber an und hatten großes Vertrauen in ihn. Denn immerhin war er es, der ein solch erfolgreiches Unternehmen von Null auf alleine aufgebaut hat. Ferner hatte Josef Huber immer ein offenes Ohr für die Bedürfnisse der Arbeitnehmer. Er war sehr großzügig und zahlte gut.
Die Arbeitnehmer hatten einen Betriebsrat, der mit Herrn Huber das beste Einvernehmen hatte, zumal Herr Huber bereit war, eine erhebliche Anzahl von Betriebsvereinbarungen für alle möglichen Vergünstigungen der Arbeitnehmer abzuschließen. Ferner führte Herr Huber eine betriebliche Altersversorgung für die langjährigen Mitarbeiter ein.
Das Wort von Josef Huber war im Unternehmen wie ein Gesetz. Eine Unternehmenskultur, die Widerspruch gegen ihn zuließ, entwickelte sich nicht. Dies galt auch für die Geschäftspartner des Unternehmens, mit denen Josef Huber vielfach befreundet oder sonst wie in einer guten Beziehung stand.
Mittlerweile hatte das Unternehmen mehr als 250 Arbeitnehmer.

4.4.4 Veränderungen der Marktbedingungen

Laufende Beobachtungen der Marktentwicklungen notwendig

Häufig sind externe Faktoren, insbesondere die Veränderung der Marktbedingungen für den Eintritt einer Unternehmenskrise verantwortlich. Das Kaufverhalten des Kunden verändert sich, Konkurrenten haben einen ungleich größeren Erfolg im Markt und nehmen Marktanteile weg oder Neuentwicklungen verdrängen alte Produkte. Eine solche Entwicklung führt dazu, dass die Erträge wegbrechen, Verluste erzielt werden und das Unternehmen in eine Liquiditätskrise kommt. Tiefere Ursachen für eine solche Krise sind Versäumnisse im Produktsortiment.

Abhängigkeiten von einem oder wenigen Produkten werden außer Acht gelassen, die Marktentwicklungen werden zu wenig beobachtet.

Umschichtungen im Produktsortiment

Beispiel für die Entwicklung der Krise bei der Firma Huber: Das Ende des Branchenwachstums
Gegen Ende der 90er-Jahre wurden dann die Handelsspannen aus dem Verkauf von Computer, Zubehör und Software immer geringer. Ferner wurde es immer schwieriger, die selbst entwickelte Software an die Geschäftskunden zu verkaufen, weil die Fortentwicklung der Software nur in geringem Umfange betrieben wurde. Herr Huber erkannte infolge der bisherigen Entwicklung der Kundennachfrage nicht, dass große und

leistungsfähige Unternehmen immer mehr in die kleine und mittelständische Wirtschaft einbrachen, so dass die selbst entwickelten Programme in zunehmender Weise nicht mehr konkurrenzfähig waren. Die Umsätze stagnierten und die Handelsspannen und Gewinne gingen zurück. In 2004 ging dann auch der Umsatz zurück, und zwar gegenüber dem Umsatz von 2003 um 10%. Es wurde ein Verlust von 150.000 € erzielt. Der Verlust zehrte nahezu in vollem Umfange die freie Linie des Kontokorrents auf.

Für Josef Huber war diese Situation nichts Neues. In seiner jahrzehntelangen unternehmerischen Tätigkeit erlebte er solche Phasen mehrfach, insbesondere beim Übergang des Verkaufs von Elektrogeräten auf Computer, Zubehör und Software. Mit entsprechender Zuversicht ging Josef Huber daher daran, diese negative Entwicklung umzukehren und begann, hiefür unternehmerische Konzepte zu entwickeln. Sein Ziel war, die zurückgehenden Handelsspannen im Verkauf mit einer aggressiven Preis- und Werbepolitik zu kompensieren. Durch die Erhöhung der Verkaufszahlen und der Umschlagshäufigkeit sollte das Unternehmen wieder den früheren Gewinn erwirtschaften. Zur Finanzierung dieser erheblichen Zusatzkosten war eine neue Finanzierungsrunde mit den Banken notwendig, die alsbald eingeleitet werden sollte.

Ferner war es notwendig, alte Besitzstände der langjährig beschäftigten Mitarbeiter zurückzunehmen, um so das Unternehmen von den Kosten zu entlasten. Mit einem gewissen Verständnis der Mitarbeiter und des Betriebsrats konnte gerechnet werden, denn immerhin hatte das Unternehmen viel für seine Mitarbeiter getan. Nun war das Unternehmen darauf angewiesen, dass die Mitarbeiter etwas für das Unternehmen tun.

<small>Reduzierung der Personalkosten</small>

4.4.5 Zweitursache als Auslöser der Krise

Unmittelbarer Auslöser einer Krise ist aber oftmals erst eine Zweitursache. Diese kann ihre negative Auswirkung deshalb zur Entfaltung bringen, weil das Unternehmen durch die strukturellen Probleme bereits erheblich geschwächt ist. Wäre das Unternehmen nicht in seiner Verfassung bereits geschwächt, könnte der Eintritt der Zweitursache das Unternehmen womöglich zwar beeinträchtigen, aber nicht in eine Krise bringen.

<small>Beispiele für Zweitursachen der Krise</small>

Solche Zweitursachen, die ein labiles Unternehmen in die Krise stürzen, könnten z. B. sein

- ein unerwarteter und großer Forderungsausfall bei einem Kunden,
- ein Zusammenbruch eines wichtigen Lieferanten mit der Folge, dass bei den eigenen Lieferungen erhebliche Verzögerungen eintreten und Zahlungen damit erst verzögert eingehen,
- ein Brand oder eine Überschwemmung im Betrieb,
- ein Unfall oder eine schwere Erkrankung des Unternehmers,
- ein schwerer Konflikt zwischen tätigen Gesellschaftern im Unternehmen,

- ein schwerer Kalkulationsfehler oder
- ein hoher Gewährleistungsschaden.

**Beispiel für die Entwicklung der Krise bei der Firma Huber:
Die schwere Erkrankung des Unternehmers in stürmischen Zeiten**

Plötzliche und schwere Erkrankung des Unternehmers

Just zu diesem Zeitpunkt erlitt Herr Huber im Sommer 2005 einen schweren Herzinfarkt und wurde aus seinem Büro heraus in die Intensivstation eines Krankenhauses eingeliefert. Die Ärzte verschrieben Herrn Huber strengste Bettruhe. In den nächsten Wochen war nur in geringem Maße privater Besuch der Familie gestattet.

Die Mitarbeiter des Unternehmens engagierten sich mit großem persönlichen Einsatz, um die Geschäftstätigkeit so gut als möglich fortzusetzen, bis ihr Unternehmensführer wieder voll einsatzfähig ist. Jedoch konnten sie die konzeptionell bereits vorgesehenen Maßnahmen zur Verbesserung der Leistungsfähigkeit des Unternehmens nicht durchführen. Dies konnte nur durch Herrn Huber selbst erfolgen. Gleiches galt für das Führen der Finanzierungsgespräche, zumal von der Seite des Herrn Huber die Sicherheiten für die Kredite zu stellen waren. Auch die Gespräche mit Betriebsrat und langjährigen Mitarbeitern zur Reduzierung der aufgeblähten Arbeitskosten konnte nur Josef Huber führen. So blieben notwendige und eilige Maßnahmen erst einmal liegen.

Wichtige Entscheidungen können nicht getroffen werden

Die negative Tendenz der Markt- und Branchenentwicklung setzte sich fort. Die Handelsspannen im Verkauf schrumpften immer mehr. Durch den Zusammenbruch vieler Internetfirmen und Technologieunternehmen fiel eine erhebliche Nachfrage nach Computern und Zubehör aus. Durchschlagende Neuentwicklungen im Softwarebereich fehlten, so dass auch von dieser Seite keine Umsatzstabilisierung erwartet werden konnte. Die Marktpreise von Computer und Zubehör sanken allgemein, so dass der Warenbestand der GmbH erheblich abgewertet werden musste. Die mit langen Laufzeiten mit den Kunden abgeschlossenen Verträge für Softwarelizenzen liefen sukzessive aus und wurden kaum mehr erneuert, weil die Kunden auf Standardsoftware umstellten.

Die betriebswirtschaftliche Auswertung für Dezember 2005 zeigte, dass der Umsatz gegenüber 2004 wiederum zurückgegangen war, und zwar diesmal um 15%. Besonders schwer eingebrochen war das Ergebnis. Es wurde ein hoher Verlust erzielt. Der Kontokorrent von 500.000 € bei der Hausbank A war voll ausgeschöpft. Freie Kreditlinien waren nicht mehr vorhanden und man wusste nicht, wie die nächsten Löhne, Sozialversicherungen und Lohnsteuern bezahlt werden sollten. Der einzige Lichtblick war, dass Josef Huber nun wieder arbeitsfähig war, allerdings noch sehr eingeschränkt.

Der Jahresabschluss der Firma Josef Huber GmbH zum 31.12.2005 hatte in verkürzter Form folgenden Inhalt:

Vorläufige Bilanz der Firma Josef Huber GmbH zum 31.12.2005

Aktiva		Passiva	
Grundstück	8.000.000 €	Stammkapital	750.000 €
		Verlustvortrag 2004	./. 150.000 €
		Verlust 2005	./. 770.000 €
		Eigenkapital	./. 170.000 €
		Verbindlichkeiten aus Lieferungen und	
Vorräte	1.200.000 €	Leistungen	770.000 €
Forderungen aus Lieferungen und		Gesellschafter-darlehen	1.500.000 €
Leistungen	150.000 €		
		Darlehen bis 1 Jahr Laufzeit	500.000 €
		Darlehen von mehr als 1 Jahr Laufzeit	6.750.000 €
	9.350.000 €		9.350.000 €

Gewinn- und Verlustrechnung der Josef Huber GmbH zum 31.12.2005

Erlöse:

Umsatz	27.000.000 €
Materialeinsatz	15.000.000 €
Rohertrag	12.000.000 €

Kosten:

Personalkosten	8.500.000 €
Werbung	2.000.000 €
Abschreibung lfd.	270.000 €
Sonderabschreibung Warenbestand	300.000 €
sonstige Kosten	1.000.000 €
Zinsen	700.000 €
	12.770.000 €
Ergebnis	./. 770.000 €

Die Krisenursachen und ihre Erkennung

Je früher auf die Krise reagiert wird, desto höher ist die Sanierunschance

Erläuterung zum Beispiel:

Dieser Fall für eine Unternehmenssanierung ist so gestaltet, dass er typische Elemente aufweist, wie es zu der Krise des Unternehmens kam. Die Geschichte endet zunächst an dieser Stelle. In späteren Beispielen wird dann in Varianten aufgezeigt, welche einzelnen Wege beschritten werden können, um das Unternehmen wieder auf Erfolgskurs zu bringen. Die Varianten zeigen vor allem, dass derjenige, der frühzeitig auf die sich anbahnende Krise des Unternehmens richtig reagiert, den Eintritt einer ernsten Krise vermeiden kann. Wer jedoch weiterhin Entscheidungen verschleppt oder eine fehlerhafte Einstellung zu den Krisensymptomen zeigt, schlittert in eine ernste Unternehmenskrise. Aber noch immer nicht bedeutet dies einen Totalverlust für das Unternehmen. Noch immer gibt es Wege aus der Krise. Wer allerdings auch diese Chancen nicht nutzt, muss den Untergang des Unternehmens hinnehmen.

Insgesamt wird dieses Beispiel in vier Varianten für eine Unternehmenssanierung mit jeweiligen Untervarianten behandelt. Die Varianten gehen aus von einem verständigen und weitsichtigen Unternehmensführer (Variante 1) bis hin zu einem unvernünftigen und sturen Unternehmensführer (Variante 4).

Die Variante 1a ist im eigentlichen Sinne noch kein Fall einer Unternehmenssanierung, weil der Unternehmensführer die ersten Anzeichen einer Krise erkannte und für solche Fälle vorgesorgt hatte. Damit konnte sich eine Krise im eigentlichen Sinne gar nicht erst entwickeln.

Auch die Variante 4c, die letzte Variante, ist kein Fall der Unternehmenssanierung, weil hier das Unternehmen zerschlagen wird.

Die einzelnen Handlungsvarianten werden durch das folgende Schaubild verdeutlicht:

Einzelfälle für die Entwicklung einer Krise 113

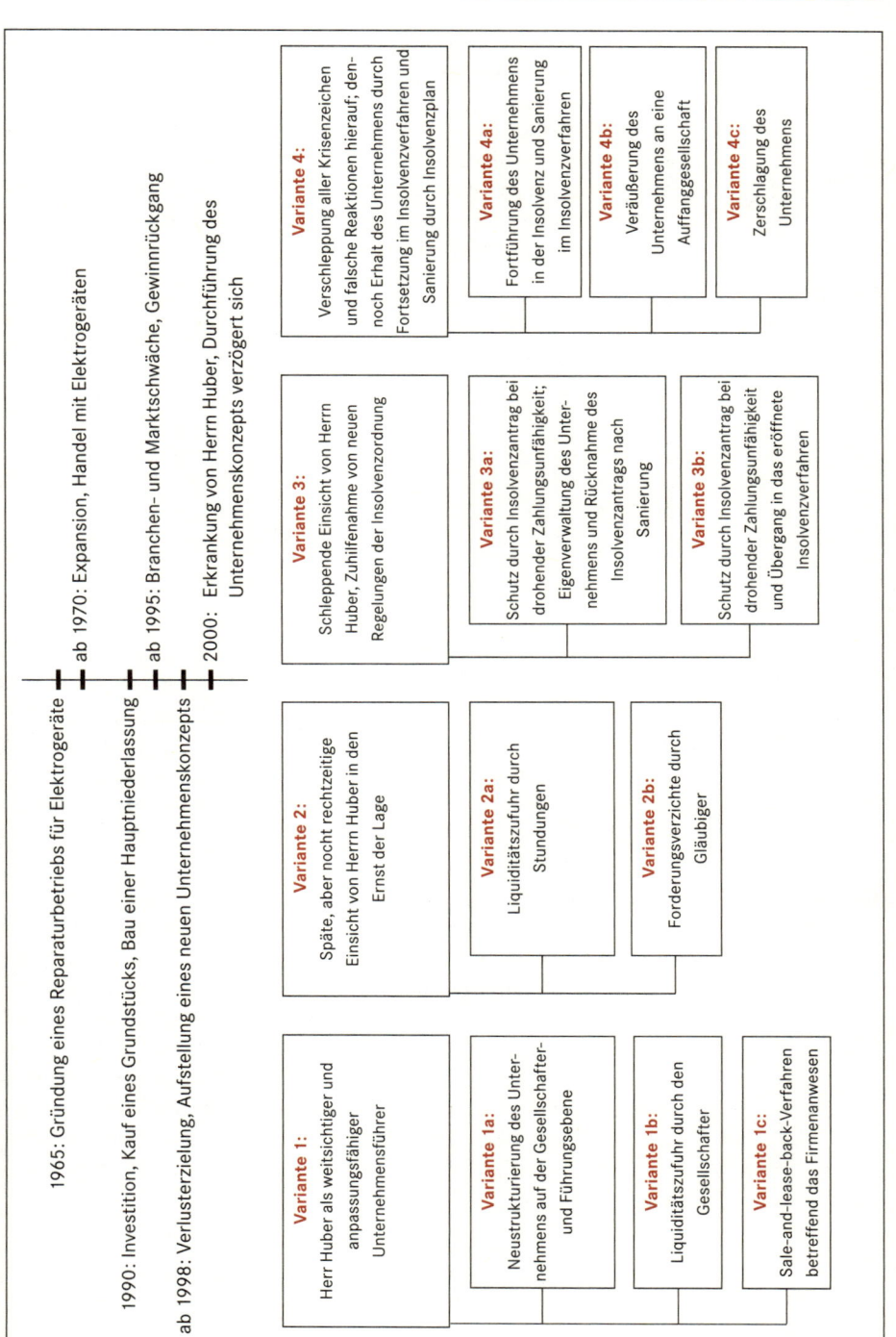

Abb. 6: Handlungsvarianten im Fall der Firma Josef Huber

4.5 Typische Störungen im Wachstum eines Unternehmens

Es gibt im Wachstum eines Unternehmens typische Störungen, die sich schnell zu einer Krise entwickeln können, falls nicht jeweils auf die eingetretenen Störungen adäquat reagiert wird. Die nachfolgende Grafik zeigt einen solchen typischen Verlauf von Störungen im Wachstum eines Unternehmens.

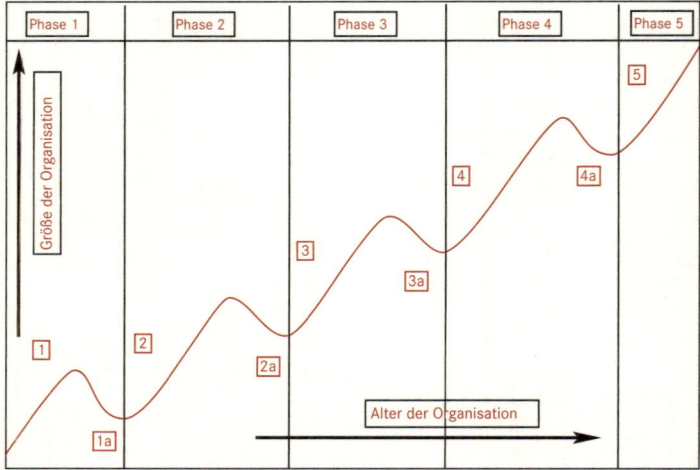

Abb. 7: Zusammenhang zwischen Unternehmensentwicklung und Unternehmenskrisen, in Anlehnung an Greiner, Evolution and revolution as organizations grows, in: Harvard Business Review 1972, S. 41.

Aus dem Eintritt von Störungen lernen

In der Regel handelt es sich um Unternehmen, die aus dem Eintritt der Störungen lernen. Nach dem Anstieg bestimmter Störungen (Phasen 1 bis 4) kommt es zur Konsolidierung (Phasen 1a bis 4a), in der die Störungen erkannt werden und die Organisation den Umgang mit den Störungen lernt. Nach einem gewissen Rückschlag können sie ihr Unternehmenswachstum fortsetzen und müssen in der nächsten Phase, allerdings auf höherer Ebene, wiederum die Erfahrung machen, dass sie nunmehr mit neuen Störungen zu kämpfen haben. Wiederum lernen sie daraus, setzen ihr Unternehmenswachstum fort und erfahren wiederum neue Störungen. Dies setzt sich nach diesem Rhythmus weiter so fort.

Zur Erläuterung der Grafik:

Phase 1 – Führungskrise:
Das Unternehmen ist klein und hat eine überschaubare Organisation. Durch den direkten Kontakt mit den Mitarbeitern sind die Führungsqualitäten der Unternehmensführung für den Erfolg nicht besonders entscheidend. Streitigkeiten werden sofort, wenn sie entstehen, vor Ort ausgefochten. Das Unternehmen wächst weiter und nunmehr schlagen die Mängel in der Unternehmensführung auf den Unternehmenserfolg durch.

Führungsqualitäten noch ohne wesentlichen Einfluss auf den Unternehmenserfolg

Phase 1a – Das Management lernt die Grundregeln der Unternehmensführung:
Aus den negativen Erfahrungen heraus lernt das Management und verbessert den Führungsstil. Dies ist die Grundlage, mehr Mitarbeiter gut zu führen, so dass sich das Unternehmen positiv weiterentwickeln kann.

Phase 2 – Autonomiekrise:
Der Geschäftsumfang ist so erheblich gewachsen, dass das Management den Bezug zum Tagesgeschäft verliert. Dies ist das Management nicht gewöhnt und das Vertrauen in die Mitarbeiter, dass diese alles richtig machen, ist eher gering. Das Management muss sich verstärkt mit Beschwerden von Kunden und Fehlern von Mitarbeitern auseinandersetzen und neigt dazu, weiterhin viel selbst zu machen und in das Tagesgeschäft einzugreifen. Im Hinblick auf den Umfang des Geschäfts ist dies aber nicht mehr möglich. Deshalb bleiben viele Arbeiten liegen und die Entwicklung des Unternehmens ist beeinträchtigt.

Unzureichende Delegation von Arbeitsvorgängen

Phase 2a: Das Management lernt, das Tagesgeschäft zu delegieren. Das Vertrauen in die Leistungen der Mitarbeiter wächst und Beschwerden von Kunden und Fehler der Mitarbeiter werden bis zu einer bestimmten Grenze als zwangsläufig hingenommen. Damit kann das Unternehmen weiter wachsen.

Phase 3 – Kontrollkrise:
Die Arbeitsstruktur entwickelt sich nicht optimal. Vieles wird doppelt oder gar nicht gemacht. Die Arbeitsvorgänge sind nicht aufeinander abgestimmt, so dass viele Leerzeiten entstehen. Ferner ist die Häufigkeit der Fehler der Mitarbeiter überdurchschnittlich groß. Das Unternehmen führt seinen Geschäftsbetrieb mit einer überhöhten Kostenlast und ist damit auf dem Markt nicht konkurrenzfähig.

Unzureichende Koordination der Arbeitsvorgänge

Phase 3a: Das Management lernt, die Arbeitsvorgänge zu koordinieren. Die gesamte Arbeitsorganisation wird optimal strukturiert. Damit wird das Unternehmen wieder wettbewerbsfähig und kann weiter wachsen.

Phase 4 – Bürokratie:

<small>Aufgeblähte Bürokratie</small>

Die Koordination und Überwachung der Arbeitsvorgänge schießt über das Ziel hinaus. Aus der Angst, die Mitarbeiter könnten einen zu großen Freiraum haben oder nicht optimal eingesetzt sein, entsteht eine aufgeblähte bürokratische Organisation. Die Bürokratie führt zu erheblichen Kosten und die Motivation und Kreativität der Mitarbeiter sinkt gleichzeitig. Wiederum ist das Unternehmen nicht mehr wettbewerbsfähig.

Phase 4a: Das Management lernt hieraus, reduziert die Bürokratie und führt die Team-Orientierung der Mitarbeiter ein. Damit wird das Unternehmen wieder wettbewerbsfähig und kann weiter wachsen.

Phase 5 – Die nächste Krise kommt:

In dieser Weise wird es ständig weitergehen. Das Unternehmen wird weiteren Krisen ausgesetzt sein, denen es begegnen muss.

<small>Das Maß der Lernfähigkeit des Unternehmens entscheidet über seinen Erfolg</small>

Die Grundaussage dieser Grafik ist, dass entscheidend für den dauerhaften Erfolg eines Unternehmens das Maß seiner Lernfähigkeit ist. Verschleppt z. B. das Unternehmen in einer der Phasen die notwendigen Änderungen in der Struktur der Arbeitstätigkeit, wird die Erfolgskurve anders als in der Grafik weiter nach unten gehen. Sehr schnell kann sich dann hieraus eine ernste Krise entwickeln, die den Bestand des Unternehmens gefährdet.

4.6 Die Unternehmensplanung zur Früherkennung und Vermeidung einer Krise

4.6.1 Die strategische Unternehmensplanung

<small>Risikoanalyse</small>

Zu den zentralen Führungsaufgaben des Managements gehört die strategische Unternehmensplanung. Hierzu gehört insbesondere auch, die Risikoanfälligkeit des Unternehmens zu erforschen und zu analysieren.

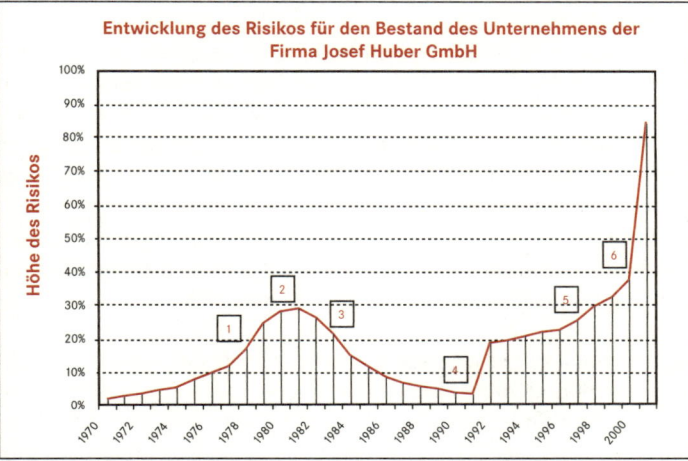

Abb. 8: Risikoanalyse bei der Firma Huber

Die Risikoanalyse der Unternehmensentwicklung bei der Firma Huber ergibt:

a) Phase 1:
Das Unternehmen ist klein und überschaubar. Die Verschuldung ist gering. Die Investitionen sind ebenso gering.

b) Phase 2:
Mit der Expansion des Unternehmens werden Arbeitnehmer eingestellt und damit neue Risiken eingegangen (z. B. Arbeitsklima, pünktliche Zahlungen von Löhnen, Lohnsteuern, Sozialversicherungen, Gefahr von Veruntreuungen). Ein höherer Warenbestand setzt eine erhöhte Fremdfinanzierung voraus. Herr Huber ist noch nicht erfahren genug im Umgang mit der neuen Größe und des Umgangs mit einem Budget in dieser Höhe.

c) Phase 3:
Herr Huber hat die neue Struktur gut bewältigt und Erfahrung gesammelt. Das Unternehmen wächst weiter. Die erheblichen Gewinne reduzieren die Verschuldung. Probleme infolge von Marktveränderungen und dem Eintritt anderer Störfaktoren könnten aus der Selbstfinanzierungskraft des Unternehmens gelöst werden.

d) Phase 4:
Die Verschuldung steigt durch den Erwerb der Gewerbeimmobilie stark an. Die Selbstfinanzierungskraft zur Lösung eintretender Störfaktoren ist damit beschränkt. Ferner müssen Negativreaktionen seitens der Banken eingeplant werden. Das Unternehmen ist von der Person des Josef Huber abhängig.

e) Phase 5:
Das Risiko im Geschäftsbereich Verkauf steigt durch die negativen Veränderungen im Markt an. Der Geschäftsbereich Verkauf dominiert das Unternehmen. Mit jedem Jahr der Marktveränderung und der Nichtreaktion der Firma Huber auf die veränderten Umstände steigt das Risiko. Das Risiko der Abhängigkeit von der Person des Josef Huber steigt weiter.

f) Phase 6:
Das Risiko steigt durch die Erkrankung von Herrn Huber steil an. Das Unternehmen steht vor dem Zusammenbruch.

Ziele der strategischen Unternehmensplanung in der Krise

Eine besondere Schwierigkeit erlangt die strategische Unternehmensplanung in der Krise eines Unternehmens, weil hier die Planung in der Regel unter einem erheblichen Zeitdruck durchgeführt werden muss. Ziel der strategischen Unternehmensplanung in der Krise des Unternehmens ist es, den Bestand des Unternehmens zu sichern und eine erstarkte Position zu erreichen. Das Erreichen dieser Ziele setzt sich aus einer Fülle von Unterzielen zusammen, wie z. B. die Erlangung einer ausreichenden Liquidität, die Restrukturierung des Produktionsprozesses oder die Verringerung der Abhängigkeit von bestimmten Faktoren, die die Gesundung des Unternehmens gefährden können. Eine klare Zielsetzung ist zudem Grundlage für die Tätigkeit der Controller, deren Aufgabe es ist, den Erfolg messbar und den Fortschritt sichtbar zu machen.

Zur strategischen Unternehmensplanung gehört maßgeblich auch, dass sich die Ziele des Unternehmens in den technologischen und gesellschaftlichen Wertewandel integrieren und mit den veränderten Einstellungen, Bedürfnissen und Verhaltensweisen der Menschen harmonieren. Bei der Definition der zu erreichenden Ziele müssen daher auch die Geschäftsgrundsätze und insbesondere die Unternehmensphilosophie und Unternehmensethik definiert werden. Im Rahmen der Sanierung des Unternehmens sollte die Identität des Unternehmens nicht verändert, sondern ihr Kern freigelegt werden.

Zeitplan für die Erreichung der Ziele

Sodann sind im Rahmen der strategischen Unternehmensplanung die einzelnen Schritte zur Erreichung der Ziele inhaltlich und zeitlich zu bestimmen. Die strategische Planung erfasst einen langfristigen Zeitraum von etwa fünf bis zehn Jahren. Ist Anlass für eine strategische Unternehmensplanung die Abwehr von Risiken für den Bestand des Unternehmens müssen vor allem kurzfristige Notmaßnahmen ergriffen werden. Diese Notmaßnahmen haben aber nur Sinn, wenn die langfristigen Ziele der strategischen Unternehmensplanung positiv und erreichbar sind. Andernfalls sollte die Insolvenz des Unternehmens nicht mehr verhindert und das Unternehmen eher liquidiert werden.

Insbesondere ist im Rahmen der strategischen Unternehmensplanung eine konkrete Planung des Produktprogramms und des Zusammenwirkens zwischen Produkt und Markt erforderlich. Eine Analyse der Stärken und Schwächen des Unternehmens ist durchzuführen und aus den gewonnenen Ergebnissen eine Prognose über die Attraktivität bestimmter Teilmärkte aufzustellen. Synergieeffekte sind zu erforschen.

> **Risikovorsorge Unternehmen:**   *Checkliste*
> - ✔ Wurde eine optimale Risikovorsorge für das Auftreten von Krisen beim Unternehmen geschaffen?
> - ✔ Verfügt das Unternehmen über einen angemessenen Versicherungsschutz für die durch seine Tätigkeiten typischen Risiken?
> - ✔ Ist die Finanzbuchhaltung und das Berichtswesen so organisiert, dass negative Tendenzen zeitnah zu erkennen sind?

4.6.2 Die operative Unternehmensplanung

Aus der strategischen Planung ist die operative, nämlich die mittelfristige Planung für einen Zeitraum von ein bis vier Jahren zu entwickeln. Aufgabe der operativen Planung ist, die durch die strategische Planung vorgegebene langfristige Grobplanung in konkrete kurz- und mittelfristige Pläne für die einzelnen Teilbereiche umzusetzen. Dies betrifft insbesondere die Unternehmensfinanzierung, die Produktion, das Marketing, die Beschaffung und die Lagerhaltung. *(Kurz- und mittelfristige Planung)*

Und all dies ist nicht statisch. Eine Planung ist nämlich erst dann abgeschlossen, wenn sie realisiert ist. Bis zur Realisierung muss die Planung aufgrund neuerer Erkenntnisse ständig revidiert, ergänzt und geändert werden.

4.6.3 Die Szenarioplanung

Eine Besonderheit der strategischen Unternehmensplanung ist die Szenarioplanung.

Bei der Szenarioplanung handelt es sich um ein Modell der Planung künftiger Reaktionen und Tätigkeiten eines Unternehmens. Die Szenarioplanung ergänzt die operative Planung, die bestimmte Parameter wie z. B. Umsatz, Gewinn und Marktanteil für die Zukunft berechnet und auf deren Grundlage das Controlling aufgebaut ist. *(Visionäre Unternehmensplanung)*

Die Szenarioplanung ist der visionäre Teil der Unternehmensplanung. Ein Unternehmen muss ständig mit grundlegenden Änderungen in der Umwelt rechnen, also mit Änderungen in den Beziehungen zur Außenwelt, in die das Unternehmen eingebettet ist. Die Veränderung solcher Beziehungen können schwerwiegende Einflüsse auf das Unternehmen darstellen, die bis zur Insolvenz führen können.

Solche Veränderungen können sein
- das Auftreten eines starken Konkurrenten,
- neue Erfindungen, die das hergestellte Produkt überflüssig machen,
- eine Klimaverschlechterung zu den finanzierenden Banken bei hoher Fremdfinanzierung,
- die Geltendmachung von Produkthaftungsansprüchen durch Geschädigte oder
- der Tod des Unternehmers.

Oftmals treten diese Veränderungen so schnell auf, dass nicht mehr genügend Zeit zur angemessenen Reaktion besteht. Bei der Kündigung von Krediten durch die finanzierenden Banken kann sehr schnell Zahlungsunfähigkeit eintreten. Der Unternehmer hat dann, wenn das Unternehmen in der Rechtsform der GmbH, GmbH & Co. KG oder AG betrieben wird, aufgrund gesetzlicher Bestimmungen nur längstens drei Wochen Zeit, diese Situation zu beheben, andernfalls hat er Insolvenzantrag zu stellen. Beim Tod des Unternehmers ist die weitere Führung des Unternehmens oftmals nicht gesichert.

Inventur des Risikoumfeldes

Bei der Szenarioplanung werden diese Einflüsse, soweit sie mit einer gewissen Wahrscheinlichkeit auftreten können, erforscht und die Wirkungen und die Handlungsmöglichkeiten dargestellt. Bereits hier setzt der erste große Vorteil der Szenarioplanung an. Der Unternehmer muss sich nämlich dabei bewusst machen, in welchem Risikoumfeld er sich befindet. Denn ohne Szenarioplanung werden solche latent vorhandenen Risiken meist verdrängt. Der Mangel der vorausschauenden Planung realisiert sich dann meist ganz plötzlich – und hat oftmals fatale Folgen, wie z. B. die Insolvenz des Unternehmens.

Gedanklich intensiv vorgestellte Szenarien sind wie reale Szenarien

Mit der Szenarioplanung wird ein psychologisches Phänomen genutzt, wonach das Unterbewusstsein nicht zwischen gemachten und intensiv vorgestellten Erfahrungen unterscheiden kann. Mit der Szenarioplanung wird die Situation, die es zu vermeiden gilt, gedanklich intensiv durchgespielt. Damit wird dasselbe Ergebnis erreicht, wie wenn der Unternehmer die negative Situation real erlebt hat. Mit der Szenarioplanung kann damit das sog. negative Wissen, nämlich das Wissen, wie es nicht geht, erheblich erhöht werden.

> **Tipp**
>
> Kommt Ihr Unternehmen in eine ernste Krise, z. B. bei Kündigungen von Krediten oder Durchführung von Vollstreckungen, fahren Sie für eine Woche in Urlaub, alleine oder mit Ihrem nächsten Lebensgefährten. Fahren Sie Wandern, ans Meer oder in sonst wie einsame Gebiete. Meiden Sie Touristenorte. Und vor allem: Lassen Sie Ihr Handy daheim und seien Sie nicht erreichbar. Wenn Sie zurückkehren, haben Sie die Lösung für das Problem.

4.6.4 Outdoor-Training, um Risikostrukturen sichtbar zu machen

Die Problematik bei der Entstehung einer Unternehmenskrise besteht darin, dass sich die strategischen Fehlstrukturen in sehr kleinen Schritten und über einen langen Zeitraum entwickeln. Damit werden sie von der Unternehmensführung schwer und in der Regel frühestens dann erkannt, wenn die Krise durch die Zweitursache sichtbar hervortritt. Hinzu kommt, dass die Unternehmensführer meist nicht über die Kenntnisse und Erfahrungen verfügen, wie sich eine Krise entwickelt. Viele Unternehmensführer, die dieses Erfahrungspotenzial gewonnen hatten, konnten unter der Geltung des alten Konkursrechts das Unternehmen nicht mehr retten und vielfach hatten sie dann auch selbst keine zweite Chance mehr, ihre Erfahrungen nunmehr Gewinn bringend umzusetzen.
Training im Umgang mit Risikostrukturen

Um Risikostrukturen transparent machen zu können und um den Umgang mit Risikostrukturen zu trainieren, braucht man aber nicht unbedingt schon einmal eine Unternehmenskrise durchgemacht zu haben. Im Bereich der Erlebnispädagogik lässt sich in speziellen Outdoor-Trainings aufzeigen, wie Risikostrukturen entstehen und welche Auswirkungen sie haben, wenn sie nicht frühzeitig erkannt und behoben werden. Anhand einer Erlebnisveranstaltung, z. B. im Wald oder in den Bergen, wird ein bestimmtes Ziel gesetzt, das die Teilnehmer zu erreichen haben. Dieses Ziel ist gleichbedeutend mit einem Unternehmensziel. Während das unternehmerische Ziel sich vielleicht in einem Zeitraum von fünf Jahren realisieren soll, soll sich das Ziel im Outdoor-Training aber in fünf Stunden realisieren. Im Outdoor-Training werden in der Regel die gleichen strukturellen Fehler begangen, wie bei der Unternehmensführung. Der Vorteil im Outdoor-Training besteht darin, dass durch die Reduzierung des Szenarios auf einen Zeitraum von fünf Stunden die entscheidenden Fehler, ihre Ursachen und ihre Wirkungen im Zusammenhang erkannt werden können. Im begleitenden Indoor-Training werden die im Outdoor-Training begangenen Fehler auf die gleich strukturierten Fehler bei der Unternehmensführung übertragen und damit bewusst gemacht.
Erlebnispädagogik als Trainingsmittel

4.6.5 Der Einsatz von Balanced Scorecards

Übertragung von Strategien in konkrete Maßnahmen

Die Balanced Scorecard ist eine Methode der Unternehmensplanung, mit der Strategien in konkrete Maßnahmen übertragen werden. Erfasst werden alle für den Unternehmenserfolg wichtigen Faktoren, wie die Leistung der Mitarbeiter, die Innovationsstärke, die internen Abläufe und die finanziellen Entwicklungen. Die Scorecards zeigen die Daten in ihren Ursache-Wirkung-Zusammenhängen und vernetzen sie mit der Vision und den strategischen Zielen des Unternehmens. Die Entwicklung einer Balanced Scorecard erfolgt nach folgendem System in sechs Stufen:

Stufe 1   **Formulierung der Vision des Unternehmens**
(z. B. die Erreichung eines bestimmten Umsatzes, Gewinns, Marktanteils oder Aktienwertes)

Stufe 2   **Ableitung der strategischen Ziele für die vier Perspektiven**
- **Finanzen** (z. B. Verbesserung der Profitalität)
- **Kunden** (z. B. Total Quality Management)
- **interne Abläufe** (z. B. fehlerfreies Gestalten der Prozesse)
- **Mitarbeiter** (z. B. Ausbau der Fertigkeiten der Mitarbeiter)

Stufe 3   **Abbildung der strategischen Ziele in einem Ursache-Wirkung-Modell**

Stufe 4   **Entwicklung einer Messgröße für jedes strategisches Ziel**
(z. B. Anteil der Mitarbeiter mit Personalentwicklungsplänen)

Stufe 5   **Festlegung der operativen Ziele**
(z. B. Abbau der Fluktuation auf x %)

Stufe 6   **Entwicklung von Initiativen**
(z. B. Umsetzung von Karriereplänen)

> **Tipp**
>
> **Eine Familiengesellschaft sollte über genügend Reserven für den Krisenfall verfügen.**
>
> - Es sollte vermieden werden, dass nahe Angehörige Bürgschaften gegenüber Banken abgeben oder als Kreditnehmer mit auftreten. Notfalls sollte eine langsamere Unternehmensentwicklung in Kauf genommen werden.
> - Es sollte geprüft werden, ob bei Grundbesitz, der erheblich fremd finanziert ist und der neben dem Unternehmer auch nahen Angehörigen gehört, die Klausel in den Grundschulden vorhanden ist: »Die Eigentümer unterwerfen sich auch im Hinblick auf ihr persönliches Vermögen der sofortigen Zwangsvollstreckung.« Sollte dies der Fall sein, sollten die Haftungsgrundlagen geklärt und mit dem Kreditgeber eine Risiko minimierende Vereinbarungen zugunsten der nahen Angehörigen getroffen werden.

4.7 Zusammenfassung

1. In der Regel ist das Entstehen einer Unternehmenskrise auf eine permanente Verschlechterung in den strategischen Strukturen des Unternehmens zurückzuführen, die sich langfristig und in sehr kleinen und kaum sichtbaren Schritten entwickelt hat.
2. Erst eine Zweitursache, wie z. B. ein unerwarteter und hoher Forderungsausfall bei einem Kunden, löst dann die Krise unmittelbar aus, da das Unternehmen durch die strukturelle Krise bereits geschwächt ist.
3. Die Unternehmenskrise sollte als Chance erkannt werden, fehlerhafte Strukturen zu erkennen und zu verändern.
4. Von hoher Bedeutung ist das frühzeitige Erkennung einer Fehlentwicklung in den strategischen Strukturen, da die Beseitigung solcher Fehlentwicklungen in der Regel ebenso lang dauert, wie die Fehlstrukturen gewachsen sind.
5. Auch ein frühzeitiges Erkennen einer Erfolgskrise ist für den Erfolg einer Unternehmenssanierung von hoher Wichtigkeit. Wird eine Erfolgskrise erst erkannt, wenn der Jahresabschluss oder eine monatliche betriebswirtschaftliche Auswertung einen Verlust ausweist, bedeutet dies, dass die Möglichkeiten für eine frühzeitige Erkennung der Symptome einer Erfolgskrise, wie z. B. das frühzeitige Feststellen reduzierter Deckungsbeiträge bei umsatzstarken Produkten, ungenutzt verstrichen sind.
6. Und schließlich ist auch das frühzeitige Erkennen einer Liquiditätskrise für das weitere Schicksal des Unternehmens bedeutungsvoll. Frühzeitig erkannt werden können Liquiditätskrisen nicht erst mit der Störung in der Zahlungsfähigkeit, sondern

bereits lange vorher anhand einer kurz- und mittelfristigen Finanz- und Liquiditätsplanung.
7. Soweit junge Unternehmen in die Unternehmenskrise gelangen, sind hierfür in der Regel ein falsches Konzept, unrealistische Erwartungen, ungeeignete Vorbereitung und mangelndes Durchhaltevermögen verantwortlich. Typische Krisenursachen sind ferner eine überhastete Unternehmensexpansion und vor allem eine hohe Verschuldung, also ein zu geringer Eigenkapitalanteil des Unternehmens im Verhältnis zum Gesamtvolumen. Ursachen für eine Krise von alten, insbesondere jahrzehntelang erfolgreichen Unternehmen sind meist die Veränderungen von Marktbedingungen und das zu lange Festhalten an alten Erfolgsrezepten.
8. Das Wachstum eines Unternehmens bedingt regelmäßig Veränderungen im Organismus des Unternehmens. Damit kommt es fast zwangsläufig zu typischen Störungen, z.B. durch Festhalten an bisher auf die geringere Größe des Unternehmens zugeschnittenen Führungsstrukturen, die sich schnell zu einer Krise des Unternehmens entwickeln können, wenn sie nicht beseitigt werden. Aus dem Auftreten der Störungen muss das Unternehmen lernen, in welcher Weise die Organisation und die Unternehmensführung des Unternehmens verbessert werden muss.
9. Im Rahmen der strategischen Unternehmensplanung ist auch die Risikoanfälligkeit des Unternehmens zu erforschen und zu analysieren.
10. Eine Besonderheit der strategischen Unternehmensplanung ist die Szenarioplanung. Bei der Szenarioplanung werden Szenarien, die mit einer gewissen Wahrscheinlichkeit auftreten können, erforscht und die Wirkungen und Handlungsmöglichkeiten dargestellt. Die Szenarioplanung ist der visionäre Teil der Unternehmensplanung.
11. Im Bereich der Erlebnispädagogik können mit speziellen Outdoor-Trainings Risikostrukturen transparent gemacht und der Umgang mit Risikostrukturen trainiert werden.
12. Die Balanced Scorecard ist eine Methode der Unternehmensplanung, mit der Strategien in konkrete Maßnahmen übertragen werden. In der Balanced Scorecard werden die für den Unternehmenserfolg wichtigen Faktoren in ihren Ursache-Wirkung-Zusammenhängen aufgezeigt und mit der Vision und den strategischen Zielen des Unternehmens vernetzt.

5 Die Organisation der Unternehmenssanierung

Der Planung und Organisation einer Unternehmenssanierung kommt eine überragende Bedeutung zu. Oftmals scheitert eine an sich aussichtsreiche Unternehmenssanierung daran, dass in unzureichender Weise der Entwicklung der Krise freier Lauf gelassen wird. Die Chancen für eine Unternehmenssanierung sinken innerhalb kurzer Zeit. Der Rückgang der Chancen erfolgt aber nicht linear zur verstrichenen Zeit. Dies zeigt die nachfolgende Tabelle für das Chancenpotenzial einer außergerichtlichen Sanierung, das nicht wahrgenommen worden ist:

Sanierungschance abhängig von der Schnelligkeit der Reaktionen

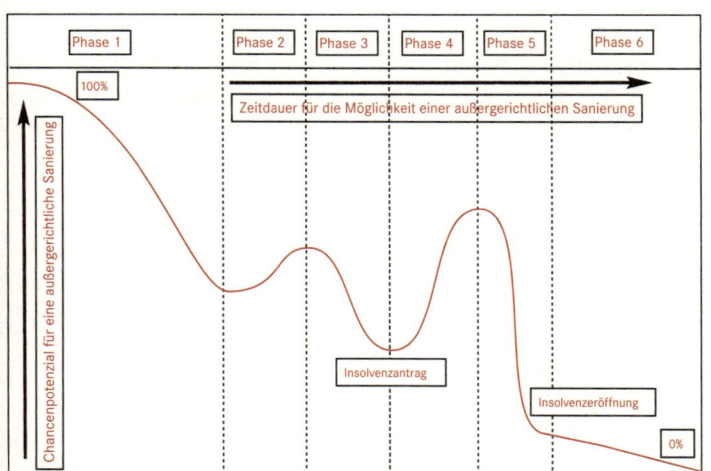

Abb. 9: Chancenpotenzial für eine außergerichtliche Sanierung in Bezug auf die zur Verfügung stehende Zeit (nach eigener Erfahrung)

Erläuterungen:
a) Phase 1:
Hier bestehen noch die besten Chancen für eine außergerichtliche Sanierung. Dadurch, dass in der Frühphase der Krise mit der Sanierung begonnen wird, sind die Beiträge, die die Gläubiger zu leisten haben, gering. Teilweise sind nur Stundungen notwendig.

Beste Chancen für eine Sanierung in der Frühphase der Krise

Allerdings nehmen die Sanierungschancen rasch ab, wenn nicht zügig und überzeugend gehandelt wird. Zum Ende der Phase 1 ver Fortbestand und handeln entsprechend, z. B. indem sie gerichtliche Mahnbescheide veranlassen und Verträge kündigen. In dieser Phase wären bereits einschneidendere Sanierungsbeiträge der Gläubiger notwendig. Diese sehen allerdings nicht ein, warum sie einen Sanierungsbeitrag leisten sollen, z. B. auf die Forderung teilweise zu verzichten. Sie wollen ihre gesamte Forderung einschließlich Verzugszinsen und Kosten der Forderungsbeitreibung realisieren.

b) Phase 2:

Weitere Sanierungschance nach Wertberichtigung der Forderungen durch Gläubiger

Die Chancen für eine außergerichtliche Sanierung steigen an. Die Gläubiger wissen, dass das Unternehmen auf eine Insolvenz zusteuert. Damit bewerten sie nunmehr ihre eigene Forderung negativ. Sie wertberichtigen in der Regel die Forderung oder bilden entsprechende Rückstellungen. Es geht nunmehr den Gläubigern nicht mehr darum, dass sie ihre Forderung nicht verlieren, sondern darum, dass sie die wertberichtigte Forderung so gut als möglich noch realisieren können. Damit stehen sie außergerichtlichen Sanierungsversuchen wieder aufgeschlossener gegenüber.

c) Phase 3:

Die kurzzeitig besseren Chancen auf Sanierung werden vom Unternehmen nicht wahrgenommen. Die kurze Hoffnung der Gläubiger auf eine Sanierung verflüchtigt sich schnell. Das Unternehmen stellt Insolvenzantrag.

d) Phase 4:

Zugeständnisse der Gläubiger nach Insolvenzantrag

Die Stellung des Insolvenzantrags wird nun von den Gläubigern als Zeichen gewertet, dass die Forderung (soweit nicht Sicherungsrechte bestehen) endgültig verloren ist. Setzt das Unternehmen seine Sanierungsbemühungen dennoch fort, sind die Gläubiger eher überrascht und zu erheblichen Zugeständnissen im Falle einer außergerichtlichen Sanierung bereit.

e) Phase 5:

Das kurze Zeitfenster wird vom Unternehmen nicht genutzt. Die Chancen auf eine außergerichtliche Sanierung sinken schnell, weil das Insolvenzgericht dem Unternehmen nicht eine allzu lange Zeit einräumt, im Eröffnungsverfahren noch eine außergerichtliche Sanierung erreichen zu können. Das Insolvenzverfahren wird eröffnet.

f) Phase 6:

Weiterhin besteht eine Chance auf eine außergerichtliche Sanierung. Diese Chance ist aber äußerst gering und nähert sich mit fortschreitender Zeit gegen Null.

5.1 Die Organisation der Sanierung nach Feststellung einer Krise

5.1.1 Die Zusammenstellung des Krisenmanagements

Eine ganz wesentliche Maßnahme für das Gelingen einer Unternehmenssanierung ist die Organisation des Krisenmanagements. Die Art und Weise der Organisation des Krisenmanagements hängt dabei ganz wesentlich davon ab, in welchem Stadium der Krise die Geschäftsführung des Unternehmens erkannt hat, dass das Unternehmen überhaupt sanierungsbedürftig ist.

Organisation des Krisenmanagements

5.1.2 Organisation bei vorausschauenden Unternehmenssanierungen

Bei vorausschauend handelnden Unternehmensleitern wird die Sanierungsbedürftigkeit frühzeitig erkannt werden. Dies kann z. B. der Fall sein, wenn die Analyse der Entwicklung des Umsatzes und des Ertrags einen nicht nur kurzfristig und vorübergehend negativen Trend aufzeigt. Damit lässt sich oftmals vorhersagen, dass und sogar wann eine Liquiditätskrise eintreten wird. So gibt z. B. die sogenannte Burnrate eine Aussage darüber, wie schnell vorhandenes Kapital verbrannt wird und wann eine ernste Liquiditätskrise beginnt. Je früher diese Entwicklung erkannt wird, desto früher kann entgegengesteuert werden, so dass die Liquiditätskrise dann vielleicht tatsächlich gar nicht oder zumindest nur abgeschwächt eintritt.

Burnrate

Die Erkenntnis der Sanierungsbedürftigkeit wird sich bei vorausschauenden Unternehmenssanierungen auf einen ganz kleinen Kreis, z. B. auf das Management und diejenigen beschränken, die die Finanzzahlen des Unternehmens und ihren Trend kennen. Insbesondere wird die Sanierungsbedürftigkeit auch den Mitarbeitern des Unternehmens nicht bekannt sein. In diesem Stadium verfügt das Unternehmen noch über so viel Liquidität, dass alle Gläubiger bezahlt werden. Vollstreckungen drohen noch nicht. Ein Vertrauensverlust bei Gläubigern und Geschäftspartnern ist noch nicht eingetreten.

In einem solchen Falle kann das Krisenmanagement durch Bildung eines Krisenstabs aus eigenen Mitarbeitern unter Hinzuziehung externer Berater organisiert werden. Die Sanierungsverhandlungen werden in diesem Falle lediglich mit den wichtigsten Geschäftspartnern, insbesondere der Hausbank, geführt. Diese werden in der Regel kooperativ und verständig genug sein, die Verschärfung der Krise erst gar nicht entstehen zu lassen. Sie werden gemeinsam ein Konzept erarbeiten und durchführen, wie auf den drohenden Verbrauch der Restliquidität reagiert wird. Weder Mitarbeiter noch Kunden oder Lieferanten erfahren, dass das Unterneh-

Kein Imageschaden bei vorausschauenden Unternehmenssanierungen

men in den Beginn einer Unternehmenskrise eingetreten ist. Ein Imageschaden für das Unternehmen und sein Fortkommen wird vermieden.

5.1.3 Organisation, wenn die Krise schon ernst ist

Ist die Krise schon ernst, wurden vom Management alle Frühwarnungen für den Beginn der Krise missachtet. Die Liquidität ist aufgebraucht und die Hoffnung, dass sich alles von selbst richten wird, hat sich nicht realisiert. Die ersten Vollstreckungen sind kurzfristig zu erwarten. Das Vertrauen in das Management wird in diesem Falle meist schon erheblich reduziert sein, wenn eine Reaktion erst erfolgt, nachdem der Eintritt einer ernsten Krise unmittelbar bevorsteht.

Initiator für die Sanierung

Hier ist schon zweifelhaft, wer Initiator für eine Unternehmenssanierung sein kann. Ist der Geschäftsführer auch alleiniger oder mehrheitlicher Gesellschafter oder ist der Schuldner eine natürliche Person, z. B. ein Einzelunternehmer, wird die Initiative für eine Sanierung maßgeblich von außen kommen müssen. Dabei kommt in erster Linie die Hausbank in Betracht, die klare Worte mit ihrem Kunden spricht und die weitere Finanzierung davon abhängig macht, wie einsichtig und kooperativ der Geschäftsführer oder Unternehmer ist.

Einsetzung eines Sanierers

In diesem Falle ist der Gesellschaftergeschäftsführer oder Unternehmer auch kaum mehr als alleiniger Sanierer geeignet, da er, wenn überhaupt, so nur zum Teil aus seinen Fehlern gelernt hat, und nicht mehr über das notwendige Vertrauen bei den von der Sanierung Betroffenen verfügen wird. Sanierer kann und sollte hier nur eine Person sein, die dem Gesellschaftergeschäftsführer oder dem Unternehmer an die Seite gesetzt wird und die nicht vom Gesellschaftergeschäftsführer oder Unternehmer abhängig ist. Dies könnte z. B. durch ein von den Banken und Großgläubigern vorgeschlagener Sanierer sein, der als Manager auf Zeit in das Unternehmen geht und zusammen mit dem Gesellschaftergeschäftsführer oder Unternehmer die Sanierung betreibt.

5.1.4 Organisation, wenn die Krise verschleppt wurde

Wurde die Krise vom Management verschleppt, z. B. weil die Sanierungsbedürftigkeit erst erkannt wird, nachdem die vorhandene Liquidität ausgeschöpft und die Gläubiger bereits gegen das Unternehmen Vollstreckungen durchführen, so ist dieses Management weder als Initiator noch als Träger des Krisenmanagements geeignet. Die Fähigkeit zum richtigen Umgang mit der Krise muss dem Management abgesprochen werden. Das für den Erfolg der Sanierung notwendige Vertrauen in das Krisenmanagement kann in einem solchen Falle kaum bestehen oder hergestellt werden.

Hier muss es zur Auswechslung des Managements kommen. Handelt es sich bei dem Management um Fremdgeschäftsführer muss die Initiative für die Sanierung von den Gesellschaftern ausgehen, die den Geschäftsführer abberufen und eine neue Geschäftsführung bestellen. Ist dagegen, wie häufig, der Geschäftsführer auch alleiniger oder mehrheitlicher Gesellschafter oder ist der Schuldner eine natürliche Person, z. B. ein Einzelunternehmer, so hängt der Erfolg der Sanierung letztlich nur von dessen Einsichtsfähigkeit ab. Die Übermittlung der notwendigen Schritte muss vor allem von den Banken, aber auch von den Beratern des Unternehmens kommen. Ist der Gesellschaftergeschäftsführer uneinsichtig, wird er kaum eine Chance auf Sanierung und Erhalt seines Unternehmens haben.

Auswechslung des Managements

Es bliebe in diesem Falle nur noch die Möglichkeit, dass eine andere Gruppe von Personen die Initiative für die Sanierung des Unternehmens übernimmt. Dies könnten z. B. der Betriebsrat oder eine Gruppe von Gläubigern sein. In einem solchen Falle würde die Sanierung über eine gläubigerseits erfolgte Stellung eines Insolvenzantrages und einem engagierten Insolvenzverwalter erfolgen, der den Betrieb an eine Auffanggesellschaft überträgt.

Sanierungsinitiative durch externe Personen

5.1.5 Einbindung externer Berater

Bei der Erarbeitung und Durchführung des Sanierungskonzepts sollten externe Personen, wie z. B. Unternehmensberater, Steuerberater oder Rechtsanwälte, maßgeblich mitwirken, denn das Vorhandensein fehlerhafter Strukturen im Unternehmen ist offensichtlich der gesamten Unternehmensführung verborgen geblieben, andernfalls wären solche Strukturen beseitigt worden. Durch die externen Berater werden insbesondere auch unternehmensübergreifende Sichtweisen, Erfahrungen und Lösungsmöglichkeiten in das Sanierungskonzept integriert. Vor allem sollte ein eigener Sanierungsmanager eingesetzt werden.

Erarbeitung und Durchführung des Sanierungskonzeptes

Sowohl die Suche nach dem Sanierungsmanager und den weiteren externen Beratern als auch ihre Zusammensetzung hängt individuell von dem Einzelfall und vom Stadium der Krise ab.

5.1.5.1 Anforderungen an den Sanierungsmanager

Dem Sanierungsmanager kommt eine wesentliche Rolle zu, ob die Sanierung gelingt und der Zusammenbruch des Unternehmens vermieden werden und ob das Unternehmen aus einer Sanierung gestärkt herausgeht und sich langfristig positiv entwickeln kann.

Checkliste

> **Die Fähigkeiten und das Leistungsspektrum des Sanierungsmanagers müssen insbesondere Folgendes beinhalten:**
> - ✔ Er muss über ein hohes Maß an praktischen Erfahrungen in Sanierungsfällen verfügen.
> - ✔ Er muss die notwendigen Fachkenntnisse haben, um die Tragfähigkeit von Sanierungskonzepten beurteilen zu können.
> - ✔ Er muss die notwendigen Fachkenntnisse haben, um beurteilen zu können, über welche Reaktionsmöglichkeiten die einzelnen Gläubiger verfügen, wenn es nicht zu einer Sanierung des Unternehmens kommt und welche Vor- und Nachteile damit verbunden sind.
> - ✔ Er muss geschickt und erfahren in der Verhandlungsführung sein.
> - ✔ Er muss geeignet sein, die Funktion eines Moderators und Mediators zu übernehmen.

5.1.5.2 Einsatz eines vom Finanzierungsinstitut empfohlenen Sanierungsmanagers

Meist ist eine Hausbank maßgeblich in das Unternehmen eingebunden. Oftmals empfiehlt die Hausbank geeignete Sanierungsmanager oder verfügt selbst über eine eigene Spezialabteilung für Unternehmenssanierungen. Wird ein von der Bank oder Sparkasse empfohlener Sanierungsmanager eingesetzt, hat dies für das zu sanierende Unternehmen den Vorteil, dass dieser Berater und seine Meinung bei dem Finanzierungsinstitut anerkannt sind. Damit lassen sich wesentlich leichter Sanierungskonzepte erarbeiten, die die Zustimmung der Bank oder Sparkasse erhalten.

Keine völlige Unparteilichkeit eines vom Finanzierungsinstitut eingesetzten Sanierungsmanagers

Allerdings hat eine solche Empfehlung den Nachteil, dass der Sanierungsmanager gegenüber dem zu sanierenden Unternehmen nicht völlig unparteiisch ist. Der von der Bank oder Sparkasse empfohlene Sanierungsmanager wird nicht in Widerspruch zu den Interessen des Finanzierungsinstituts gehen. Denn er erwartet sich auch in Zukunft, dass er auf dessen Empfehlung hin wieder in anderen Sanierungsfällen Aufträge erhält. Er wird ein Konzept erstellen, bei dem vor allem die Bank oder Sparkasse gut wegkommt. Oftmals ist dieses Sanierungskonzept aber nicht geeignet, eine langfristig optimale Entwicklung des Unternehmens zuzulassen. Denn eine Sanierung ist für jeden Gläubiger eine Investitionsentscheidung. Die Bank oder Sparkasse will nach der Sanierung besser stehen als vorher. So kann sie beispielsweise mit Hilfe eines von ihr empfohlenen Sanierungsmanagers ihre Sicherheiten verstärken und damit ihr Kreditengagement verbessern. Kommt es dann später zu einer erneuten Verschlechterung der Lage des Unternehmens, weil das Sanierungskonzept eine langfristig positive Entwicklung nicht zulässt, so steht das Finanzierungsinstitut bei einem späteren Zusammenbruch des Unternehmens besser da, als wenn das Unternehmen in der aktuell vorliegenden Krise zusammenbrechen würde. Es könnte dann in der zweiten Krise wegen der erheblich verbesserten Absicherung das gesamte Engagement durch Sicherheitenverwertung zurückgeführt werden.

Dabei sind die Banken und Sparkassen in der Regel geschickt genug, darauf zu achten, dass ihnen nicht später mit Recht vorgeworfen werden kann, sie hätten die Insolvenz des Unternehmens zu ihren Gunsten verschleppt und müssten dafür haften.

5.1.5.3   Einsatz eines unabhängigen Sanierungsmanagers

Vielfach bietet es sich daher an, einen Sanierungsmanager einzusetzen, der von der Hausbank unabhängig ist. Der Nachteil bei der Kommunikation mit der Hausbank wird meist durch den Vorteil des Erreichens eines besseren Sanierungskonzeptes wettgemacht. *Richtige Auswahl des Sanierungsmanagers*

Es ist für das in die Krise geratenen Unternehmens aber nicht einfach, den richtigen Sanierungsmanager zu finden. Vor allem besteht die Gefahr, dass das Unternehmen mit einer falschen Wahl des Sanierers vom Regen in die Traufe kommt. Denn eine nicht geringe Anzahl von selbsternannten Sanierungsmanagern versprechen große Erfolge und spiegeln vor, dass es nicht schwierig sei, erhebliche Zugeständnisse bei den Gläubigern zu erreichen. Vor allem so genannte »Vulture Capitalists«, auch als »Leichenfledderer« bezeichnet, versprechen Erfolg in der Unternehmenskrise, um mit unseriösen und anrüchigen Methoden eigene Vorteile zu erreichen.

> **Vorsicht bei reißerischen Angeboten zur Hilfe bei Insolvenzen!** *Tipp*
>
> Keinesfalls sollte sich der Unternehmensführer über Zeitungsannoncen an Unternehmen wenden, die meist unter der Rubrik »Geld« reißerisch einen Erfolg in Unternehmenskrisen oder gar Kredite ohne Bonitätsauskunft versprechen. Die Gefahr, an die falschen Berater zu gelangen, ist hier sehr groß.

Um einen geeigneten Sanierungsmanager zu finden, können die Berater eingesetzt werden, die das Unternehmen bereits begleiten, wie z. B. der Steuerberater oder der Rechtsanwalt. Oftmals haben diese Berater aber selbst die Verschleppung der Krise mitverursacht, indem sie auf deutlich sichtbare Krisenzeichen nicht hingewiesen und dem Unternehmen nicht empfohlen haben, frühzeitig hierauf zu reagieren. In einem solchen Falle würden die Berater bei der Emp- *Keine Auswahl durch Personen, die Mitschuld an der Verschleppung der Krise tragen* fehlung der Person eines geeigneten Sanierungsmanagers darauf achten, dass ihnen keine Vorwürfe drohen. Denn in der Regel hinterfragen die Gläubiger vor der Leistung eines Sanierungsbeitrags erst, warum die Krise des Unternehmens so weit verschleppt wurde, dass jetzt die Gläubiger einen Sanierungsbeitrag leisten sollen.

Auswahl durch neue Berater

Deshalb bietet es sich oftmals für das in die Krise geratene Unternehmen an, sich von seinen bisherigen Beratern zu trennen. Dies hat eine ganze Reihe von Vorteilen, nämlich:

- Den neuen Beratern können keine Vorwürfe seitens des Unternehmens treffen, sie hätten die Krise des Unternehmens selbst mitverursacht. Damit sind sie frei in der Beurteilung der Situation.
- Die neuen Berater sehen das Unternehmen erstmals, wie es in der Krise steckt. Damit sind sie frei in der Betrachtung des einzuschlagenden Weges aus der Krise und handeln daher nur zukunftsorientiert.
- Den neuen Beratern können auch von den Gläubigern des Unternehmens keine Vorwürfe gemacht werden, sie hätten die Verschleppung der Krise selbst mitverursacht. Damit sind sie wesentlich freier, von den Gläubigern die Leistung eines Sanierungsbeitrags zu fordern, als wenn sie sich eigenen Vorwürfen ausgesetzt sehen müssten.
- Die neuen Berater sind an einer optimalen und dauerhaft erfolgreichen Sanierung des Unternehmens interessiert, weil sie sich dann ein Dauermandat versprechen.
- Die neuen Berater werden einen Sanierungsmanager suchen, der die besten Voraussetzungen für die Sanierung des Unternehmens bietet.

Aus diesen Vorteilen heraus sollte das in die Krise geratene Unternehmen die Suche nach dem geeigneten Sanierungsmanager den neu beauftragten Beratern überlassen.

Wege, einen geeigneten Sanierungsmanager zu finden

Berater haben insbesondere die Möglichkeit, einen geeigneten Sanierungsmanager zu finden, indem sie

- entweder selbst solche Berater in ihrem eigenen Netzwerk haben, oder
- Geschäftspartner oder Geschäftskollegen nach geeigneten Personen befragen können, oder
- sich über Institutionen, wie z. B. Industrie- und Handelskammern, Handwerkskammern oder Berufsverbände, geeignete Empfehlungen aussprechen lassen.

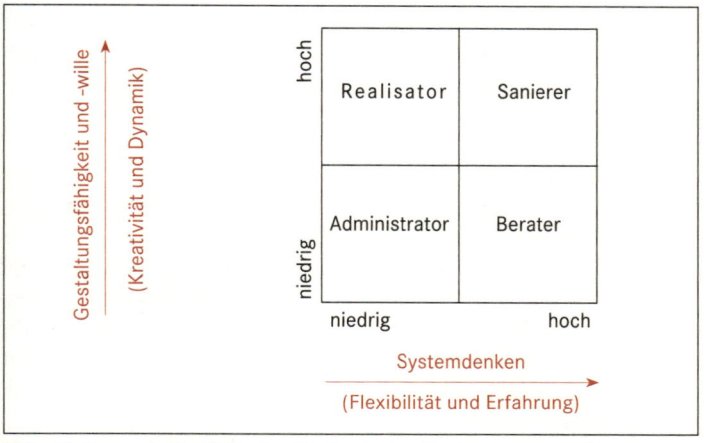

Abb. 10: Manager-Portfolio, Quelle: Turnheim, Sanierungsstrategien, Wien 1988, S. 136

Der Sanierungsmanager muss über das für die Sanierung geeignete Manager-Portfolio verfügen. Er muss sowohl die Fähigkeit zum Systemdenken als auch über eine Gestaltungsfähigkeit und einen Gestaltungswillen verfügen. Der Sanierungsmanager sollte nicht bloßer Realisator sein, da ein solcher nur ausführt, aber nicht auch das Sanierungssystem gestaltet. Der Sanierungsmanager sollte auch kein bloßer Berater sein, der zwar das geeignete Konzept entwirft, aber es nicht ausführt. Und schon gar nicht sollte der Sanierungsmanager Administrator sein, der nur verwaltet, also weder konzipiert noch ausführt.

5.1.5.4 Schaffung eines Sanierungsbeirats

Ferner sollte für die Phase der Sanierung ein Sanierungsbeirat begründet werden.

Zusammensetzung eines Sanierungsbeirats

Ein Sanierungsbeirat sollte aus mehreren Personen zusammengesetzt sein. In dem Beirat sollten vertreten sein
- ein Unternehmensberater,
- der Steuerberater des Unternehmens,
- der Rechtsberater des Unternehmens,
- ggf. ein Vertreter der Hausbank,
- Führungskräfte aus dem Unternehmen, und
- Vertreter der Arbeitnehmer, z. B. der Betriebsrat.

Die Funktion des Beirats ist nicht nur die Überwachung der Sanierung, sondern im Wesentlichen auch die Mitwirkung bei der Beratung. Die wesentlichen Entscheidungen sollten der Zustimmung des Beirats vorbehalten sein. Damit können Entscheidungen und vor

Funktion des Sanierungsbeirats

allem auch Forderungen gegenüber Gläubigern zur Leistung von Sanierungsbeiträgen wesentlich besser vermittelt werden, als wenn dies die Entscheidung des Unternehmers selbst oder seines Sanierungsmanagers wäre.

5.1.6 Kritikfähigkeit

Ferner sollte das Management offen für Kritik und für Veränderungen sein. Dabei bedarf es eines sensibilisierten Vorgehens, wenn die Krise Anlass für eine notwendige Änderung in der Führungsebene selbst sein wird. Würden solche Personen bei der Erarbeitung des Sanierungskonzeptes mitwirken, würden sie vorrangig oder zumindest in erheblichem Umfange versuchen, Schuld von sich zu weisen oder zu verschleiern. Die Qualität des Sanierungskonzeptes würde dadurch erheblich leiden.

Keinesfalls würden sie die Streichung ihres eigenen Arbeitsplatzes im Konzept vorsehen.

Mitwirkung von Unternehmer und Management bei der Erarbeitung des Sanierungskonzepts

Wesentlich problematischer dagegen ist es, wie die Mitwirkung des Unternehmensführers, der gleichzeitig Inhaber des Unternehmens ist, bei der Erarbeitung des Sanierungskonzeptes gestaltet wird. Bei dieser Thematik handelt es sich um eines der ganz zentralen Themen, deren Handhabung oftmals darüber entscheidet, ob überhaupt eine Sanierungsfähigkeit des Unternehmens gegeben ist. Denn einerseits wird auch dieser Unternehmensführer wesentliche Tendenzen haben, die Schuld von sich zu weisen. Andererseits wäre er von einem Zusammenbruch des Unternehmens in der Regel unmittelbar und persönlich am schwersten betroffen. Und schließlich wird er, um die Sanierung des Unternehmens überhaupt ermöglichen zu können, selbst nicht unerhebliche Sanierungsbeiträge zu leisten haben, z. B. durch Kapitalzufuhr aus eigenem Vermögen oder auch nur durch die Leistung einer ganz erheblichen Arbeit ohne oder gegen nur eine geringe Vergütung.

Hier hängt es letztlich vom Geschick des Unternehmensführers ab, wie er mit dieser Situation umgeht. Er würde klug handeln, die Erarbeitung des Sanierungskonzeptes ganz wesentlich in die Hände externer Berater zu legen und offen eine Mitschuld an der Situation einzugestehen. Je weniger einsichtsfähig er ist, desto eher muss er mangels Sanierungsfähigkeit den Zusammenbruch seines Unternehmens in Kauf nehmen.

5.2 Zum Führungsstil bei der Sanierung

Als Führungsstil kommen ein autoritärer Führungsstil und ein kooperativer Führungsstil in Betracht. Je nach Einzelfall und der zu erledigenden Aufgaben wird es erforderlich sein, sowohl den einen als auch den anderen Führungsstil anzuwenden. Die nachfolgende Übersicht zeigt die Unterschiede des jeweiligen Führungsstils auf:

Autoritärer Führungsstil versus kooperativer Führungsstil

Autoritärer Führungsstil Das Management entscheidet eher allein und autoritär.	
Vorteile	**Nachteile**
Die Entscheidungen werden schnell getroffen, was bei Unternehmenssanierungen, die fast immer unter erheblichem Zeitdruck stehen, von großem Wert ist.	Hohes Risiko, dass wesentliche Entscheidungsgesichtspunkte übersehen, vernachlässigt oder falsch gewichtet werden; durch Nachbesserungen werden die Zeitvorteile oftmals verspielt und Irritationen bei den Gläubigern erzeugt.
Der Erfolgswille, die Entschlusskraft und die Durchsetzungsstärke der Führung werden aufgezeigt; in der Krise wird der Ruf nach einer starken Hand laut.	Die Akzeptanz der Entscheidungen ist reduziert. Obstruktive Gläubiger sehen sich in ihren Reaktionen bestätigt und sind nicht geneigt, ihre Strategie zu ändern.
Kooperativer Führungsstil Das Management entscheidet eher nach Anhörung und Abstimmung mit den Mitarbeitern und den Personen, die von der Sanierung betroffen sind.	
Vorteile	**Nachteile**
Durch das demokratische Prinzip werden weitgehend alle Interessen der von der Sanierung Betroffenen beachtet.	Die Abstimmungen nehmen viel Zeit in Anspruch; ferner entstehen erhöhte Kosten für Mitarbeiter und Berater.
Durch die Anhörung und Einbeziehung aller Interessen werden Krisenherde minimiert oder abgebaut.	Es besteht die Gefahr der Verwässerung des Sanierungskonzepts durch viele Kompromisse, die die mittel- und langfristige Genesung des sanierten Unternehmens verzögern und erschweren.

5.3 Vertraulichkeit und Information über die Krise

Imageschaden durch das Bekanntwerden der Krise

Mit der Krise eines Unternehmens ist zwangsläufig ein nicht unerheblicher Imageschaden verbunden, wenn die Krise nach außen bekannt wird. Je ernster die Krise ist und je größer die Gefahr des Zusammenbruchs des Unternehmens und seiner Entfernung aus dem Markt ist, desto größer ist der Imageschaden. Deshalb ist das in die Krise gelangte Unternehmen daran interessiert, dass die Krise so lange als möglich nicht nach außen bekannt wird.

Beginnt die Unternehmenssanierung in der Frühphase der Krise, ist die Wahrung der Vertraulichkeit noch am einfachsten möglich. Die Krise wird hier nur wenigen bekannt sein, wie z. B. der Unternehmensführung und der Hausbank. Das Unternehmen kann daher ohne Eintritt eines Imageschadens saniert werden.

Begrenzung des Imageschadens

Ist die Krise aber bereits so weit fortgeschritten, dass Zahlungen an Lieferanten nicht mehr möglich sind und die Belegschaft offen über die Krise spricht, lässt sich ein Imageschaden zwar nicht mehr vermeiden, aber noch immer begrenzen. Wenn die Unternehmensführung aufgrund der vorliegenden Umstände sicher davon ausgehen kann, dass eine erfolgreiche Unternehmenssanierung erreicht werden wird, sollte dies offen kommuniziert werden.

Eine Falschinformation oder eine Verschleierung oder eine Verschönerung ist dabei unbedingt zu vermeiden. Jeder Teilnehmer am Wirtschaftsleben weiß, dass es oftmals schwierig ist, auf Dauer ein Unternehmen erfolgreich zu führen. Sie werden daher den Eintritt einer Krise als nicht sonderlich bedenklich ansehen, wenn die Unternehmensführung zeigt, dass sie die Probleme erkannt hat und dass sie überzeugt ist, diese erfolgreich zu lösen. Das Verzerren der wirklichen Situation bringt nur kurzfristig einen kleinen Vorteil, dafür aber langfristig einen großen Nachteil. Denn die Falschinformationen oder die Verschleierung und Verschönerung wird nicht ständig verheimlicht werden können, so dass es zu einem erheblichen Vertrauenseinbruch kommt, wenn die Gläubiger die wirkliche Situation erfahren. Das Maß des Vertrauens in das Sanierungskonzept ist aber entscheidend dafür, ob und in welchem Umfange Gläubiger zur Leistung eines Sanierungsbeitrags bereit sind. Einer noch so positiven Prognose im Sanierungsplan wird kein Wert beigemessen, wenn die Person des Unternehmensführers sich als nicht vertrauenswürdig herausgestellt hat.

Hoher Imageschaden im Falle eines Insolvenzverfahrens

Problematischer ist es, wenn die Krise verschleppt wurde, insbesondere, wenn es zur Insolvenz und zur Bestellung eines Insolvenzverwalters kommt. Hierin liegt die Information, dass die Unternehmensführung ganz besonders schwere Fehler gemacht hat, nämlich weil es überhaupt zur Krise des Unternehmens kam und die Unternehmensführung dann auch nicht in der Lage war, die Krise außerhalb eines Insolvenzverfahrens zu beheben. Ferner ist die Unternehmensführung durch den Einsatz eines Insolvenzverwalters entmachtet. Und schließlich ist es bekannt, dass Unternehmen im Insolvenzverfahren überwiegend zerschlagen werden und vom Markt verschwinden. Kann dennoch eine Unternehmenssanierung erfolgen, so wird das sanierte Unternehmen noch lange an diesem Imageschaden leiden.

5.4 Kommunikation, Verhandlungsführung und Mediation

Die Krise eines Unternehmens, insbesondere, wenn diese zur Insolvenz führt, ist von einer Vielzahl von Interessensgegensätzen bestimmt:

Interessensgegensätze bei der Unternehmenskrise

- Die Gläubiger wollen ihre Forderungen realisieren.
- Die Arbeitnehmer wollen ihre Arbeitsplätze erhalten.
- Die Geschäftspartner wollen das Unternehmen als potenziellen weiteren Auftraggeber erhalten.
- Der Geschäftsführer will nicht in Haftung genommen werden.
- Der Unternehmer scheut den Verlust seines sozialen Standes.
- Der Gesellschaftergeschäftsführer ist um den Erhalt seines Vermögens besorgt.
- Die Familie bangt bei einem Familienunternehmen um die wirtschaftliche Grundlage der gesamten Familie.
- Der Staat will einen Steuerzahler erhalten.

So vielfältig, wie die Interessenslage ist, so vielfältig ist auch der Umgang mit der Situation.

Unterschiedlicher Umgang mit der Krise durch die Betroffenen

- Ein guter Geschäftspartner hat Verständnis für die Situation und ist weit gehend kooperativ.
- Eine Bank, eine Behörde oder eine andere Institution muss sich vor diversen Aufsichtsgremien für Handlungen gegenüber dem Schuldner rechtfertigen. Ist der Bearbeiter zu kooperativ, werden ihm womöglich Vorwürfe gemacht, dass er zu sanft war und bei einer harten Linie die Interessen des Gläubigers besser geschützt worden wären. Deshalb wird ein solcher Mitarbeiter die Sache eher laufen lassen und nach Obrigkeitsdenken die negativen Entscheidungen einem Gericht oder Insolvenzverwalter überlassen.
- Fühlt sich ein Gläubiger vom Schuldner betrogen, weil ihm die Krise verschwiegen worden war, wird dieser bereits aus emotionalen Gründen den konfrontativen Weg einschlagen. Denn dies kann ihm Genugtuung verschaffen.

- Wurde die Forderungsbeitreibung bereits an ein Inkassounternehmen abgegeben, ist das Beitreibungsverfahren oftmals in der Routinebearbeitung mit der Folge, dass alle Entscheidungen standardisiert und automatisiert sind.
- Sind Arbeitnehmerbeiträge zur Sozialversicherung rückständig, wird der Sozialversicherungsträger von allem bei Kapitalgesellschaften unnachgiebig sein, weil er in der Regel immer noch die persönliche Haftung gegen die Geschäftsführer geltend machen kann und damit in der Regel durch ein unnachgiebiges Verhalten gegenüber dem Unternehmen wenig verlieren kann.
- Ist Gläubiger das Finanzamt, so sind bereits die Entscheidungswege so langwierig, dass eine Entscheidung in einer adäquaten Zeit in der Regel nicht beschafft werden kann.
- Für einen Kleingläubiger ist eine Reaktion außerhalb der Routine (Mahnbescheid, Vollstreckungsbescheid, Vollstreckung, notfalls Forderungsabschreibung) nicht zu erwarten, weil andernfalls der Zeitaufwand im Hinblick auf die geringe Höhe der Forderung viel zu groß wäre.
- Ein kreditversicherter Gläubiger ist schon aufgrund der Versicherungsbedingungen nicht in Lage, dem Schuldner Zugeständnisse zu machen, will er seinen Versicherungsschutz nicht verlieren oder gefährden.

Anwendung psychologisch orientierter Verhandlungsmethoden

Bei einer solchen Sachlage, die nahezu in allen Sanierungsfällen die Grundlage bildet, wird man kaum mit rechtlichen Mitteln eine adäquate Lösung erreichen können. Zu unterschiedlich sind die Interessen und der Umgang mit der Problematik. Man läuft in der Regel gegen Wände. Der Gläubiger wird sich auf seine Möglichkeiten der Einzelzwangsvollstreckung zurückziehen. Ferner wird er den Schuldner, der versucht, ihn zu Zugeständnissen zu bemühen, auf die Möglichkeit oder auf die Pflicht der Stellung eines Insolvenzantrags verweisen.

Auch mit rein betriebswirtschaftlichen Argumenten, dass eine außergerichtliche Einigung vor allem auch im Sinne der Gläubigerinteressen ist, wird man zahlreichen Gläubigern nicht beikommen. Sachbearbeiter in Firmen oder Institutionen wollen nicht die Verantwortung der Überprüfung der Argumente übernehmen und von der Standardreaktion in solchen Angelegenheiten abweichen. Kleingläubiger werden sich mit den Argumenten überhaupt nicht auseinandersetzen, weil der Arbeitsaufwand in keinem vernünftigen Verhältnis zur Forderungshöhe steht.

Um diesen Teufelskreis zu durchbrechen, müssen die Grundlagen für die Sanierung des Unternehmens mit Hilfe von psychologisch orientierten Verhandlungsmethoden vermittelt werden. In der Art und Weise der Verhandlungsführung liegt in der Regel der Schlüssel dafür, ob eine Sanierung überhaupt gelingt und wenn ja, zu welchen Bedingungen. Die Berücksichtigung der Interessen des jeweiligen Gläubigers und sein Psychogramm im Umgang mit der Situation spielen eine zentrale Rolle bei seinen Entscheidungen.

5.4.1 Keine Verhandlungsführung durch den Schuldner selbst

Der Schuldner als die Person, der das Scheitern des Unternehmens vorgeworfen wird, ist wenig geeignet, eine adäquate Regelung mit den Gläubigern herbeiführen zu können. Die Gefahr einer Emotionalisierung der Verhandlungen wäre dabei sehr hoch. Der Schuldner hat nicht die nötige Distanz zu seinem Unternehmen. Er ist zudem in persönliche Netzwerke eingebunden, die Maßnahmen behindern und verzögern können. So wird er einem Gläubiger, mit dem er gut befreundet ist, kaum eine harte Linie entgegensetzen können.

Gefahr einer Emotionalisierung der Verhandlung

5.4.2 Verhandlungsführung durch einen externen Sanierer

Vor allem in der Verhandlungsphase, also in der Phase, in der das Konzept für den Sanierungsplan den Gläubigern vermittelt werden soll, ist eine geschickte und psychologisch orientierte Verhandlungsführung grundlegend für den Erfolg der Sanierung. Diese Phase findet in aller Regel unter starkem Zeitdruck statt. Dies macht die Verhandlungen um so schwieriger, weil die Zeit für das Ausfeilen der Details nicht vorhanden ist und der Gläubiger, wenn er Unsicherheiten im Konzept sieht, kein überzeugendes Argument dafür hat, warum er nicht vollstrecken sollte. Ferner werden sich viele Gläubiger scheuen, eine definitive oder gar schriftliche Erklärung abzugeben. Zu erreichen sind hier in der Regel allenfalls nur mündlich gegebene Absichtserklärungen. Ein souveräner und neutraler Verhandlungsführer muss es verstehen, später von den Gläubigern den Vollzug dieser Absichtserklärungen einzufordern. Vor allem muss er das Geschick haben, die gegebenen Absichtserklärungen in den Kontext zu setzen, der zum Zeitpunkt der Absichtserklärungen vorherrschte. Sagte z.B. ein Gläubiger bei einer Verhandlung zu, auf einen bestimmten Teilbetrag verzichten zu wollen, dann muss der Verhandlungsführer erkennen, was die Grundlagen für diese Aussage waren, z.B. dass ein anderer Gläubiger ebenfalls eine solche Zusage machte, dass der Schuldner ankündigte, Eigenkapital durch eine Beteiligung Dritter beschaffen zu wollen oder dass ein bestimmter Betriebsteil eingestellt werde. Der Verhandlungsführer muss erkennen, ob diese Grundlagen in der Zusage des Gläubigers fortbestehen. In einem solchen Falle wird sich der Gläubiger verstanden fühlen

Vorsichtiges und verständiges Vortasten in den Verhandlungen mit den Gläubigern

und weiterhin kooperativ mitwirken. Würde aber einer der Grundlagen für die Zusage des Gläubigers nicht eingetreten sein und würde man, weil man nicht richtig zugehört hat, den Gläubiger dennoch zum Vollzug seiner Zusage zum Verzicht auf einen Teil seiner Forderung auffordern, so wäre dies in erheblichem Maße kontraproduktiv. Der Gläubiger würde seinen Standpunkt, der ihn zu der gemachten Aussage bewogen hat, wiederholen und keine weiteren Aussagen mehr machen, um die Gefahr zu vermeiden, wiederum missverstanden geworden zu sein.

Aussagen und Verhalten eines Gläubigers im Kontext zur Interessenslage

Ein entsprechend ausgebildeter Verhandlungsführer wird diese Feinheiten in der Gesprächsführung der Gläubiger im Kontext der Interessenslage erkennen und beachten. Er wird keine fatalen Kommunikationsfehler begehen. Vor allem wird er aber wesentlich mehr aus einer Verhandlung heraushören, als der Schuldner. In der Art der Verhandlungsführung seitens des Gläubigers, in seiner Wortwahl, in seinen Betonungen, in seinen Gesten und in seinen späteren Reaktionen liegen eine Menge an Informationen, auf die bei der Erarbeitung und Verhandlung des Sanierungskonzepts aufgebaut werden kann. Ein geschickter Verhandlungsführer kann schnell erkennen, was machbar ist und was nicht.

Verbale und nonverbale Kommunikation

Ein Schuldner, der die Verhandlungen führt, wird den überwiegenden Großteil dieser Informationen nicht erkennen. Vor allem werden viele dieser Informationen seitens der Gläubiger einem verhandlungsführenden Schuldner überhaupt nicht übermittelt, denn immerhin hat es dieser verursacht und aus Sicht der Gläubiger in der Regel verschuldet, dass solche Verhandlungen überhaupt geführt werden müssen. Diese Vorbehalte bestehen gegenüber einem neutralen Verhandlungsführer nicht.

Checkliste

Checkliste für die Führung der Sanierungsverhandlungen:

- ✔ Vermeiden Sie, als Schuldner die Sanierungsverhandlungen zu führen.
- ✔ Setzen Sie hierfür einen in Sanierungsverhandlungen versierten Berater auf Ihrer Seite ein
- ✔ Achten Sie darauf, dass der Berater nicht bereits für Sie tätig war, als Ihr Unternehmen in die Krise kam.
- ✔ Achten Sie darauf, dass dieser Berater Verhandlungsgeschick und Einfühlungsvermögen hat.
- ✔ Machen Sie sich bewusst, dass der Erfolg der Sanierung und der akzeptierten Sanierungsbedingungen ganz wesentlich vom Zuhören und von der Verhandlungskunst abhängt.

Und schließlich muss verstanden werden, wie es überhaupt zu einer Kommunikation kommt. Der Schuldner übermittelt dem Gläubiger verbal und nonverbal Informationen. Diese werden durch den Gläubiger aus seinem Verständnishorizont entsprechend verarbeitet und subjektiv bewertet. Dieser gibt verbale und nonverbale Informationen an den Schuldner zurück, der diese Informationen wiederum aus seinem Verständnishorizont verarbeitet und subjektiv bewertet. Dieser Vorgang ist in der Regel weder dem Gläubiger noch dem Schuldner bewusst. Die Folge sind sehr schnell Missverständnisse, die wiederum zu Aggressionen der Gläubiger gegen den Schuldner, aber auch zu Aggressionen des Schuldners gegen den Gläubiger führen. Das Scheitern einer einvernehmlichen Unternehmenssanierung ist damit fast zwangsläufig vorprogrammiert.

Ferner hat nur ein externer, in Sanierungen Erfahrener die Kenntnisse und Geschicke, Stimmungen bei den Mitarbeitern, die Gerüchte im Markt oder die Reaktionen der Konkurrenz zu erkennen und zu deuten.

Wie dargelegt, sollte die außergerichtliche Sanierung mit hoher Energie versucht werden. Das Insolvenzplanverfahren wäre dann letztlich nur ein Verfahrensinstrument, um die letzten Hindernisse, insbesondere die Hindernisse seitens obstruktiver Gläubiger überwinden zu können. In der vorgerichtlichen Phase für die Verhandlungen des Sanierungskonzepts werden auch bei einem späteren Eintreten in das Insolvenzverfahren die Grundlagen des Sanierungskonzepts gelegt. Diese Grundlagen werden sich dann wie ein roter Faden bis zuletzt durch das Insolvenzplanverfahren ziehen. Es würde um so schwieriger sein, diejenigen Gläubiger, die in den außergerichtlichen Verhandlungen zu einer bestimmten Regelung ihre Zustimmung gegeben haben, später zu erheblichen Abweichungen von diesem Konzept bewegen zu können. Um so größer wäre die Gefahr des Scheiterns der Sanierung.

Außergerichtliche Sanierungsbemühungen wirken auch im späteren Insolvenzverfahren fort

Ganz besonders schwierig gestaltet sich die Kommunikation mit den Gläubigern, wenn diese nicht aus den Verwertungserlösen, sondern aus den operativen Ergebnissen des erst noch zu sanierenden Unternehmens befriedigt werden sollen. Eine solche Vision zu vermitteln, wird kaum ein Schuldner in der Lage sein.

Zur Vorbereitung solcher Verhandlungen und zur Kommunikation im Detail sollte auch ein souveräner und geschickter Berater im Auftrag des Schuldners beauftragt werden, der in gleicher Weise wie ein Mediator in der Verhandlungsführung und der Kommunikation ausgebildet und geschickt ist. Er sollte aber keinesfalls Berater des Unternehmens in der Zeit gewesen sein, zu der die Ursachen für die Krise gelegt wurden, weil sonst der Vorwurf, dass das Unternehmen in die Krise kam, vor allem auch den Berater und womöglich ihn stärker als den Schuldner trifft. Ferner sollte der Berater nicht als Sprachrohr des Schuldners agieren, sondern seine eigenständige Meinung bilden und diese kundgeben. Eine solche Organisation der Verhandlungsführung hat den Vorteil, dass als maßgeblicher Verhandlungsführer auf der Schuldnerseite der eingesetzte Berater fungiert. Ist dieser souverän und fachkundig genug, kann dies erst die entscheidende Voraussetzung für ein Gelingen der Unternehmenssanierung sein. Vor allem ist dieses Modell auch deshalb sehr geeignet, weil die Verhandlungen mit den Gläubigern zeitlich stark reduziert werden können. Denn es ist dann Aufgabe des Beraters, seinem Mandanten die Einzelheiten der Gespräche zu erklären und zu vermitteln. Der Berater fungiert darüber hinaus gegenüber dem Schuldner auch als Filter und Empfänger für Emotionen, die nicht gegen den Berater, sondern gegen die Gläubiger gerichtet sind. Dies gilt auch umgekehrt für die Emotionen, die die Gläubiger gegenüber dem Schuldner loswerden möchten und die an den Berater gerichtet werden, ohne diesen selbst treffen zu wollen. Ohne Zwischenschaltung eines solchen Beraters würden diese Emotionen kontraproduktiv direkt zwischen Gläubiger und Schuldner ausgetauscht werden.

Berater nicht als Sprachrohr des Schuldners

Tipp

> Sehen Sie es als Vorteil an, wenn Ihr eingesetzter Berater Ihnen Kritik offen mitteilt.
>
> Nehmen Sie die Kritik an und dokumentieren Sie gegenüber Ihren Gläubigern, dass Sie Fehler gemacht haben und daraus lernen wollen!

5.4.3 Einschaltung eines Mediators für die zentralen Verhandlungen

Die zentralen Sanierungsverhandlungen sollte eine dritte und neutrale Person führen, die und von allen Parteien akzeptiert ist und einen Ausgleich der Interessen sucht. Nur ein solcher Verhandlungsführer wird in der Regel die Vision des sanierten Unternehmens vermitteln und mit den Gläubigern über ihren Sanierungsbeitrag verhandeln können.

Mediation

In zunehmender Weise entwickeln sich neben dem traditionellen Gerichtsverfahren Verfahren zur Beilegung von Streitigkeiten. Diese werden unter dem Sammelbegriff ADR für »Alternative Dispute Resolution« zusammengefasst. Die Mediation gehört zu den bedeutendsten Verfahrensarten der ADR. Bei der Mediation handelt es sich um eine Verhandlung zwischen Parteien, die einen Mediator als neutralen Dritten zur Streitbeilegung heranziehen. Anders als ein Richter oder Schiedsrichter kann der Dritte aber keine bindenden Entscheidungen treffen, sondern ist auf die Erzielung eines Konsenses ausgerichtet. Die Entscheidungsmacht bleibt stets bei den Parteien. Der Mediator kontrolliert und koordiniert in erheblichem Maße die Kommunikation zwischen den Beteiligten. Der Mediator erforscht und analysiert die Interessenslagen und unterbreitet einen Entscheidungsvorschlag, der einen Streit beilegenden Interessensausgleich erreichen soll.

> **Tipp**
> - Achten Sie auf einen richtigen Aufbau der Verhandlungsführung. Zentrale Person für die Verhandlungen ist der von Ihnen eingesetzte Berater. Für die Führung der wichtigsten Verhandlungen organisieren Sie, dass ein unabhängiger und neutraler Mediator diese Verhandlungen übernimmt. Nehmen Sie sich in allen Verhandlungen zurück.
> - Reagieren Sie nicht negativ, wenn Ihnen von den Gläubigern zunächst heftige Vorwürfe gemacht werden.

Als geeignete Verhandlungsführer kommen Wirtschaftsmediatoren in Betracht. Insbesondere sollten Institutionen in die Vermittlung eingebunden werden, deren Ziel die Förderung der Wirtschaft ist. Besonders geeignet wären hierfür die Landeswirtschaftsministerien, die Industrie- und Handels- oder die Handwerkskammern. Solche Institutionen müssen aber von jeglicher Detailarbeit befreit werden. Ihnen soll lediglich die Führung der wichtigsten Verhandlungen übertragen werden. Im eröffneten Insolvenzverfahren ist in der Regel der Insolvenzverwalter ein geeigneter Verhandlungsführer.

Einbindung von Institutionen zur Förderung der Wirtschaft

5.5 Zusammenfassung

1. Entscheidend für eine erfolgreiche Unternehmenssanierung ist eine richtige Unternehmensplanung. Zu planen sind die strategischen und langfristigen Ziele, nämlich der Erhalt des Unternehmens und die Erreichung einer erstarkten Position. Die strategische Unternehmensplanung kann wegen der Langfristigkeit nur eine Grobplanung sein.
2. Die operative Unternehmensplanung, die den mittelfristigen Planungshorizont für einen Zeitraum von ca. ein bis vier Jahren umfasst, betrifft die Aufstellung konkreter Ziele für die einzelnen betrieblichen und unternehmerischen Bereiche.
3. Eine Besonderheit der strategischen Unternehmensplanung ist die Szenarioplanung. Hierbei handelt es sich um den visionären Teil der Unternehmensplanung. Situationen, die es zu vermeiden gilt, werden bei dieser Planungstechnik gedanklich intensiv

durchgespielt. Mit der Szenarioplanung wird ein psychologisches Phänomen genutzt, wonach das Unterbewusstsein nicht zwischen gemachten und intensiv vorgestellten Erfahrungen unterscheiden kann.
4. In speziellen Outdoor-Trainings kann die langfristige Entstehung struktureller Fehlentwicklungen und ihre Schadensträchtigkeit im Zeitraffer transparent gemacht werden.
5. Eine weitere Methode der Unternehmensplanung ist die Erstellung von »Balanced Scorecards«. Die Scorecards zeigen die für den Erfolg wichtigen Faktoren. Sie werden in einem gegenseitigen Ursache-Wirkung-Verhältnis vernetzt und an der Vision und den strategischen Zielen des Unternehmens ausgerichtet.
6. Die Unternehmensplanung ist schriftlich in Form eines Sanierungsplans niederzulegen. Dort sind die langfristigen und strategischen Ziele der Sanierung und die Neuausrichtung der Tätigkeit des Unternehmens darzustellen. Insbesondere ist eine Vision des Unternehmens zu entwickeln.
7. Das Management des in die Krise geratenen Unternehmens sollte kritikfähig sein und die Krise als Chance zum Change-Management nutzen.
8. Einen nicht zu unterschätzenden Einfluss auf die Wahrscheinlichkeit einer erfolgreichen Sanierung eines Unternehmens hat die Art und Weise der Kommunikation, insbesondere der Verhandlungsführung.
9. Die Art und Weise der Kommunikation und Verhandlungsführung ist detailliert und sorgfältig zu planen. Eine Verhandlungsführung durch den Schuldner selbst sollte unterbleiben, weil diesem von den betroffenen Gläubigern in der Regel erhebliche Vorwürfe gemacht und damit die Verhandlungen emotionalisiert werden und der Schuldner oftmals bestimmten Gläubigern aus persönlichen oder anderen Gründen zu große Zugeständnisse machen möchte.
10. Auch einem Berater des Unternehmens, der bei den Sanierungsverhandlungen mitwirkt, sollte nicht der Vorwurf gemacht werden können, er habe die Krise des Unternehmens mit verursacht, indem er nicht auf erkennbare negative Strukturen und Entwicklungen hingewiesen hat.
11. Die Verhandlungsführung sollte durch einen externen und erfahrenen Sanierer erfolgen.
12. Die zentralen Sanierungsverhandlungen sollten einer neutralen Person, insbesondere einem Mediator übertragen werden.

13. Ferner sollte für die Phase der Sanierung ein Sanierungsbeirat begründet werden. Dieser hat die Sanierung zu überwachen und beratend mitzuwirken. Die wesentlichen Entscheidungen sollten der Zustimmung des Beirats vorbehalten sein.
14. Zu planen ist ferner der Führungsstil bei den Sanierungsverhandlungen, der je nach Einzelfall kooperativ oder autoritär sein oder in Form einer Mischung aus beiden Führungsstilen bestehen kann.

6 Unternehmensanalyse und Sanierungsplan

6.1 Unternehmensanalyse

Vor der Durchführung einer Sanierung ist eine Analyse des Unternehmens, seiner Stärken und Schwächen durchzuführen und sind die Gründe zu erforschen, warum eine Sanierungsnotwendigkeit überhaupt entstanden ist. Denn der Eintritt der Sanierungsbedürftigkeit eines Unternehmens zeigt, dass das Unternehmen krank ist und dies Ursachen hat. Nur selten wird die Sanierungsbedürftigkeit durch eine einzelne Ursache veranlasst. Meist ist dieses Ergebnis auf ein Bündel von Ursachen zurückzuführen, die sich in der Schlussphase der Krise gegenseitig exponentiell verstärkt haben. Deshalb sollte sich der Sanierungsplan nicht nur mit der Frage befassen, was getan werden kann, um die Überlebensfähigkeit des Unternehmens wieder herzustellen und das Unternehmen im Bestand zu erhalten. Vielmehr muss Ziel des Sanierungsplans zunächst die Erstellung eines Generalchecks des Unternehmens und seiner Krankheitsmerkmale sein. Erst nach einer gründlichen Untersuchung des Unternehmens kann entschieden werden, welche Maßnahmen durchgeführt werden sollen, um zunächst die Überlebensfähigkeit des Unternehmens herzustellen. Auf dieser Grundlage beschreibt der Sanierungsplan sodann das Sanierungskonzept, also das Konzept, wie die Sanierung erfolgen soll.

Sanierungsplan als Generalcheck des Unternehmens und seiner Krankheitsmerkmale

Ist die Überlebensfähigkeit mit der Durchführung dieses Sanierungskonzepts hergestellt, muss eine dauerhafte Gesundung des Unternehmens erreicht werden. Hierzu zeigt der Sanierungsplan die Vision des Unternehmens auf, welche Ziele auf welchen Wegen es erreichen möchte, sobald es wieder leistungsstark ist. Denn Ziel der Sanierung ist es nicht allein, das Unternehmen lebensfähig zu erhalten. Dieses Ziel stellt lediglich ein Zwischenziel bei der Verfolgung eines höheren Ziels, nämlich der Erreichung eines gesunden und leistungsstarken Unternehmens, indem alle Erfolgspotenziale des Unternehmens geschöpft und gestärkt werden und sich das Unternehmen dadurch zu einem dauerhaft erfolgreichen Wettbewerber entwickelt. Kann die Überlebensfähigkeit des Unternehmens durch Sanierungsmaßnahmen hergestellt werden, ist besonders kritisch zu erforschen, ob auch langfristig, d.h. dauerhaft die Überlebensfähigkeit erreicht werden kann und wenn ja, ob dies mit wirtschaftlich vertretbarem Aufwand erfolgen kann. Denn durch die Sanierung wird in der Regel lediglich erreicht, dass das Unternehmen wirtschaftlich existent bleibt. Meist nicht erreicht wird mit der Sanierung, dass das Unternehmen zum »Top-Performer« wird. Dies zu erreichen kann, wenn überhaupt, meist erst über einen langen Zeitraum geschehen.

> **Tipp**
> - Prüfen Sie kritisch, ob sich das Unternehmen nach der Sanierung langfristig zu einem dauerhaft erfolgreichen Unternehmen entwickeln kann.
> - Je größer die Zweifel über die langfristige Erreichbarkeit eines dauerhaft ertragstarken Unternehmens sind, desto mehr sollte kritisch überlegt werden, ob Investitionen zum Erhalt des Unternehmens überhaupt durchgeführt werden sollen oder ob es besser ist, eine Zerschlagung des Unternehmens hinzunehmen.
> - Manchmal ist ein »Ende mit Schrecken« besser als ein »Schrecken ohne Ende«.

Im Rahmen der Entscheidung, ob und in welcher Weise eine Sanierung das Unternehmen dauerhaft erfolgreich macht, ist zu berücksichtigen, dass sich das Unternehmen nach der Sanierung erst in der Phase der Rekonvaleszenz und sich meist über eine längere Zeit in einem Schwächezustand befindet. Wenn der Wiedereintritt in den Markt jedoch ein voll leistungsfähiges Unternehmen verlangt, wie des beispielsweise bei einem stark umkämpften Markt der Fall ist, dann macht die Sanierung des Unternehmens meist nur dann Sinn, wenn damit gleichzeitig eine Änderung des grundsätzlichen Unternehmensziels verbunden ist, beispielsweise dahingehend, dass das Unternehmen künftig nur noch einen Nischenplatz im Markt besetzt.

Dies verhält sich wie bei einem schwer krank gewordenen Leistungssportler. Zunächst hat aus medizinischer Sicht der Heilungsvorgang lediglich das Ziel, eine Gesundung des Sportlers so zu erreichen, dass er wieder mit seinem Training beginnen kann. Um jedoch Spitzenplätze im Wettbewerb mit anderen Sportlern zu erreichen, muss im Anschluss daran ein meist längerfristiges Aufbauprogramm durchgeführt werden. Ob hierzu noch die Zeit reicht, z.B. für die Teilnahme an einer Weltmeisterschaft oder einer Olympiade, oder weil sich bereits jüngere leistungskräftigere Sportler in

Phase der Rekonvaleszenz nach der Sanierung

Unternehmensanalyse und Sanierungsplan

Stellung der für die Formulierung eines schlüssigen Sanierungskonzepts notwendigen Fragen

der Entwicklung befinden, hängt vom Einzelfall ein, so dass das Ziel nach Erreichung der Heilung möglicherweise ein anderes sein muss, beispielsweise die Tätigkeit als Trainer.

Eine gesteigerte Bedeutung kommt aus verschiedenen weiteren Gründen der ausführlichen Analyse des Unternehmens und der Erstellung des Sanierungsplans zu. Durch die Ausarbeitung der jeweiligen Inhalte setzen sich nämlich die handelnden Personen umso eingehender mit den auftretenden Fragen auseinander.

> **Tipp**
>
> Allein die Stellung der für die Formulierung eines schlüssigen Sanierungskonzeptes notwendigen Fragen fördert den Einblick
> - in die problematischen Sachverhalte,
> - in das Erkennen der strukturellen Versäumnisse sowie
> - in die einzelnen Lösungsmöglichkeiten.

Ferner kann das Sanierungskonzept in der jeweils vorliegenden Fassung bestimmten Personen und Organisationen übermittelt werden, die hierzu Stellung nehmen und ihre Vorschläge unterbreiten können. Es kann sich hierbei insbesondere um die Führungskräfte der einzelnen Abteilungen, den Betriebsrat, die Banken und die Berater des Unternehmens handeln.

Fragen nach den Gründen des Eintritts der Sanierungsnotwendigkeit

Vor allem geht der Sanierungsplan auch der Frage nach, was die eigentlichen Gründe dafür waren, dass eine Sanierungsnotwendigkeit überhaupt eingetreten ist. Damit werden in der Regel auch Fragen nach der Verantwortlichkeit mit der Folge gestellt, dass sich hieraus personelle Veränderungen als notwendig erweisen. Denn nur selten kommt es ohne Verantwortlichkeit von Führungspersonen zur Sanierungsbedürftigkeit des Unternehmens. Meist kommt es zur Sanierungsbedürftigkeit weniger durch fehlerhafte Entscheidungen der Leitungspersonen als durch das Unterlassen gebotener Maßnahmen. So werden z. B.

- Marktentwicklungen nicht oder zu spät gesehen, obwohl diese bei einer vorausschauenden Beobachtung und Recherche frühzeitig erkennbar gewesen wären und damit noch genügend Zeit zur Anpassung vorgelegen hätte, oder
- die Fehler liegen im Unterlassen eines angemessenen Risikomanagements oder
- im Unterlassen der Erarbeitung und Analyse wichtiger unternehmerischer Kennzahlen, die der Unternehmensleitung gezeigt hätten, dass sich das Unternehmen nicht mehr auf Kurs befindet und es – wenn kein Gegensteuern erfolgt – sanierungsbedürftig wird.

6.2 Grundsätzlicher Inhalt der Unternehmensanalyse und des Sanierungsplans

Die Durchführung einer Unternehmensanalyse und die Aufstellung eines Sanierungsplans als Unternehmensplan ist ein wichtiges Mittel für die Unternehmensführung, für die Unternehmensplanung und für das Controlling. Die Sanierung eines Unternehmens stellt quasi eine »Neugründung« des Unternehmens dar.

> **Tipp**
>
> Betrachten Sie die Sanierung als »Neugründung«, besser sogar als »Wiedergründung« des Unternehmens. Anstelle des kranken Unternehmens soll in Zukunft ein saniertes und gesundes Unternehmen stehen.

Je tiefer und existenzgefährender die Krise ist, desto höher ist der »Neugründungs«-Anteil bei der Sanierung. Dies ist vergleichbar mit der Sanierung eines Immobilienobjekts. Das eine Sanierungsobjekt im Immobilienbereich wird lediglich modernisiert, um es Mietinteressenten gegenüber wieder attraktiv zu machen. So werden beispielsweise die Heizungs-, Sanitär- und Elektroanlagen erneuert, die Fassade gestrichen und neue Fußbödenbeläge eingebracht. Das andere Sanierungsobjekt kommt praktisch einem Neubau gleich. Hinter der Fassade, die möglicherweise unter Denkmalschutz steht, wird das Gebäude vollkommen abgebrochen und neu erstellt. Die Baukosten für die Sanierungsmaßnahmen stellen Investitionskosten zur Erreichung einer wettbewerbsfähigen Immobilie dar.

Sanierung ist quasi Neugründung des Unternehmens

So geht einer Sanierungsmaßnahme im Immobilienbereich eine detaillierte Untersuchung voraus, welche Erwartungen die hierfür in Frage kommenden Mieter haben, wie die Immobilie in Zukunft ausgestattet sein soll, um diesen Erwartungen gerecht zu werden und wie die Immobilie dann im Wettbewerb zu anderen Immobilienobjekten stehen wird. Erst dann stellt sich die Frage, was getan werden muss, um die Immobilie so auszustatten, wie dies erreicht werden soll.

Auf der Grundlage dieses Verständnisses ist auch die Sanierung eines Unternehmens zu planen. Zunächst stellt sich die Frage, welches Ziel mit der Sanierungsmaßnahme erreicht werden soll, d. h. welche Erfolgspotenziale für den Erfolg des Unternehmens künftig ausschlaggebend sein sollen. Sobald das Ziel definiert ist, wird geplant und festgestellt, was getan werden muss, um diese Erfolgspotenziale zu entwickeln. All dies muss sich detailliert aus dem Sanierungsplan ergeben. Der Sanierungsplan ist also wesentlich mehr als z. B. der Plan zur Durchführung aktuell notwendiger

Langfristiges Ziel der Sanierungsmaßnahme

Maßnahmen für die Rettung des Unternehmens. Der Sanierungsplan orientiert sich an dem künftig sanierten und dauerhaft gesunden Unternehmen und stellt dann in der Rückwärtsbetrachtung fest, was getan werden muss, um ein solches Ziel zu erreichen. Deshalb sind im Sanierungsplan die Interdependenzen zwischen den einzelnen Voraussetzungen, Aufgaben und Zielen der Sanierung zu beachten.

Interdependenzen zwischen Voraussetzungen, Aufgaben und Zielen

Die Interdependenzen bestehen zwischen

- den Ursachen der Sanierungsbedürftigkeit,
- der aktuellen wirtschaftlichen Verfassung des Unternehmens, wie sich diese aus den aktuellen betriebswirtschaftlichen Kennzahlen ergibt,
- den Zielen einer langfristigen Unternehmensentwicklung,
- dem Ziel, das Unternehmen im Bestand zu erhalten (positive Fortsetzungsprognose) und damit
- den notwendigen Maßnahmen zur Sanierung und zur Unternehmensentwicklung.

Diese Interdependenzen werden mit der nachfolgenden Grafik aufgezeigt:

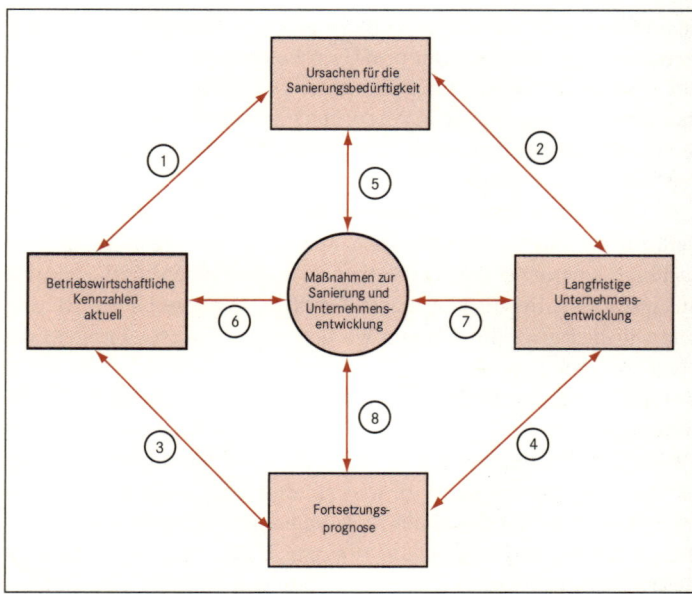

Abb. 11: Visualisierung der Zusammenhänge zwischen den einzelnen Voraussetzungen, Aufgaben und Zielen eines Sanierungsplans

Beispiel:
Mangelhafte Bauleistungen eines bauhandwerklichen Unternehmens

Die Dach-und-Fach GmbH ist ein bauhandwerkliches Unternehmen im Bereich von Dachsanierungen. Es hatte sich an Ausschreibungen mit dem Ziel beteiligt, durch kostengünstige Angebote Aufträge zu erhalten. Hierzu hatte das Unternehmen billigste Arbeitskräfte eingestellt und vielfach solche Arbeiter auch nicht zur Lohnsteuer und Sozialversicherung gemeldet. Ferner wurden nur die billigsten Baustoffe verwendet und im Falle von Reklamationen wurde der Geschäftsbetrieb so eingerichtet, dass man für den Kunden nicht erreichbar ist, um die Geltendmachung von Mängelansprüchen zu erschweren. Der eigentliche Gewinn des Unternehmens sollte aus Nachträgen aufgrund von Sonderwünschen und aufgrund von Regieaufträgen erfolgen. Hierzu wurden die vertraglichen Grundlagen bewusst missverständlich abgefasst, um entsprechende Rechnungen besser begründen zu können.

Diese Methode der Auftragsbeschaffung und Unternehmensführung führte dazu, dass das Unternehmen zahlreiche Zuschläge zur Ausführung entsprechender Bautätigkeiten erhielt und der Umsatz kräftig stieg.

Die Methode, nicht alle Arbeiter zur Lohnsteuer und zur Sozialversicherung anzumelden, erwies sich als nicht erfolgreich, als nämlich die Gewerbeaufsicht von der Unzulässigkeit des Geschäftsführers des Unternehmens erfuhr und der Geschäftsführer zur Vermeidung einer Gewerbeuntersagung von nun an für eine ordnungsgemäße Anmeldung der Arbeiter Sorge tragen musste. Außerdem wurde das Unternehmen mit zahlreichen Baurechtsstreitigkeiten überzogen, die zu hohen Kosten für Gericht, Rechtsanwälte und Gutachter führten. Mit dieser Kostenstruktur konnten die niedrig angebotenen Aufträge nicht kostendeckend durchgeführt werden, so dass das Unternehmen erhebliche Verluste erzielte. Dadurch wurden die finanzierenden Banken wachgerufen, die das Kreditvolumen erheblich reduzierten. Das Unternehmen stand vor dem Zusammenbruch.

Folgende Interdependenzen ergeben sich durch diese Ausgangslage, die im Sanierungsplan entsprechend der obigen Abb. 11 behandelt und beschrieben werden müssen:

Zu 1: Die aktuelle Lage des Unternehmens ist bestandsgefährdend, weil der Geschäftsführer des Unternehmens unsorgfältig gearbeitet hat und deshalb alle betriebswirtschaftlichen Kennzahlen eine erhebliche Unternehmenskrise dokumentieren.

Zu 2: Der langfristige Erfolg des Unternehmens kann nur dadurch erreicht werden, dass das Unternehmen Aufträge bei adäquater Vergütung erlangt, diese mit hoher Qualität und damit weitgehend mängelfrei ausführt und das Unternehmen auch alle sonstigen Pflichten einhält, wie die Pflichten gegenüber dem Finanzamt und den Sozialversicherungsträgern.

Zu 3: Um den Zusammenbruch des Unternehmens zu vermeiden, müssen die wichtigsten betriebswirtschaftlichen Kennzahlen mit geeigneten Maßnahmen so zum Positiven verändert werden, dass eine positive Fortsetzungsprognose erreicht werden kann wie insbesondere durch Veränderungen bei der Auftragskalkulation und des Qualitätsmanagements.

Zu 4: Nach den eher kurzfristig ausgerichteten Maßnahmen zum Erhalt des Unternehmens müssen langfristig ausgerichtete Maßnahmen durchgeführt werden, die einen langfristigen Erfolg des Unternehmens bewirken wie z. B. durch Marketingmaßnahmen, die auf Zuverlässigkeit und Qualität der Bauleistungen ausgerichtet sind.

Zu 5: Als zentrale Maßnahme für die Rettung des Unternehmens stellt sich die Frage, ob der Geschäftsführer überhaupt noch geeignet sein kann, die neue Konzeption des Unternehmens durchzuführen. Handelt es sich um einen Fremdgeschäftsführer, ist dieser durch einen anderen zu ersetzen. Ist dieser selbst Gesellschafter unter mehreren, stellt sich die Frage, ob er aus wichtigem Grunde abberufen und sein Anteil ggf. eingezogen werden kann. Handelt es sich um den alleinigen Geschäftsführer, scheitert hieran womöglich die Sanierungsfähigkeit des Unternehmens und das Unternehmen wird zerschlagen.

Zu 6: Mit einem neuen Geschäftsführer müssen konkrete Maßnahmen durchgeführt werden, damit die betrieblichen Kennzahlen positiv werden, wie z. B. die Erhöhung des Eigenkapitals, ein Vergleich in allen Baurechtsstreitigkeiten, um Rückstellungen auflösen und Forderungen ausbuchen zu können und um dadurch künftig die Ergebnisse nicht mehr mit den Altlasten zu belasten.

Zu 7: Bei den Ausschreibungen werden nur noch Preise angeboten, die auf der Grundlage einer qualitativen Bauleistung einen Ertrag versprechen.

Zu 8. Alle Maßnahmen nach den Ziffern 5 bis 7 sind sicherzustellen, damit eine positive Fortsetzungsprognose dargelegt werden kann.

Grundsätzlicher Inhalt der Unternehmensanalyse und des Sanierungsplans

Wie ein Unternehmensplan als Grundlage zur Gründung eines neuen Unternehmens ist der Sanierungsplan für zahlreiche Adressaten aufzustellen, und zwar für interne Adressaten, für die Geschäftsleitung und für leitende Mitarbeiter sowie für externe Adressaten wie z. B. für Banken und Investoren.

Sanierungsplan als wichtiges Mittel für die Unternehmensführung und für das Controlling

Checkliste

Der Sanierungsplan ist aufzustellen und zu verwenden

- ✔ für die **strategische Unternehmensplanung** des Managements, insbesondere um die Sanierung als Investition in ihren Einzelheiten durchspielen und sie auf Plausibilität hin überprüfen zu können,
- ✔ für das **Controlling**, um stets feststellen zu können, inwieweit sich der Fortgang der Sanierung noch auf Kurs befindet, bzw. wo welche Abweichungen vom Ziel bestehen und wie die Abweichungen korrigiert werden können,
- ✔ für das **Marketing**, weil der Sanierungs-Plan eine genaue Analyse verlangt, welche Wünsche und Erwartungen welcher Geschäftspartner, Kunden und Lieferanten für welchen Erfolg des Unternehmens ursächlich sind, wie diese Personen mit dem Angebot des Unternehmens optimal erreicht werden können und wie deren Wünsche und Erwartungen befriedigt werden können,
- ✔ für die **Mitarbeiter des Unternehmens**, um mit diesen eine Zielvereinbarung treffen und sie auf das zu erreichende Ziel hin motivieren zu können,
- ✔ für **Investoren**, um ihnen das Unternehmen und dessen Chancen und Risiken aufzeigen zu können,
- ✔ für die **finanzierenden Banken**, um Moratorien auszuhandeln und Kreditanträge zu begründen und plausibel machen zu können,
- ✔ für die **Gesellschafter des Unternehmens**, um diese über Stand der Sanierung, die Entwicklung, die Ziele und Unternehmenspolitik besser informieren zu können und schließlich
- ✔ als **Vorlage für weitere Aktivitäten**, Unterlagen und Präsentationen, die sich aus dem Sanierungsplan erschließen, wie z. B. Werbemaßnahmen oder die Erstellung eines Emissionsprospekts zur Akquisition von Private Capital.

Gliederung eines Sanierungsplans

Der Sanierungsplan muss einen übersichtlichen Aufbau haben, er muss verständlich formuliert sein und sich auf das Wesentliche konzentrieren. Der zeitliche Aufwand zur Erstellung eines Sanierungsplans sollte nicht unterschätzt werden. Je nach Umfang des Unternehmens sind hierfür viele Tage oder gar Wochen oder Monate anzusetzen.

Der Sanierungsplan sollte etwa nach der folgenden Gliederung erstellt werden.

6.3 Unternehmensanalyse und Sanierungsplan im Einzelnen

6.3.1 Beschreibung der rechtlichen Eckdaten

Zunächst sind im Sanierungsplan die rechtlichen Grundlagen zu beschreiben, wie z. B.
- Datum und Rechtsform der Gründung des Unternehmens,
- Daten zur Eintragung des Unternehmens im Handelsregister,
- bei Gesellschaften die Gesellschafter und deren Beteiligungen,
- die für die Sanierung wichtigen Bestimmungen des Gesellschaftsvertrages, und
- notwendige Zustimmungen Dritter oder Behörden zur Neuausrichtung des Unternehmens.

6.3.2 Ziele, Struktur und Leitbild der Unternehmenssanierung

Nur wer das Ziel kennt, kann treffen

Im Sanierungsplan sind die langfristigen und strategischen Ziele der Sanierung und die Neuausrichtung der Tätigkeit des Unternehmens darzustellen. Nur wer das Ziel kennt, kann es auch erreichen. Eine klare Definition der Vision ist ein Merkmal einer langfristig angelegten Unternehmensplanung. Der Sanierungsplan sollte keinesfalls kurzfristig auf das Ziel der Überwindung der gegewärtigen Krise und des Unternehmensbestands angelegt sein. Gerade bei sanierungsbedürftigen Unternehmen fehlt es oftmals an einer langfristig ausgerichteten Vision. Dieser Mangel sollte im Rahmen der Sanierung beseitigt werden, indem eine langfristige Vision formuliert und kommuniziert wird. Solche langfristig geplanten Unternehmen sind dauerhaft stabiler. Ihnen kommt es oftmals nicht allein auf eine kurzfristige Gewinnmaximierung an, der dann meist ein Einbruch und eine Unternehmenskrise folgt.

Nur wenn Klarheit über die Vision des Unternehmens besteht, kann bei jeder einzelnen unternehmerischen Entscheidung geprüft werden, ob sich diese Entscheidung in die Vision des Unternehmens einfügt.

Die Kenntnis der Vision und die Möglichkeit, jede Entscheidung daraufhin zu prüfen, ob sie sich in die Vision einfügt, muss auf jeder Ebene im Unternehmen gegeben sein. So müssen alle an der Unternehmensentwicklung Beteiligten, insbesondere die Mitarbeiter, Gesellschafter und Kapitalgeber, wissen, wohin die Reise geht. Zudem entstünden andernfalls Konflikte oder Irritationen, wenn aufgrund einer nicht oder nicht ausreichend erfolgten Darlegung der Visionen und Ziele des Unternehmens die Beteiligten feststellen, dass sie bislang von einer anderen Vision und einem anderen Ziel ausgegangen waren und sie die nun erkannte tatsächliche Vision und das tatsächliche Ziel nicht mittragen und das Unternehmen nicht mehr begleiten möchten, wenn nicht die Richtung geändert wird. Bei einer klaren Definition der Visionen und Ziele des Unternehmens im Unternehmensplan lassen sich solche Konflikte ausschließen oder zumindest minimieren. Damit kann vermieden werden, dass solche Konflikte, die Unternehmensentwicklung erheblich beeinträchtigen und Ressourcen verschwenden.

Vision und Strategie

Die Vision des Unternehmens ist dabei nicht mit der Absicht zu verwechseln, dass gute Gewinne erzielt werden sollen. Bei der Vision geht es um mehr, nämlich um den geistig-philosophischen Hintergrund des Ziels des Unternehmens. Beispielsweise kann die Vision bestehen, gute Gewinne damit zu erzielen, dass das Unternehmen im Bereich alternativer Energien stets die neusten Forschungs- und Entwicklungsergebnisse umsetzt, um technologischer Marktführer zu sein. Vision des Unternehmens kann es z. B. auch sein, gute Gewinne damit zu erzielen, dass eine Modekleidung für eine bestimmte Gruppe von Menschen mit einem bestimmten Lebensstil gestaltet und produziert wird.

Vision ist mehr als Gewinnerzielungsabsicht

6.3.3 Unternehmensstrategie

Wenn man das Ziel kennt, kennt man noch lange nicht den Weg dorthin. Bekanntlich führen »tausend Wege nach Rom«. Der Weg zum Ziel ist die Strategie des Unternehmens zur Erreichung der Vision. Hierüber hat der Sanierungsplan Auskunft zu geben. Vor allem ist im Sanierungsplan anzugeben, auf welcher Grundlage die Strategie entwickelt wurde und wie die einzelnen Teile der Strategie dokumentiert sind. Denn nur in diesem Falle ist der Erfolg des Unternehmens insoweit verselbständigt, als dadurch die Gefahr vermindert ist, dass der bisher erfolgreich beschrittene Weg nicht oder nur eingeschränkt fortgeführt werden kann, wenn sich kurzfristig eine wesentliche Änderung im Management des Unternehmens ergibt (z. B. durch Tod oder anderweitigem Ausscheiden des Unternehmensführers).

Vielfach entspringt die Unternehmensstrategie, also der Weg, wie die Vision des Unternehmens nach erfolgter Sanierung erreicht

Unternehmensstrategie ist der Weg, wie die Vision erreicht werden soll

Unternehmensanalyse und Sanierungsplan

werden soll, der Intuition der Unternehmensführung. Sie wird nicht dokumentiert und ist lediglich im Kopf des Unternehmensführers vorhanden. Eine Nachprüfbarkeit auf die Richtigkeit der Strategie ist dann kaum möglich. Stellt das Unternehmen fest, dass sich der Unternehmensführer auf seinem Weg verirrt hat, kann dies für den Bestand des Unternehmens fatale Folgen haben. Im besten Falle sind nur erhebliche Zusatzkosten und eine Schwächung im Wettbewerb verursacht, bis das Unternehmen wieder auf dem richtigen Weg ist.

Begründung für die Wahl des Weges

Überzeugend, da transparent und nachprüfbar, ist dagegen eine dokumentierte Entscheidung, warum welcher Weg zur Erreichung des Unternehmensziels gewählt wurde. Vor allem ist eine solche Entscheidung überzeugend, wenn alle für die Strategieentscheidung maßgeblichen Personen gehört wurden und ihre schriftliche Stellungnahme dazu abgegeben haben. Maßgeblich sind insbesondere die Führungskräfte im Unternehmen aus den einzelnen Bereichen. Maßgeblich sind aber insbesondere auch externe Personen und Sachverständige, die durch ihre Tätigkeit ein weiteres Gesichtsfeld haben.

Und schließlich muss stets überprüft werden, ob sich der eingeschlagene Weg als richtig erwiesen hat oder ob man von dem nach wie vor relevanten Weg abgekommen ist. Dies ist Aufgabe des Controlling.

Visualisierung der Strategie

Da Strategien stark abstrahierte Parameter der Unternehmensführung darstellen, sollten sie visualisiert werden. Die nachfolgende Abb. 12 zeigt zwei Strategien, nämlich die Ertragssteigerungs- und die Produktivitätssteigerungsstrategie. Diese Strategien werden aus unterschiedlichen Perspektiven gesehen, nämlich aus der finanziellen Perspektive, der Kundenperspektive, der internen Perspektive und der Wachstumsperspektive. Mit einer solchen visualisierten Darstellung lassen sich auch andere komplexe Prozesse und Strategien dem Leser überzeugend vermitteln.

Unternehmensanalyse und Sanierungsplan im Einzelnen 157

Ertragssteigerungsstrategie	**Produktivitätssteigerungsstrategie**
Verbesserung des Ertrags durch bessere Orientierung auf die Kundenwünsche im Hinblick auf die Produkte des Unternehmens	Verbesserung des Ertrags durch eine für das Unternehmen kostengünstige Durchführung der Kundenwünsche

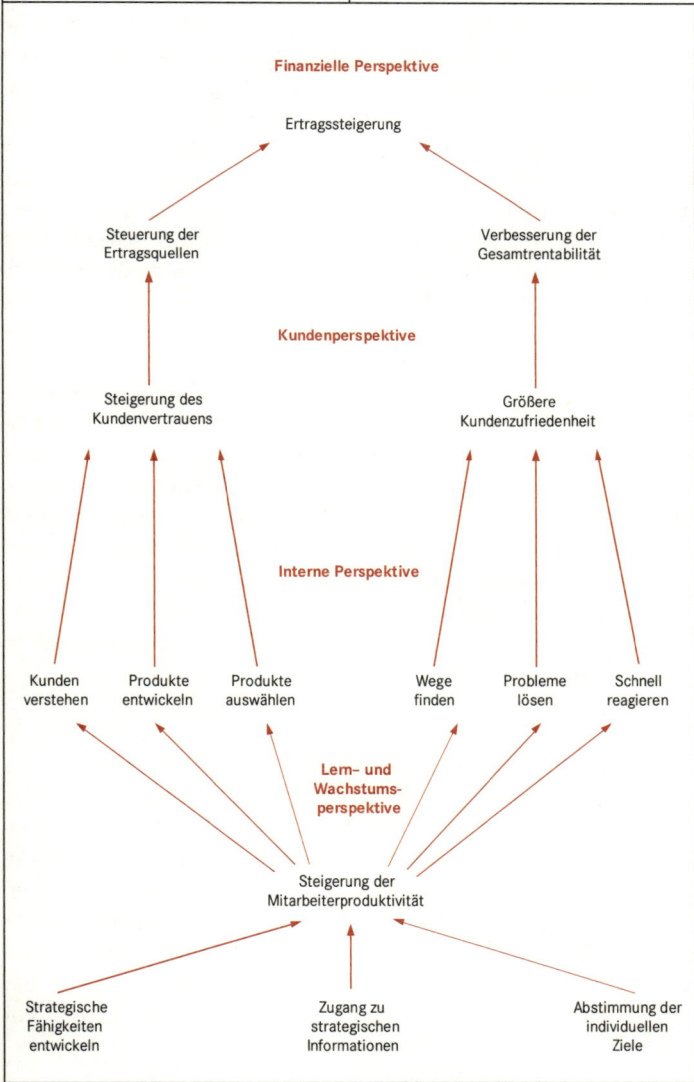

Abb. 12: Visualisierung einer Strategie aus unterschiedlicher Sicht

6.3.4 Branchen
6.3.4.1 Aussichten und Branchenwachstum

Übersicht über die Branche

Im Sanierungsplan ist eine Übersicht über die Branche und die Stellung des Unternehmens in dieser Branche darzustellen. Anzugeben ist, welche Merkmale aus Sicht des Kunden und der wirtschaftlichen Rahmenbedingungen dafür bestimmend sind, dass sich diese Branche weiterhin gut entwickeln wird, z.B. weil die Branche von einer Basistechnologie bestimmt wird, für die ein großes Marktpotenzial besteht, das noch lange nicht ausgeschöpft ist, weil eine hohe Innovationskraft die Branche beherrscht. Da das Unternehmen meist nicht in dem gesamten Markt der Branche tätig sein wird, sind die Schwerpunkte anzugeben, mit denen sich das Unternehmens innerhalb der Branche beschäftigt. Die Auseinandersetzung mit der Branche, seiner Entwicklung und der Stellung des Unternehmens innerhalb der Branche hat schon deshalb im Sanierungsplan einen hohen Stellenwert, weil eine Befassung mit solchen Themen oftmals unterlassen wurde und dies Ursache oder Mitursache des Eintritts der Sanierungsbedürftigkeit war.

6.3.4.2 Abhängigkeit zu anderen Branchen

Konkurrenz zu anderen Branchen

Unternehmen einer Branche stehen nicht nur im Wettbewerb zu anderen Unternehmen in dieser Branche, sondern auch zu Unternehmen anderer Branchen. Läuft eine Branche gut, so versuchen artverwandte Branchen die Kunden auf sich zu ziehen und damit der Konkurrenzbranche insgesamt Wettbewerb zu machen. Entscheidend ist also die Frage, und die sollte im Sanierungsplan beantwortet werden, ob und inwieweit in der Zukunft das Marktvolumen der Branche, in der sich das Unternehmen befindet, weiter wachsen kann und was man einer Branchenkonkurrenz insgesamt entgegensetzen kann.

6.3.4.3 Position innerhalb der Branche

Bestimmung des relevanten Marktes

Langfristig werden aber nur die Unternehmen, die sich auch in schwierigem Umfeld behaupten können, die Gewinner sein. Wer große Marktanteile innerhalb der Branche hat, hat erhebliche Vorteile bei der Akquisition neuer Kunden. Ferner ist die Kundenbindung stärker als bei Unternehmen mit kleinen Marktanteilen. Um die eigene Position bestimmen zu können, ist zunächst zu definieren und abzugrenzen, welcher Markt für das Unternehmen überhaupt relevant ist. Dies hängt insbesondere auch davon ab, in welchem Umfang sich das Unternehmen räumlich bewegt. So spricht beispielsweise ein Handwerksbetrieb nur diejenigen Kunden an, die vom Standort aus mit begrenzter Fahrzeit erreichbar sind.

6.3.4.4 Eintrittsbarrieren

Vielfach bestehen hohe Eintrittsbarrieren in einer Branche. Eintrittsbarrieren können darin bestehen, dass eine Zulassungspflicht besteht, wie z. B. bei der Gründung einer Arztpraxis oder einer Rechtsanwaltskanzlei. Eintrittsbarrieren können aber auch darin liegen, dass eine technisch hochwertige und teure Ausstattung mit Geräten notwendig ist, wie z. B. bei der Gründung eines Unternehmens für die Hebung von Schwerlasten, oder dass internationale Kontakte vorliegen müssen, wie z. B. bei einem Unternehmen für internationales Einkaufsmanagement.

Begrenzter Konkurrenzdruck bei Branchen mit hohen Eintrittsbarrieren

Hohe Eintrittsbarrieren bewirken in der Regel, dass das Unternehmen nur einem begrenzten Konkurrenzdruck ausgesetzt ist und damit seine Produkte und Dienstleistungen eher höherpreisig anbieten kann. Im Sanierungsplan ist zu beschreiben, welche Eintrittsbarrieren für Unternehmen dieser Art bestehen und welche Vorteile dieses Unternehmen hierbei hat bzw. welche weiteren Voraussetzungen zum tiefen Eintritt in die Branche noch geschaffen werden müssen.

6.3.4.5 Potenzial zur Erhöhung der Marktanteile

Die Unternehmen innerhalb einer Branche haben in der Regel unterschiedliche Geschwindigkeiten bei der Unternehmensentwicklung. Das eine Unternehmen setzt stark auf Expansion und Marketing. Das andere Unternehmen möchte diese Risiken und Kosten sparen und begnügt sich eher mit einem langsameren Wachstum. Anzugeben ist also auch, welche Position das Unternehmen in dieser Branche gegenwärtig hat und in Zukunft nach seiner Gesundung einnehmen möchte.

Unterschiedliche Geschwindigkeiten von Unternehmen

6.3.4.6 Wettbewerbsintensität und Margen

Die Wettbewerbsintensität innerhalb der Branche ist ebenso ein Merkmal, zu dem im Sanierungsplan Stellung genommen werden sollte. Vor allem bei einem stagnierenden Markt kommt es in der Regel zu einem starken Verdrängungswettbewerb mit der Folge geringer Margen. Oftmals ist es gerade ein solcher Verdrängungswettbewerb, der zur Sanierungsbedürftigkeit des Unternehmens geführt hat. Kapitalstarke Unternehmen versuchen in solchen Fällen, Wettbewerber aus dem Markt zu drängen und verzichten im Sinne einer Investition in eine künftig stärkere Marktposition bewusst auf die Erzielung höherer Gewinne oder nehmen gar vorübergehend Verluste in Kauf. Kapitalschwache Unternehmen können nicht mithalten und scheiden aus dem Markt aus oder ziehen sich auf eine Nische zurück.

Bestimmung der künftigen Position des Unternehmens innerhalb der Branche

Starker Verdrängungswettbewerb in einem stagnierenden Markt

Unternehmens-sanierung in schnelllebigen Märkten

Andererseits werden bei einer geringeren Wettbewerbsintensität hohe Margen erzielt. Eine geringe Wettbewerbsintensität kann verursacht sein durch ein schnelles Branchenwachstum, bei dem zahlreiche Wettbewerber bei dieser Geschwindigkeit nicht mithalten können, oder durch hohe Eintrittsbarrieren für potenzielle Wettbewerber.

Ist das Branchenwachstum hoch, aber sind die Eintrittsbarrieren für potenzielle Wettbewerber gering, so bedeutet dies, dass eine hohe Marge nur kurzfristig erzielt werden kann. Denn eine größere Anzahl von Wettbewerbern drängt in den Markt, um in dem Markt mitzuspielen. Um schnell einen adäquaten Marktanteil zu erhalten, wird dann in der Regel das Mittel des Preiswettbewerbs eingesetzt. Damit diese Zusammenhänge besser erkannt werden können, sollten sie im Sanierungsplan dargestellt werden.

> **Tipp**
>
> Ist der Markt, in dem sich das zu sanierende Unternehmen befindet, schnelllebig, ist kritisch zu prüfen, ob und inwieweit das Unternehmen in diesem Markt noch erfolgreich teilhaben kann, nachdem die Finanzierbarkeit infolge des Eintritts der Unternehmenskrise stark beeinträchtigt sein wird.
>
> Eine solch hektische Marktentwicklung können in der Regel nur Unternehmen mit hohen finanziellen Reserven durchstehen.

6.3.5 Beschreibung der Produkte und Dienstleistungen des Unternehmens und seiner Positionierung

Bestimmung der künftigen Schwerpunkte der geschäftlichen Tätigkeit

Detailliert zu erläutern sind im Sanierungsplan die Art und Weise der Tätigkeit des Unternehmens, z. B. was der Schwerpunkt der geschäftlichen Tätigkeit ist und künftig sein soll und wie sich das Unternehmen in diesem Bereich im Markt positioniert. Hat das Unternehmen mehrere Geschäftsbereiche, sind die Angaben für jeden einzelnen Geschäftsbereich zu machen.

Darzustellen sind beispielsweise die nachfolgenden Parameter:

6.3.5.1 Produkte und Dienstleistungen

Darstellung der Produkte und Dienstleistungen

Im Sanierungsplan sind die Produkte und Dienstleistungen des Unternehmens konkret zu beschreiben. Es gibt Unternehmen, die im Wesentlichen alle Produkte und Dienstleistungen einer Branche anbieten und solche, die sich auf bestimmte Produkte und Dienstleistungen innerhalb der Branche konzentrieren und damit eine Nische besetzen. Zu beschreiben sind daher auch die Beweggründe, warum gerade dieses Sortiment gewählt wurde und inwieweit sich das Unternehmen dadurch von der Konkurrenz abgrenzt.

Zu beschreiben ist ferner, wie alt die jeweiligen Produkte und Dienstleistungen sind und wie lange voraussichtlich diese Produkte und Dienstleistungen in der unveränderten Form vertrieben werden können. Diese Beschreibung im Sanierungsplan ist schon deshalb von hoher Bedeutung, weil vielfach die Notwendigkeit einer Unternehmenssanierung gerade dadurch verursacht wurde, dass der Zyklus eines Produkts oder einer Dienstleistung nicht richtig erkannt worden war.

Die Produkte und Dienstleistungen von Unternehmen in innovativen Branchen unterliegen in der Regel einem kurzen Werteverfall, der nur durch eine entsprechende Organisation zur Aufrechterhaltung der Innovationsfähigkeit und des Marketings der Neuerungen von Produkt und Dienstleistung kompensiert werden kann. Hierzu sind im Sanierungsplan Ausführungen zu machen, zumal ein saniertes Unternehmen in der Regel eine längere Zeit benötigt, um so leistungsfähig zu sein, dass es mit der Schnelllebigkeit von Marktveränderungen mithalten kann.

Organisation und Aufrechterhaltung der Innovationsfähigkeit

6.3.5.2 Elastizität

Die Höhe der Elastizität des Angebots ist ebenfalls ein wichtiges Kriterium. Die Elastizität gibt an, wie flexibel das Unternehmen bei der Veränderung seiner Produktpalette ist. Bei hoher Flexibilität kann das Unternehmen schnell auf die Veränderungen der Nachfrage reagieren und das Angebot entsprechend umstellen.

Je geringer die Elastizität ist, desto größer ist das unternehmerische Risiko. Stets muss für eine ausreichende Auslastung gesorgt werden. Dies zu erreichen ist vorrangig Aufgabe des Marketing, wofür nicht unerhebliche finanzielle Ressourcen notwendig sind, um einen schnellen und effektiven Marketingdruck erreichen zu können.

Erforschung der Elastizität des Angebots in Bezug auf die Mitbewerber

> **Tipp**
>
> Im Sanierungsplan ist bei der Elastizität des Angebots, auch anzugeben, wie die durchschnittliche Elastizität des Angebots der Mitbewerber ist. Denn flexiblere Mitbewerber können sich bei einer notwendigen Änderung der Produkte und Dienstleistungen aufgrund veränderter Kundenwünsche schnell anpassen und damit Wettbewerbsvorteile erzielen. Diese Wettbewerbsvorteile könnten sie gezielt dafür einsetzen, die unflexibleren Wettbewerber aus dem Markt zu drängen, so dass das sanierte aber weiterhin unflexible Unternehmen schnell wieder in eine weitere Sanierungsbedürftigkeit kommen könnte.

6.3.5.3 Positionierung

Darstellung der Methoden für die Marktkommunikation

Ein erheblicher Wettbewerbsvorteil ist es, wenn ein Unternehmen im Markt zielgenau positioniert ist. Die Marktkommunikation kann hier kostenmäßig sehr effizient erfolgen. Im Kopf der Zielgruppe ist damit die Information darüber vorhanden, was genau dieses Unternehmen anbietet und leistet. Deshalb ist im Sanierungsplan anzugeben, auf welche Betonung das Unternehmen bei der Darstellung seiner Produkte und Dienstleistungen und bei seiner Marktkommunikation Wert legt.

6.3.5.4 Zielgenauigkeit der Marketingkommunikation

Missverständnisse in der Unternehmenskommunikation gegenüber den Kunden

Die Zielgenauigkeit der Beschreibung des eigenen Sortiments der Produkte und Dienstleistungen kann sich aus der Sichtweise des Unternehmens und aus der Sichtweise des Kunden ergeben. Differieren die beiden Sichtweisen, ist der Erfolg des Unternehmens beeinträchtigt, weil Unternehmen und Kunden aneinander vorbeireden, sich missverstehen und in der Folge die Kunden über die Produkte und Dienstleistungen des Unternehmens unzufrieden sind, weil die Erwartung eine andere war. Gerade diese Differenz der unterschiedlichen Sichtweisen ist vielfach dafür verantwortlich, dass die Erfolgspotenziale eines Unternehmens schleichend zurückgegangen sind und dadurch die Sanierungsbedürftigkeit eingetreten ist. Deshalb ist im Sanierungsplan der Frage nachzugehen, ob und inwieweit eine solche Übereinstimmung zwischen Unternehmen und Kunden besteht und, soweit die Übereinstimmung nicht gegeben ist, was getan werden soll, um eine Übereinstimmung zu erreichen und welcher Aufwand hierfür verursacht wird.

6.3.6 Standort
6.3.6.1 Standortvorteile

Art und Qualität des Standortes sind in der Regel erhebliche Wettbewerbskriterien. Ein guter Standort fördert zudem ein Alleinstellungsmerkmal. Die Qualität des Standortes hängt davon ab, welche Kernpunkte des Unternehmens, die für den Erfolg verantwortlich sind, von einer Standortfrage abhängig sind. So werden Unternehmenssanierungen oftmals dadurch verursacht, dass sich Standortpotenziale wesentlich verändert haben., z.B. weil leistungsstarke Wettbewerber Kundenströme zu sich umleiten.

Veränderung von Standortvorteilen

- Wer ein Ladengeschäft betreibt, benötigt einen Standort mit hoher Frequenz seiner Kunden, die das Geschäft sehen und es leicht erreichen.
- Wer ein wissensorientiertes Unternehmen betreibt, ist abhängig von der Beschaffbarkeit qualifizierten Personals, das häufig

nicht bereit sein dürfte, seinen Lebensmittelpunkt in abgelegene Gebiet zu verlagern.
- Wer ein Unternehmen mit hohem Forschungs- und Entwicklungsaufwand betreibt, benötigt einen Standort, an dem er Zugang zu den Ressourcen für diese Tätigkeit hat, wie Universitäten, Behörden oder Venture Capital Gesellschaften.
- Wer ein lohnintensives Gewerbe betreibt, bei dem auch die Transportkosten je produzierter Stückzahl nicht sonderlich hoch sind, benötigt einen Standort, an dem die Löhne gering sind.

Im Sanierungsplan ist also anzugeben, welche Standortfaktoren für den Erfolg des Unternehmens bestimmend und warum diese gerade an dem gewählten Standort optimal vorzufinden sind.

Potenzial für weiteres Wachstum durch nicht ausgeschöpfte Standortvorteile

6.3.6.2 Noch nicht ausgeschöpfte Standortvorteile
Anzugeben sind auch die Standortvorteile, die an dem Standort zwar vorhanden sind, von dem Unternehmen jedoch noch nicht ausgeschöpft werden. Diese noch nicht ausgeschöpften Standortvorteile verschaffen dem Unternehmen ein Potenzial für weiteres Wachstum und weiteren Erfolg.

6.3.7 Kundenstruktur
6.3.7.1 Zusammensetzung der Kunden
Die Art und Weise der Kundenstruktur liefert eine Aussage über den Grad der Dauerhaftigkeit der Erfolgspotenziale des Unternehmens. Wenn die vom Unternehmen angesprochenen Kunden vorrangig solche sind, die ihren täglichen Bedarf beim Unternehmen beziehen, ist das Unternehmen eher weniger von Schwankungen abhängig wie wenn es Kunden sind, die heute bei diesem Unternehmen und morgen bei einem anderen Unternehmen ihre Waren und Dienstleistungen beziehen, beispielsweise weil es sich um Modeartikel handelt.

Beschaffenheit der Kundenstruktur

6.3.7.2 Abhängigkeit von bestimmten Kunden
Je höher der Anteil eines einzelnen Kunden am Gesamtumsatz des Unternehmens ist, desto höher ist das Risiko für den Ertrag und den Bestand des Unternehmens. Vielfach, z.B. bei Zulieferfirmen der Automobilindustrie, ist Abhängigkeit von einem einzigen Kunden gegeben. Fällt dieser Kunde kurzfristig weg, kann der Ausfall in der Regel nicht in der erforderlichen Zeit durch andere Kunden kompensiert werden und das Unternehmen wird sanierungsbedürftig. Je größer der Anteil eines Kunden am Gesamtumsatz ist, desto mehr muss sich die Sicherheit für den dauerhaften Bestand des Unternehmens durch die vertraglichen Vereinbarungen mit diesem Kunden ergeben. Hierzu zählen insbesondere die Vereinbarung langer Kün-

Risikocheck bei Abhängigkeit von bestimmten Kunden

digungsfristen, damit im Kündigungsfalle noch ausreichend Zeit vorhanden ist, den Wegfall zu kompensieren oder notfalls das Unternehmen zu verkleinern.

> **Tipp**
>
> Geben Sie im Sanierungsplan an, in welchem Maße das Risiko besteht, dass wichtige Kunden zahlungsunfähig werden und wie dieses Risiko abgesichert ist, z. B. durch Bankbürgschaften oder Kreditversicherungen.

6.3.7.3 Zahlungsmoral der Kunden

Art und Qualität der Zahlungsmoral

Je nach Branche und Positionierung innerhalb einer Branche ist die Zahlungsmoral der Kunden unterschiedlich. Art und Qualität der Zahlungsmoral sind zu analysieren. Auf die Ergebnisse ist entsprechend zu reagieren, z.B. indem auf das Mahn- und Inkassowesen und die frühzeitige Einstellung der Leistungen maßgeblich Wert gelegt wird oder entsprechende Kreditversicherungen abgeschlossen werden.

6.3.8 Wissensmanagement
6.3.8.1 Datenerfassung und Auswertung

Nur dann, wenn das Unternehmen über alle notwendigen Informationen verfügt, kann in ausreichendem Maße geplant und gesteuert werden. Je unzureichender die Daten sind, desto mehr sind die Unternehmensentscheidungen und die Auswirkungen solcher Entscheidungen Glückssache und Zufallsentscheidungen. Der Datenaufnahme und ihrer Analyse kommen daher eine entscheidende Bedeutung zu. Die meisten Unternehmenskrisen sind gerade dadurch verursacht worden, dass das Datenmaterial für die Unternehmensleitung nicht oder in nicht ausreichendem Maße erarbeitet oder analysiert und damit nicht erkannt wurde, dass das Unternehmen auf eine ernste Unternehmenskrise zusteuert.

Zufallsentscheidungen bei nicht ausreichendem Datenmaterial

Eine wesentliche Informationsquelle ist dabei die Buchhaltung, insbesondere wenn diese aktuell erstellt wird. Ferner sind hieraus Auswertungen zusammenzustellen, vor allem in der so genannten BWA, der betriebswirtschaftlichen Auswertung. Zeitnah zu erstellen ist auch der Jahresabschluss, weil hierfür die notwendigen Abschlussbuchungen durchgeführt werden, die in der Regel erst danach ein zutreffendes Bild von der Lage des Unternehmens vermitteln.

Daten für das betriebliche Kennzahlensystem

Darüber hinaus sind die Daten zu erforschen, die Teil des betrieblichen Kennzahlensystems sind, wie z.B. Marktanteile, Benchmarks zu einzelnen wichtigen Bereichen oder die Fluktuation. Es ist zu hinterfragen, warum sich Veränderungen ergeben haben. Sind die

Veränderungen negativ, so sind die Ursachen zu erforschen und ist Abhilfe zu planen. Sind die Veränderungen positiv, so ist eine Analyse über diese Ursachen zu erstellen, insbesondere ist zu erforschen, auf welche strategischen unternehmerischen Entscheidungen diese Verbesserung zurückzuführen ist und wie dieser Vorteil gegenüber der Konkurrenz gesichert und ausgebaut werden kann.

6.3.8.2 Abstimmung der Detailpläne

Ferner muss die Organisation des Unternehmens vorsehen, dass nach Vorliegen der Geschäftszahlen eine Abstimmung mit den Detailplänen vorliegt. Das Datenmaterial aus der Buchhaltung muss so verknüpft sein, dass sich aus den Detailplänen die entsprechenden Abweichungen der Ist-Werte von den Soll-Werten ergeben. So wird beispielsweise die Refinanzierungskraft für die Liquiditätsplanung von dem Cash-Flow bestimmt. Dieser wiederum ist Ergebnis insbesondere der aktuell erzielten Zahlungseingänge aus der Geschäftstätigkeit und der Ausgaben.

Verknüpfung Buchhaltung und Detailpläne

> **Tipp**
>
> Der Liquiditätsplan muss mit der Buchhaltung verknüpft sein, weil sich bei negativen Abweichungen der Ist-Werte von den Soll-Werten sofort ergibt, in welchem Maße wann eine Liquiditätsunterdeckung zu erwarten ist.

Die meisten Unternehmenskrisen sind davon geprägt, dass gerade diese Aufgaben nicht oder nicht ordnungsgemäß erfüllt wurden und damit infolge der mangelnden Liquiditätsplanung erst dann der Liquiditätsengpass festgestellt wurde, wenn die Liquidität nicht mehr ausreicht, um alle fälligen Verbindlichkeiten zu erfüllen.

Insbesondere dann, wenn zwar spät aber noch rechtzeitig vor Eintritt der Insolvenz wegen Zahlungsunfähigkeit eine Liquiditätsunterdeckung festgestellt wurde, können oftmals noch Maßnahmen zur Liquiditätszufuhr durchgeführt werden, wie z. B. die Aufnahme von Bankverhandlungen für die Neuvergabe oder Ausweitung eines Kredits, die Aufnahme von weiteren Gesellschaftern durch eine Kapitalerhöhung oder die Hereinnahme von Gesellschafterdarlehen. Eine Reaktion könnte auch der Verkauf nicht betriebsnotwendigen Vermögens oder ein Sale-and-Lease-Back-Verfahren im Hinblick auf das betriebsnotwendige Vermögen sein.

Verknüpfung des Liquiditätsplans mit der Buchhaltung

Für all diese Maßnahmen ist ein entsprechender Zeitraum für Vorbereitung und Durchführung notwendig. Fehlt dieser Zeitraum, weil sich die Liquiditätsunterdeckung mangels Abstimmung der Detailpläne mit der Buchhaltung erst bei der nächsten BWA ergibt

Sorgfältige Erarbeitung der Detailplanungen ist vertrauensbildende Maßnahme

oder gar erst durch die Zurückweisungen von Verfügungen durch die Bank, dann wird das Vertrauen des Kreditgebers in die Organisation und Planung des Unternehmens beeinträchtigt mit der Folge entsprechender Nachteile bei der Unternehmensfinanzierung.

Die Verknüpfung der Buchhaltung hat auch mit weiteren Detailplänen zu erfolgen, wie z. B. mit der Personalplanung, mit der Einkaufsplanung oder mit der Planung der Werbe- und Marketingmaßnahmen.

Auflistung der verwendeten Technologien

6.3.8.3 Technologien zur Datenerfassung und Auswertung

Art und Qualität der Geschäftsprozesse zum Management des Wissens hängen insbesondere auch von den verwendeten Technologien ab. Verfügt ein Unternehmen über ein veraltetes EDV-System, können vielfältige Aufgaben nicht oder nicht in der notwendigen Qualität erarbeitet werden. Gleiches gilt, wenn zwar moderne EDV-Systeme eingesetzt werden, diese aber teilweise sogenannte Insellösungen darstellen, also nicht in den gesamten Geschäftsprozess integriert sind.

Insellösungen bei der EDV-Organisation

Entscheidend ist ferner nicht allein die Frage nach der Qualität der Technologien und der Intensität der Integration in den gesamten Geschäftsprozess. Entscheidend ist auch, wie der Standard bei allen Unternehmen in der Branche ist. Ein Unternehmen, das besser ist als der Standard, verfügt bereits deshalb über einen Wettbewerbsvorteil.

6.3.8.4 Stilles Wissen

Vorhandenes, aber nicht preisgegebenes Wissen der Mitarbeiter

Unter stillem Wissen versteht man Wissen, das vorhanden ist, aber nicht preisgegeben wird. Dabei geht es nicht darum, dass die Mitarbeiter bewusst ihr Wissen zurückhalten, sondern darum, dass das System und die Struktur der Unternehmensführung keinen Anlass oder Impuls geben, dass die Mitarbeiter ihr Wissen mitteilen. Die Schöpfung und Nutzung von stillem Wissen ist eine Frage der Unternehmenskultur, in welcher die Mitarbeiter ermutigt und motiviert werden, ihr Wissen von sich aus anzubieten. Ein Mittel zur Schöpfung stillen Wissens ist z. B. ein System eines von den Mitarbeitern angenommenen Vorschlagswesens.

Tipp

> Je besser die im Unternehmen praktizierten Methoden zur Schöpfung von stillem Wissen der Mitarbeiter sind, desto sicherer sind die Zukunftsergebnisse, weil eintretende Krisen oftmals frühzeitig von den Mitarbeitern erkannt werden und die Unternehmensführung dadurch rechtzeitig entgegensteuern kann.

Nahezu in allen Fällen der Entwicklung von Unternehmenskrisen sind folgende Phasen festzustellen:

- **Phase 1:** Die Mitarbeiter erkennen, dass sich das Unternehmen im Zusammenhang mit wichtigen Unternehmensparametern, z. B. Kunden, Märkte, Organisation, nicht mehr auf Kurs befindet und teilen dies meist in versteckter Weise den Führungskräften mit, die diese Impulse nicht wahrnehmen oder ignorieren.
- **Phase 2:** Die Entwicklung des Unternehmens bei diesen Unternehmensparametern verläuft weiter negativ und die Mitarbeiter erwarten, dass das Unternehmen dem entgegensteuert. Sie erkennen, dass nichts geschieht.
- **Phase 3:** Die Mitarbeiter resignieren und konzentrieren sich auf diejenige Leistungserfüllung aus dem Arbeitsverhältnis, bei der ihr keine Vorwürfe gemacht werden können. Sie orientieren sich gedanklich weg vom Unternehmen.
- **Phase 4:** Die Mitarbeiter sprechen eine innere Kündigung aus und reduzieren ihren Einsatz auf das absolute Minimum, stellen die Kommunikation zu der Führungsebene ein oder verändern dies in Richtung aggressives, spöttisches oder herabwürdigendes Verhalten.

Von der Kommunikation zur Resignation seitens der Mitarbeiter

Im Sanierungsplan ist daher anzugeben, in welchem Maße stilles Wissen bislang geschöpft wurde und wie sich die Schöpfung dieses Wissens entwickelt hat. Kommt die Analyse zu dem Ergebnis dass stilles Wissen nicht oder kaum geschöpft wurde, stellt dieses Ergebnis einen wichtigen Indikator dafür dar, dass eine wesentliche Ursache für den Eintritt der Sanierungsbedürftigkeit des Unternehmens in einer mangelhaften Unternehmenskultur liegt. Denn bei einer andersartigen Unternehmenskultur hätte man dieses stille Wissen frühzeitig schöpfen und den Eintritt der Krise vermeiden können. Im Rahmen der Erstellung des Sanierungskonzepts ist sodann anzugeben, mit welchen Methoden stilles Wissen für den Erfolg des Unternehmens künftig genutzt werden kann.

Angaben über das Maß der Schöpfung stillen Wissens

6.3.9 Unternehmensbeständigkeit
6.3.9.1 Abhängigkeiten

Vielfach sind Unternehmen auf einen einzelnen Unternehmer zugeschnitten. In diesem Falle müssen frühzeitig Modelle für eine Unternehmensnachfolge vorbereitet sein. Denn die Umsetzung der Modelle der Unternehmensnachfolge dauert oft viele Jahre und muss vor allem erst im Kopf dieses Unternehmensführers reifen. Im Rahmen einer Unternehmenssanierung hat dies eine zentrale Bedeutung dafür, ob eine Unternehmenssanierung realistisch ist. Hängt die Sanierung des Unternehmens von externen Sanierungsbeiträgen ab,

Stand der Unternehmensnachfolge bei inhabergeführten Unternehmen

etwa von Investoren, so werden solche Mittel kaum beschafft werden können, wenn eine notwendige Unternehmensnachfolge weiterhin nicht konkret in Aussicht steht.

> **Tipp**
>
> Für einen alternden Unternehmer muss die Unternehmensnachfolge nicht bedeuten, dass er aus dem Unternehmen ausscheidet. Es gibt Modelle für eine Struktur, in der die Dynamik junger Führungskräfte mit der Erfahrung der bisherigen Unternehmensführung optimal verknüpft werden.

Alternder Unternehmer und künftige Erfolgsfaktoren

Zu vermeiden ist, dass das Unternehmen und sein künftiger Erfolg nach seiner Sanierung mit der Leistungskraft des alternden Unternehmers so eng verknüpft ist, dass der Erfolg des Unternehmens mit dieser Leistungskraft steht und fällt. In solch einem Fall würden Banken eine Finanzierung nicht übernehmen oder nach Auslaufen von Darlehensverträgen zu einer Verlängerung nicht mehr bereit sein.

Im Sanierungsplan sind daher Angaben darüber zu machen, welche Vorbereitungen für eine Unternehmensnachfolge getroffen sind. Hat der maßgebliche Unternehmer das entsprechende Alter erreicht, bei dem eine Unternehmensnachfolge erwartet wird, ist anzugeben, in welchem Stadium sich die Vorbereitung der Unternehmensnachfolge befindet.

6.3.9.2 Modelle der Unternehmensnachfolge

Unterschiedliche Modelle für eine Unternehmensnachfolge

Für die Unternehmensnachfolge, insbesondere im Zusammenhang mit einer Sanierung des Unternehmens, können unterschiedliche Modelle in Betracht kommen wie insbesondere

- die Übergabe des Unternehmens an Abkömmlinge des Unternehmers,
- der Verkauf des Unternehmens,
- die Fusion des Unternehmens mit Geschäftspartnern,
- die vollständige oder teilweise Übergabe der Unternehmensführung an ein Management, kombiniert mit einer Beteiligung am Unternehmen (MBO - Management Buy Out - oder MBI - Management Buy In), oder
- die Umwandlung der bisherigen Tätigkeit des geschäftsführenden Gesellschafters in die eines Aufsichts- oder Beiratsmitglieds unter Bestellung eines neuen Managements.

6.3.10 Management und Mitarbeiter

Ferner ist eine Analyse der Qualifikation des Managements und der Mitarbeiter in Schlüsselpositionen vorzunehmen. Detaillierte Ausführungen sind zur Mitarbeiterstruktur und zur Anzahl und Zusammensetzung der Belegschaft zu machen. Darzustellen ist ferner, welche Qualifikationen im Unternehmen notwendig sind und welche Bedeutung diese für den Erfolg des Unternehmens haben. Auch Erläuterungen zur Personalführung und Personalentwicklung sollten erfolgen. Insbesondere sollten Angaben zu folgenden Themenbereichen gemacht werden:

Qualifikationen in Schlüsselpositionen

6.3.10.1 Fluktuation

Die Höhe der Fluktuation in einem Unternehmen ist Ausdruck des Grads der Zufriedenheit der Mitarbeiter. Hieraus können wesentliche Daten über die Qualität der Unternehmensführung und über die Struktur der Arbeitsorganisation generiert werden. Allerdings ist der Grad der Fluktuation in den einzelnen Branchen oder Entwicklungsständen der Unternehmensentwicklung unterschiedlich. Junge High-Tech-Unternehmen weisen generell eine größere Fluktuation auf als langjährig bestehende Unternehmen in konservativen Branchen. Entscheidend ist damit weniger die absolute Höhe der Fluktuation im jeweiligen Unternehmen, sondern ihr Ranking im Vergleich zu Mitbewerbern. Die Höhe der Fluktuation ist, je nach dem wie weit die Unternehmenskrise fortgeschritten ist, für einen ausreichenden Vergangenheitszeitraum zu erforschen. Denn eine Zunahme der Fluktuation ist ein wichtiger Indikator dafür, dass die Unternehmenskrise bei den Mitarbeitern zu einer erheblichen Verunsicherung geführt hat.

Grad der Zufriedenheit der Mitarbeiter

> **Tipp**
> Bedenken Sie, dass in der Krise des Unternehmens in der Regel vorrangig die Leistungsträger das Unternehmen verlassen, weil diese noch genügend Chancen für eine anderweitige Tätigkeit haben.

Die Abwanderung der Leistungsträger des Unternehmens bedeutet für das zu sanierende Unternehmen gleichzeitig, dass sich die Leistungsfähigkeit der Gesamtheit der Mitarbeiter erheblich verschlechtert und dies oftmals eine große Hürde für die Sanierung eines Unternehmens darstellt, weil eine Sanierungsmaßnahme darin bestehen muss, wieder ausreichend qualifiziertes Personal zu gewinnen. Dies dauert in der Regel lange und verursacht erhebliche Kosten. Wurde die Unternehmenskrise verschleppt, steht diese Zeit oft nicht mehr zur Verfügung, so dass die Zerschlagung des Unternehmens dann die einzig sinnvolle Maßnahme ist.

Abwanderung der Leistungsträger

6.3.10.2 Personalentwicklung

Grad der Anfälligkeit des Unternehmens durch Abwanderung der Kernkompetenzen

Vor allem wissensorientierte Unternehmen sind von ihren Mitarbeitern abhängig. Die Inventur des Humankapitals entscheidet darüber, in welchem Maße das Unternehmen anfällig durch Abwanderung der Kernkompetenzen ist. Die Größe des Humankapitals wird dabei insbesondere auch von der Art und Weise der Unternehmenskultur bestimmt. Eine positive Unternehmenskultur fördert den Zugang zu engagierten und gut ausgebildeten Mitarbeitern und bindet diese an das Unternehmen.

Zur Personalentwicklung gehört auch die Aus- und Weiterbildung der Mitarbeiter. Diesen sind stets die notwendigen Kenntnisse und Erfahrungen zu vermitteln, die sie für eine qualitätsorientierte Unternehmensführung benötigen. Das Modell des TQM, des sogenannten Total Quality Managements, setzt an jeder Stufe der Leistungserbringung im Unternehmen an und achtet darauf, dass jedes Glied in der Produktions- und Leistungskette höchstem Standard gerecht wird.

Die Art und Weise, wie im Unternehmen die Personalentwicklung durchgeführt wird, ist im Rahmen der Unternehmensanalyse zu erforschen.

6.3.10.3 Altersstruktur der Mitarbeiter

Mischung von Alt und Jung in der Unternehmensführung

Jedes Alter eines Mitarbeiters hat für das Unternehmen Vor- und Nachteile. Jüngere Mitarbeiter sind enthusiastisch, leistungsfähig, kreativ und gierig nach Fortschritt. Ihnen fehlt aber die Erfahrung und der Überblick in komplexen Angelegenheiten. Ältere Mitarbeiter sind durch ihre langjährige Erfahrung kompetent insbesondere bei der Einschätzung und Lösung von Problemen. Sie sind zudem »abgeklärt«, d. h. emotional nicht so schnell erregbar wie jüngere Mitarbeiter. Jüngere Mitarbeiter sind flexibel und können sich schneller auf veränderte Situationen oder Rahmenbedingungen im Unternehmen einstellen. Sie verlassen dafür aber das Unternehmen umso schneller als ältere Mitarbeiter.

Je nach Unternehmensgegenstand kann es vorteilhafter sein, dass die Altersstruktur eher von jüngeren oder von eher älteren Mitarbeitern geprägt ist oder eher ausgeglichen ist. Im Rahmen der Unternehmensanalyse ist nicht nur die Altersstruktur der Mitarbeiter zu erforschen, sondern auch, welche Vor- und Nachteile damit für die Entwicklung und den Bestand des Unternehmens gegeben sind. Denn hierauf werden dann die notwendigen Sanierungsmaßnahmen abgestellt werden, insbesondere, welche Art von Mitarbeitern neu eingestellt werden soll. So kann beispielsweise eine Unternehmenskrise dadurch eingetreten sein,

- dass das Unternehmen im Wesentlichen nur über junge Mitarbeiter in der Leitungsebene verfügte, die äußerstes unternehme-

risches Risiko bei geringer Erfahrung in der Unternehmensführung eingegangen sind, oder
- dass eine Überalterung der Führungsebene vorlag, die auf alte Erfolgsrezepte setzte, obwohl diese infolge hektischer Marktentwicklung nicht mehr in diesem Maße tauglich waren.

6.3.10.4 Qualitätsniveau der Mitarbeiter

Da die Höhe des Humankapitals im Unternehmen ein wesentlicher Wettbewerbs- und damit Erfolgsfaktor ist, sind in der Unternehmensanalyse nähere Angaben zum Ausbildungsstand der Mitarbeiter zu machen und mit den Daten des relevanten Marktes zu vergleichen. Ist das Humankapital im Unternehmen höher als beim Wettbewerb zeigt dies einen wesentlichen Wettbewerbsvorsprung, der eine höhere Innovations- und Lernfähigkeit des Unternehmens zur Folge hat. Damit lassen sich Ressourcen für das Unternehmen leichter gewinnen, Kosten senken und letztlich auch höhere Preise im Markt durchsetzen.

Ausbildungsstand der Mitarbeiter und Benchmarks

6.3.10.5 Anreizsysteme

Die Qualität und Einsatzkraft der Mitarbeiter und ihre Motivation und Loyalität hängen maßgeblich auch von Anreizsystemen ab, mit denen die Mitarbeiter im Unternehmen gehalten und auf das gemeinsame Unternehmensziel eingestimmt werden. Anzugeben sind daher in der Unternehmensanalyse, ob und in welcher Weise Anreizsysteme für die Geschäftsführung, für das obere und mittlere Management und für die sonstigen Mitarbeiter bestehen.

Förderung von Motivation und Loyalität der Mitarbeiter

6.3.10.6 Stärken- und Schwächenanalysen wichtiger Mitarbeiter

Jeder Mitarbeiter hat Stärken und Schwächen. Kommen in seiner Position vor allem seine Stärken zum Einsatz, so kann dieser Mitarbeiter erheblich mehr leisten. Er ist motiviert und zufrieden und arbeitet aus eigenem Antrieb lieber länger als kürzer. Er denkt mit und bringt gute Vorschläge zur Verbesserung ein. Er strahlt stets eine positive Einstellung zum Unternehmen aus und sorgt dadurch für ein gutes Betriebsklima.

Stärkenorientierter Einsatz der Mitarbeiter

Wird er dagegen im Unternehmen falsch eingesetzt, wird ihm dabei stets vor Augen geführt, wo seine Schwächen liegen. Seine Kollegen, die auf diesem Gebiet ihre Stärken haben, können sich gegenüber diesem Mitarbeiter als überlegen präsentieren. Der falsch eingesetzte Mitarbeiter wird daher in seiner Persönlichkeit negativ berührt, ist unmotiviert. Das Betriebsklima wird gestört, seine Leistungen sind eher gering.

> **Tipp** Der richtige Einsatz der Mitarbeiter kann nur erfolgen, wenn eine Analyse ihrer Stärken und Schwächen vorliegt.

Insbesondere für leitende Mitarbeiter ist eine Analyse der Stärken und Schwächen zu erstellen. Im Rahmen der Unternehmensanalyse ist zu erforschen, in welcher Form welcher Mitarbeiter entsprechend seiner Stärken eingesetzt ist. Das Ergebnis der Analyse zeigt oftmals einfache Wege zur Effizienzsteigerung des Unternehmens auf, indem die vorhandenen Mitarbeiter auf ihre Stärken hin zielorientiert eingesetzt und mit anderen Aufgaben bedacht werden.

6.3.11 Finanzanalyse
6.3.11.1 Überblick

Erforschung der Schwere der Erkrankung des Unternehmens

In welchem Stadium sich die Erkrankung eines sanierungsbedürftigen Unternehmens befindet, zeigen bestimmte Unternehmenskennzahlen – ähnlich wie die Fieberkurve, die Laborwerte und die Anamnese dem Arzt die Art und Schwere der Erkrankung eines Patienten zeigen. Hieraus ergibt sich, ob das Unternehmen nur leicht oder so schwer erkrankt ist, dass es vor dem Aus steht. Von der Feststellung des Grads der Erkrankung hängen nicht nur die Sanierungsfähigkeit selbst, sondern auch die Art und Weise des Sanierungskonzepts ab. So wird insbesondere ein Dritter, beispielsweise ein Investor, der sich zur Stärkung der Eigenkapitalbasis am Unternehmen beteiligen soll, seine Entscheidung, ob und wenn ja zu welchen Bedingungen er sich an der Sanierung beteiligt, von dem Ergebnis der Unternehmenskennzahlen abhängig machen.

Kennzahlen zur Finanz-, Liquiditäts- und Investitionsanalyse

Bei den Unternehmenskennzahlen sind insbesondere die finanzwirtschaftlichen und die ertragswirtschaftlichen Kennzahlen zu unterscheiden. Zu den finanzwirtschaftlichen Kennzahlen gehören die Kennzahlen zur Finanzanalyse, zur Liquiditätsanalyse und zur Investitionsanalyse.

Ziel der Finanzanalyse ist die Abschätzung von Finanzierungsrisiken. Dabei geht es im Wesentlichen um den Verschuldungsgrad, um die Eigenkapitalquote, um den Anspannungsgrad, um die Intensität des langfristigen Kapitals und um die Fremdkapitalzinslast. Die Berechnung der Kennzahlen zeigt die nachfolgende Übersicht:

Kennzahlen der Finanzanalyse

$$\text{Verschuldungsgrad} = \frac{\text{Fremdkapital (FK)} \times 100}{\text{Eigenkapital (EK)}}$$

$$\text{Eigenkapitalquote} = \frac{\text{EK} \times 100}{\text{Gesamtkapital}}$$

$$\text{Anspannungsgrad} = \frac{\text{FK} \times 100}{\text{Gesamtkapital}}$$

$$\text{Intensität langfristigen Kapitals} = \frac{(\text{EK} + \text{langfristiges FK}) \times 100}{\text{Gesamtkapital}}$$

$$\text{Fremdkapitalzinslast} = \frac{\text{Zinsen und ähnliche Aufwendungen} \times 100}{\text{FK}}$$

6.3.11.2 Eigenkapitalquote und Verschuldungsgrad

Mit der Eigenkapitalquote wird das Verhältnis des Eigenkapitals zur Bilanzsumme zum Ausdruck gebracht. Je höher die Eigenkapitalquote ist, desto gesünder und kreditwürdiger ist das Unternehmen. Denn das Eigenkapital stellt einen Puffer dar, mit dem Gewinnrückgänge oder Forderungsausfälle aufgefangen werden können. Ist das Eigenkapital zu niedrig, würde in solchen Fällen das Unternehmen schneller insolvent werden mit der Folge, dass die Fremdkapitalgeber das unternehmerische Risiko mittragen müssten, wozu sie in der Regel nicht bereit sind. Meist ist in den Fällen der Unternehmenssanierung das Eigenkapital des Unternehmens schwer angeschlagen, so dass die Eigenkapitalquote sehr gering ist.

Verhältnis Eigenkapital zur Bilanzsumme

> **Tipp**
> Insbesondere bei der Sanierung von Unternehmen, die in der Rechtsform einer Körperschaft oder einer GmbH & Co. KG geführt werden, ist die Eigenkapitalfrage dahingehend entscheidend, ob bzw. wann Insolvenzantrag gestellt werden muss. Bei diesen Rechtsformen besteht eine gesetzliche Verpflichtung zur Stellung eines Insolvenzantrags, wenn eine Überschuldung des Unternehmens eingetreten ist.

Ist das Eigenkapital solcher Gesellschaften noch positiv stellt sich die Frage nach der Burnrate, also danach, wie schnell das noch vorhandene Eigenkapital verbrennt, weil sich hieraus ein Zeitpunkt ergibt, zu dem spätestens Insolvenzantrag zu stellen wäre, falls es nicht zu einer Umkehr der Situation durch entsprechende Sanierungsmaßnahmen kommt.

Je höher der Verschuldungs- und Anspannungsgrad ist, desto höher ist das Finanzierungsrisiko. Bei einer Eigenkapitalquote von 100 % ist das Finanzierungsrisiko gleich Null. Da das Unternehmen in der Regel auch auf eine Fremdkapitalfinanzierung angewiesen sein wird, ist auf eine langfristige Finanzierungsstruktur Wert zu legen. Je höher die Intensität des langfristigen Kapitals im Verhältnis zum Gesamtkapital ist, desto stabiler ist die Finanzierungsstruktur. Die Fremdkapitalzinslast zeigt an, zu welchem Durchschnittspreis das Fremdkapital beschafft ist. Die Fremdkapitalzinslast sollte daher so klein wie möglich, d. h., das Fremdkapital sollte so günstig wie möglich beschafft sein.

6.3.11.3 Höhe des Verschuldungsgrades

Hoher Verschuldungsgrad führt zur potenziellen Gefährdung des Unternehmens

Der Verschuldungsgrad des Unternehmens errechnet sich aus der Relation des Fremdkapitals (FK) zum Eigenkapital (EK). Je höher der Verschuldungsgrad ist, desto höher ist die potenzielle Gefährdung des Unternehmens in seinem Bestand. Meist ist Ursache der Sanierungsbedürftigkeit, dass der Verschuldungsgrad zu hoch war und deshalb in der Krise des Unternehmens keine Möglichkeit mehr bestand, einen Liquiditätsengpass durch Zuführung neuer Liquidität infolge einer Aufnahme weiteren Fremdkapitals zu decken (vgl. Kap. 4.4.3).

Im Sanierungsplan ist anzugeben, wie hoch der aktuelle Verschuldungsgrad ist, auf welcher Höhe er sich nach Durchführung der Sanierung befinden soll und welcher Verschuldungsgrad erreicht werden soll, um die Vision des gesundeten Unternehmens erreichen zu können.

6.3.11.4 Stille Reserven

Bei der Bemessung der Eigenkapitalquote ist nicht von den Bilanzansätzen, sondern von den tatsächlichen Vermögenswerten auszugehen. Denn die Bilanz zeigt in der Regel nicht die wahren Werte des Unternehmens. So sind die Vermögensgegenstände der Aktivseite oftmals wesentlich mehr wert als der angegebene Buchwert, z. B.

- weil ein Grundstück vor Jahrzehnten erworben wurde, aber noch mit dem niedrigeren Anschaffungswert bilanziert ist, oder
- weil selbst geschaffene immaterielle Wirtschaftsgüter, wie z. B. Patente, in den Bilanzen nicht erscheinen.

Aber auch auf der Passivseite der Bilanz kann es zur Bildung stiller Reserven kommen, z. B. weil Rückstellungen für drohende Verluste gebildet worden sind, die tatsächlich nicht oder nicht in dieser Höhe eintreten.

Einsatz stiller Reserven

Diese stillen Reserven stehen zudem für die Sanierung des Unternehmens zur Verfügung. Insbesondere dann, wenn das Unternehmen in der Rechtsform einer Körperschaft geführt wird und die Aufstellung der Bilanz eine Unterbilanz, also eine buchmäßige Überschuldung zeigt, kann die Feststellung der vorhandenen stillen

Reserven bewirken, dass tatsächlich noch keine Überschuldung vorliegt und damit noch nicht Insolvenzantrag wegen Überschuldung gestellt werden muss. Denn der Insolvenzgrund »Überschuldung« stellt auf die tatsächliche und nicht auf die buchmäßige Überschuldung ab.

6.3.11.5 Immaterielle Vermögenswerte

Auch immaterielle Vermögenswerte gehören in der Regel zu den stillen Reserven, weil sie in der Bilanz nicht erscheinen, es sei denn, sie sind käuflich von Dritten erworben worden. In der Regel hängt der Erfolg eines Unternehmens stark von immateriellen Vermögenswerten ab. Die immateriellen Vermögenswerte beginnen bereits bei dem Erscheinungsbild nach außen. Es ist im Hinblick auf die Informationsflut, mit der der Kunde überschüttet wird, immer bedeutender geworden, dass das Unternehmen schnell und effizient erkannt werden kann. Hierzu tragen besonders die Unternehmensbezeichnung und das Erscheinungsbild bei. Anzugeben ist in der Unternehmensanalyse daher, inwieweit das Unternehmen von einem solchen Erscheinungsbild nach außen abhängig ist und dieses durch Markenrechte geschützt ist. Eine Bewertung dieser immateriellen Vermögenswerte kann aber in der Regel nur erfolgen, wenn infolge der Sanierung die Fortsetzungsprognose des Unternehmens positiv ist, weil sich mit dem Zusammenbruch eines Unternehmens die immateriellen Vermögenswerte meist verflüchtigen.

Bewertung immaterieller Vermögenswerte

Gleiches gilt auch für das Erscheinungsbild der Produkte des Unternehmens. Auch ist in der Unternehmensanalyse anzugeben inwieweit sich das Erscheinungsbild der Produkte von Konkurrenzprodukten abgrenzt und inwieweit hierfür gewerbliche Schutzrechte vorliegen.

Auch aus technischer Sicht ist anzugeben, ob und inwieweit die Produkte des Unternehmens patentiert oder anderweitig geschützt sind. Dabei ist auch die Restlaufzeit dieser Rechte anzugeben.

Bei vielen Unternehmen besteht ein erheblicher Wettbewerbsvorteil aufgrund eines bestimmten Know-hows, das entweder mit gewerblichen Schutzrechten nicht geschützt werden kann oder bei dem vom Unternehmen absichtlich auf einen solchen Schutz verzichtet wird. Hier ist anzugeben, welches Know-how in welcher Weise zum Erfolg des Unternehmens beiträgt und wie sichergestellt ist, dass das Know-how und die Betriebsgeheimnisse auch geheim bleiben.

6.3.11.6 Struktur der Fremdfinanzierung

Sanierungsfälle zeichnen sich häufig dadurch aus, dass eine betriebswirtschaftlich verfehlte Struktur bei der Fremdfinanzierung vorliegt. Insbesondere ist das Zusammenspiel von kurzfristiger

Ermittlung der Struktur von kurzfristiger und langfristiger Fremdfinanzierung

Fremdfinanzierung über eine Kontokorrentfinanzierung mit einer langfristigen Fremdfinanzierung aufgrund von Darlehensverträgen mit fester Laufzeit verfehlt.

Einplanung von Liquiditätsspitzen

Verfehlt ist häufig auch die Finanzierung von Liquiditätsspitzen, was dann meist dazu führt, dass fällige Zahlungen erst verspätet geleistet werden. Solche Spitzen im Liquiditätsbedarf werden in der Regel fremdfinanziert. Sie entstehen z. B. dann, wenn Löhne, Gehälter und Sozialversicherungsbeiträge fällig werden, was in der Regel zum Monatsende der Fall ist. Spitzen im Liquiditätsbedarf entstehen aber auch dann, wenn die monatlichen und quartalsmäßigen Steuern fällig werden (je zum 10. des Folgemonats oder Folgequartals). Liquiditätsspitzen können aber auch aus anderen Gründen entstehen, wie z. B.

- aufgrund von Sonderzahlungen aus verlorenen Rechtsstreitigkeiten,
- durch erhöhte Aufwendungen für Gewährleistungen oder durch
- überraschend eingetretenen Reparaturbedarf (z. B. im Falle eines Brandes, solange die Versicherung noch nicht gezahlt hat).

Wie stabil eine Unternehmensfinanzierung in solchen Fällen ist, zeigen insbesondere die Antworten auf folgende Fragen:
- Wie häufig und in welchem Maße wurde der Kontokorrentkredit in den letzten zwölf Monaten überzogen?
- Wurden Lastschriften oder Schecks mangels Deckung nicht eingelöst oder Überweisungsaufträge aus diesem Grunde nicht durchgeführt?
- In welchem Umfang wurden Skonti der Lieferanten in Anspruch genommen?
- Wurden Anträge zur Erhöhung des Kontokorrentrahmens gestellt und abgelehnt?

6.3.11.7 Anteil der ausstehenden Forderungen zum Jahresumsatz

Bonität der Kunden und Höhe der ausstehenden Forderungen

Eine häufige Ursache für den Eintritt einer Sanierungsbedürftigkeit ist ein schlechtes Cash-Management. Je höher die geschäftlichen und finanziellen Transaktionen des Unternehmens sind, desto besser muss das Cash-Management sein. Der Anteil der ausstehenden Forderungen zum Jahresumsatz sollte so gering wie möglich sein. Wie hoch ein vernünftiger Anteil ist, hängt von der Branche und der Wahrscheinlichkeit des Ausfallsrisikos ab. Arbeitet ein Bauunternehmen z. B. vorrangig für öffentliche Auftraggeber, dann liegt ein Risiko, dass die Forderung aus wirtschaftlichen Gründen des Schuldners nicht realisiert werden kann, kaum vor. Andererseits muss das Unternehmen in der Regel lange auf den Geldeingang warten, so dass der Anteil der ausstehenden Forderungen zum Jahresumsatz höher sein kann als in anderen Fällen, bei denen ein erhöhtes Ausfallrisiko besteht. Im Rahmen des Liquiditätsmanagements ist diese Tatsache angemessen zu berücksichtigen.

Verkauft das Unternehmen dagegen Produkte gegen Rechnungsstellung an eine Großzahl von Käufern, dann sollte der Anteil der ausstehenden Forderungen gering sein. Höher kann der Anteil dann sein, wenn eine Kreditversicherung das wirtschaftliche Ausfallrisiko übernommen hat.

6.3.11.8 Anteil der offenen Verbindlichkeiten zum Jahresumsatz

Auch der Anteil der offenen Verbindlichkeiten aus Lieferungen und Leistungen zum Jahresumsatz sollte gering sein, wobei auch hier die angemessene Höhe von der Branche und der Besonderheiten des Einzelfalls abhängig ist. So ist bei Unternehmen, die in der Lage sind, mit ihren Lieferanten lange Fristen für die Fälligkeit der Zahlungen zu vereinbaren, naturgemäß stets ein hoher Anteil der offenen Verbindlichkeiten aus Lieferungen und Leistungen gegeben.

Zahlungsfristen gegenüber Lieferanten und Höhe der offenen Verbindlichkeiten

> **Tipp**
> Achten Sie darauf, dass die jeweilige Höhe der offenen Verbindlichkeiten aus Lieferungen und Leistungen geringer ist als die jeweilige Höhe der offenen Forderungen gegen Kunden aus Lieferungen und Leistungen.

Um wie viel geringer die offenen Verbindlichkeiten aus Lieferungen und Leistungen gegenüber den offenen Forderungen aus Lieferungen und Leistungen sein sollen, hängt von der Branche und den Besonderheiten des Einzelfalls ab. Denn mit den Forderungen gegen Kunden aus Lieferungen und Leistungen müssen regelmäßig nicht nur die Lieferantenverbindlichkeiten, sondern auch alle anderen offenen Verpflichtungen wie z. B. für das Personal, für die Miete, für die sonstigen laufenden Kosten und für die Zinsen für die Fremdfinanzierung gedeckt werden. Sind die offenen Verbindlichkeiten aus Lieferungen und Leistungen zu hoch, besteht das Risiko, dass diese nicht durch Umsatzgeschäfte, sondern anderweitig, beispielsweise durch Darlehen finanziert werden müssen. Fehlt dann die Möglichkeit, den vom Umsatz nicht gedeckten Teil dieser offenen Verbindlichkeiten durch Bankkredite oder durch andere Maßnahmen zu finanzieren, so droht dem Unternehmen schnell eine ernste Liquiditätskrise, die bei einem längeren Anhalten den Bestand des Unternehmens gefährden könnte.

Vergleich von Verbindlichkeiten und Forderungen aus Lieferungen und Leistungen

Im Rahmen der Unternehmensanalyse ist festzustellen, ob und in welchem Maße die regelmäßige Höhe der offenen Verbindlichkeiten betriebswirtschaftlich akzeptabel ist.

Checkliste

> **Finanzwirtschaftliche Kennzahlen:**
>
> ✔ Anteil des Eigenkapitals am Gesamtkapital (Eigenkapitalquote)
> ✔ Verschuldungsgrad
> ✔ Anspannungsgrad
> ✔ Intensität des langfristigen Kapitals
> ✔ Fremdkapitalzinslast
> ✔ Stille Reserven und immaterielle Vermögenswerte
> ✔ Anteil der ausstehenden Forderungen zum Jahresumsatz
> ✔ Anteil der offenen Verbindlichkeiten zum Jahresumsatz

6.3.12 Liquiditätsanalyse

Beurteilung des Risikos einer Zahlungsunfähigkeit

Ziel der Liquiditätsanalyse ist die Beurteilung des Risikos einer Zahlungsunfähigkeit. Beurteilt wird, inwieweit das Liquiditätspotenzial ausreicht, die Zahlungsverpflichtungen einzuhalten.

Kennzahlen der Liquiditätsanalyse

$$\text{Liquidität 1. Grades} = \frac{\text{Zahlungsmittel (ZM)} \times 100}{\text{kurzfristige Verbindlichkeiten}}$$

$$\text{Liquidität 2. Grades} = \frac{(\text{ZM} + \text{kurzfristige Forderungen (kF)}) \times 100}{\text{kurzfristige Verbindlichkeiten}}$$

$$\text{Liquidität 3. Grades} = \frac{(\text{ZM} + \text{kF} + \text{Vorräte}) \times 100}{\text{kurzfristige Verbindlichkeiten}}$$

Net Working Capital = Umlaufvermögen ./. kurzfristige Verbindlichkeiten

Cash Flow = Jahresüberschuss
./. alle nicht einzahlungswirksamen Erträge
+ alle nicht auszahlungswirksamen Aufwendungen

$$\text{Dynamischer Verschuldungsgrad} = \frac{\text{Fremdkapital}}{\text{Cashflow}}$$

Die Liquiditätskennzahl gibt an, zu wie viel Prozent die kurzfristigen Verbindlichkeiten zum Bewertungsstichtag durch vorhandene Liquidität gedeckt sind. Durch Erweiterung des Liquiditätsbegriffs um kurzfristige Forderungen bzw. Vorräte kommt man zu differenzierten Liquiditätskennzahlen, denn die kurzfristigen Verbindlichkeiten werden nicht nur durch vorhandene Zahlungsmittel, wie z. B.

Bankguthaben, sondern auch durch den Einzug von Forderungen und den Abbau von Vorräten finanziert.

Das Net Working Capital ähnelt in seiner Aussage der Liquidität 3. Grades. Je höher diese Liquiditätskennzahlen sind, desto eher kann eine Zahlungsunfähigkeit durch Verkauf von Vorräten vermieden werden. Der dynamische Verschuldungsgrad steht auf der Grundlage, dass der Cash-Flow nicht nur für Ausschüttungen oder die Finanzierung von Investitionen, sondern auch zur Rückzahlung von Schulden verwendet werden kann.

6.3.12.1 Liquide Reserven

Eine Planung des Liquiditätsflusses bis ins Detail ist meist nicht möglich. So kommen z. B. als sicher angesehene Zahlungen von Kunden nicht oder nur verzögert oder es sind nicht eingeplante Kosten entstanden, z. B. für die Übernahme von Gewährleistungen bei Auftreten eines Mangels der Leistungen des Unternehmens. Für solche Fälle ist eine eiserne Liquiditätsreserve vorzuhalten und bei Inanspruchnahme der Reserve unverzüglich wieder aufzufüllen. In Fällen der Unternehmenssanierung waren solche Liquiditätspolster entweder nicht vorhanden oder sind aufgebraucht. Bei der Planung der Sanierungsmaßnahmen ist darauf zu achten, dass solche Liquiditätspolster in ausreichendem Maße gebildet werden.

Liquiditätspolster

6.3.12.2 Cash-Flow gesamt

Beim Cash-Flow handelt es sich um den liquiden Rücklauf aus der unternehmerischen Tätigkeit. Er berechnet sich aus dem Jahresüberschuss zuzüglich nicht zahlungswirksamer Aufwendungen (also Aufwendungen, für die im Betrachtungszeitraum keine Zahlungen zu leisten waren, insbesondere Abschreibungen) abzüglich nicht zahlungswirksamer Erträge. Je höher der Cash-Flow ist, desto mehr ist dem Unternehmen Liquidität zugeflossen. Je geringer der Cash-Flow ist, desto größer ist die Gefahr, dass das Unternehmen in eine Liquiditätskrise kommt mit der weiteren Gefahr, dass in der Kette der Ereignisse Zahlungsunfähigkeit und Insolvenz eintreten.

Cash-Flow: Liquider Rücklauf aus der unternehmerischen Tätigkeit

> **Tipp**
>
> Meist ist der Eintritt der Sanierungsbedürftigkeit des Unternehmens dadurch verursacht, dass der Cash-Flow über einen längeren Zeitraum hinweg zu gering war.

Daher sind die Gründe für den zu geringen Cash-Flow zu erkunden und sind im Rahmen des Sanierungskonzepts Maßnahmen zu planen, damit der Cash-Flow künftig dauerhaft auf die angemessene Höhe gebracht werden kann.

6.3.12.3 Cash-Flow in Bezug auf das Kerngeschäft

Quellen für den Cash-Flow

Der entscheidende Erfolgsfaktor eines Unternehmens ist stets sein Kerngeschäft. Daraus folgt, dass – z.B. wenn das Unternehmen außerhalb seines Kerngeschäfts neue Produkte oder Dienstleistungen anbieten will –, sich das Unternehmen stets auf das Kerngeschäft zurückziehen kann, wenn die neuen Aktivitäten nicht den Erfolg versprechen, den man sich anfangs von ihnen erhofft hatte. Ist der Cash-Flow des Kerngeschäfts negativ und nur durch Aktivitäten außerhalb des Kerngeschäfts positiv, so befindet sich das Unternehmen in einer erhöhten Risikolage, weil es dem Unternehmen verwehrt ist, sich notfalls auf sein Kerngeschäft zurückzuziehen.

Deshalb sind in der Unternehmensanalyse Angaben insbesondere zum Cash-Flow zu machen, der aus diesem Kerngeschäft resultiert.

Checkliste

Folgende liquiditätswirtschaftliche Kennzahlen sind bei der bei der Erstellung eines Sanierungsplans zu berücksichtigen:

- ✔ Liquidität 1., 2. und 3. Grades,
- ✔ Höhe des Cash-Flow,
- ✔ Net Working Capital,
- ✔ dynamischer Verschuldungsgrad,
- ✔ liquide Reserven,
- ✔ Cash-Flow in Bezug auf das Kerngeschäft.

6.3.13 Investitionsanalyse
6.3.13.1 Überblick

Die Investitionsanalyse zeigt das Vermögenspotenzial des Unternehmens auf, um aus der Vermögensstruktur Aussagen über die künftige Zahlungsfähigkeit ableiten zu können.

Selbstliquidationsperiode

Die Kennzahlen erforschen die Selbstliquidationsperiode. Darunter versteht man den Zeitraum, während dessen ein Vermögensgegenstand bei normalem Geschäftsablauf wieder zu Geld wird. Die Selbstliquidationsperiode einer Produktionsanlage ist in der Regel sehr lang. Dies ist aus der Sicht von Kreditgebern negativ, weil der erwartete Mittelrückfluss in einer fernen Zukunft liegt und bis dahin negative Umstände, wie die Sanierungsbedürftigkeit des Unternehmens, eintreten können. Die Selbstliquidationsperiode von Warenvorräten ist dagegen kurz, was aus Sicht von Kreditgebern positiv ist, weil sie im Falle einer herannahenden Krise eine schnelle Rückführung der Kredite erwarten und in der Regel durch Einbehalt der Verkaufserlöse auch erzwingen können. Sehr kurz ist die Selbstliquidationsperiode bei den Forderungen aus Lieferungen und Leistungen.

			Kennzahlen zur Liquiditätsanalyse
Anlagenintensität	=	$\dfrac{\text{Anlagevermögen} \times 100}{\text{Gesamtvermögen}}$	
Finanzanlagenintensität	=	$\dfrac{\text{Finanzanlagevermögen} \times 100}{\text{Gesamtvermögen}}$	
Vorratsintensität	=	$\dfrac{\text{Vorratsvermögen} \times 100}{\text{Gesamtvermögen}}$	
Investitionsquote	=	$\dfrac{\text{Nettoinvestitionen zum Sachanlagevermögen} \times 100}{\text{Sachanlagevermögen zum Periodenanfang}}$	

Die Investitionsquote zeigt die Dynamik des Unternehmens. Ein schnell wachsendes Unternehmen hat eine hohe Investitionsquote, allerdings dadurch auch einen erhöhten Kapitalbedarf.

Investitionsquote

6.3.13.2 Struktur des Anlagevermögens und Investitionsbedarf

Die Zusammensetzung des Anlagevermögens lässt erkennen, ob und inwieweit das tatsächliche Ergebnis entstanden ist, weil Ersatzinvestitionen nicht getätigt wurden. In Sanierungsfällen werden oftmals über längere Zeit hinweg Ersatz- oder Erweiterungsinvestitionen nicht durchgeführt, weil die hierfür notwendige Liquidität nicht vorhanden ist. Dies bedeutet im Hinblick auf die durchzuführenden Sanierungsmaßnahmen, dass die für die Sanierung notwendige Kapitalzufuhr um die nunmehr vorzunehmenden Investitionen höher ist. Dies bedeutet weiter, dass die zu erwartende Rendite des sanierten Unternehmens entsprechend höher sein muss, um die Investition in die Sanierung des Unternehmens betriebswirtschaftlich rechtfertigen zu können. Vielfach scheitern Unternehmenssanierungen infolge der Feststellung eines größeren Investitionsstaus, so dass die Zerschlagung des Unternehmens die Folge ist. Der Anlage zur Unternehmensanalyse und zum Sanierungsplan ist ein Spiegel des Anlagevermögens beizuheften mit Angaben über

Verschleppung von Ersatzinvestitionen

- das Anschaffungsjahr,
- die Anschaffungskosten,
- die mittlerweile getätigten Abschreibungen und
- den Buchwert der Anlagegüter.

Auf dieser Grundlage ist die Investitionsplanung im Rahmen der Durchführung der Sanierung zu erstellen. Diese Planung ist mit allen anderen Faktoren des Unternehmens und seiner Einbindung in die Umwelt abzustimmen. Abzustimmen ist die Investitionsplanung insbesondere auch mit der Finanzplanung, um nicht wiederum

Liquiditätskrisen zu erzeugen. Die Planungen haben zudem langfristige, mittelfristige und kurzfristige Komponenten.

> **Investitionswirtschaftliche Kennzahlen:**
> - Höhe des Anlagevermögens im Verhältnis zum Gesamtvermögen (Anlagenintensität).
> - Höhe des Finanzanlagevermögens im Verhältnis zum Gesamtvermögen (Finanzanlagenintensität).
> - Höhe des Vorratsvermögens im Verhältnis zum Gesamtvermögen (Vorratsintensität).
> - Investitionsdynamik (Investitionsquote).

6.3.14 Ertragswirtschaftliche Kennzahlen

Grad der Abhängigkeit des Unternehmens vom Erscheinungsbild nach außen

Ferner ist im Sanierungsplan die Einhaltung wichtiger ertragswirtschaftlicher Kennzahlen zur Ergebnisanalyse, zur Rentabilitätsanalyse und zur Break-even-Analyse vorzugeben.

6.3.14.1 Strukturelle Ergebnisanalyse

Aufwands- und Ertragsstruktur

Neben den einzelnen Kosten- und Umsatzposten in der Gewinn- und Verlustrechnung ist auch die Struktur des Ergebnisses zu analysieren und sind die Ziele im Rahmen der Sanierungsplanung vorzugeben.

Die Analyse der Aufwands- und Ertragsstruktur zeigt auf, in welcher Weise die einzelnen Aufwands- und Ertragskomponenten am Gesamtergebnis beteiligt sind. Dies kann für alle wichtigen Posten nach dem System ermittelt werden, wie es in der nachfolgenden Tabelle für die Kennzahlen der Aufwand-Ertrags-Relation für die Posten Personal-, Abschreibungs- und Materialaufwand erfolgt. Damit kann aufgezeigt werden, im Hinblick auf welche Posten das größte Potenzial besteht, Kosten zu senken.

Bei der Ertrag-Ertrag-Relation werden einzelne abgrenzbare Umsatzanteile, wie z. B. die Umsätze aus bestimmten Sparten oder Gebieten, in Relation zum Gesamtumsatz gesetzt. Hierdurch kann im Vergleich mit dem in einer Sparte oder auf einem Gebiet erzielten Ergebnis aufgezeigt werden, wo das größte Potenzial zur Sanierung durch Einstellung bestimmter Bereiche bestehen kann.

Kennzahlen zur Ergebnisanalyse

Aufwand-Ertrag-Relation	
Personalaufwandquote	$= \dfrac{\text{Personalaufwand} \times 100}{\text{Gesamtleistung}}$
Abschreibungsaufwandquote	$= \dfrac{\text{Abschreibung auf Sachanlagen} \times 100}{\text{Gesamtleistung}}$
Materialaufwandquote	$= \dfrac{\text{Materialaufwand} \times 100}{\text{Gesamtleistung}}$
Ertrag-Ertrag-Relation	
Umsatzquote I	$= \dfrac{\text{Spartenumsatz} \times 100}{\text{Umsatz}}$
Umsatzquote II	$= \dfrac{\text{Gebietsumsatz (z. B. Ausland)} \times 100}{\text{Umsatz}}$

6.3.14.2 Rentabilitätsanalyse

Mit der Rentabilitätsanalyse werden bestimmte Ergebnisgrößen, wie z. B. der Gewinn oder der Cash-Flow, in das Verhältnis zu einer Kapital- oder Vermögensgröße gesetzt, wie z. B. dem Eigenkapital, dem Gesamtkapital oder dem betriebsnotwendigen Vermögen.

Kennzahlen zur Rentabilitätsanalyse

Eigenkapitalrentabilität	$= \dfrac{\text{Gewinn} \times 100}{\text{Eigenkapital}}$
Gesamtkapitalrentabilität	$= \dfrac{(\text{Gewinn} + \text{Fremdkapitalzinsen}) \times 100}{\text{Eigenkapital} + \text{Fremdkapital}}$
Umsatzrentabilität	$= \dfrac{\text{Gewinn} \times 100}{\text{Umsatz}}$
Return on Investment	$= \dfrac{\text{Ergebnis} \times 100}{\text{Gesamtkapital}}$

Eigenkapitalrentabilität

Die Eigenkapitalrentabilität zeigt die Rendite des eingesetzten Eigenkapitals und damit die Ertragskraft des Unternehmens. Die hiernach ermittelte Ertragskraft kann verglichen werden mit der branchenüblichen Kapitalrentabilität oder der marktüblichen Verzinsung langfristiger Kapitalanlagen. Je nach Höhe der durch die Sanierung erzielbaren Eigenkapitalrentabilität ergibt sich die Frage nach der Sanierungswürdigkeit des Unternehmens. Bei niedriger Eigenkapitalrentabilität kann es sinnvoller sein, das Kapital dem Unternehmen durch seine Liquidation zu entziehen und das damit frei werdende Kapital anderweitig auf dem Kapitalmarkt gewinnbringender anzulegen.

Eine hohe Eigenkapitalrentabilität ist nicht gleichbedeutend mit einem sicheren Unternehmen und kann sogar einen Negativfaktor darstellen. Denn bei einem hohen Verschuldungsgrad, also bei einer hohen Verschuldung und sehr kleinem Eigenkapital kann die Rendite sehr schnell sehr hoch sein. Solch ein Unternehmen ist aber in seiner Ertragskraft sehr instabil und kann sich schnell zum Krisenunternehmen entwickeln.

Gesamtkapitalrentabilität

Die Ertragskraft des Unternehmens wird besser mit der Gesamtkapitalrentabilität ermittelt, nämlich mit der Rentabilität des gesamten eingesetzten Kapitals. Die Gesamtkapitalrentabilität zeigt die Ertragskraft des Gesamtunternehmens unabhängig von der Höhe des Verschuldungsgrades auf.

6.3.14.3 Gesamtkapitalrentabilität

Verhältnis von Ergebnis und Zinsen zum Gesamtkapital

Eine wichtige Unternehmenskennzahl bei der Unternehmenssanierung ist die Gesamtkapitalrendite. Diese zeigt das Verhältnis des Ergebnisses zuzüglich der Fremdfinanzierungszinsen zum Gesamtkapital auf. Mit diesem Wert wird angezeigt, wie hoch sich das gesamte investierte Kapital rentiert. Denn die Fremdkapitalzinsen sind die Gegenleistung für das von Dritten eingebrachte Kapital. Der Gewinn ist die Gegenleistung für das Eigenkapital. Zur Errechnung der Gesamtkapitalrendite wird daher das gesamte im Unternehmen arbeitende Kapital rechnerisch zusammengelegt, egal ob es aus dem Eigenkapital oder dem Fremdkapital stammt. Zum anderen werden alle Kapitalerträge rechnerisch zusammengelegt, nämlich Fremdkapitalzinsen und Ergebnisse. Aus der Gegenüberstellung ergibt sich dann die Gesamtkapitalrentabilität.

Tipp

> Ist die Gesamtkapitalrentabilität niedriger als der Fremdkapitalzinssatz, was in Sanierungsfällen regelmäßig der Fall ist, so bedeutet dies, dass das Unternehmen nur über eine geringe Ertragskraft verfügt und dass damit der Einsatz des Fremdkapitals reduziert werden sollte.

Eine Reduzierung des Fremdkapitals kann durch den Verkauf von nichtbetriebsnotwendigen Vermögens oder im Wege eines Sale-and-Lease-Verfahrens, durch Einbringung von Eigenkapital beispielsweise der Gesellschafter oder durch Forderungsverzicht seitens der Gläubiger geschehen.

6.3.14.4 Ergebnis der gewöhnlichen Geschäftstätigkeit

Das Ergebnis der gewöhnlichen Geschäftstätigkeit zeigt, was im gewöhnlichen Kerngeschäft des Unternehmens verdient oder verloren wurde. Es errechnet sich aus dem Ergebnis unter Ausfilterung aller außergewöhnlichen Aufwendungen und Erträge. Bei der Suche nach den Sanierungsursachen liefert die Erarbeitung des Ergebnisses der gewöhnlichen Geschäftstätigkeit für die letzten Jahre oftmals interessante Ergebnisse. Es wird dabei z. B. festgestellt, dass die Unternehmensleitung oftmals über lange Zeit nicht betriebsnotwendiges Vermögen verkauft und damit stille Reserven aufgedeckt hat. Dies führte einerseits dazu, dass das Unternehmensergebnis infolge der außergewöhnlichen Erträge nicht so schlecht dargestellt werden konnte wie es wirklich war. Dies führte aber auch dazu, dass die stillen Reserven immer kleiner wurden, so dass solche nunmehr nicht mehr oder nur noch in geringem Maße zur Deckung der Verluste der gewöhnlichen Geschäftstätigkeit zur Verfügung stehen. Bei einer frühzeitigen Feststellung des Ergebnisses der gewöhnlichen Geschäftstätigkeit hätte wesentlich mehr Zeit zur Restrukturierung des Unternehmens zur Verfügung gestanden. Insbesondere hätten die Gesellschafter oder Dritte, z. B. Banken, die wahre Situation wesentlich deutlicher erkennen und entsprechende Reaktionen damit verbinden können. Aber oftmals wurde die Ausfilterung des Ergebnisses der gewöhnlichen Geschäftstätigkeit unterlassen, um solche Reaktionen zu vermeiden, verbunden mit der Hoffnung, dass das Unternehmen alsbald wieder gesundet sein wird.

Ergebnis unter Ausfilterung aller außergewöhnlichen Aufwendungen und Erträge

Aufdeckung einer Auszehrung des Unternehmens

6.3.14.5 Außerordentliche Erträge in Bezug zum Gesamtumsatz

Ein Unternehmen verfügt in der Regel über ordentliche und außerordentliche Erträge. Die ordentlichen Erträge werden aufgrund der betriebsgewöhnlichen Tätigkeit erwirtschaftet. Die außerordentlichen Erträge entstammen anderen Ertragsquellen, wie z. B. dem Verkauf des Betriebsgeländes oder von Tochterunternehmen. Das Unternehmen muss auf Dauer allein mit der betriebsgewöhnlichen Tätigkeit seine gesamten Kosten und Aufwendungen finanzieren können. Deshalb ist im Sanierungsplan bei der Darstellung der Erträge anzugeben, in welchem Maße diese aus der gewöhnlichen Tätigkeit des Unternehmens und in welchem Maße diese aus außerordentlichen Erträgen resultieren. So werden z. B. dann, wenn sich ein Unternehmen in der Restrukturierung befindet und hohe Verluste erwirtschaftet, betriebsnotwendige Grundstücke im Wege des Sale-and-lease-back-Verfahrens verkauft. Bei Grundstücken, die langjährig im Bestand gehalten werden, ergeben sich damit meist ganz erhebliche außerordentliche Erträge, so dass das Unternehmen trotz hoher

Umfang und Quellen außerordentlicher Erträge

Verluste aus der betrieblichen Tätigkeit einen guten Gewinn oder zumindest ein ausgeblichenes Ergebnis ausweist. Würde in der Darstellung des Unternehmens keine Aufgliederung in das betriebliche und in das außerordentliche Ergebnis erfolgen, würde der Aussagewert des Gesamtertrags verzerrt sein. Die Verwendung der stillen Reserven für die Sanierung stellt einen Sanierungsbeitrag dar, der als Sanierungsinvestition verstanden werden muss.

6.3.14.6 Umsatzrendite

Verhältnis von Gewinn zu Umsatz

Mit der Umsatzrendite wird der Gewinn im Verhältnis zum Umsatz betrachtet. Damit lässt sich die Ertragsstärke der Produkte ablesen, denn je höher die Umsatzrendite ist, desto besser ist die Stellung im Markt, weil gute Preise durchsetzbar sind. Eine geringe Umsatzrendite zeigt aber auch das Risiko auf. Denn bei einer geringen Preisreduzierung oder bei einer geringen Kostenerhöhung macht das Unternehmen schnell Verluste. Die Feststellung der Umsatzrendite ist für jedes Produkt und für jede Dienstleistung aufzustellen. In Sanierungsfällen wird dabei oftmals festgestellt, dass die Krise gerade dadurch eingetreten ist, dass die Umsatzrendite der wichtigsten Produkte und Dienstleistungen in erheblicher Weise negativ ist.

6.3.14.7 Return of Investment

Der Return of Investment entspricht der Gesamtkapitalrentabilität, wenn als Ergebnis der Gewinn und die Fremdkapitalzinsen angesetzt wird. Ergebnisgrößen können aber auch der Jahresüberschuss oder ein ordentliches Betriebsergebnis, also das Betriebsergebnis unter Ausfilterung der außerordentlichen Ergebnisse, sein. Damit lässt sich die Rentabilität des Unternehmens auf der Grundlage individueller Besonderheiten ermitteln.

6.3.14.8 Break-even-Analyse

Break-even-Point

Aufgabe der Break-even-Analyse ist es, den Break-even-Point zu ermitteln. Dies ist der Punkt, an dem die Kostendeckung erreicht wird, also das Unternehmen oder ein Geschäftsbereich oder ein Produkt von der Verlustzone in die Gewinnzone wechselt.

Unternehmensanalyse und Sanierungsplan im Einzelnen 187

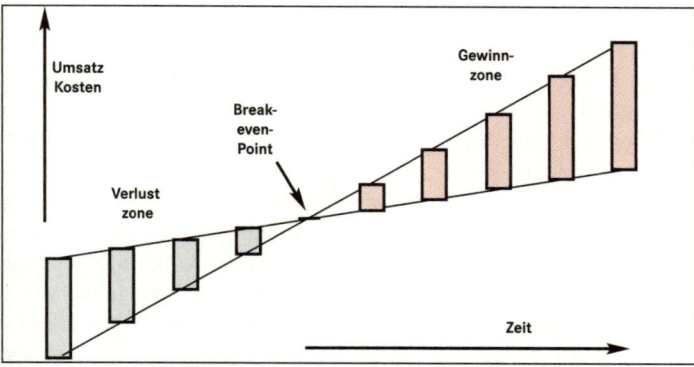

Abb. 13: Ermittlung des Break-even-Points

Checkliste

Ertragswirtschaftliche Kennzahlen:
- ✔ Umsatzquote.
- ✔ Rentabilität des eingesetzten Eigenkapitals.
- ✔ Rentabilität des eingesetzten Gesamtkapitals.
- ✔ Rentabilität des Umsatzes (Gewinnanteil je Umsatzanteil).
- ✔ Return of Investment.
- ✔ Anteil des Personalaufwandes am Gesamtaufwand (Personalaufwandquote).
- ✔ Anteil des Abschreibungsaufwandes am Gesamtaufwand (Abschreibungsaufwandquote).
- ✔ Anteil des Materialaufwandes am Gesamtaufwand (Materialaufwandquote).
- ✔ Zeitpunkt für das Erreichen der Gewinnschwelle.

6.3.15 Risiko-Management
6.3.15.1 Risikoinventur

Ein Risikocheck gibt Aussagen, in welchem Maße Störungen bei der Unternehmensentwicklung eintreten und den Bestand des Unternehmens gefährden können. In den meisten Fällen der Unternehmenssanierung hätte die Krise lange vor ihrem Auftreten erkannt werden können, wenn eine solche Risikoinventur erstellt worden wäre.

Erstellung einer Risikoinventur

In einer Matrix-Darstellung werden bei der Risikoinventur zwei Themen gegenübergestellt, nämlich
- einerseits die Risikowahrscheinlichkeit, also die Wahrscheinlichkeit, dass sich ein bestimmtes Risiko realisiert, und
- andererseits die wahrscheinliche Schadenshöhe, wenn sich ein solches Risiko realisiert.

Viele Risiken, z. B. allgemein eintretende Gewährleistungsfälle oder Diebstahl von Waren und Gütern, sind so hoch, dass der Eintritt dieser Risiken sehr wahrscheinlich ist. Aber die Schadenshöhe, die diese Risiken zur Folge haben, sind dann in Bezug auf den Geschäftsumfang des gesamten Unternehmens klein und überschaubar. Andere Risiken dagegen sind möglicherweise sehr unwahrscheinlich, wie z. B. Herstellungsfehler trotz ausreichendem Qualitätsmanagement oder eine lang anhaltende Betriebsunterbrechung infolge eines Brandes oder einer Überschwemmung. Wenn sie sich aber realisieren, kommt auf das Unternehmen möglicherweise eine sehr hohe Belastung zu, die seine Insolvenz bedeuten könnte, soweit nicht vorbeugende Maßnahmen zur Risikobegrenzung, wie ein geeigneter und ausreichender Versicherungsschutz, besteht.

Umfang des Versicherungsschutzes

Ganz generell ist im Rahmen der Risikoinventur der Frage nachzugehen, ob das Risiko auf eine Versicherungsgesellschaft abgewälzt ist, wie z. B. im Falle von Haftungsschäden nach dem Produkthaftungsgesetz, bei Betriebsunterbrechung nach einem Brand oder bei einem Forderungsausfall, falls eine Kreditschutzversicherung abgeschlossen ist. In einem solchen Fall kommt das Risiko nicht auf das Unternehmen, sondern auf die Versicherungsgesellschaft zu. Andere Risiken sind dagegen nicht versicherbar, so dass dieses Risiko allein das Unternehmen trägt, wie z. B. eine falsche Produkt- oder Marketingpolitik.

Mit der Risikoinventur werden solche Risiken in der Wahrscheinlichkeit ihres Entstehens und den Schadensfolgen im Falle der Realisierung des Risikos erfasst. Die Risikoinventur ist im Sanierungsplan aufzuzeigen. Dabei sind insbesondere folgende Grundlagen für die Darstellung zu beachten:

Gliederung einer Risikoinventur

- **Vollständigkeit:** Sämtliche Risiken, die den Bestand des Unternehmens gefährden könnten, müssen in der Risikoinventur enthalten sein. Die Risikoinventur muss also vollständig sein.
- **Interdependenzen:** Vielfach verstärken sich Risiken im Falle des Eintritts eines Risikos (es kommt z. B. im Unternehmen zu einem Brand; erst durch ein fehlerhaftes Brandmelde- und Brandbekämpfungssystem kommt es zu einem großen Schaden und zu einer lang anhaltenden Betriebsunterbrechung, und bestandsgefährend ist dieses Ereignis für das Unternehmen deshalb, weil zwar eine Brandversicherung für den Sachwert, aber keine Betriebsunterbrechungsversicherung besteht).
- **Quantifizierung:** Die Risikoeintrittswahrscheinlichkeit ist mit dem potenziellen Schadensausmaß zu verbinden.
- **Rechtzeitigkeit:** Risiken müssen so rechtzeitig erkannt werden, dass noch genügend Zeit zur Abwehr oder zumindest zur Schadensminimierung verbleibt.

- **Kommunikation:** Für den Eintritt eines Risikos sind Schwellenwerte zu bilden, bei denen Alarm ausgelöst wird. Der Alarm muss bei den verantwortlichen Entscheidungsträgern ankommen.
- **Verantwortung:** Für die jeweiligen Risiken sind Zuständigkeiten im Unternehmen zu bilden, die nach Kenntniserlangung eines Alarms die notwendigen Maßnahmen zu treffen haben.
- **Überwachung und Training:** Eine interne Überwachung hat dafür Sorge zu tragen, dass die Prozesse, Verantwortlichkeiten und Maßnahmen im Rahmen des Risikomanagementsystems stets, insbesondere auch in den heißen Phasen nach Eintritt des Risikos funktionieren. Trainings hierzu müssen durchgeführt werden.
- **Dokumentation:** Alle Maßnahmen des Risikomanagements sind zu dokumentieren.

Zu einem funktionierenden Risikomanagementsystem gehören auch
- ein **Frühaufklärungssystem** (Erforschung schwacher Signale, die einen Risikoanstieg bedeuten könnten),
- ein **Früherkennungssystem** (Festlegung entsprechender Beobachtungsbereiche für die relevanten Risiken mit Angabe von Schwellenwerten dafür, wann ein Risiko indiziert ist) und
- ein **Frühwarnsystem** (z. B. Alarm bei Überschreiten einer betrieblichen Kennzahl),

System des Risikomanagements

6.3.15.2 Risikowahrscheinlichkeit für kapitale Ereignisse

Die Angaben zum Risiko sind insbesondere in Bezug auf kapitale Ereignisse zu machen. Kapitale Ereignisse sind solche, die den Bestand des Unternehmens gefährden können. Zu solchen unvorhergesehenen kapitalen Ereignissen zählen z. B.

Gefährdung des Unternehmens durch kapitale Ereignisse

- Regressforderungen durch generell mangelhafte Qualität der Produkte und Dienstleistungen, also infolge Fehler, die über die regelmäßigen Gewährleistungen in einzelnen Fällen hinausgehen,
- Zahlungsausfälle von Forderungen gegen Kunden mit einem hohen Anteil am Umsatz,
- Produktionsausfall und sonstige Betriebsunterbrechung,
- Störungen in der Unternehmensleitung, etwa durch Unfall, Krankheit, Tod oder durch Abwandern der Unternehmensleiter, wenn diese ihr Know-how nicht oder nicht ausreichend dokumentiert haben.

6.3.15.3 Ertragsrisiken

Zu einer angemessenen Risikoanalyse gehört, dass sich diese vorrangig auf die Erfolgsfaktoren des Unternehmens konzentriert. Zu

Risikoanalyse und Erfolgsfaktoren des Unternehmens

untersuchen und darzustellen ist, von welchen Risikofaktoren diese zentralen Erfolgsfaktoren betroffen sein können. Meist ist die Sanierungsbedürftigkeit dadurch verursacht, dass sich genau diese vermeintlichen Erfolgsfaktoren als nicht erfolgreich erwiesen haben. Im Sanierungsplan ist daher anzugeben, welche Erfolgsfaktoren sich als problematisch entwickelt haben und was getan werden muss, um in Zukunft das Wegbrechen solcher Erfolgsfaktoren zu verhindern.

6.3.15.4 Durchschnittlicher Auslastungsgrad

Aktueller, durchschnittlicher und maximaler Auslastungsgrad

Anzugeben im Sanierungsplan ist der durchschnittliche aktuelle Auslastungsgrad und die mit der vorhandenen Struktur maximal mögliche Auslastung. Dazwischen liegt der Auslastungsgrad, der notwendig ist, um sämtliche Kosten und Aufwendungen zu decken. Z. B. wird bei einem Hotel die maximale Auslastung im Wesentlichen von der Anzahl der Betten und bei einem Luftfahrtunternehmen von der Anzahl der Sitzplätze bestimmt. Bei einem Produktionsunternehmen wird die maximale Auslastung von den Maschinenkapazitäten bestimmt.

Eine maximale Auslastung kann in der Regel nicht erreicht werden, insbesondere nicht auf Dauer. Deshalb muss bezogen auf eine Periode, z. B. bezogen auf ein Jahr oder eine Saison, ermittelt werden, welcher durchschnittliche Auslastungsgrad erreicht worden ist. Der Vergleich mit früheren Perioden und mit Konkurrenten ist Anlass für das Controlling, den Ursachen für die Schwankung auf den Grund zu gehen und zu bestimmen, wie in Zukunft darauf reagiert wird. So kann z. B. die unterdurchschnittliche Auslastung einer Skiregion auf unterdurchschnittliche Schneeverhältnisse oder darauf zurückzuführen sein, dass die Besucher in andere Skigebiete abgewandert sind, weil diese attraktiver sind oder zumindest das bessere Marketingmodell hatten.

6.3.15.5 Sicherung des betriebsnotwendigen Humankapitals

Grad der Abhängigkeit des Unternehmens beim betriebsnotwendigen Humankapital

Anzugeben ist im Sanierungsplan die Höhe der Abhängigkeit des Unternehmens von denjenigen Personen, die das betriebsnotwendige Humankapital darstellen. Die Abhängigkeit kann gegenüber einer Person oder gegenüber mehreren Personen bestehen. Es ist die Frage zu stellen, was die Folge wäre, wenn diese Personen das Unternehmen verlassen und wie es sichergestellt werden kann, dass dann zumindest nicht der Bestand des Unternehmens gefährdet wird.

6.3.15.6 Dokumentation des betriebsnotwendigen Know-hows

Ein Risiko für den Bestand des Unternehmens besteht auch dann, wenn das betriebsnotwendige Know-how nicht ausreichend dokumentiert ist. Es genügt nicht, dass diejenigen Personen, die das betriebsnotwendige Know-how haben, gesichert im Unternehmen bleiben, z.B. weil es sich um ein Familienunternehmen handelt, bei dem das Risiko gering ist, dass der Know-how-Besitzer abwandert. Denn es kann sein, dass der Know-how-Besitzer durch plötzlichen Tod oder Krankheit nicht mehr in der Lage ist, das Know-how weiterzugeben.

6.3.15.7 Existenzgefährdende Rechtsstreitigkeiten und behördliche Auflagen

Im Sanierungsplan anzugeben sind existenzgefährdende Rechtsstreitigkeiten und Ausführungen darüber, welche Maßnahmen für den schlechtesten Fall des Ausgangs von Rechtsstreitigkeiten und behördlichen Auflagen getroffen sind. Existenzgefährdende Rechtsstreitigkeiten und behördliche Auflagen können beispielsweise sein

Auflistung existenzgefährdender Rechtsstreitigkeiten und behördlicher Auflagen

- ein Schadenersatzprozess aus dem Produkthaftungsrecht wegen erheblicher Schädigung von Personen und/oder Sachen,
- eine Unterlassungsklage eines Dritten wegen behaupteter Verletzung seiner Patent- oder Urheberrechte durch das Unternehmen in einem Bereich, der die Kerntätigkeit des Unternehmens betrifft,
- eine Nachbarklage wegen Überschreitung der Emissionswerte mit dem Ziel der Einstellung des Betriebs oder der Nachrüstung zur Verringerung der Emissionen oder
- Auflagen der Behörden für Umweltschutz und Brandschutz mit der Folge hoher Investitionen und vorübergehender Betriebseinstellung.

6.3.15.8 Abhängigkeit von neuen Technologien

Unternehmen sind oftmals abhängig von neuen Technologien. So sind z.B. Unternehmen, deren Erfolgspotenziale stark auf die stets neuesten Internet-Technologien ausgerichtet sind, wie z.B. Internet-Marktportale oder Internet-Auktionshäuser, von diesen Technologien und von denjenigen Personen abhängig, die diese Technologien bedienen können. Handelt es sich dabei um externe Partner und verfügt das Unternehmen nicht selbst über die Technologie und das Kern-Know-how im eigenen Unternehmen, kann dies sehr schnell zur Gefährdung des Bestands des Unternehmens führen, beispielsweise wenn das externe Unternehmen insolvent wird, wenn die Know-how-Träger das Unternehmen verlassen oder wenn die Preise

Unternehmensgefährdung bei Abhängigkeit von neuen Technologien

für die Leistungen so stark erhöht werden, dass das Unternehmen, das diese Leistungen in Anspruch nimmt, diese Kostenerhöhung nicht an ihre Kunden weitergeben kann.

6.3.15.9 Übernahme der Kernkompetenz durch Wettbewerber

Verfrühter Einstieg in noch nicht geschaffene Märkte

Oftmals besteht der Erfolg eines Unternehmens darin, dass es eine neue Geschäftsidee hat, die im Markt überragenden Erfolg hat, weil das Unternehmen mit dieser Idee eine Marktlücke füllt und eine Konkurrenz zu dieser Zeit nicht vorhanden ist. In Sanierungsfällen hat sich die Unternehmensführung zwar nicht bei der Marktidee selbst, sondern lediglich bei der Dauer verschätzt, bis diese Marktidee ihren Durchbruch erreicht. Wettbewerber erkennen diese Marktschancen und werden selbst mit dieser Geschäftsidee im Markt

Erleichterter späterer Einstieg in neu geschaffene Märkte durch Mitbewerber

tätig, ohne dass sie durch die Vorkosten belastet wären, wie diese bei dem zu sanierende Unternehmen entstanden sind. Oftmals handelt es sich dabei um leistungsstarke Wettbewerber, die erst die Erprobungsphase kleiner und mittlerer Unternehmen abwarten. Diese leistungsstarken Wettbewerber analysieren dann Art und Eigenart der Geschäftsidee, verbessern das Konzept und bringen diese neue Idee mit der gesamten Finanz- und Marketingkraft in den Markt. Das Erstunternehmen, das diese Marktidee in den Markt gebracht hat, hat oftmals hohe Aufwendungen tätigen müssen, um die Aufnahmefähigkeit des Marktes erst zu ermöglichen. Diese Vorkosten müssen noch abgetragen werden. Der leistungsstarke Wettbewerber dagegen profitiert von diesen Vorarbeiten, ohne hierfür Kosten aufwenden zu müssen. Damit kann er die gleiche Leistung kostengünstiger anbieten und das Erstunternehmen aus dem Markt drängen.

Sofern solch eine Situation zur Sanierungsbedürftigkeit des Unternehmens geführt hat, ist diese im Sanierungsplan zu beschreiben. Denn grundsätzlich ist das sanierungsbedürftige Unternehmen kreativer und leistungsfähiger als das nachahmende Unternehmen, so dass die Erfolgspotenziale zum Einsatz kommen können, wenn die Zusatzbelastung für die Markterkundung im Rahmen der Sanierung reduziert wird, beispielsweise durch einen entsprechenden Forderungsverzicht der Gläubiger, durch eine teilweise Umwandlung von Fremdkapital in erfolgsorientiertes Eigenkapital oder durch Fortsetzung der Geschäftsidee in einer Auffanggesellschaft.

Zur Frage, ob ein solches Risiko der Übernahme der Kernkompetenz durch Wettbewerber besteht und wenn ja, wie hoch dieses ist, sind im Sanierungsplan Ausführungen zu machen.

6.3.16 Controlling

Bereits bei der Planung einer Unternehmenssanierung sind die Voraussetzungen für ein effektives Controlling festzulegen. Es erfolgt die Festlegung von Parametern und von Zwischenzielen, die für eine erfolgreiche und dauerhafte Unternehmenssanierung erreicht werden müssen. Diese Zwischenziele sind zum einen auf die erfolgreiche Umsetzung bei der Neugestaltung der Unternehmensstrategie (strategisches Controlling) und zum anderen auf die Entwicklung des Tagesgeschäfts (operatives Controlling) gerichtet. Aus der Festlegung der Parameter und Zwischenziele folgt die Möglichkeit, durch eine laufende Überwachung des Sanierungsfortschritts den Stand des Sanierungsprozesses und die Planabweichungen zu erkennen. Je nach Planabweichung müssen dann weitere unternehmerische Entscheidungen getroffen werden, damit die in der Planung der Unternehmenssanierung gesetzten Ziele auch tatsächlich erreicht werden.

Erforschung der Qualität des Controlling

Controlling ist nicht mit dem deutschen Begriff »Kontrolle« zu übersetzen. Denn Kontrolle ist nur die laufende Beobachtung, die Beaufsichtigung und das Feststellen von Sachverhalten. Controlling ist wesentlich mehr als das. Es bedeutet Planen und Steuern unternehmerischer Tätigkeiten mit Hilfe betriebswirtschaftlicher Daten und Analysen. Controlling ist zukunftsorientiert, Kontrolle dagegen ist vergangenheitsorientiert.

Controlling als zukunftsorientiertes Steuerungselement

So können in der Planung der Unternehmenssanierung z. B. mit Hilfe einer Budgetierung den Verantwortungsträgern Leistungsziele und die zur Erreichung der Ziele maximal notwendigen Kosten vorgegeben werden. Damit wird die Kosten- und Leistungsverantwortung auf die einzelnen Abteilungen und Kostenstellen des Unternehmens delegiert. Mit der Gemeinkostenwertanalyse wird z. B. das Verhältnis zwischen Kosten und Leistungen der einzelnen Funktionen in einem Unternehmen verbessert. Ferner sind Parameter festzulegen, wie beispielsweise

- die Entwicklung des Umsatzes,
- die Entwicklung der Liquidität,
- die Entwicklung des Auftragseingangs,
- die Entwicklung des Auftragsbestandes,
- die Entwicklung der Verschuldung,
- der Grad der Zins- und Tilgungsleistungen für die Fremdfinanzierung im Verhältnis zum Umsatz,
- die Stückkosten,
- der Einsatz von Werbemitteln,
- der Grad der Fluktuation im Bereich der Mitarbeiter oder
- der Grad der Zufriedenheit der Mitarbeiter anhand der Krankheitszahlen.

Parameter für das Controlling

Unternehmensanalyse und Sanierungsplan

Checkliste

> **Parameter für das Controlling**
> ✔ Kennzahlen zur Finanzanalyse.
> ✔ Kennzahlen zur Liquiditätsanalyse.
> ✔ Kennzahlen zur Investitionsanlayse.
> ✔ Kennzahlen zur Ergebnisanalyse.
> ✔ Kennzahlen zur Rentabilitätsanalyse.
> ✔ Kennzahlen zur Break-even-Analyse.
> ✔ Controlling der Strategie des Unternehmens.

6.3.16.1 Planungsrechnungs- und Liquiditätssteuerungsinstrumente

Planzahlen und Controlling

Die Überwachung und Steuerung der Geschäftstätigkeit ist originäre Aufgabe der Unternehmensleitung. Die Vorgabe von Planzahlen und die ständige Kontrolle, ob Abweichungen bestehen, zeigt frühzeitig auf, ob Kursänderungen oder Anpassungen des Kurses notwendig sind. Sehr häufig erfolgt insbesondere bei kleineren und bei mittleren Unternehmen geringerer Größe die Planungsrechnung »aus dem Bauch heraus«, d.h. nach Gefühl. Die Liquiditätssteuerung erfolgt dann z. B. in der Weise, dass man erst am ausgeschöpften Kontokorrentkredit merkt, dass die Liquidität nicht mehr zur Zahlung der noch offenen und fälligen Rechnungen ausreicht.

Die Unternehmensanalyse hat zu erforschen, mit welchen Instrumenten eine Planungsrechnung erfolgt und wie die Liquidität gesteuert wird. Meist wird sich dabei herausstellen, dass ein Controlling entweder nicht oder nicht in angemessenem Umfang erfolgt ist, andernfalls der Eintritt einer Unternehmenskrise frühzeitig durch entsprechende unternehmerische Maßnahmen hätte verhindert werden können.

6.3.16.2 Organisation des Berichtswesens

Berichtswesen auf der Leitungsebene

Die Qualität eines Controlling steht und fällt mit der Qualität des Berichtswesens. Ein Kapitän, der das Schiff durch schwieriges Gewässer steuern muss, kann dies nicht tun oder geht übermäßige Risiken ein, wenn er von seinen einzelnen Fachoffizieren keine oder ungenaue Informationen bekommt, etwa zu Kurs, Wetter, Geschwindigkeit, Untiefen und Eisbergen.

Ein optimales Berichtswesen ist umfassend organisiert und findet zentral auf der Leitungsebene statt. Ganz besonders geeignet und für den Erfolg eines Unternehmens von überragender Bedeutung ist ein Berichtswesen auf der Grundlage eines Balanced Scorecard Systems, weil es die Zusammenhänge in visualisierter Weise transparent macht.

6.3.16.3 Organisation der Erstellung der Jahresabschlüsse und BWAs

Von besonderer Bedeutung ist nicht nur für das interne Controlling, sondern insbesondere für Banken und Investoren, wie die Erstellung der Jahresabschlüsse und der BWAs organisiert ist. Eine qualitative Unternehmensführung ist nur möglich, wenn die Jahresabschlüsse und BWAs zeitnah zur Verfügung stehen. Wer im Blindflug agiert, sieht Risiken erst kurz vor dem Crash. Deshalb ziehen sich Banken und Investoren bereits von vorneherein zurück, wenn keine Überzeugung für eine zeitnahe und optimale Erstellung der Jahresabschlüsse und BWAs vermittelt werden kann. Ob die Unternehmenspräsentation im Übrigen gut ist, spielt dann keine Rolle mehr, weil sich eine gute Unternehmensentwicklung schnell ändern kann und für ein frühzeitiges Entgegensteuern frühzeitig vorhandene Daten notwendig wären.

Zeitnahe Abschlüsse und BWAs

6.3.16.4 Umfang der Controlling-Tätigkeiten

Die Unternehmensbelange, die dem Controlling unterliegen, sollten sich nicht nur auf die reinen Finanzzahlen beziehen. Notwendig für eine effiziente und moderne Unternehmensführung ist ein Controlling, das auch die Strategie des Unternehmens erfasst, das also ständig prüft, ob die Strategie noch den ihr zugrunde liegenden Sachverhalten entspricht oder an Veränderungen in den Grundlagen angepasst werden muss.

Controlling der Strategie des Unternehmens

Insbesondere ist auch darauf zu achten, dass es ein umfassendes Risiko-Früherkennungssystem im Unternehmen gibt. In den Fällen der Unternehmenssanierung fehlt es in der Regel an einem effektiven Controlling, andernfalls die Krise schon früher bekannt geworden wäre. So beginnen die Unternehmenskrisen, die erst lange Zeit später den Bestand des Unternehmens gefährden, mit den ersten Krisenanzeichen struktureller Natur schon Jahre bevor die Krise virulent wird. Mit einem Risiko-Früherkennungssystem hätten solche Krisensymptome frühzeitig erkannt und die Krisenursachen zu einer Zeit beseitigt werden können, zu der sie noch keinen Schaden anrichten konnten. Im Rahmen der Planung der Sanierungsmaßnahmen ist daher ganz besonders darauf zu achten, dass nunmehr ein effektives Controlling für die Finanzzahlen, für die Strategie des Unternehmens und für die Früherkennung von Risiken im Unternehmen zum Einsatz kommt.

6.3.16.5 Toleranzen

Festzulegen sind im Sanierungsplan auch die Toleranzgrenzen, um Hektik und übertriebene Reaktionen im Falle der Überschreitung der Werte zu vermeiden. Auch zeitliche Vorgaben für das Control-

Festlegung von Toleranzgrenzen

ling der einzelnen Planvorgaben sollten erfolgen. Vor allem operative Vorgaben, die unmittelbaren Einfluss auf die Liquidität des Unternehmens haben, sollten kurzen Prüfungszeiträumen, wie z.B. der täglichen Überprüfung, unterliegen.

Bei einer solchen Vorgabe der Planzahlen lässt sich das Controlling zum großen Teil delegieren und damit die Unternehmensführung entlasten. Der Controller hat ablesbare Vorgaben zur Feststellung der Planeinhaltung. Aus der Analyse der Abweichungen bei den einzelnen Parametern kann dann ferner auf die tieferen Ursachen der Planabweichung geschlossen werden. Eine solche Analyse ist Grundlage für die zu treffenden unternehmerischen Entscheidungen zum Zwecke der Korrektur der Fehlentwicklungen.

6.3.17 Aufstellung einer Schwachstellenanalyse

SWOT-Analyse

Auf der Grundlage der bisherigen Untersuchungen kann nun eine Analyse vorgenommen werden, welche Schwachstellen im Unternehmen für den Eintritt der Krise verantwortlich waren und was getan wurde oder getan werden soll, um diese Schwachstellen in Zukunft zu vermeiden. Die Schwachstellen-Analyse, auch SWOT-Analyse genannt, ist Teil einer strategischen Analyse. Sie verknüpft die Stärken-Schwächen-Analyse der externen Umwelt mit der Stärken-Schwächen-Analyse der internen Potenziale. SWOT steht für Strenghts-Weakness-Opportunities-Threats.

Die SWOT-Analyse nimmt daher zwei Perspektiven ein, nämlich einerseits die Perspektive des Unternehmens von außen und andererseits die Perspektive des Unternehmens von innen. In beiden Fällen werden die Stärken und Schwächen festgestellt und analysiert. Beides wird verglichen und der Vergleich verdeutlicht, welche Chancen und Risiken das Unternehmen hat.

Die SWOT-Analyse ist auf jeden Teil des Unternehmens gesondert anzuwenden, so insbesondere auf

Parameter für die SWOT-Analyse

- die Märkte,
- die Produkte und Dienstleistungen,
- die Absatzwege und das Marketing,
- die gewerblichen Schutzrechte,
- die technische Ausstattung,
- die Geschäftsstrategien,
- die Vermögenslage,
- die Ertragslage und
- die Liquiditätslage.

In der Unternehmensanalyse sind daher die Stärken und Schwächen des Unternehmens zu beschreiben. Im Hinblick auf die Stärken ist zu beschreiben, was im Rahmen der langfristig ausgelegten Vision bei und nach der Sanierung getan wird, um diese Stärken zu entwickeln, aufrechtzuerhalten und gegen die Konkurrenz zu schützen. Im Hinblick auf die Schwächen ist zu beschreiben, was getan wird, um diese Schwächen zu beheben und in welchem Zeitraum dies geschehen sein wird.

6.3.18 Darstellung der Krisensymptome und der Ursachen

Nach den Voruntersuchungen zu den einzelnen Parametern der Unternehmenstätigkeiten können nun die Krisensymptome festgestellt werden, insbesondere, wann sie in welcher Weise in Erscheinung getreten sind. Anzugeben sind ferner die Ursachen für das Auftreten dieser Krisensymptome und wie hierauf von der Unternehmensführung reagiert wurde. In der Regel ist der Eintritt der Sanierungsbedürftigkeit auf nicht unerhebliche Versäumnisse der Leitungspersonen zurückzuführen. Diese Versäumnisse sind offenzulegen, andernfalls diese strukturellen Fehler im Führungsverhalten in Zukunft nicht beseitigt werden und das Unternehmen womöglich nach seiner Sanierung erneut aufgrund derselben Fehler wie in der Vergangenheit in eine Krise gelangt.

Feststellung der Krisensymptome

6.3.19 Darstellung der Sanierungsmaßnahmen

Nunmehr sind die Sanierungsmaßnahmen zu planen und darzustellen. Die Notwendigkeit der jeweiligen Sanierungsmaßnahmen ist zu begründen. Jeder, der an der Sanierung beteiligt ist, wie insbesondere Gläubiger, Gesellschafter und Investoren, sollte sich hieraus sein eigenes Bild zur Eignung der Sanierungsmaßnahmen und zu den hierdurch entstehenden Sanierungskosten machen können. Insbesondere sind die Sanierungsmaßnahmen wie folgt zu planen und durchzuführen:

Planung und Begründung der Sanierungsmaßnahmen

6.3.19.1 Planung der kommenden drei bis fünf Jahre

Der Personal-, Investitions- und Liquiditätsbedarf ist für die kommenden drei bis fünf Jahre darzustellen. Planbilanzen sind für Umsatz, Ergebnis und Liquidität zu entwickeln. Es ist aufzuschlüsseln, aus welchen Quellen die notwendigen Finanzmittel beschafft werden sollen.

6.3.19.2 Objektive Beurteilung der Chancen

Als Zusammenfassung aller bereits dargelegten Inhalte des Sanierungsplans ist die Sanierungsfähigkeit und Sanierungswürdigkeit zu beschreiben und zu begründen. Insbesondere ist die Sanierung als eine Investition in die Erreichung eines gesunden Unternehmens darzustellen und die Frage zu beantworten, warum es Sinn macht, die Investitionskosten für die Sanierung aufzuwenden. Da mit den

Beschreibung der Sanierungsfähigkeit und Sanierungswürdigkeit

für die Sanierung aufzuwendenden Kosten und Aufwendungen auch andere Investitionen durchgeführt werden könnten, ist zu begründen, welchen Vorteil die Sanierungsinvestitionen gegenüber anderen Investitionsalternativen haben.

6.3.19.3 Vergleichsrechnung

In einer Vergleichsrechnung ist anzugeben, mit welcher Quote die Gläubiger bei einer Insolvenz des Unternehmens rechnen können. Damit soll dargestellt werden, dass es vernünftiger ist, eine einvernehmliche außergerichtliche Sanierung zu erreichen, als die Insolvenz des Unternehmens hinzunehmen.

6.3.19.4 Chancen und Risiken

Ausarbeitung von Szenarien

Ferner sind Best-case- und Worst-case-Szenarien auszuarbeiten, um die vorhandenen und prognostizierten Chancen und die möglichen Risiken zu analysieren.

6.3.19.5 Anhang

Beizufügende Unterlagen

In einem Anhang sind beizufügen:
- die Lebensläufe der wichtigsten Personen,
- die Bilanz nebst Gewinn- und Verlustrechnungen der letzten drei bis fünf Jahre,
- die gewerblichen Schutzrechte,
- die Lizenzen,
- erstellte Marktuntersuchungen,
- Organigramme,
- Prospekte usw.

Checkliste

> **Frühzeitiges Einbinden der wesentlichen Gläubiger in das Sanierungskonzept!**
>
> ✔ Die wesentlichen Gläubiger sind frühzeitig in das Sanierungskonzept einzubinden. Dies bedeutet, dass sie bereits das Konzept im Rohentwurf als Diskussionsgrundlage erhalten. Durch die Einbindung wird es für sie schwerer sein, einen konfrontativen Kurs gegen die Sanierung zu fahren.
>
> ✔ Der Kreis der Empfänger für die weiteren Entwürfe wie Rohentwurf, Vorentwurf oder auch für den Entwurf in der endgültigen Fassung sollte jeweils größer werden. So erhalten den Rohentwurf nur die wichtigsten Gläubiger, die endgültige Fassung dagegen dann alle Gläubiger. Damit wird der Herdentrieb entfacht. Die psychologische Hürde für obstruktive Gläubiger, das Sanierungskonzept zu Fall zu bringen, wird damit immer höher.

Checkliste für die Erstellung eines Sanierungsplans!

- ✔ Ziele der Unternehmenssanierung.
- ✔ Struktur der Unternehmenssanierung.
- ✔ Leitbild und Vision der Unternehmenssanierung.
- ✔ Rechtsform des Unternehmens.
- ✔ Gründungsdaten.
- ✔ Geschäftsführung und Gesellschafter.
- ✔ Gesellschaftskapital gemäß Handelsregister.
- ✔ Merkmale der Produkte und Dienstleistungen.
- ✔ Branche und Branchenwachstum.
- ✔ Art und Besonderheit der Technologie der Produkte.
- ✔ Art und Besonderheit der angebotenen Dienstleistungen.
- ✔ Positionierung innerhalb der Branche.
- ✔ Gewerbliche Schutzrechte.
- ✔ Entwicklungsstand und geplante Weiterentwicklungen.
- ✔ Bedeutung der Produkte und Dienstleistungen für den Kunden.
- ✔ Standortvorteile.
- ✔ Werbe- und Kommunikationsmaßnahmen.
- ✔ Wissensmanagement.
- ✔ Vermögenslage heute und geplant.
- ✔ Art und Weise des Anlagevermögens.
- ✔ Geplante Investitionen.
- ✔ Ertragslage heute und geplant.
- ✔ Liquiditätslage heute und geplant.
- ✔ Finanzierungsstruktur heute und geplant.
- ✔ Qualifikation des Managements.
- ✔ Anzahl und Struktur der Mitarbeiter.
- ✔ Qualifikation der Mitarbeiter.
- ✔ Strategisches und betriebsnotwendiges Know-how des Unternehmens.
- ✔ Art und Struktur der Personalführung.
- ✔ Geplante Personalentwicklung.
- ✔ Art und Auftreten der Krisensymptome.
- ✔ Zeitpunkt des Bekanntwerdens der ersten Krisensymptome.
- ✔ Reaktion auf die Krisensymptome.
- ✔ Schwachstellen im Unternehmen.
- ✔ Geplante Maßnahmen zur Beseitigung der Schwachstellen.
- ✔ Art und Umfang der geplanten Sanierungsmaßnahmen.

Checkliste

> ✔ Dringlichkeit der Sanierungsmaßnahmen.
> ✔ Beurteilung der Sanierungsmaßnahmen.
> ✔ Situation der Gläubigerforderungen bei Unterlassen der Sanierung.
> ✔ Best-case-Szenario.
> ✔ Worst-case-Szenario.

6.4 Zusammenfassung

1. Vor der Durchführung einer Sanierung ist eine eingehende Analyse des Unternehmens, seiner Stärken und Schwächen durchzuführen.
2. Die Gründe sind zu erforschen, warum eine Sanierungsnotwendigkeit überhaupt entstanden ist. Damit werden in der Regel auch Fragen nach der Verantwortlichkeit mit der Folge gestellt, dass sich hieraus personelle Veränderungen als notwendig erweisen.
3. Ziel des Sanierungsplans ist zunächst die Erstellung eines Generalchecks des Unternehmens und seiner Krankheitssymptome.
4. Erst dann stellt sich die Frage, was getan werden kann, um die Überlebensfähigkeit des Unternehmens wiederherzustellen. Dieses Ziel stellt lediglich ein Zwischenziel bei der Verfolgung eines höheren Ziels dar, nämlich der Erreichung eines gesundeten und leistungsstarken Unternehmens.
5. Der Sanierungsplan zeigt die Vision auf, welche Ziele auf welchen Wegen das Unternehmen erreichen möchte, sobald es gesundet und wieder leistungsstark ist.
6. Im Rahmen der Entscheidung, ob und in welcher Weise eine Sanierung das Unternehmen dauerhaft erfolgreich macht, ist zu berücksichtigen, dass sich das Unternehmen nach der Sanierung erst in der Phase der Rekonvaleszenz und dann meist über eine längere Zeit in einem Schwächezustand befindet.
7. Allein die Stellung der für die Formulierung eines schlüssigen Sanierungskonzepts notwendigen Fragen fördert den Einblick in die problematischen Sachverhalte und auch das Erkennen der strukturellen Versäumnisse wie auch der einzelnen Lösungsmöglichkeiten.
8. Die Sanierung eines Unternehmens stellt quasi eine Neugründung, also eine »Wiedergründung« dar. Anstelle eines krankhaften Unternehmens soll in Zukunft ein saniertes und gesundes Unternehmen stehen.

9. Wie ein Unternehmensplan zur Gründung eines neuen Unternehmens ist der Sanierungsplan für zahlreiche Adressaten aufzustellen, und zwar sowohl für interne Adressaten wie für die Geschäftsleitung und für leitende Mitarbeiter als auch für externe Mitarbeiter wie z. B. für Banken und Investoren.
10. Der Sanierungsplan setzt sich mit allen zentralen unternehmerischen Parametern auseinander, die seine Erfolgspotenziale darstellen und die seine Stellung im Markt und im Wettbewerb zeigen.
11. Der Sanierungsplan setzt sich auch mit der internen Organisation, der Potenziale seiner Mitarbeiter und seiner Unternehmenskultur auseinander.
12. Ferner sind Ausführungen zum Risikomanagement zu machen. Insbesondere ist eine Risikoinventur zu erstellen, die zeigt, in welchem Maße Störungen bei der Unternehmensentwicklung eintreten und den Bestand des Unternehmens gefährden können. Ferner ist die wahrscheinliche Schadenshöhe darzustellen, wenn sich ein solches Risiko realisiert und welche Maßnahmen getroffen worden sind, um den Eintritt des Risikos und seiner Folgen zu vermeiden bzw. zu verringern.
13. Finanzwirtschaftliche Kennzahlen werden aufgrund einer Finanzanalyse, einer Liquiditätsanalyse und einer Investitionsanalyse ermittelt. Ziel der Finanzanalyse ist die Abschätzung von Finanzierungsrisiken. Mit der Liquiditätsanalyse soll die Zahlungsfähigkeit erhalten bleiben. Die Investitionsanalyse zeigt das Vermögenspotenzial des Unternehmens auf, um aus der Vermögensstruktur Aussagen über die künftige Zahlungsfähigkeit ableiten zu können.
14. Ertragswirtschaftliche Kennzahlen werden aufgrund einer strukturellen Ergebnisanalyse, einer Rentabilitätsanalyse und der Break-even-Analyse aufgezeigt. Die strukturelle Ergebnisanalyse zeigt, inwieweit einzelne Bereiche des Unternehmens am Gesamtergebnis beteiligt sind. Die Rentabilitätsanalyse zeigt die Ertragskraft des Unternehmens und einzelner Bereiche. Und mit der Break-even-Analyse soll ermittelt werden, wann das Unternehmen aus der Verlustzone heraus und in die Gewinnzone eintritt.
15. Zur Planung gehört auch der Einsatz eines effizienten Controlling. Hierfür sind konkrete und messbare Ziele und Zwischenziele zu definieren. Insbesondere sind finanz- und ertragswirtschaftliche Kennzahlen vorzugeben.

7 Arbeitsrechtliche Maßnahmen außerhalb der Insolvenz

Personalkosten meist größter Kostenblock

In der Regel stellen die Personalkosten eines Unternehmens – neben dem Wareneinkauf bei Handels- oder Produktionsunternehmen – den größten Kostenblock dar. Sind die Personalkosten zu hoch, kommt das Unternehmen schnell in die Ertragskrise und in der Folge hiervon zur Liquiditätskrise. Vor allem ist der Kostenblock »Personalkosten« dadurch geprägt, dass es einem Unternehmen erschwert ist, eine Änderung dieser Kosten schnell und effizient durchzuführen, wenn es der Markt erfordert. Oftmals treten die Veränderungen im Markt wesentlich schneller ein, als die Reaktionszeit des Unternehmens die Anpassung der Arbeitsorganisation und der Personalkosten an die neue Situation zulässt.

Ferner setzt die Reorganisation des Unternehmens in der Regel weit über die bloße Verminderung der Arbeitskosten hinausgehende Umstrukturierungsmaßnahmen voraus. Der Betrieb ist oftmals aufgebläht und schlecht organisiert. Hierzu müssen Arbeitnehmer entlassen, umgesetzt und Gratifikationen gestrichen werden.

Die Sanierung eines Unternehmens erfolgt häufig durch ein so genanntes »Gesundschrumpfen«. Das Unternehmen und seine Betriebe werden »entschlackt«, indem

- die Anzahl der Arbeitskräfte reduziert wird und durch Rationalisierungsmaßnahmen und Effizienzsteigerungen der verringerte Bestand der Arbeitnehmer die gleichbleibende Arbeitsmenge verrichten kann,
- verlustbringende Betriebe eingestellt werden, und/oder
- die Arbeitskosten durch Lohnreduzierungen und Streichung von Gratifikationen und Sozialleistungen generell verringert werden.

Mit der Reduzierung der Anzahl der Arbeitnehmer ist nicht nur eine Reduzierung der Personalkosten, sondern auch eine Reduzierung zahlreicher weiterer Kostenfaktoren verbunden. So können beispielsweise Mietverträge über die Büro-, Produktions- und Lagerflächen reduziert und damit Miet- und Nebenkosten gespart werden.

Dieser Schrumpfungsprozess hat aber nicht nur ertragswirksame Kostenreduzierungen, sondern auch Liquiditätsverbesserungen zur Folge, indem betriebsnotwendiges Vermögen frei wird und der Verkaufserlös zur Tilgung von Verbindlichkeiten oder zur Finanzierung der Sanierungsmaßnahmen verwendet werden kann. So können betrieblich genutzte Flächen auf dem eigenen Grundstück infolge der Reduzierung des Personalbestandes veräußert werden. Gleiches gilt für nicht mehr benötigte Vorräte, Werkzeuge und Maschinen, die ebenfalls verkauft werden können. Soweit diese Liquidität zur Reduzierung von Verbindlichkeiten, wie insbesondere Bankverbindlichkeiten, verwendet werden, können dadurch nicht unerhebliche Zinsersparnisse erzielt werden.

Kostenreduzierungen und Liquiditätsverbesserungen durch Schrumpfung

Für all diese Maßnahmen der Reduzierung des Personalbestands und der Reduzierung der Lohnkosten pro Mitarbeiter sind zahlreiche arbeitsrechtliche Bestimmungen zu beachten, die eine Reorganisation oftmals wesentlich erschweren, zumindest wesentlich verzögern und auch teuer machen. Ferner ist zu berücksichtigen, dass regelmäßig die durch die Maßnahmen verursachten Rechtsstreitigkeiten vor den Arbeitsgerichten zeitraubend, teuer und im Ausgang unsicher sind.

Reorganisation des Arbeitsbereichs als komplexe Aufgabe

Vielfach resignieren vor allem mittelständische Arbeitgeber vor dem Umfang und den Schwierigkeiten einer solchen Reoganisation im Arbeitsbereich. Sie verschleppen notwendige Maßnahmen oder lösen die Problematik durch eine Flucht in die Insolvenz. Dabei darf aber nicht außer Acht gelassen werden, dass die Lösung der Probleme in der Arbeitsorganisation oftmals so lange verschleppt wurde, dass auch im Insolvenzverfahren eine Sanierung nicht mehr möglich ist. Deshalb sollte weiterhin an einer frühzeitigen Lösung der Arbeits- und Personalproblematik gearbeitet werden. Die erweiterten Möglichkeiten des so genannten Insolvenzarbeitsrechts sollten dann lediglich der letzte Rettungsanker sein.

Flucht in die Insolvenz

Vielfach scheuen sich Unternehmer und Geschäftsführer, den Arbeitsbereich effizienter zu organisieren, weil der Übergang zu einer wettbewerbsfähigeren Struktur steinig und mit vielen Konflikten behaftet ist. Sie bedenken dann aber nicht, dass eine ineffiziente Struktur der Arbeit nicht nur überhöhte Kosten, sondern auch ein zu geringes Arbeitsergebnis und eine zu geringe Durchsetzungskraft im Wettbewerb zur Folge hat. Das Unternehmen verliert bei nachlässigem Verhalten unaufhaltsam im Wettbewerb und wird zwangsläufig zum Sanierungsfall. Es ist damit auch im Sinne der Gesamtheit aller Arbeitnehmer, zumindest im Sinne ihrer Mehrheit, wenn eine effiziente Organisation der Arbeit konsequent auch gegen den Widerstand Einzelner verfolgt wird. Damit bleibt das Unternehmen wettbewerbsfähig und damit profitiert die Gesamtheit der Arbeitnehmer, wenn der Arbeitsplatz erhalten wird und der Arbeitgeber in der Lage ist, gute Löhne zu bezahlen und gute Sozialleistungen zu gewähren. Ferner ist das Arbeitsklima in erfolgreichen Unterneh-

Konsequente Reorganisation schafft Vorteile für Unternehmen und Belegschaft

men stets angenehmer als in Krisenunternehmen, so dass die Arbeit mehr Freude bereitet.

7.1 Feststellung und Dokumentation der arbeitsrechtlichen Situation

Die Umstrukturierung der arbeitsrechtlichen Organisation und die Veränderung der arbeitsrechtlichen Vereinbarungen berührt zahlreiche vertragliche und gesetzliche Regelungen. Je nach arbeitsrechtlicher Situation im Betrieb sind unterschiedliche Maßnahmen vorzunehmen und Wege zu gehen, um die arbeitsrechtlichen Veränderungen durchführen zu können.

Im Falle der Entlassung von Arbeitnehmern kommen in Betracht
- der Ausspruch betriebsbedingter Kündigungen,
- Massenkündigungen, also Kündigungen bei denen zusätzliche Maßnahmen vorzunehmen sind,
- Aufhebungsverträge gegen Zahlung einer Abfindung und
- Nichtverlängerung auslaufender zeitlich begrenzter Arbeitsverträge.

Zum Zwecke einer Änderung von vertraglichen Inhalten der Arbeitsverträge können je nach arbeitsrechtlicher Situation in Betracht kommen
- einseitige Anweisungen des Arbeitgebers aufgrund arbeitsrechtlichem Direktionsrecht,
- Widerruf von Zusagen,
- Vereinbarung mit dem Arbeitnehmer über eine einvernehmliche Änderung des Arbeitsvertrags,
- Änderungskündigung zum Zwecke der einseitigen Durchsetzung einer Vertragsänderung,
- Abschluss einer Betriebsvereinbarung mit dem Betriebsrat,
- Abschluss eines Haustarifvertrags.

Inventur der arbeitsrechtlichen Situation

Die arbeitsrechtliche Situation ist daher vor der Planung der Maßnahmen und der Wege zur Erreichung der Ziele festzustellen und im Wege einer Inventur zu dokumentieren. Damit kann frühzeitig auf der Grundlage des im Unternehmen bestehenden arbeitsrechtlichen Systems ein Maßnahmenplan erarbeitet werden, insbesondere mit welchen Personen und Organen welche Verhandlungen aufgenommen werden oder gegenüber welchen Personen und Organen welche Maßnahmen einseitige erklärt werden können. Je sorgfältiger diese Vorbereitungsarbeiten vorgenommen werden, desto geringer ist das Risiko, dass zur Durchsetzung arbeitsrechtlicher Ziele die falschen Wege gewählt werden und diese Maßnahmen dann später mit erheblichem Zeitverzug und hohen Kosten im Rahmen von arbeitsgerichtlichen Streitigkeiten für unwirksam erklärt werden.

> **Inventur der arbeitsrechtlichen Situation:** **Checkliste**
>
> ✔ Arbeitsverträge, die einer Bindung an einen Tarifvertrag unterliegen, weil die Vertragsparteien entweder tarifgebunden sind oder ein allgemeinverbindlicher Tarifvertrag anwendbar ist.
> ✔ Arbeitsverträge, bei denen auf den Inhalt eines Tarifvertrags verwiesen wird.
> ✔ Arbeitsverträge mit übertariflich bezahlten Arbeitnehmern.
> ✔ Arbeitsverträge, bei denen ein weites Direktionsrecht für eine Versetzung besteht.
> ✔ Teilzeit-Arbeitsverträge.
> ✔ Mitarbeiter, die einen arbeitsrechtlichen Sonderstatus besitzen, wie z. B. Betriebsratsmitglieder, schwangere Mitarbeiterinnen, Mitarbeiter im Mutterschutz oder Erziehungsurlaub oder Schwerbehinderte.
> ✔ Zeitarbeitsverträge.
> ✔ Verträge über Ausbildungs- und Praktikantenverhältnisse.
> ✔ Heimarbeiter.
> ✔ Verträge mit arbeitnehmerähnlichen Personen.
> ✔ Verträge mit freien Mitarbeitern.
> ✔ Betriebsvereinbarungen über Sozialleistungen und Gratifikationen.
> ✔ Betriebsvereinbarungen über arbeitsorganisatorische Maßnahmen.

7.2 Reduzierung der Personalkosten

7.2.1 Reduzierung des arbeitsvertraglichen Entgelts

Die Reduzierung des Arbeitsentgelts ist, soweit nicht eine tarifliche Bindung dies untersagt, nur aufgrund eines Änderungsvertrags mit dem Arbeitnehmer oder durch Änderungskündigung möglich. Eine Änderungskündigung zur Reduzierung des Arbeitsentgelts ist jedoch bei Anwendung des Kündigungsschutzgesetzes nur sozial gerechtfertigt, wenn der Arbeitgeber darlegen kann, dass bei Fortzahlung der ursprünglichen Vergütung die wirtschaftliche Existenz des Betriebes bedroht ist oder Arbeitsplätze gefährdet sind und das wirtschaftliche Überleben durch die Entgeltreduzierung gesichert wird. Hat ein Arbeitgeber einzelvertraglich eine höhere übertarifliche Vergütung zugesagt, ist es ihm verwehrt, unter Berufung auf den Gleichbehandlungsgrundsatz eine Änderungskündigung zwecks Reduzierung auf das Tarifniveau auszusprechen. Ist eine Entgeltredu-

Reduzierung in der Regel nur durch Änderungsvertrag oder Änderungskündigung zierung mittels Änderungskündigung durch dringende betriebliche Erfordernisse gerechtfertigt, muss eine gleichmäßige Reduzierung bei allen Arbeitnehmern erfolgen. Vorübergehende wirtschaftliche Verluste rechtfertigen keine Entgeltsenkung auf Dauer.

Reduzierung von Gratifikationen

Soweit Gratifikationen, wie z. B. Weihnachtsgeld und Urlaubsgeld, reduziert oder beendet werden sollen, kommt es für die Änderung darauf an, wodurch der Gratifikationsanspruch begründet worden ist. Ein Gratifikationsanspruch kann sich aus einem Tarifvertrag, einer Betriebsvereinbarung, einer arbeitsvertraglichen Zusage oder einer betrieblichen Übung ergeben. Ist der Anspruch durch Tarifvertrag begründet worden, ist eine Änderung oder Aufhebung nur auf der Grundlage des Tarifvertrags und des Tarifvertragsgesetzes möglich. Ergibt sich der Gratifikationsanspruch aus einer arbeitsvertraglichen Zusage, setzt die Änderung oder Beendigung eine entsprechende Änderungskündigung voraus. Ist der Gratifikationsanspruch durch eine betriebliche Übung entstanden, kann der Anspruch, soweit nicht ein Freiwilligkeits- oder Widerrufsvorbehalt besteht, für die Zukunft ebenfalls nur durch Änderungsvereinbarung oder Änderungskündigung reduziert oder beseitigt werden.

7.2.2 Reduzierung von Leistungen, die durch Betriebsvereinbarung zugesagt sind

Kündigung von Betriebsvereinbarungen

Eine Leistung des Arbeitgebers, die durch eine Betriebsvereinbarung zugesagt ist, kann durch eine nachfolgende Betriebsvereinbarung reduziert werden. Dabei sind jedoch die Grundsätze der Verhältnismäßigkeit und des Vertrauensschutzes zu berücksichtigen. Soweit keine andere Regelung vereinbart ist, sind Betriebsvereinbarungen mit einer Frist von drei Monaten kündbar (§ 77 Abs. 5 BetrVG). Auch hier gilt, dass bei einem Eingriff in Besitzstände die Grundsätze der Verhältnismäßigkeit und des Vertrauensschutzes zu berücksichtigen sind.

Eine Betriebsvereinbarung kann ohne Rücksicht auf gesetzliche oder anderweitig vereinbarte Kündigungsfristen stets fristlos aus wichtigem Grund gekündigt werden, wenn Gründe vorliegen, die unter Berücksichtigung aller Umstände und unter Abwägung der Interessen der Betroffenen, nämlich des Arbeitgebers, der Arbeitnehmer und des Betriebsrats, ein Festhalten an der Betriebsvereinbarung bis zum Ablauf der Kündigungsfrist als nicht zumutbar erscheinen lassen. Dies gilt auch für befristete Betriebsvereinbarungen. An die Gründe für eine fristlose Kündigung sind strenge Anforderungen zu stellen.

7.2.3 Reduzierung von Leistungen, die durch Tarifvertrag zugesagt sind

Die Bedingungen eines Tarifvertrags sind für die Arbeitsverhältnisse im Unternehmen maßgebend, wenn eine Tarifgebundenheit i.S. von § 3 Abs. 1 TVG vorliegt. Dies ist der Fall, wenn zwischen der Gewerkschaft und dem Arbeitgeberverband (bzw. dem Arbeitgeber direkt) ein Tarifvertrag vereinbart ist. Die Tarifgebundenheit besteht für die Mitglieder, d.h. zwischen den Arbeitnehmern, die Gewerkschaftsmitglieder sind, und dem Arbeitgeber, der Mitglied im Arbeitgeberverband ist. Eine Tarifgebundenheit liegt aber auch dann vor, wenn ein Tarifvertrag für allgemein verbindlich erklärt wurde (§ 5 TVG).

Änderungen der in einem solchen Vertrag geregelten Bestimmungen können nur nach Maßgabe der dort geregelten Voraussetzungen, insbesondere durch die Änderung oder Ergänzung des für die Arbeitsverhältnisse geltenden Tarifvertrags erfolgen. Dies geschieht dann meist durch den Abschluss eines speziellen Haustarifvertrags.

7.2.4 Reduzierung von Leistungen, die durch vertragliche Verweisung auf tarifvertragliche Regelungen zugesagt sind

Viele Arbeitsverträge regeln individuell nur wenige Punkte, wie z.B. Art und Ort der zu erbringenden Arbeitsleistung und Zeitpunkt des Beginns des Arbeitsverhältnisses und verweisen im übrigen auf den jeweils für diese Branche gültigen Flächentarifvertrag.

Für die Änderung dieser durch Verweisung entstandenen arbeitsrechtlichen Regelungen gibt es verschiedene Wege, nämlich
- der Abschluss eines individuellen Änderungsvertrags mit dem Arbeitnehmer,
- der Ausspruch einer Änderungskündigung,
- die Vereinbarung von Änderungen des Tarifvertrags mit den Tarifvertragsparteien, z.B. durch Abschluss eines Haustarifvertrags.

7.3 Die betriebsbedingten Kündigungen

In der Regel unterliegen die Unternehmen den Kündigungsschutzregeln des Kündigungsschutzgesetzes. Die Regelungen des Kündigungsschutzgesetzes, die die Kündigungsmöglichkeiten beschränken, gelten nicht für Betriebe und Verwaltungen, in denen in der Regel fünf oder weniger Arbeitnehmer ausschließlich der zu ihrer Berufsausbildung Beschäftigten beschäftigt werden (§ 23 Abs. 1 Satz 2 KSchG). In Betrieben und Verwaltungen, in denen in der Regel zehn oder weniger Arbeitnehmer ausschließlich

In der Regel Anwendbarkeit des Kündigungsschutzes

der zu ihrer Berufsausbildung Beschäftigten beschäftigt werden, gelten diese Regelungen nicht für Arbeitnehmer, deren Arbeitsverhältnis nach dem 31.12.2003 begonnen hat; diese Arbeitnehmer sind bei der Feststellung der Zahl der beschäftigten Arbeitnehmer nach § 23 Abs. 1 Satz 2 KSchG bis zur Beschäftigung von in der Regel zehn Arbeitnehmern nicht zu berücksichtigen (§ 23 Abs. 1 Satz 3 KSchG). Hiernach sind bei der Feststellung der Zahl der Beschäftigten Arbeitnehmer mit einer regelmäßigen wöchentlichen Arbeitszeit von nicht mehr als 20 Stunden mit 0,5 und nicht mehr als 30 Stunden mit 0,75 zu berücksichtigen (§ 23 Abs. 1 Satz 4 KSchG).

Unwirksamkeit sozial ungerechtfertigter Kündigungen

Kündigungen von Arbeitsverhältnissen zur Reaktion auf Veränderungen der Stellung des Unternehmens im Markt führen zu betriebsbedingten Kündigungen. Insbesondere hierbei sind zahlreiche spezielle arbeitsrechtliche Vorschriften zu beachten. So ist die Kündigung eines Arbeitsverhältnisses gegenüber einem Arbeitnehmer, dessen Arbeitsverhältnis in demselben Betrieb oder Unternehmen ohne Unterbrechung länger als sechs Monate bestanden hat, rechtsunwirksam, wenn sie sozial ungerechtfertigt ist (§ 1 Abs. 1 Satz 1 KSchG). Sozial ungerechtfertigt ist die Kündigung, wenn sie nicht durch Gründe, die in der Person oder in dem Verhalten des Arbeitnehmers liegen, oder durch dringende betriebliche Erfordernisse, die einer Weiterbeschäftigung des Arbeitnehmers in diesem Betrieb entgegenstehen, bedingt ist (§ 1 Abs. 2 Satz 1 KSchG). Diese betrieblichen Gründe müssen zum Wegfall der Beschäftigungsmöglichkeit führen.

Die Kündigung ist in Betrieben des privaten Rechts auch sozial ungerechtfertigt, wenn
- die Kündigung gegen eine Richtlinie nach § 95 BetrVG verstößt,
- der Arbeitnehmer an einem anderen Arbeitsplatz in demselben Betrieb oder in einem anderen Betrieb des Unternehmens weiterbeschäftigt werden kann

und der Betriebsrat oder eine andere nach dem Betriebsverfassungsgesetz insoweit zuständige Vertretung der Arbeitnehmer aus einem dieser Gründe der Kündigung innerhalb der Frist des § 102 Abs. 2 Satz 1 BetrVG schriftlich widersprochen hat (§ 1 Abs. 1 Satz 2, Ziffer 1 KSchG).

7.3.1 Dringende betriebliche Erfordernisse

Kündigung im Interesse des Betriebs notwendig

Die betrieblichen Erfordernisse für die Kündigung müssen »dringend« sein. Sie müssen eine Kündigung im Interesse des Betriebs notwendig machen. Dies ist gegeben, wenn es dem Arbeitgeber nicht möglich ist, der betrieblichen Lage durch andere Maßnahmen auf technischem, organisatorischem oder wirtschaftlichem Gebiet als durch eine Kündigung zu entsprechen. Die Kündigung muss wegen der betrieblichen Lage unvermeidbar sein.

Ein dringendes betriebliches Bedürfnis ist dann nicht gegeben, wenn der Arbeitnehmer auf einen anderen freien, gleichwertigen Arbeitsplatz im Betrieb versetzt werden kann.

7.3.2 Soziale Auswahl

Ist einem Arbeitnehmer aus dringenden betrieblichen Erfordernissen gekündigt worden, so ist die Kündigung trotzdem sozial ungerechtfertigt, wenn der Arbeitgeber bei der Auswahl des Arbeitnehmers soziale Gesichtspunkte nicht oder nicht ausreichend berücksichtigt hat (§ 1 Abs. 3 Satz 1 KSchG). Im Rahmen der sozialen Auswahl ist unter mehreren vergleichbaren Arbeitnehmern derjenige zu entlassen, der nach seinen Sozialdaten des geringsten Schutzes bedarf. Zu bewerten ist mithin das Gewicht der zu berücksichtigenden Sozialdaten. Unberücksichtigt bleiben dagegen betriebliche Belange. Im Rahmen der Sozialauswahl sind nach § 1 Abs. 3 Satz 1 KSchG vier Grundtatbestände zu berücksichtigen, nämlich

Vorrangige Kündigung des Arbeitnehmers, der nach seinen Sozialdaten des geringsten Schutzes bedarf

- die Dauer der Betriebszugehörigkeit,
- das Lebensalter,
- die Unterhaltspflichten und
- die Schwerbehinderung des Arbeitnehmers.

Gewichtung der Sozialdaten

Der Arbeitgeber ist verpflichtet, die Sozialdaten zu erforschen. Entscheidend sind die tatsächlichen Verhältnisse und nicht etwa der Inhalt der Personalakte.

Der Arbeitgeber ist gemäß § 1 Abs. 3 Satz 2 KSchG befugt, bestimmte Mitarbeiter nicht in die Sozialauswahl mit einzubeziehen, deren Weiterbeschäftigung, insbesondere wegen ihrer Kenntnisse, Fähigkeiten und Leistungen oder zur Sicherung einer ausgewogenen Personalstruktur des Betriebs im berechtigten betrieblichen Interesse liegt.

Gemäß § 1 Abs. 5 KSchG ist es möglich, im Rahmen eines Interessenausgleichs oder Sozialplans Namenslisten aufzustellen. In diesem Falle wird vermutet, dass die Kündigung durch dringende betriebliche Erfordernisse im Sinne des § 1 Abs. 2 KSchG bedingt ist.

7.3.3 Notfalls: Beendigung des Arbeitsverhältnisses im Kündigungsschutzprozess

Ist die Kündigung sozialwidrig, so ist sie unwirksam. Die Unwirksamkeit wird jedoch geheilt, wenn der Arbeitnehmer nicht binnen einer Frist von drei Wochen seit Zugang der Kündigung Klage auf Feststellung ihrer Unwirksamkeit erhebt (§§ 4, 7 KSchG).

Heilung der Unwirksamkeit der Kündigung beim Versäumen der Klagefrist

Abfindungszahlung zur Risikominimierung

In vielen Fällen rufen die Betroffenen die Arbeitsgerichte durch Erhebung einer Kündigungsschutzklage an, weil bei den einzelnen Voraussetzungen für die betriebsbedingte Kündigung in der Regel aus der Sicht des Arbeitnehmers eine andere Beurteilung des Sachverhalts dargelegt werden kann. Die mündliche Verhandlung vor dem Arbeitsgericht beginnt mit einer Güteverhandlung, nämlich mit einer Verhandlung vor dem Vorsitzenden zum Zwecke der gütlichen Einigung der Parteien (§ 54 Abs. 1 ArbGG). Das Unternehmen wird im Gütetermin aus wirtschaftlichen Gründen und aus Gründen der Risikominimierung, wenn, wie in der Regel die Beurteilung der Wirksamkeit der Kündigung strittig ist, kaum umhin kommen, dem klagenden Arbeitnehmer eine Abfindung anzubieten. Denn führt er die Klage durch und verliert er diese, womöglich erst in zweiter oder dritter Instanz, hat der Arbeitgeber die gesamte Vergütung an den Arbeitnehmer nachzuzahlen, soweit sich dieser nicht Beträge nach Maßgabe des § 11 KSchG anrechnen lassen muss. Anrechnen muss sich der Arbeitnehmer das lassen, was er durch anderweitige Arbeit verdient hat und was er hätte verdienen können, wenn er nicht böswillig unterlassen hätte, eine ihm zumutbare Arbeit anzunehmen.

Das Unternehmen muss daher bereits bei Ausspruch der Kündigung solche Abfindungen in der Liquiditätsplanung berücksichtigen, so dass selbst bei einer im Ergebnis erfolgreichen Beendigung des Arbeitsverhältnisses eine wirtschaftliche Entlastung in der Liquidität erst viele Monate später eintritt.

Wird das Verfahren vor dem Arbeitsgericht nicht im Gütetermin verglichen und hält das Gericht die Kündigung für sozialwidrig, weil keine Kündigungsgründe vorlagen oder dem Arbeitgeber deren Nachweis nicht gelungen ist, so stellt das Gericht, sofern Auflösungsanträge nach den §§ 9, 10 KSchG nicht gestellt sind, fest, dass das Arbeitsverhältnis durch die Kündigung nicht aufgelöst worden ist. Hat das Arbeitsgericht festgestellt, dass das Arbeitsverhältnis durch die Kündigung des Arbeitgebers nicht aufgelöst ist und hat es auch nicht selbst gemäß §§ 9, 10 KSchG das Arbeitsverhältnis aufgelöst, so ist der Arbeitgeber in der Regel zur Fortzahlung der Arbeitsvergütung verpflichtet. Dies kann dann besonders teuer werden, insbesondere wenn der Arbeitnehmer arbeitslos war, da an ihn bzw. an die Agentur für Arbeit in Höhe des von ihr geleisteten Arbeitslosengeldes in diesem Falle die gesamte vereinbarte Vergütung gezahlt werden muss, obwohl der Arbeitnehmer eine Arbeitsleistung nicht erbracht hat. Denn der Arbeitgeber befand sich in Annahmeverzug der Leistung des Arbeitnehmers. Das Angebot der Leistung seitens des Arbeitnehmers ist dabei bereits in der Erhebung der Kündigungsschutzklage zu erkennen.

Stellt das Gericht fest, dass das Arbeitsverhältnis durch die Kündigung nicht aufgelöst ist, ist jedoch dem Arbeitnehmer die Fortsetzung des Arbeitsverhältnisses nicht zuzumuten, so hat das Gericht auf Antrag des Arbeitnehmers das Arbeitsverhältnis aufzulösen und den Arbeitgeber zur Zahlung einer angemessenen Abfindung zu verurteilen (§ 9 Abs. 1 Satz 1 KSchG). Die gleiche Entscheidung hat das Gericht auf Antrag des Arbeitgebers zu treffen, wenn Gründe vorliegen, die eine den Betriebszwecken dienliche weitere Zusammenarbeit zwischen Arbeitgeber und Arbeitnehmer nicht erwarten lassen (§ 9 Abs. 1 Satz 2 KSchG).

Auflösung des Arbeitsverhältnisses durch Urteil gegen Abfindung

Als Abfindung ist ein Betrag bis zu zwölf Monatsverdiensten festzusetzen (§ 10 Abs. 1 KSchG). Besteht nach der Entscheidung des Gerichts das Arbeitsverhältnis fort, so muss sich der Arbeitnehmer auf das Arbeitsentgelt, das ihm der Arbeitgeber für die Zeit nach der Entlassung schuldet, auch hier anrechnen lassen, was er durch anderweitige Arbeit verdient hat und was er hätte verdienen können, wenn er nicht böswillig unterlassen hätte, eine ihm zumutbare Arbeit anzunehmen (§ 11 KSchG).

Damit kann sich der Arbeitgeber über einen solchen Auflösungsantrag ebenfalls vom Arbeitsverhältnis befreien, allerdings auch hier nur gegen Zahlung einer Abfindung.

Checkliste

Diese Kriterien bei der Kündigung von Arbeitnehmern aus betriebsbedingten Gründen, wenn für den Betrieb das Kündigungsschutzgesetz anwendbar ist, sind zu beachten:

- ✔ Ist der Arbeitsplatz weggefallen?
- ✔ Ist eine soziale Auswahl erfolgt?
- ✔ Sind Abfindungen für einen Vergleich mit dem gekündigten Arbeitnehmer im Falle eines Kündigungsschutzprozesses einkalkuliert?
- ✔ Ist geprüft, welches Risiko für eine Lohnfortzahlung im Falle des Unterliegens im Kündigungsschutzprozess besteht, insbesondere ob der gekündigte Arbeitnehmer arbeitslos ist oder seine Arbeitskraft anderweitig einsetzt?
- ✔ Ist im Kündigungsschutzprozess ein Antrag auf Aufhebung des Arbeitsverhältnisses für den Fall der Unwirksamkeit der Kündigung gestellt?

7.4 Massenkündigungen

Marktpolitische Gesichtspunkte erschweren Massenkündigungen

Will der Arbeitgeber Massenkündigungen aussprechen, so hat er weitere gesetzliche Vorschriften, die insbesondere unter marktpolitischen Gesichtspunkten erlassen worden sind, zu beachten. Sind grundsätzliche Änderungen im Arbeitsbereich vorzunehmen, liegen die Voraussetzung für eine Massenkündigung schnell vor. So liegt bereits bei Betrieben, die in der Regel mehr als 20 und weniger als 60 Arbeitnehmer beschäftigen, eine Massenkündigung vor, wenn mehr als fünf Arbeitnehmer innerhalb von 30 Kalendertagen entlassen werden sollen (§ 17 Abs. 1 Nr. 1 KSchG). Beschäftigt der Betrieb in der Regel mehr als 500 Arbeitnehmer liegt eine Massenkündigung bereits bei mindestens 30 betroffenen Arbeitnehmern vor (§ 17 Abs. 1 Nr. 3 KSchG). Zwischen diesen beiden Positionen liegt eine Massenkündigung vor, wenn mindestens 10 % der Beschäftigten oder aber mehr als 25 Arbeitnehmer innerhalb von 30 Kalendertagen entlassen werden sollen (§ 17 Abs. 1 Nr. 2 KSchG).

Liegt eine Massenkündigung vor, hat der Arbeitgeber der Agentur für Arbeit Anzeige von der Absicht einer solchen Anzahl von Kündigungen zu machen. Die ordnungsgemäße Anzeige der beabsichtigten Massenentlassung gegenüber der Agentur für Arbeit setzt gemäß § 18 Abs. 1 KSchG eine einmonatige Sperrfrist in Lauf, die von ihr auf zwei Monate verlängert werden kann (§ 18 Abs. 2 KSchG). Innerhalb der Sperrfrist können Entlassungen nur mit ausdrücklicher Zustimmung der Agentur für Arbiet erfolgen (§ 18 Abs. 1 KSchG).

Vorbereitungsarbeiten für eine Massenkündigung

Um eine Massenkündigung wirksam durchführen zu können, sind insbesondere folgende Vorbereitungsarbeiten erforderlich:

Mitwirken des Betriebsrats gemäß den §§ 92, 111 ff. BetrVG

- Mitwirkung des Betriebsrats gemäß den §§ 92, 111 ff. BetrVG: Danach hat der Arbeitgeber den Betriebsrat über die Personalplanung, insbesondere über den gegenwärtigen und künftigen Personalbedarf sowie über die sich daraus ergebenden personellen Maßnahmen und Maßnahmen der Berufsbildung an Hand von Unterlagen rechtzeitig und umfassend zu informieren. Er hat mit dem Betriebsrat über Art und Umfang der erforderlichen Maßnahmen und über die Vermeidung von Härten zu beraten. Der Betriebsrat kann dem Arbeitgeber u. a. Vorschläge für die Einführung einer Personalplanung und ihrer Durchführung machen.

Beteiligung des Wirtschaftsausschusses

- Beteiligung des Wirtschaftsausschusses gemäß § 106 BetrVG: Nach § 106 Abs. 1 Satz 1 BetrVG ist in allen Unternehmen mit in der Regel mehr als einhundert ständig beschäftigten Arbeitnehmern ein Wirtschaftsausschuss zu bilden. Dieser hat die Aufgabe, wirtschaftliche Angelegenheiten mit dem Unternehmer zu beraten und den Betriebsrat zu unterrichten (§ 106 Abs. 1 Satz 2 BetrVG).

- Mitwirkung des Betriebsrats gemäß § 17 Abs. 2 KSchG: Danach hat der Arbeitgeber dem Betriebsrat rechtzeitig die zweckdienlichen Auskünfte zu erteilen und ihn schriftlich insbesondere zu unterrichten über die Gründe für die geplanten Entlassungen, die Zahl und die Berufsgruppen der zu entlassenden Arbeitnehmer, die Zahl und die Berufsgruppen der in der Regel beschäftigten Arbeitnehmer, den Zeitraum, in dem die Entlassungen vorgenommen werden sollen, die vorgesehenen Kriterien für die Auswahl der zu entlassenden Arbeitnehmer und die für die Berechnung etwaiger Abfindungen vorgesehenen Kriterien. Ferner haben Arbeitgeber und Betriebsrat insbesondere die Möglichkeiten zu beraten, Entlassungen zu vermeiden oder einzuschränken und ihre Folgen zu mildern. *(Mitwirkung des Betriebsrats gemäß § 17 Abs. 2 KSchG)*
- Anzeige nebst Stellungnahme des Betriebsrats an die Agentur für Arbeit gemäß § 17 Abs. 3 KSchG: Danach hat der Arbeitgeber gleichzeitig der Agentur für Arbeit eine Abschrift der Mitteilung an den Betriebsrat zuzuleiten. Die Anzeige an die Agentur für Arbeit über die beabsichtigten Kündigungen ist unter Beifügung der Stellungnahme des Betriebsrats zu den Entlassungen zu erstatten. Liegt eine Stellungnahme des Betriebsrats nicht vor, so ist die Anzeige wirksam, wenn der Arbeitgeber glaubhaft macht, dass er den Betriebsrat mindestens zwei Wochen vor Erstattung der Anzeige an ihn unterrichtet hat und er den Stand der Beratungen darlegt (§ 17 Abs. 3 Satz 3 KSchG). *(Anzeige an die Agentur für Arbeit gemäß § 17 Abs. 3 KSchG)*
- Weitere Stellungnahme des Betriebsrats an die Agentur für Arbeit gemäß § 17 Abs. 3 Satz 7 KSchG: Nach dieser Vorschrift kann der Betriebsrat gegenüber der Agentur für Arbeit weitere Stellungnahmen abgeben.
- Anhörung von Arbeitgeber und Betriebsrat durch die Agentur für Arbeit gemäß § 20 Abs. 3 Satz 1 KSchG: Danach hat die Agentur für Arbeit vor seiner Entscheidung den Arbeitgeber und den Betriebsrat anzuhören.
- Entscheidung der Agentur für Arbeit über Sperrzeitverkürzung oder -verlängerung gemäß § 18 Abs. 1 und 2 KSchG oder Zulässigkeit von Kurzarbeit gemäß § 19 Abs. 1 KSchG.
- Anhörung des Betriebsrats gemäß § 102 BetrVG: Danach ist der Betriebsrat vor jeder Kündigung unter Mitteilung der Gründe vom Arbeitgeber zu hören. *(Anhörung des Betriebsrats vor jeder Kündigung)*

Erst danach können die Kündigungen ausgesprochen werden.

7.5 Erfolgsorientierte Vergütungsmodelle

7.5.1 Ergebnisbezogene Vergütungsmodelle

Häufig sind Arbeitgeber im Rahmen der Sanierung des Unternehmens bestrebt, die Arbeitsleistung in Höhe eines nicht unerheblichen Anteils erfolgsbezogen zu vergüten. Dabei kann die Vergütung am Gewinn, am Rohertrag, am Umsatz oder an einer anderen betrieblichen Kennzahl ansetzen. Dem Arbeitnehmer wird in Aussicht gestellt, dass er bei entsprechendem positiven Erfolg mit diesem Vergütungsmodell eine höhere Vergütung erhalten könne als bisher. Allerdings kann der Arbeitnehmer mit seiner Vergütung auch auf eine geringere Vergütung, z. B. in Höhe einer niedrigen Mindestvergütung, absinken, wenn der Erfolg ausbleibt. Das Interesse des Arbeitgebers ist davon geprägt, seine Mitarbeiter zu motivieren, erfolgsbezogen für das Unternehmen tätig zu sein. Wenn die entsprechenden Arbeitserfolge eintreten, ist es für den Arbeitgeber dann auch nicht schwer, die höhere Vergütung zu bezahlen.

Ergebnisorientierte Vergütungsmodelle durch Vertragsänderung

Die Einführung eines solchen erfolgsorientierten Vergütungsmodells kann nicht einseitig angeordnet werden, sondern nur durch Vertragsänderung erfolgen. Ob es zu einem solchen Änderungsvertrag kommen wird, hängt meist davon ab, wie hoch die Mindestvergütung vereinbart werden soll und ob der Arbeitnehmer mit dieser Mindestvergütung in der Lage ist, seinen laufenden Unterhalt finanzieren zu können.

7.5.2 Unternehmensbeteiligung

Mitarbeiterbeteiligung

Mit Unternehmensbeteiligungen an Mitarbeiter können erhebliche Anreize geschaffen werden, dass die Mitarbeiter im Unternehmen verbleiben und nicht nur ihre Arbeitsleistung erbringen, sondern motiviert genug sind, sich mit Engagement und Ideen für den Erfolg des Unternehmens einzusetzen und von nun an mehr als Unternehmer denken. Vor allem die Beteiligung der leitenden Mitarbeiter und Know-how-Träger am Unternehmen stellt eine wesentliche Sanierungsmaßnahme dar, weil diese Maßnahme in der Regel das Entstehen von Krisen, die zur Sanierungsbedürftigkeit des Unternehmens führen, verhindert.

Ferner können Mitarbeiterbeteiligungen auch zur Verringerung der Belastung des Unternehmens mit Personalkosten führen, wenn, wie eben zu den erfolgsorientierten Vergütungsmodellen beschrieben, ein bestimmter Teil der Vergütung für die Arbeitsleistung nur gezahlt wird, wenn das Unternehmen auch Gewinne erzielt oder wenn der Erfolg des Unternehmens in anderer Weise eintritt. Mit dem Modell der Unternehmensbeteiligung können auch generelle

Gehaltsabsenkungen honoriert werden, indem an die Stelle der abgesenkten Beträge Mitarbeiterbeteiligungen treten.

Die Art und Weise der Unternehmensbeteiligungen hängt zunächst von der Rechtsform des Unternehmens ab. Handelt es sich bei dem Unternehmen um eine Aktiengesellschaft, so kann die Mitarbeiterbeteiligung in Form von Aktien erfolgen. Bei börsennotierten Aktiengesellschaften werden die Mitarbeiteraktien in der Regel an der Börse als eigene Aktien zur Ausgabe an die Mitarbeiter erworben. Bei nicht börsennotierten Aktiengesellschaften werden die Mitarbeiteraktien von einem Gesellschafter, meist dem Mehrheitsgesellschafter, oder aus dem Bestand eigener Aktien durch die Aktiengesellschaft ausgegeben. *Mitarbeiterbeteiligungen als Aktienbeteiligungen*

Meist werden die zu sanierenden Unternehmen aber in einer anderen Rechtsform geführt, meist als GmbH. In diesen Fällen werden die Inhaber wenig geneigt sein, Mitarbeiterbeteiligungen als GmbH-Beteiligungen an alle Mitarbeiter auszugeben. Denn bei der GmbH verfügt jeder Gesellschafter über weitgehende Informationsrechte und Rechte zur Einsicht in alle Geschäftsunterlagen. Eine solche Offenlegung aller unternehmerischen Details gegenüber der gesamten Belegschaft ist meist nicht gewollt, zumal mit zunehmender Anzahl von Mitarbeiter-Beteiligungen der Schutz der Betriebsgeheimnisse immer schwieriger wird. Hinzu kommt, dass jede Übertragung von GmbH-Beteiligungen der notariellen Beurkundung bedarf, was aufwändig und teuer ist. Eine Mitarbeiterbeteiligung als GmbH-Beteiligung findet daher meist nur im Bereich des engsten Führungskreises der GmbH statt. *Mitarbeiterbeteiligungen als GmbH-Beteiligungen*

Vielfach werden Unternehmen in der Rechtsform der GmbH & Co. KG geführt. Die Beteiligung von Mitarbeitern in einer größeren Anzahl als Kommanditisten scheitert aber meist bereits daran, dass alle Kommanditisten im Handelsregister einzutragen sind und jeder Änderung einer Eintragung im Handelsregister zustimmen müssen. Dieser hohe formale Aufwand könnte zwar einerseits dadurch abgeschwächt werden, dass die Beteiligungen der Mitarbeiter insgesamt durch einen Treuhänder gehalten werden oder dass, falls jeder Mitarbeiter im Handelsregister eingetragen werden würde, dieser der Komplementär-GmbH eine generelle Handelsregistervollmacht erteilt. Aber durch solche Maßnahmen würde die Beteiligung der Mitarbeiter erheblich kompliziert werden und einen nicht unerheblichen Teil der Motivation nehmen, die mit einer solchen Beteiligung bezweckt werden sollte, weil dadurch die Beteiligung als »Beteiligung zweiter Klasse« gefühlt werden würde. Hinzu käme, dass eine Kommanditbeteiligung steuerlich eine Mitunternehmerschaft darstellt und die Mischung von Arbeitsverhältnis und Mitunternehmerschaft nicht unwesentliche rechtliche Implikationen und rechtliche Unsicherheiten beinhaltet. *Mitarbeiterbeteiligungen als KG-Beteiligungen*

Mitarbeiterbeteiligungen als stille Beteiligungen

Eine oft praktizierte und von den Mitarbeitern gut angenommene Form der Mitarbeiterbeteiligung stellt die stille Beteiligung am Unternehmen dar. Die Mitarbeiterbeteiligung kann sehr flexibel formuliert werden, weil es sich bei der stillen Beteiligung um eine sehr dynamische Rechtsform handelt. Die Beteiligung kann z.B. nur als Beteiligung am Ertrag des Unternehmens ausgestaltet sein. Zusätzlich kann auch eine Beteiligung am Vermögen erfolgen. Die Mitarbeiterbeteiligung kann auch in der Weise ausgestaltet sein, dass die Führungskräfte des Unternehmens eine sogenannte atypisch stille Beteiligung erhalten, denen zusätzlich zur Beteiligung am Gewinn und Vermögen des Unternehmens bestimmte unternehmerische Mitentscheidungen eingeräumt werden, z.B. als Widerspruchsrechte gegen bestimmte Entscheidungen oder als Zustimmungsrechte bei wesentlichen Geschäften.

7.6 Versetzungen

Vielfach bedingen Unternehmenssanierungen, dass Arbeitnehmer in anderen Funktionen oder an anderen Orten als bisher tätig werden sollen. Dabei stellt sich die Frage, ob diese Maßnahme aufgrund des Direktionsrechts des Arbeitgebers einseitig angeordnet werden kann oder ob hierzu eine Vertragsänderung, z.B. durch Änderungsvertrag oder durch Änderungskündigung notwendig ist. Entscheidend hierfür ist die konkrete Vereinbarung im Arbeitsvertrag. Ist dort vereinbart, dass die Arbeitsleistung an einem bestimmten Ort durchzuführen ist oder dass sie in einer bestimmten Funktion im Unternehmen oder für eine bestimmte Aufgabe zu erbringen ist, scheidet eine Versetzung aufgrund einseitiger Anordnung des Arbeitgebers aus. Notwendig hierzu ist eine Vertragsänderung.

7.7 Interessenausgleich, Sozialplan

Unterrichtung des Betriebsrats über Betriebsänderungen

Nach § 111 Satz 1 BetrVG hat der Arbeitgeber in Betrieben mit in der Regel mehr als zwanzig wahlberechtigten Arbeitnehmern den Betriebsrat über geplante Betriebsänderungen, die wesentliche Nachteile für die Belegschaft oder erhebliche Teile der Belegschaft zur Folge haben können, rechtzeitig und umfassend zu unterrichten und die geplanten Betriebsänderungen mit dem Betriebsrat zu beraten. Als solche Betriebsänderungen gelten gemäß § 111 Satz 2 BetrVG

Definition der Betriebsänderungen

- die Einschränkung und Stilllegung des ganzen Betriebs oder von wesentlichen Betriebsteilen,

- die Verlegung des ganzen Betriebs oder von wesentlichen Betriebsteilen,
- der Zusammenschluss mit anderen Betrieben oder die Spaltung von Betrieben,
- grundlegende Änderungen der Betriebsorganisation, des Betriebszwecks oder der Betriebsanlagen, und
- die Einführung grundlegend neuer Arbeitsmethoden und Fertigungsverfahren.

Gegenstand der Beratung mit dem Betriebsrat ist das Ob, Wann und Wie der Betriebsänderung. Ziel der Beratung ist es, mit dem ernsthaften Willen der Verständigung (§ 74 Abs. 1 BetrVG) die Interessen des Arbeitgebers an einer wirtschaftlichen Fortführung des Betriebs mit denen der Arbeitnehmer an der Erhaltung ihrer Arbeitsplätze und Arbeitsbedingungen auszugleichen. Inhalt, Form und Verfahren für diesen Interessenausgleich sind insbesondere in § 112 BetrVG geregelt. *Gegenstand der Beratungen mit dem Betriebsrat*

Kommt ein Interessenausgleich über die geplante Betriebsänderung oder eine Einigung über den Sozialplan nicht zustande, so können der Unternehmer oder der Betriebsrat den Vorstand der Bundesagentur für Arbeit um Vermittlung ersuchen (§ 112 Abs. 2 Satz 1 BetrVG). Geschieht dies nicht oder bleibt der Vermittlungsversuch ergebnislos, so können der Unternehmer oder der Betriebsrat die Einigungsstelle anrufen (§ 112 Abs. 2 Satz 2 BetrVG). Der Interessensausgleich nach § 112 BetrVG unterliegt jedoch nicht der erzwingbaren Mitbestimmung. Die Einigungsstelle kann den Interessensausgleich nicht gegen den Willen von Betriebsrat und Arbeitgeber beschließen. *Vermittlung durch die Bundesagentur für Arbeit*

Besteht eine geplante Betriebsänderung bei Einschränkung und Stilllegung des ganzen Betriebs oder von wesentlichen Betriebsteilen allein in der Entlassung von Arbeitnehmern und sind dadurch eine in § 112a Abs. 1 BetrVG näher bezeichnete Anzahl von Arbeitnehmern betroffen, muss mit dem Betriebsrat vor Durchführung der Massenentlassung ein Sozialplan vereinbart werden. Hierdurch muss der Arbeitgeber mit dem Betriebsrat eine Einigung über den Ausgleich oder die Milderung der wirtschaftlichen Nachteile herbeiführen, die den Arbeitnehmern infolge der geplanten Betriebsänderung entstehen. Der Sozialplan knüpft an die Folgen der Betriebsänderung an und soll sie für die Betroffenen sozial verträglich gestalten. Insbesondere soll dadurch ein Ausgleich für den Verlust des Arbeitsplatzes gewährt werden. Der Abschluss eines Sozialplans gehört zur erzwingbaren Mitbestimmung. Er kann durch die Einigungsstelle beschlossen werden (§ 112 Abs. 4 BetrVG). Der Spruch der Einigungsstelle ersetzt die fehlende Einigung der Betriebspartner. *Sozialplan*

Beschluss durch Einigungsstelle

Der Sozialplan hat die Wirkung einer Betriebsvereinbarung (§ 112 Abs. 1 Satz 3 BetrVG). Für die einzelnen Arbeitnehmern schafft er unmittelbar einklagbare Ansprüche gegen den Arbeitgeber.

In betriebsratslosen Betrieben besteht keine Pflicht zur Verhandlung über einen Interessenausgleich oder einen Sozialplan.

7.8 Kurzarbeit

Vorübergehende Absatzschwierigkeiten oder Produktionsstörungen

Sind vorübergehende Absatzschwierigkeiten oder Produktionsstörungen für die Unternehmenskrise ursächlich, kommt auch eine zeitweise Durchführung von Kurzarbeit in Betracht. Eine Kurzarbeit kann auch Teil eines Sanierungsplans sein, wenn nämlich unter Aufrechterhaltung des Mitarbeiterbestandes unwirtschaftliche Teile eines Unternehmens eingestellt und wirtschaftliche Teile des Unternehmens gefördert und ausgebaut werden sollen. In der Übergangsphase ist dann der Arbeitsanfall reduziert, so dass zur Einsparung von Kosten Kurzarbeit eingeführt wird.

Vorübergehende Verkürzung der betriebsüblichen normalen Arbeitszeit

Kurzarbeit bedeutet die vorübergehende Verkürzung der betriebsüblichen normalen Arbeitszeit. Die Kurzarbeit kann auch in der Weise erfolgen, dass vorübergehend keine Arbeitsleistung zu erbringen ist. Die Kurzarbeit muss sich nicht auf den gesamten Betrieb erstrecken, sondern kann auch nur bestimmte organisatorisch abgrenzbare Teile eines Betriebs erfassen. Sinn und Zweck der Kurzarbeit ist die vorübergehende Entlastung des Betriebs durch Senkung der Personalkosten unter Aufrechterhaltung der Arbeitsplätze.

Zu einer einseitigen Einführung einer Kurzarbeit ist der Arbeitgeber nicht berechtigt. Er bedarf hierzu einer besonderen rechtlichen Ermächtigung. Vielfach existieren tarifliche Ermächtigungsnormen, die unter bestimmten näher definierten Voraussetzungen die Einführung der Kurzarbeit ermöglichen. Auf diese Regelungen kann sich ein Arbeitgeber berufen, wenn er tarifgebunden oder wenn die Anwendbarkeit der Regelungen eines bestimmten Tarifvertrags im Arbeitsvertrag vereinbart ist.

Kurzarbeit auf der Grundlage einer Betriebsvereinbarung

Ist eine tarifliche Regelung nicht vorhanden oder findet der Tarifvertrag im Unternehmen keine Anwendung, kommt als Rechtsgrundlage für die Einführung von Kurzarbeit eine Betriebsvereinbarung in Betracht, die unmittelbar und zwingend auf die Arbeitsverhältnisse einwirkt (§ 77 Abs. 4 BetrVG).

Kurzarbeit durch Änderungskündigung oder Vereinbarung

Ist die Einführung einer Kurzarbeit nach betriebsverfassungsrechtlichen Regelungen nicht möglich, bedarf sie des Ausspruchs einer Änderungskündigung. Schließlich kann auch eine einzelvertragliche Regelung den Arbeitgeber zur Einführung von Kurzarbeit berechtigten. Ferner kann die Vereinbarung einer Kurzarbeit auch in konkludenter Form erfolgen, wenn die Arbeitnehmer entsprechend den Weisungen des Arbeitgebers tatsächlich Kurzarbeit leisten.

Einen Sonderfall stellt die Einführung von Kurzarbeit im Vorfeld von Massenentlassungen dar. Liegen die gesetzlichen Voraussetzungen einer Massenentlassung im Sinne des § 17 KSchG vor und ist der Arbeitgeber außerstande, die Arbeitnehmer bis zum Ablauf der Sperrfrist des § 18 KSchG voll zu beschäftigen, kann gemäß § 19 KSchG Kurzarbeit durch die Bundesagentur für Arbeit zugelassen werden. Die Zulassung ersetzt dann die ansonsten erforderliche Rechtsgrundlage durch einen Tarifvertrag oder eine Betriebsvereinbarung.

Die betroffenen Arbeitnehmer erhalten bei der Einführung von Kurzarbeit ein Kurzarbeitergeld durch die Agentur für Arbeit (§§ 169 ff. SGB III). Hauptzweck des Kurzarbeitergeldes ist es, den Arbeitnehmern bei vorübergehendem Arbeitsausfall die Arbeitsplätze und dem Betrieb die eingearbeiteten Arbeitnehmer zu erhalten. Damit dient das Kurzarbeitergeld der Stabilisierung der Arbeitsverhältnisse und des Betriebs. Ferner wird der Eintritt von Arbeitslosigkeit bei vorübergehenden Arbeitsausfällen vermieden.

7.9 Zusammenfassung

1. Für den Eintritt der Krise des Unternehmens sind vielfach überhöhte Arbeitskosten und eine ineffiziente Arbeitsorganisation ursächlich. Sind die Personalkosten zu hoch, kommt das Unternehmen schnell in die Ertragskrise und in der Folge hiervon in die Liquiditätskrise.
2. Um die Arbeitskosten und die Arbeitsorganisation zu ändern, sind zahlreiche arbeitsrechtliche Regelungen einzuhalten, was meist zeitraubend und kostenträchtig ist und das erhöhte Risiko umfangreicher und längerer Rechtsstreitigkeiten vor den Arbeitsgerichten beinhaltet. Die Regelungen des Kündigungsschutzgesetzes gelten nur in Kleinstbetrieben nicht.
3. Der Ausspruch betriebsbedingter Kündigungen von Arbeitsverhältnissen in Betrieben, die dem Kündigungsschutzgesetz unterliegen, setzt dringende betriebliche Erfordernisse und eine soziale Auswahl voraus. Im Rahmen der sozialen Auswahl ist unter mehreren vergleichbaren Arbeitnehmern derjenige zu entlassen, der nach seinen Sozialdaten des geringsten Schutzes bedarf.
4. Nach dem Ausspruch der Kündigung muss der betroffene Arbeitnehmer innerhalb einer Frist von drei Wochen Kündigungsschutzklage erheben, wenn er diese für nicht wirksam hält. Der Arbeitgeber wird kaum umhin kommen, zur Vermeidung

eines längeren Rechtsstreits vor dem Arbeitsgericht dem klagenden Arbeitnehmer vergleichsweise eine Abfindung anzubieten. Andernfalls besteht für ihn das Risiko, dass er dem Arbeitnehmer auch ohne dessen Arbeitsleistung den Lohn fortzuzahlen hat, wenn das Gericht die Kündigung als unwirksam ansehen sollte. Der Arbeitnehmer muss sich nämlich nur das auf seine Lohnforderungen anrechnen lassen, was er durch anderweitige Arbeit verdient hat und was er hätte verdienen können, wenn er nicht böswillig unterlassen hätte, eine ihm zumutbare Arbeit anzunehmen.
5. Das Arbeitsgericht hat auf Antrag die Möglichkeit, im Falle der Unwirksamkeit der Kündigung das Arbeitsverhältnis aufzuheben. Hierfür wird dann dem betroffenen Arbeitnehmer ein Abfindungsanspruch per Urteil zugesprochen.
6. Soll eine Massenkündigung durchgeführt werden, die bei einer grundsätzlichen Veränderung der Arbeitsorganisation vorliegen wird, müssen zusätzliche Sonderbestimmungen eingehalten und insbesondere vor Ausspruch der Kündigungen die Agenur für Arbeit eingeschaltet werden.
7. Bei Betriebsänderungen im Sinne des BetrVG, die regelmäßig bei einer grundsätzlichen Umstrukturierung der Arbeitsorganisation vorliegen wird, sind das Ob, Wann und Wie der Betriebsänderung durch einen Interessenausgleich und die Nachteile der betroffenen Arbeitnehmer durch einen Sozialplan zu mildern oder auszugleichen.
8. Sind vorübergehende Absatzschwierigkeiten oder Produktionsstörungen für die Unternehmenskrise verantwortlich, kommt auch eine zeitweise Durchführung von Kurzarbeit in Betracht.
9. Mit einer erfolgsorientierten Vergütung der Mitarbeiter können Belastungen des Unternehmens bei Ertrag und Liquidität in schlechten Zeiten reduziert werden, indem dann nur eine vereinbarte Mindestvergütung zu zahlen ist. In guten Zeiten können Mitarbeiter eine höhere Vergütung erhalten, als dies sonst der Fall wäre und die höhere Vergütung ist für das Unternehmen zu dieser Zeit nicht belastend.
10. Ferner können Mitarbeiter als Gesellschafter am Unternehmen beteiligt werden, so dass hierdurch eine stärkere Bindung ans Unternehmen erfolgt und die Mitarbeiter unternehmerisches Engagement entwickeln.

8 Weitere Instrumente für eine außergerichtliche Unternehmenssanierung

Wie bereits in Kap. 6.1 beschrieben setzt eine erfolgreiche Unternehmenssanierung eine Gesamtbetrachtung aller Ursachen der Krise und aller Parameter zur Lösung der Krise voraus und es sind diejenigen Maßnahmen zu unterscheiden, die einerseits kurzfristig geeignet sind, den Bestand des Unternehmens zu erhalten und die andererseits langfristig die Erfolgspotenziale des Unternehmens schöpfen und stärken, damit sich das Unternehmen zu einem leistungsstarken Wettbewerber im Markt entwickelt. Nachfolgend werden einzelne Schritte für eine Lösung der Krise beschrieben, die zunächst darauf ausgerichtet sind, das Unternehmen im Bestand zu erhalten. Diese Maßnahmen müssen je nach Einzelfall gewichtet und zu einem komplexen Maßnahmenpaket zusammengefügt werden.

Eine Unternehmenssanierung kann außergerichtlich erfolgen oder im Rahmen eines Insolvenzverfahrens durchgeführt werden. Die Unternehmenssanierung im Insolvenzverfahren setzt die Eröffnung des Insolvenzverfahrens voraus. Jedoch kann auch dann, wenn Insolvenzantrag gestellt ist, eine außergerichtliche Sanierung erfolgen, wenn die Voraussetzungen für den Insolvenzantrag vor der Eröffnung des Insolvenzverfahrens wegfallen und damit der Insolvenzantrag zurückgenommen werden kann. In diesem Falle kann die negative Publizität der Eröffnung des Insolvenzverfahrens vermieden werden. Letztlich kann eine außergerichtliche Sanierung aber auch noch bei einem eröffneten Insolvenzverfahren erfolgen. Denn wenn sich die Gläubiger auf eine solche Sanierung außerhalb des Insolvenzverfahrens einigen kann das Insolvenzverfahren auf Antrag des Schuldners eingestellt werden. Das Insolvenzgericht stellt das Insolvenzverfahren ein, wenn gewährleistet ist, dass nach der Einstellung beim Schuldner weder Zahlungsunfähigkeit noch drohende Zahlungsunfähigkeit noch – bei juristischen Personen – Überschuldung vorliegt (§ 212 Satz 1 InsO).

Die Stellung eines Insolvenzantrags beendet nicht die Bemühungen für eine außergerichtliche Sanierung

Welche der Sanierungsarten gewählt wird, hängt vom Einzelfall ab.

Beispiel Sanierung der Firma Huber:

Variante 1:
Josef Huber als weitsichtiger und anpassungsfähiger Unternehmensführer

Rat von außen einholen

Herr Huber erkannte, dass der Bestand des Unternehmens konkret gefährdet ist, wenn er die sich abzeichnende Krise nicht in den Griff bekommt. Er erkannte, dass es sich diesmal um eine ernste Krise handelt, die den Bestand des Unternehmens gefährden kann, dass also nicht nur eine der üblichen Anpassungsschwierigkeiten an veränderte Marktbedingungen vorliegt. Durch seine schwere Erkrankung und die dadurch bedingten Verzögerungen bei der Umstrukturierung des Unternehmens ist bereits schwerer Schaden entstanden, so dass die Handlungsmöglichkeiten erheblich eingeschränkt waren. Es mussten nun also ganz grundsätzliche Entscheidungen getroffen werden. Da Herr Huber wusste, dass ein Unternehmensführer, vor allem dann, wenn er aus den eigenen Reihen nur Zuspruch und wenig Widerstand erwarten konnte, oftmals betriebsblind für die Situation ist und damit die Qualität der zu fällenden Entscheidungen darunter leidet, suchte er Rat bei einem externen Unternehmensberater, der ihm von einem Freund empfohlen wurde. Mit diesem führte er ein langes Gespräch.

Ein zu geringer Kontokorrent-Rahmen schafft schnell Liquiditätsprobleme

Durch dieses Gespräch wurde Herrn Huber um so mehr bewusst, dass das Unternehmen sehr stark von seiner Einsatzfähigkeit abhängig ist. Alle Entscheidungsstrukturen im Unternehmen sind auf ihn zugeschnitten. Alle wesentlichen Geschäftskontakte, wie die der Banken und der wichtigsten Lieferanten, orientieren sich nur an ihm. Wenn Herr Huber, wie es in den letzten Wochen aus krankheitsbedingten Gründen der Fall war, nicht für die Unternehmensführung zur Verfügung steht, steht das Unternehmen in wesentlichen Bereichen still. Lediglich das tägliche Geschäft läuft unverändert weiter. Eine solche Situation kann den Bestand des Unternehmens gefährden, vor allem dann, wenn sie in Fällen einer starken negativen Marktveränderung eintritt.

Ferner wurde erkannt, dass die Finanzierungsstruktur des Unternehmens erhebliche Schwächen aufweist. Bei einem Umsatz von 27 Mio. € ist der Kontokorrentrahmen bei der A-Bank von 0,5 Mio. € zu gering. Der Rahmen ist, wenn eine schlechte Unternehmensentwicklung länger als nur kurzfristig anhält, sehr schnell ausgeschöpft. Aus eigener Kraft wird das Unternehmen dann den Kontokorrentrahmen nicht erhöhen können, zumal Banken im Falle ungünstiger Entwicklungen des Unternehmens eher den Rahmen reduzieren, als erweitern wollen. Einer Erhöhung des Kontokorrentrahmens wird die Bank zudem nur bei entsprechender Sicherheitsverstärkung zustimmen. Die Grundstückssicherheiten sind ausgeschöpft und befinden sich für die B- und C-Bank außerhalb der für Realkredite geltenden Beleihungsgrenzen. Die Forderungen aus

Lieferungen und Leistungen, die im Hinblick auf die Kunden mit den Anfangsbuchstaben A – R an die A-Bank zur Sicherheit abgetreten sind, betragen lediglich einen Bruchteil der Verbindlichkeiten aus Lieferungen und Leistungen. Bei einer solchen Sachlage droht die Kündigung des Kontokorrents. Keinesfalls ist eine Erhöhung zu erwarten. Das Unternehmen steuert kurzfristig auf eine ernste Liquiditätskrise zu.

Beispiel Sanierung der Firma Huber:

Variante 1 a: leicht und souverän – noch keine Unternehmenssanierung
Liquiditätszufuhr durch den Gesellschafter nebst einer Neustrukturierung des Unternehmens auf der Gesellschafter- und Führungsebene

Herr Huber hatte vorgesorgt. Auch wenn die GmbH selbst nicht das ausreichende Eigenkapital zur Erreichung einer zusätzlichen Finanzierung mehr hatte, so schuf Herr Huber in den vielen Jahren seit Beginn seiner Tätigkeit ein erhebliches eigenes Vermögen. Er investierte die Gewinne der GmbH bei sich privat in Immobilien, um steuerliche Abschreibungen zu erhalten und so seine Steuerbelastung senken zu können. Diese Immobilien wurden über die Jahrzehnte immer wertvoller und stellten nun ein stattliches Vermögen dar.

Herr Huber war also privat kreditwürdig, nahm einen Kredit über 750.000 € auf und reichte das Geld als Gesellschafterdarlehen an die Josef Huber GmbH weiter. Mit diesem Geld konnten die Löhne, die Sozialversicherungen und Lohnsteuern gezahlt werden und es verblieb auch noch ein kleiner Puffer auf dem Kontokorrent.

Die Banken waren zufrieden und es gab aus Sicht der Banken keine Gründe, irgendwelche negativen Entscheidungen zu treffen.

Herr Huber wusste aber, dass die Vergabe des Darlehens an die GmbH nur die kurzfristige Problematik bei der Liquidität entschärft, aber die langfristige Problematik der Abhängigkeit des Unternehmens von seiner Person bestehen bleibt. Im Hinblick auf sein Alter und seinen Gesundheitszustand war diese Abhängigkeit nunmehr für das Unternehmen riskanter als bisher. Ziel musste nun sein, dass die GmbH eine eigene Finanzierungskraft erreicht und ein Ausfall seiner Arbeitskraft in Zukunft nicht mehr erneut die Unternehmensentwicklung lähmt. Nach zahlreichen Gesprächen war folgendes Modell konzipiert, das nunmehr sukzessive umgesetzt wurde. Das Konzept sah folgende Eckwerte vor:

- *Die Unternehmensnachfolge wird konkret eingeleitet. Da die eigenen Kinder für eine Nachfolge nicht in Betracht kommen, muss die Nachfolge sowohl aus den eigenen Reihen als auch von außen kommen. Die Führungskräfte sollen am Unternehmen beteiligt werden, um Motivation, Zugehörigkeit und Verantwortung zu stärken.*

Private Liquiditätsreserven für den Notfall bilden

Einleitung der Unternehmensnachfolge aufgrund der Krise

- *Zur Umsetzung wird die GmbH in eine AG umgewandelt.*
- *Es werden eine oder mehrere Beteiligungsgesellschaften am Unternehmen beteiligt, um die Eigenkapitalkraft zu stärken.*
- *Herr Huber wird mittelfristig aus der Geschäftsführung ausscheiden und in den Aufsichtsrat wechseln. Dort übernimmt er den Vorsitz.*

Diese Umstrukturierung schaffte Vertrauen bei den Banken, die die Firma Josef Huber weiterhin vertrauensvoll begleiteten. In 2006 konnte es erreicht werden, dass zumindest wieder ein ausgeglichenes Ergebnis erwirtschaftet wurde. Für 2007 wird wieder mit Gewinn gerechnet. Das Unternehmen kann seine Expansionspläne wie geplant fortsetzen. Die Unternehmenskrise brachte den provokativen Impuls für die Veränderungen der Unternehmensstruktur, auf deren Grundlage eine dauerhafte und stabile Unternehmensentwicklung nunmehr ermöglicht ist.

Eine Insolvenz mindert die Refinanzierungskraft des Unternehmens für lange Zeit nach seiner Sanierung

In jedem Falle sollte eine außergerichtliche Sanierung versucht werden. Denn ein Insolvenzverfahren führt zu einer Veröffentlichung des Insolvenztatbestandes und damit zu einem negativen Image bei Kunden, Lieferanten und Geschäftspartnern. Aber bereits vor der Eröffnung des Verfahrens erfolgt eine Eintragung im Handelsregister und in Grundbüchern des Immobilienbesitzes, wenn vom Insolvenzgericht entsprechende Anordnungen getroffen werden, die die Verfügungsbefugnis des Schuldners betreffen. Solche Eintragungen hängen dem Unternehmen auch Jahre nach der Sanierung negativ an und behindern die Refinanzierungskraft in Zukunft ganz erheblich.

Durch eine außergerichtliche Sanierung kann die Krise des Unternehmens nach außen weitgehend geheim gehalten werden. Ein Schaden für das Fortkommen des Unternehmens nach erfolgter Sanierung tritt entweder nicht ein oder ist begrenzt.

Angst des Sachbearbeiters, beim Gläubiger zu nachgiebig zu sein

Oftmals scheitert eine außergerichtliche Sanierung am Widerstand einzelner Gläubiger. Beim Verhalten der Gläubiger spielt eine psychologische Komponente eine wesentliche Rolle. Denn in der Regel sind Gläubiger Banken oder Sparkassen oder mittlere oder größere Unternehmen, bei denen der jeweilige Sachbearbeiter zu entscheiden hat, ob er einem Sanierungsvorschlag zustimmt oder nicht. Meist läuft eine außergerichtliche Sanierung auf einen Teilverzicht auf die Forderungen hinaus, im geringsten Falle lediglich auf eine längere Stundung der Forderung. Der Sachbearbeiter des Gläubigers sieht sich in der Regel dem psychologischen Risiko ausgesetzt, sich aus den eigenen Reihen vorwerfen lassen zu müssen, dass er zu milde war und zu schnell nachgegeben hat, die Forderung nachhaltig mit Vollstreckungsmitteln geltend zu machen. Wenn ein Schuldner Insolvenzantrag gestellt hat, sieht sich der Sachbearbeiter solchen

Vorwürfen nicht ausgesetzt und hat kaum Bedarf, sich eventuell für sein Verhalten rechtfertigen zu müssen.

Hinzu kommt weiter: Je kleiner eine Forderung ist, desto eher wird der Sachbearbeiter eines Gläubigerunternehmens die Standardroutine durchführen, nämlich vollstrecken, bis nichts mehr geht und im negativen Falle die Forderung abschreiben. Deshalb sollte sich der Versuch einer außergerichtlichen Sanierung nur auf die wesentlichen Gläubiger beschränken. Die Kleingläubiger sollten vollständig befriedigt werden.

Scheitert der Versuch einer außergerichtlichen Sanierung, dann sollte zügig Insolvenzantrag gestellt und die Sanierung im Insolvenzverfahren betrieben werden.

Eine Verschleppung sollte vermieden werden. Mit der Stellung des Insolvenzantrages ist, wie gesagt, die außergerichtliche Sanierung des Unternehmens nicht gescheitert und sollte weiter betrieben werden. Deshalb sollte mit der Stellung des Insolvenzantrags dem Insolvenzgericht mitgeteilt werden, dass außergerichtliche Sanierungsbemühungen laufen und fortgesetzt werden sollen mit dem Ziel der Rücknahme des Insolvenzantrags. Vor diesem Hintergrund hat das Insolvenzgericht die Möglichkeit und in der Regel die Bereitschaft, den Zeitraum zwischen Eingang des Insolvenzantrags und der Entscheidung über die Eröffnung eines Insolvenzverfahrens erheblich auszudehnen, um einer außergerichtlichen Einigung mit den Gläubigern einen längeren Zeitrahmen einzuräumen und damit der Sanierung eine größere Chance zu geben. Die Insolvenzordnung gibt dem Gericht hierzu die Möglichkeit durch eine zeitliche Ausdehnung der vorläufigen Insolvenzverwaltung.

Unterstützung der Bemühungen für eine außergerichtliche Sanierung durch das Insolvenzgericht infolge eines ausgedehnten Eröffnungsverfahrens

Eine solche Vorgehensweise, nämlich der Versuch einer außergerichtlichen Sanierung bei gleichzeitig laufendem Insolvenzeröffnungsverfahren, führt in der Regel dazu, dass die obstruktiven Gläubiger, die bislang eine außergerichtliche Einigung abgelehnt haben, nunmehr umdenken und vor dem Hintergrund eines bereits gestellten Insolvenzantrags eher doch einer Einigung zustimmen, zumal die Waffe der Einzelzwangsvollstreckung durch die einstweilige Einstellung der Zwangsvollstreckung durch das Gericht, die in solchen Fällen regelmäßig beschlossen werden wird, entschärft ist. Im Rahmen eines eröffneten Insolvenzverfahrens weiß der Gläubiger nun nicht mehr, ob und in welcher Höhe er Befriedigung erlangen kann. Das einzig Sichere für den Gläubiger ist, dass er lange warten muss, bis ein Ergebnis kommt. Dann nimmt er lieber früh weniger als spät womöglich mehr. Und der sachbearbeitende Mitarbeiter beim Gläubiger ist bei einer solchen Situation einem geringeren Risiko ausgesetzt, sich vorwerfen lassen zu müssen, er hätte dem Schuldner zu große Zugeständnisse gemacht. Vor der Stellung des Insolvenzantrags galt es für den

Neubewertung seiner Forderung durch den Gläubiger nach Stellung des Insolvenzantrages durch den Schuldner

Gläubiger etwas zu verlieren und er wollte durch Hartnäckigkeit den Verlust so gering wie möglich halten. Nach Stellung des Insolvenzantrags gilt es für den Gläubiger, so viel wie möglich noch zu gewinnen, um nunmehr durch Kooperation den Verlust so gering wie möglich zu halten.

Eine außergerichtliche Sanierung setzt in der Regel voraus, dass den Gläubigern überzeugend dargelegt werden kann, dass sie im Falle der Zustimmung zur außergerichtlichen Sanierung des Unternehmens mehr oder zumindest einen gleichen Betrag schneller erhalten als im Falle des Zusammenbruchs des Unternehmens.

8.1 Liquiditätszufuhr durch Eigenkapital

Eigenkapital in der Regel durch die Gesellschafter oder durch Familienmitglieder

In Betracht gezogen werden muss vor allem die Zufuhr von Eigenkapital. Diese Zufuhr kommt, wenn es sich bei dem Schuldnerunternehmen um eine Kapitalgesellschaft handelt, in der Regel von den Gesellschaftern. Aber auch beim Einzelunternehmen wäre eine Eigenkapitalzufuhr möglich, z. B. durch Abschluss einer atypisch stillen Gesellschaft mit einem Familienmitglied oder einem familienexternen Dritten. Die Bereitschaft der Gesellschafter oder der Dritten zur Leistung einer Einlage steht meist unter der Bedingung, dass die von der Sanierung des Unternehmens Betroffenen einen entsprechenden Sanierungsbeitrag leisten, z. B. die Gläubiger durch Stundung oder durch Verzicht auf einen Teilbetrag ihrer Forderungen und die Hausbank durch weitere Begleitung des Unternehmens bei der Unternehmensfinanzierung.

Als Mittel der Eigenkapitalzufuhr kommt bei Gesellschaften insbesondere die Kapitalerhöhung des Stammkapitals (bei der GmbH), des Grundkapitals (bei der AG) oder des Kommanditkapitals (bei der KG) in Betracht. Möglich und häufig gewählt wird aber auch die Einbringung eines Gesellschafterdarlehens mit Rangrücktrittserklärung. Ein solches Darlehen hat eigenkapitalersetzenden Charakter und wird im Rahmen der Aufstellung einer Überschuldungsbilanz zum Zwecke der Feststellung, ob eine Überschuldung vorliegt, nicht als Fremdkapital, sondern als Eigenkapital bewertet.

Atypisch stille Gesellschaft

Auch bei einer Kapitalgesellschaft besteht ein Mittel zur Beseitigung einer Überschuldung in der Vereinbarung einer atypisch stillen Gesellschaft mit einem Dritten. Die atypisch stille Gesellschaft ist ähnlich einer KG-Beteiligung. Sie tritt aber nach außen hin nicht in Erscheinung, weswegen sie still ist. »Atypisch« ist diese stille Gesellschaft, weil ihre gesellschaftsvertragliche Ausgestaltung in Abweichung vom handelsrechtlichen Grundtyp der stillen Gesellschaft erfolgt. Denn außer der Beteiligung am Gewinn- und Verlust der Gesellschaft ist der atypisch stille Gesellschafter in der Regel auch an den stillen Reserven und/oder am Geschäftswert beteiligt. Damit hat der atypisch stille Gesellschafter im Falle der Liquidation der Gesellschaft Anspruch auf ein Auseinandersetzungsguthaben aufgrund einer Liquidationsbilanz. Ferner ist der atypisch stille Gesellschafter an der Geschäftsführung in der Weise beteiligt, dass ohne seine Zustimmung bestimmte wesentliche Geschäfte nicht vorgenommen werden dürfen. Hierbei handelt es sich um ein zentrales Kriterium, das zudem steuerlich die Einkünfte des atypisch stillen Gesellschafters den Einkünften aus Gewerbebetrieb zuordnet, da wegen des Mitbestimmungsrechts steuerlich eine Mitunternehmerschaft besteht. Die Versteuerung der Gewinnanteile des atypisch stillen Gesellschafters erfolgt im Zeitraum der Gewinnerzielung; Gleiches gilt für die Verlustzuweisung, so dass die atypisch stille Gesellschaft als Beteiligung für den Zweck der Reduzierung von Steuerpflichten durch Verrechnung mit anderweitigen positiven Einkünften geeignet ist, was allerdings nur innerhalb bestimmter steuerlicher Grenzen möglich ist (§§ 2 Abs. 3, 2b EStG).

Steuerliche Mitunternehmerschaft

In Betracht kommt aber auch, dass alle oder einzelne Gläubiger für ihre Forderungen gegen das Schuldnerunternehmen eine Rangrücktrittserklärung abgeben, was ebenfalls zur Folge hat, dass diese Forderungen von nun an als Eigenkapital des Schuldnerunternehmens zu werten sind.

Rangrücktrittserklärungen von Gläubigern

Beispiel Sanierung der Firma Huber:

Variante 1 b: noch immer souverän
Lediglich Liquiditätszufuhr durch den Gesellschafter
Wie in Variante 1 a reichte Herr Huber an die GmbH ein Gesellschafterdarlehen in Höhe von 750.000 € aus. Aber an eine Unternehmensnachfolge war nicht zu denken. Denn nach seiner Gesundung fühlte er sich wieder stark genug und mit einem Alter von 60 Jahren dachte er noch lange nicht an einen Rückzug aus dem Unternehmen. Außerdem traute er seinen Mitarbeitern nicht die Führung eines mittelständischen Unternehmens in dieser Größenordnung zu und seine Einstellung zu einem externen Management war nicht sonderlich positiv.
Herr Huber analysierte die Lage des Unternehmens und strukturierte die Produktpalette um. Der Softwarebereich einschließlich der Beratung wurde eingestellt und die Mitarbeiter entlassen. Die GmbH konzentrierte sich wieder auf die Kernkompetenz, nämlich auf den Verkauf und begleitete dies mit einem umfangreichen Marketingprogramm. Umsatz und Lagerumsatzgeschwindigkeit sollten erheblich steigen, so dass die geringeren Margen im Verkaufsgeschäft durch die höhere Masse kompensiert wer-

den. Dank seiner persönlichen Finanzierungskraft konnte Herr Huber dieses Investitionsprogramm durchführen.

Die Banken fanden das Konzept gut, wollten sich aber in verstärkter Weise vor den Risiken schützen. Das eine Risiko war aus Sicht der Banken, dass das Investitionsprogramm nicht in der erwarteten Weise aufgeht und damit lediglich Geld verbrannt wird. Das andere Risiko war das Alter und der Gesundheitszustand von Herrn Huber, das fehlende Konzept für eine Unternehmensnachfolge und die weiterhin bestehende Ausrichtung der gesamten Unternehmensstruktur auf die Entscheidungen von Herrn Huber.

Abhängigkeit des Unternehmens vom Gesellschaftergeschäftsführer verursacht erhöhtes Risiko

Die Banken verlangten daher eine erhebliche Verbesserung der Eigenkapitalstruktur und der Sicherheiten. Herr Huber erhöhte das Stammkapital der GmbH von 0,75 Mio. € auf 1,5 Mio. € und ließ den Kontokorrentrahmen auf 1 Mio. € erhöhen. Diesen sicherte er persönlich mit Grundschulden auf seinen Privatimmobilien ab.

Die Krise wurde gemeistert. Mittel- bis langfristig besteht aber weiterhin ein nicht unerhebliches Risiko, weil die Abhängigkeit des Unternehmens von Herrn Huber persönlich nach wie vor unverändert bleibt. Herr Huber nahm dies bewusst in Kauf, weil er nur sich selbst vertraute.

8.1.1 Kapitalerhöhung

Reduzierung des Verschuldungsgrads

Mit einer Kapitalerhöhung kann neues Eigenkapital geschaffen werden, um Gläubigerverbindlichkeiten zu tilgen, insbesondere aber um Restrukturierungsmaßnahmen finanzieren zu können. Vor allem aber wird durch eine Kapitalerhöhung der Verschuldensgrad reduziert, so dass damit die Kreditwürdigkeit des Unternehmens steigt. Vielfach ist die Vergabe von Fremdkapital durch Banken in der Sanierungsphase an die Zuführung haftenden Eigenkapitals gebunden. Nicht selten gibt die Hausbank dem Unternehmen mit der Zusage, den gleichen Betrag als Fremdkapital »draufzulegen«, den entscheidenden Motivationsschub für die Bereitschaft der Gesellschafter zur Kapitalerhöhung durch Aufnahme eines Dritten. Denn vielfach wird das Eigenkapital nicht mehr von den vorhandenen Gesellschaftern aufgebracht werden können, weil diese ihre eigenen finanziellen Mittel bereits ausgeschöpft haben, z.B. durch Vergabe von Gesellschafterdarlehen. Die Kapitalerhöhung erfolgt dann durch Beteiligungsgesellschaften, durch Familienmitglieder oder durch andere nahe Angehörige.

Voraussetzung für neues Fremdkapital ist oftmals die Verstärkung des Eigenkapitals

8.1.2 Kapitalherabsetzung mit Kapitalerhöhung

Vereinfachte Kapitalherabsetzung zum Ausgleich von Wertminderungen und zur Verlustdeckung

Bei der GmbH ist mit satzungsändernder Mehrheit eine vereinfachte Kapitalherabsetzung zulässig, um zum Zwecke der Sanierung des Unternehmens eine Unterbilanz beseitigen zu können. Hierbei müssen bestimmte Regelungen einer ordentlichen Kapitalherabsetzung, die diese umständlich und schwierig machen, nicht eingehalten werden. Insbesondere wird bei der vereinfachten Kapitalherabsetzung auf die Voraussetzung für eine ordentliche Kapitalherabsetzung, nämlich die dreimalige Veröffentlichung des Beschlusses auf Herabsetzung des Stammkapitals mit der Aufforderung der Gläubiger, sich bei der Gesellschaft zu melden (§ 58 Abs. 1 Nr. 1 GmbHG) und die Befriedung oder Sicherung der Gläubiger, die sich bei der Gesellschaft melden (§ 58 Abs. 1 Nr. 2 GmbHG), verzichtet.

Die vereinfachte Kapitalherabsetzung kann zum Ausgleich von Wertminderungen und zur Verlustdeckung vorgenommen werden (§ 58a Abs. 1 GmbHG), wenn kein Gewinnvortrag und keine Kapital- oder Gewinnrücklagen von mehr als 10 % des nach Herabsetzung verbleibenden Stammkapitals vorhanden sind (§ 58a Abs. 2 GmbHG). Nicht notwendig ist, dass der letzte Jahresabschluss einen Verlust ausweist. Für die vereinfachte Kapitalherabsetzung genügen Verluste jeder Art, so z. B. Verlustvorträge früherer Jahre, aber auch ein erst im Entstehen begriffener, voraussichtlich eintretender Verlust. Der Kapitalherabsetzungsbetrag kann geschätzt werden. Ergibt sich dann im selben Geschäftsjahr oder in einem der beiden folgenden Geschäftsjahre, dass die Verluste nicht in der bei der Beschlussfassung angenommenen Höhe auszugleichen sind, ist der Unterschiedsbetrag in die Kapitalrücklage einzustellen und unterliegt einem Ausschüttungsverbot (§ 58c GmbHG). Dadurch soll verhindert werden, dass die durch eine Kapitalherabsetzung gewonnenen Mittel zu Lasten der Gläubiger ausgeschüttet werden. Ein Ausgleich erneuter Verluste kann nur über eine spätere Rücklagenauflösung nach § 58b Abs. 3 GmbHG erfolgen. Die vereinfachte Kapitalherabsetzung bedarf einer notariellen Beurkundung des Gesellschafterbeschlusses. Der Beschluss wird erst mit der Eintragung ins Handelsregister wirksam (§ 54 Abs. 3 GmbHG) und ist nichtig, wenn er nicht binnen drei Monaten nach der Beschlussfassung eingetragen worden ist (§ 58f Abs. 2 GmbHG).

Gleichzeitig kann mit der vereinfachten Kapitalherabsetzung eine Erhöhung des Stammkapitals beschlossen werden. Vielfach werden auch hier die neuen Anteile durch Personen übernommen, die nunmehr erstmals Gesellschafter der Gesellschaft werden, wie z. B. Kapitalbeteiligungsgesellschaften oder aber auch Familienmitglieder oder andere nahe stehenden Personen.

Kapitalerhöhung gleichzeitig mit der Kapitalherabsetzung

8.1.3 Nachschuss

Die Durchführung einer Kapitalherabsetzung führt jedoch zu nicht unerheblichen Kosten für die notarielle Beurkundung, die Registeranmeldung und die Registereintragung. Die hierfür vorhandene Liquidität kann oftmals effektiver für Reorganisationsmaßnahmen

Nachschuss kostengünstiger und einfacher und ohne nachteilige Publizität

verwendet werden. Ferner ist zu bedenken, dass in den Fällen, in denen die Unternehmenssanierung außergerichtlich erfolgen soll, eine solche Kapitalherabsetzung eine der Sanierung nicht förderliche Publizität zur Folge hat.

Kostengünstiger und einfacher ist dabei ein freiwilliger Nachschuss. Auch dieser dient der Beseitigung einer Überschuldung. Er braucht nicht gemäß § 272 Abs. 2 Nr. 4 HGB als Kapitalrücklage ausgewiesen werden und unterliegt ebenfalls der Kapitalbindung gemäß § 30 GmbHG.

8.1.4 Eigenkapitalersetzendes Gesellschafterdarlehen

Schnelle und einfache Liquiditätszufuhr und Verstärkung der Eigenkapitalbasis durch eigenkapitalersetzende Gesellschafterdarlehen

Sehr häufig führen die Gesellschafter dem Unternehmen in der Krise Geldmittel per Darlehen zu. Dies hat in der Regel mehrere Gründe. Die Krise verlangt oftmals eine schnelle Kapitalzufuhr. So stehen z. B. Vollstreckungsmaßnahmen an, die durch Zahlung abgewehrt werden müssen. Oder die Löhne sind fällig und man will eine Unruhe im Unternehmen durch Zahlungsverzug vermeiden. Oder Lieferanten verlangen für Lieferung von Materialien, die für die Aufrechterhaltung der Produktion erforderlich sind, Vorauskasse. Oder die Steuerberater verweigern die Unterzeichnung des Jahresabschlusses, dessen Vorlage bei Kreditgesprächen dringend notwendig ist, bis zur Bezahlung der rückständigen Honorare. In solchen Fällen werden Zahlungen oftmals direkt vom Gesellschafter geleistet, der sie als Darlehen an die Gesellschaft verbucht. Die Durchführung einer formellen Kapitalerhöhung würde zu spät kommen, um drohenden Schaden abwehren zu können.

Ferner ist die Vergabe eines Darlehens kostengünstiger als eine formelle Kapitalerhöhung, die bei der GmbH oder AG einer notariellen Beurkundung und der Eintragung ins Handelsregister bedarf. Die ohnehin nur in geringem Maße vorhandene Liquidität würde in solchen Fällen von Notar- und Gerichtsgebühren nochmals zusätzlich belastet werden.

Einfache Rückzahlung nach Beseitigung der Krise

Und schließlich können dem Gesellschafter die von ihm gewährten Geldmittel nach Beseitigung der Krise des Unternehmens zurückgezahlt werden. Bei einer formellen Kapitalerhöhung stehen diese Geldmittel als gebundenes Gesellschaftskapital dagegen der Gesellschaft dauerhaft zur Verfügung und können nur durch eine komplizierte und teuere Kapitalreduzierung unter Inkaufnahme einer negativen Publizität zurückgezahlt werden.

Kein Grund für die Vergabe eines Darlehens anstatt der Durchführung einer Kapitalerhöhung kann eine Erwartung des Gesellschafters sein, im Falle des Scheiterns der Sanierung des Unternehmens seine Darlehensansprüche von der Gesellschaft zurückzuerhalten. Denn der Gesellschafter kann den Anspruch auf Rückgewähr des

Darlehens im Insolvenzverfahren über das Vermögen der Gesellschaft nur als nachrangiger Insolvenzgläubiger geltend machen, wenn er das Darlehen in der Krise der Gesellschaft gegeben hat (§ 32a Abs. 1 GmbHG). Eine Krise liegt nach dieser Vorschrift dann vor, wenn ein Gesellschafter der Gesellschaft in einem Zeitpunkt, zu dem ihr die Gesellschafter als ordentliche Kaufleute Eigenkapital zugeführt hätten, ein Darlehen gewährt hat.

Gleiches gilt, wenn der Gesellschafter es veranlasst, dass ein Dritter, meist eine Bank oder Sparkasse, dem Unternehmen ein Darlehen gibt und der Gesellschafter den Kredit absichert oder sich für diesen verbürgt. In diesem Falle kann der Dritte im Insolvenzverfahren über das Vermögen der Gesellschaft nur für den Betrag verhältnismäßige Befriedigung verlangen, mit dem er bei der Inanspruchnahme der Sicherung oder des Bürgen ausgefallen ist (§ 32a Abs. 2 GmbHG).

Eigenkapitalersetzende Sicherheit

Diese Vorschriften gelten sinngemäß auch für andere Rechtshandlungen eines Gesellschafters oder Dritten, die einer solchen Darlehensgewährung wirtschaftlich entsprechen (§ 32a Abs. 3 Satz 1 GmbHG), z. B. die Überlassung von Gegenständen zur Nutzung.

Eigenkapitalersetzende Nutzungsüberlassung

Die Behandlung eines solchen Darlehens des Gesellschafters als eigenkapitalersetzendes Darlehen erfolgt nach der Rechtsprechung des Bundesgerichtshofs auch dann, wenn der Gesellschafter der Gesellschaft das Darlehen in einem Zeitpunkt gewährt hat, in dem die wirtschaftlichen Verhältnisse noch gesund waren, er es aber bei Eintritt der Kreditunfähigkeit stehen lässt, so dass die Liquidation der Gesellschaft unterbleibt.

8.1.5 Rangrücktrittserklärungen von Gläubigern

Zwischen den Gläubigern und der Gesellschaft kann ein Rangrücktritt ihrer Forderungen mit dem Inhalt vereinbart werden, dass die Forderungen nur aus dem künftigen Bilanzgewinn oder aus dem Liquidationserlös zu tilgen ist. In diesem Falle sind diese Verbindlichkeiten bei der Aufstellung einer Überschuldensbilanz außer Acht zu lassen, so dass mit Hilfe von Rangrücktritten eine bestehende Überschuldung und damit die Pflicht zur Stellung eines Insolvenzantrags vermieden werden kann.

Beseitigung einer Überschuldung duch Rangrücktrittserklärung von Gläubigern

8.2 Auflösung von Vermögensreserven

Eine Liquiditätszufuhr kann auch aus vorhandenem Vermögen erfolgen. Denn in der Regel sind im Unternehmen oftmals nicht unerhebliche Vermögensreserven vorhanden. Dies folgt meist bereits aus den

Sicherheitsabschlägen der Banken und Sparkassen bei der Bewertung der Sicherheiten im Rahmen der Kreditvergabe.

8.2.1 Sale-and-lease-back

Verkauf betriebsnotwendigen Vermögens bei gleichzeitiger Anmietung vom Käufer

Sicherheitsreserven können im Hinblick auf das betriebsnotwendige Vermögen oftmals durch Sale-and-lease-back aktiviert werden. In diesem Falle wird das betriebsnotwendige Vermögen verkauft, z. B. an Kapitalanleger, die an der langfristigen Erzielung von Mieteinnahmen interessiert sind. Gleichzeitig vermietet der Käufer das erworbene Vermögen an den Verkäufer zurück. Ist z. B. der verkaufte Gegenstand nur mit 80 % des erzielten Preises durch eine Fremdfinanzierung belastet, so kann durch einen solchen Verkauf eine Liquiditätszufuhr in Höhe von 20 % des Kaufpreises erfolgen. Hinzu kommt, dass mit der Tilgung der Verbindlichkeiten in Höhe von 80 % des erzielten Verkaufspreises eine erhebliche Reduzierung der Verschuldung des Unternehmens und damit eine Verbesserung der Kreditwürdigkeit erfolgt. Und schließlich wird das Unternehmen auch künftig in der Liquidität weniger beansprucht, weil die Zins- und Tilgungsleistungen zur Bedienung des zurückgezahlten Kredits und die Kosten für den Unterhalt der Immobilie meist höher waren als die nunmehr zu zahlenden Mieten.

> **Beispiel Sanierung der Firma Huber:**
>
> **Variante 1 c: Krisenbewältigung mit Tücken**
> **Sale-and-lease-back-Verfahren betreffend die Firmenimmobilie**
> *Nach dieser Variante hatte Herr Huber nicht privat vorgesorgt, um notfalls schnell und in ausreichendem Maße Liquidität für die GmbH bereitstellen zu können. Alle guten Gewinne der letzten Jahre wurden ausgegeben, für teure Autos, für teure Reisen und für einen aufwändigen Lebensstil. Rücklagen wurden kaum gebildet. Somit konnte Herr Huber diesmal die Liquiditätskrise nicht durch Einbringung von Gesellschafterdarlehen meistern.*
> *Herr Huber führte ein Gespräch mit den Banken mit dem Ziel, den Kontokorrentrahmen zu erhöhen. Er begründete den Liquiditätsengpass mit seiner Erkrankung und dass in dieser Zeit wichtige Entscheidungen liegen bleiben mussten. Er führte aus, dass nunmehr durch die erhöhten Werbemaßnahmen innerhalb von wenigen Monaten das Unternehmen wieder Gewinn machen würde. Deshalb beantragte er die Erhöhung nicht nur im Hinblick auf die fälligen Lohnkosten, sondern auch zur Finanzierung der zusätzlichen Werbemaßnahmen.*
> *Die Banken waren sich aber einig, dass jegliche Kreditausweitung zu ihren Lasten ginge, denn neue Sicherheiten konnten nicht gestellt werden, so dass vorhandene Sicherheiten bei einer Kreditausweitung um*

so höher belastet wären. Hinzu kam, dass sie auch im Hinblick auf die beantragte Kreditausweitung zur Finanzierung der Werbemaßnahmen das unternehmerische Risiko tragen würden. Sie lehnten die Erhöhung des Kontokorrents ab und forderten eine Reihe von Unterlagen der GmbH und Josef Huber persönlich, um eine detaillierte Prüfung der Sachlage vornehmen zu können.

In den nächsten Wochen konnte die Krise des Unternehmens nach außen nicht mehr verheimlicht werden. Die Löhne wurden mit einer Verspätung von zwei Wochen gezahlt. Die Arbeitnehmer wurden unruhig, weil sie nicht wussten, ob es mit dem Unternehmen noch weitergehen konnte. Die Arbeitsleistung sank und die ersten Arbeitnehmer kündigten.

Die Zahlung der Lohnkosten erfolgte, indem Herr Huber Lieferanten und auch die Annuitäten der Bankdarlehen nicht bezahlte. Lieferanten verweigerten alsbald die Belieferung gegen Rechnungsstellung, weil ihr Kreditversicherer den Deckungsschutz für die Forderungen aus den Lieferungen an die Firma Josef Huber GmbH zurückzog. Neue Waren konnten damit nur noch gegen Vorkasse bezogen werden. Da liquide Mittel kaum vorhanden waren, wurde der Warenbestand immer kleiner. Die Firma Huber finanzierte sich letztlich aus der Reduzierung ihres Umlaufvermögens. Das Ziel der Verlustbeseitigung konnte nicht erreicht werden.

Mittlerweile kamen die Banken zu dem Ergebnis, dass die Firma Huber aus eigener Kraft nicht mehr die Bewältigung der Krise schaffen wird. Ferner kamen sie zu dem Ergebnis, dass ein Abwarten ihre Sicherheiten schmälern werde und drängten auf eine schnelle Sicherheitenverwertung. Die A-Bank kündigte den Kontokorrent und die Darlehensverträge, nachdem die Annuitäten mittlerweile mit mehr als zwei Monaten im Rückstand waren. Auch die B- und C-Bank kündigten die Kredite.

Die Banken stellten folgende Rechnung auf: Das Grundstück der Firma Josef Huber GmbH hat einen Buchwert von 8 Mio. €. Darlehensverbindlichkeiten sind mit insgesamt 7,25 Mio. € vorhanden. Nachdem die Immobilie erst vor wenigen Jahren angeschafft worden war und seitdem eine Wertsteigerung nicht eingetreten ist, wurde sie von den Banken weiterhin mit dem Buchwert bewertet. Eine schleppende Verwertung der Immobilie würde die Zinsen auflaufen lassen und damit die Situation für die Banken erheblich verschlechtern. Die Banken wollten so schnell als möglich den Verkauf der Immobilie. Hierfür setzten sie eine Frist und drohten an, nach Verstreichen der Frist die Zwangsversteigerung der Immobilie einzuleiten.

Herr Huber war vorausschauend genug und hatte dies kommen sehen. Bereits frühzeitig hatte er sich entschieden, die Immobilie im Wege eines Sale-and-lease-back-Verfahrens zu verkaufen. Zu dem Zeitpunkt, als die Banken ihm das Ultimatum stellten, waren die Verkaufsgespräche bereit abgeschlossen. So verkaufte die Firma Huber das Grundstück für einen Preis von 8 Mio. € an eine Immobiliengesellschaft, die Immobilien als

Kapitalanlage zum Zwecke der langfristigen Erzielung von Mieteinnahmen erwirbt. Gleichzeitig schloss die Firma Huber einen langfristigen Mietvertrag mit der Immobiliengesellschaft. Da diese auf einer erhöhten Sicherheitsleistung für Ansprüche aus dem Mietvertrag bestand, zahlte die Immobiliengesellschaft auf den Kaufpreis lediglich 7,5 Mio. €. Der Rest wurde als Mietkaution einbehalten.

Mit dem Kaufpreis tilgte die Firma Huber sowohl sämtliche Darlehensverpflichtungen als auch den Kontokorrent. Damit hatte die Firma Huber mehrere wichtige und strategische Ziele gleichzeitig erreicht:

- *Die Bankverbindlichkeiten von insgesamt 7,25 Mio. € wurden vollständig getilgt. Von den Banken ging kein Risiko für den Bestand des Unternehmens mehr aus.*
- *Das Grundstück steht dem Unternehmen weiterhin zur Verfügung.*
- *Die Miete für die Anmietung des verkauften Grundstücks ist geringer als die bisherigen Annuitäten gegenüber den Banken, so dass die Kosten gesenkt und der Liquiditätsabfluss reduziert werden konnte.*
- *Mit dem Betrag von 0,25 Mio. €, die beim Verkauf der Immobilie nach Ablösung der Bankschulden verblieben, konnte Herr Huber sein zusätzliches Werbekonzept durchführen. Innerhalb von wenigen Monaten konnte das Unternehmen die Kostendeckung erreichen. In 2007 wurde wieder ein guter Gewinn erzielt.*

8.2.2 Verkauf nicht betriebsnotwendigen Vermögens

Liquiditätsreserve durch nicht betriebsnotwendiges Vermögen

Vielfach hat sich im Unternehmen nicht betriebsnotwendiges Vermögen angesammelt. Die Veräußerung solchen Vermögens stellt eine Liquiditätsreserve dar, ohne dass die Fortführung des Betriebs dadurch beeinträchtigt wäre. Zum nicht betriebsnotwendigen Vermögen gehört auch Vermögen, das zwar für den Betrieb verwendet wird, das bei einer Verbesserung des Betriebsablaufs aber nicht mehr benötigt wird. So können Vorräte abgebaut werden, wenn die bisherige Lagerhaltung schlecht organisiert war. Vor allem bei einer Einführung oder Verbesserung von Just-in-Time-Lieferungen kann ein Lagerabbau in der Regel in ganz erheblichem Maße erfolgen. Durch eine bessere Koordinierung des Fuhrparks, z. B. durch Einführung oder die Verbesserung von Arbeitsschichten, können Fahrzeuge verkauft werden. Auch durch eine Reduzierung der Produktvielfalt oder durch den Verkauf von Ladenhütern, also von Waren mit einer geringen Lagerumschlagshäufigkeit, oder von Waren, die keinen oder nur einen geringen Deckungsbeitrag leisten, kann gebundenes Vermögen freigesetzt werden, ohne den Betriebsablauf zu beeinträchtigen. Ferner können dadurch in der Regel auch erhebliche Kosten gespart werden, so dass der Liquiditätseffekt solcher Maßnahmen gesteigert ist.

8.3 Liquiditätszufuhr durch Fremdkapital

Eine Liquiditätszufuhr durch Bankkredite scheidet in der Regel aus, weil eine entsprechende Kreditwürdigkeit nicht mehr besteht und die Banken zu einer Ausweitung der Kreditlinien nicht mehr bereit sind. Soweit von Seiten der Gesellschafter des Schuldnerunternehmens oder von Dritten zusätzliche Sicherheiten gestellt werden, könnte eine solche Kreditausweitung möglich sein. Meist können aber solche zusätzlichen Sicherheiten nicht beschafft werden.

Öffentliche Konsolidierungsdarlehen

Um Unternehmen zu konsolidieren, die sich in der Krise befinden, gibt es insbesondere auf Landesebene die Möglichkeiten der Vergabe so genannter öffentlicher Konsolidierungsdarlehen. Der Staat verbürgt sich für einen bestimmten Kredit, den die Hausbank dem Unternehmen ausreicht.

> **Bedenken Sie bei der Aufnahme von Bankkrediten in der Krise:** **Tipp**
> - Die Bank oder Sparkasse sollte nicht als Finanzierungsinstitut betrachtet werden, das aufgrund gesamtwirtschaftlicher Betrachtung das Unternehmen im Bestand erhalten will. Man sollte sich stattdessen in die Lage eines Kapitalgebers versetzen und kritisch fragen, ob man als Kreditgeber bereit wäre, dem Unternehmen nach dem vorgeschlagenen Konzept einen Kredit zu geben.
> - Bei einer Kreditvergabe in der Krise sollten langfristige, schriftliche und klare Vereinbarungen mit dem Finanzierungsinstitut geschlossen werden. Keinesfalls sollte man sich auf mündliche Absichtserklärungen verlassen. Damit kann das Risiko minimiert werden, dass das Finanzierungsinstitut nur kooperativ ist, um seine Sicherheiten verstärken zu können. Hat das Finanzierungsinstitut erst mal bessere Sicherheiten, droht eine härtere Gangart.

8.4 Veränderung des Betriebsablaufs

8.4.1 Konzentration auf Kernkompetenzen

Wenn Unternehmen über lange Zeit erfolgreich und keinem sonderlichen Druck ausgesetzt sind, bilden sich Strukturen, die betriebswirtschaftlich nicht optimal sind. In der Krise des Unternehmen werden solche Strukturen zur Belastung. In solchen fehlerhaften Strukturen steckt aber oftmals ein nicht unerhebliches Potenzial für die Verbesserung der Leistungsfähigkeit des Unternehmens. Ein Beitrag zur Sanierung des Unternehmens ist daher, solche Strukturen aufzulösen, um sich auf die Kernkompetenzen konzentrieren zu können.

Beseitigung fehlerhafter Strukturen

So ist insbesondere die Art und Weise der Wertschöpfungskette, in die das Unternehmen eingebunden ist, grundsätzlich zu überdenken und neu zu erstellen. Ein Produktionsbetrieb kann beispielsweise die Produktion ganz oder teilweise in Fremdauftrag vergeben, wie dies in zunehmender Weise in der Automobilindustrie erfolgt, die immer mehr Fahrzeugteile von sogenannten KfZ-Zulieferbetrieben produzieren lassen.

8.4.2 Sonstige Maßnahmen

Sämtliche Bereiche des Unternehmens müssen einer kritischen Überprüfung unterzogen werden. Die Möglichkeiten für die Verbesserung des Betriebsablaufs sind in der Regel sehr vielfältig. Insofern sollte jede Krise auch als Chance verstanden werden, festgefahrene negative Strukturen aufzubrechen und zu verändern.

8.4.2.1 Leasing

So können Kapitalbindungen verringert werden, indem Güter, wie z. B. Fahrzeuge, Maschinen und ähnliches nicht mehr käuflich erworben, sondern geleast werden. Beim Leasing wird das Gut von einem Leasinggeber in Form eines miet- und pachtähnlichen Vertrages zur Nutzung erworben. Der Leasingnehmer zahlt für die Beschaffung des Gegenstandes damit nicht mehr den sonst anfallenden Kaufpreis, sondern eine monatliche Leasinggebühr. Finanziert wird die Anschaffung des Leasinggegenstandes durch den Leasinggeber, nämlich durch ein in der Regel kapitalkräftiges Unternehmen, das oftmals die Tochtergesellschaft einer Bank ist. Das Leasen von Gegenständen anstatt eines Kaufes hat für den Leasingnehmer insbesondere folgende Vorteile:

Vorteile des Leasings

- Er braucht kein Kapital für den Erwerb des Gegenstandes aufzuwenden.
- Seine Bilanz ist nicht durch die Aktivierung des Gegenstandes und die Passivierung der Finanzierung aufgebläht, so dass auch der Verschuldungsgrad des Unternehmens geringer ist.
- Die Leasinggebühren sind in voller Höhe und sofort als Betriebsausgaben im Gegensatz zum Kauf absetzbar, bei dem lediglich die laufenden Abschreibungen in die Kosten eingehen.

Kalkulation des Leasinggebers

Natürlich will auch der Leasinggeber an dem Leasingvertrag und der Vorfinanzierung der Anschaffung des Leasinggegenstandes verdienen. Der Leasinggeber rechnet deshalb nicht unerhebliche Zinsen in seine Leasinggebühren ein. Allerdings bedeutet dies für den Leasingnehmer nicht unbedingt eine Verteuerung gegenüber der Anschaffung des Gegenstandes durch einen Kauf. Denn der Leasinggeber kann in der Regel die Gegenstände in erheblichen Stückzahlen beschaffen, so dass sein Einstandspreis meist geringer ist, als wenn der Leasingnehmer den gleichen Gegenstand im Wege des Kaufs erwerben würde.

8.4.2.2 Forderungsmanagement

Die Art und Weise des Forderungsmanagements beinhaltet oftmals ein erhebliches Potenzial zur Liquiditätsbeschaffung. Eine Überprüfung des Systems, wann welchen Kunden auf Kredit geliefert wird, reduziert das Risiko von Forderungsausfällen. Die Risikoverminderung kann auch durch den Abschluss von Kreditversicherungen erfolgen.

Reduzierung von Forderungsausfällen

8.4.2.3 Mahn- und Inkassowesen

Für das Mahn- und Inkassowesen gibt es unterschiedliche Modelle, die maßgeschneidert auf die Bedürfnisse des jeweiligen Unternehmens ausgerichtet sind. Ein schnellerer Forderungseinzug spart Zinsen oder schafft Liquidität zur Finanzierung anderer Erfolg versprechender Maßnahmen.

Schnellerer Forderungseinzug

8.4.2.4 Factoring

Auch mit einem Factoring kann schneller die Gegenleistung für bereits ausgeführte und finanzierte Leistungen beschafft werden. Beim Factoring werden die Forderungen aus Lieferungen und Leistungen an einen so genannten Factor verkauft, der je nach Vereinbarung auch das Bonitätsrisiko sowie das Mahn- und Inkassowesen übernimmt.

8.4.2.5 Lageroptimierung

Oftmals ist das Lager mit Ladenhütern belastet. Der Verkauf von Ladenhütern zu Billigpreisen schafft neue Lagerkapazitäten oder vorhandene Lagerkapazitäten lassen sich bei entsprechender Einsparung von Lagerkosten reduzieren, z. B. durch Kündigung eines gemieteten Lagers.

Verkauf von Ladenhütern

8.4.2.6 Outsourcing

Vielfach können Arbeitsvorgänge durch hierauf spezialisierte Unternehmen kostengünstiger ausgeführt werden, als durch eigenes Personal. In diesem Falle sollte ein Outsourcing dieser Arbeitsvorgänge durchgeführt werden. So kann z. B. der gesamte Einkauf auf ein hierauf spezialisiertes Unternehmen übertragen werden. Oder Kundenanfragen werden nur noch durch ein selbständiges Call-Center bearbeitet. Der Kunde meint in diesen Fällen, dass er mit dem Unternehmen, mit dem er in Vertragsbeziehung steht oder kommen möchte, telefoniert.

Auslagerung von Arbeitsvorgängen

8.4.2.7 Sonstiges

Geplante Investitionen sollten überprüft werden, ob und inwieweit diese notwendig sind. Gerade in der Krise des Unternehmens sollte die Restrukturierung des Unternehmens als vorrangiges Investitionsvorhaben aufgefasst werden.

Aufträge, die eine hohe Vorfinanzierungslast aufweisen, sollten einer kritischen Überprüfung unterzogen werden.

8.4.3 Personalmaßnahmen

Einsparung von Personalkosten

In der Regel muss eine Unternehmenssanierung mit einschneidenden Personalmaßnahmen einhergehen, da die Personalkosten einen großen Kostenblock darstellen. Begrenzt sind personelle Maßnahmen vor allem durch zahlreiche Regelungen des individuellen und kollektiven Arbeitsrechts.

Einsparung von Raumkosten

Personelle Maßnahmen im Rahmen einer Unternehmenssanierung können auf eine Verringerung der Belegschaft gerichtet sein. Damit können erhebliche Personalkosten, aber auch Kosten eingespart werden, die mit der personellen Stärke im Unternehmen zusammenhängen. Durch die Reduzierung der personellen Kapazität können z.B. Flächen in den Räumlichkeiten eingespart werden. Soweit diese angemietet sind, können die Mietverträge gekündigt und damit auch insoweit die Kosten reduziert werden. Eine anderweitige und Gewinn bringende Nutzung der frei werdenden Flächen kann auch eine Vermietung an Dritte sein.

Verbesserung der Stückkosten

Personelle Maßnahmen können auch darauf gerichtet sein, dass die durchschnittlichen Kosten je Arbeitnehmer gesenkt werden, beispielsweise durch Reduzierung freiwilliger Zahlungen und sozialer Leistungen und durch Reduzierung von Lohnnebenkosten. Wurde das Unternehmen bislang mit einer positiven Unternehmenskultur gegenüber den Mitarbeitern geführt, kann im Falle der Krise des Unternehmens erwartet werden, dass die Arbeitnehmer bereit sind, ihren eigenen Sanierungsbeitrag für die Genesung des Unternehmens zu leisten.

Erreichung einer höheren Effizienz der Arbeitsleistung

Schließlich können personelle Maßnahmen auch darauf gerichtet werden, dass mit der selben personellen Kapazität ein höheres Arbeitsergebnis erreicht wird. Organisatorische Maßnahmen können die Zielerreichung erleichtern. Aber bereits Appelle an die Belegschaft führen zu einer höheren Effizienz der Arbeitsleistung, weil die Arbeitnehmer gegenüber ihren eigenen Kollegen einen oftmals nicht unerheblichen Sozialdruck ausüben. Die Krankheitsraten gehen zurück. Die Arbeitnehmer bleiben länger in der Arbeit oder bringen Verbesserungsvorschläge ein, wie ein bestimmtes Arbeitsergebnis einfacher als bisher erreicht werden kann.

Wird in dieser Weise der gesamte Betriebsablauf einer kritischen Überprüfung unterzogen, wird man feststellen, dass sich insbesondere im Rahmen der Personalorganisation ganz erhebliche Potenziale zur Reduzierung der Arbeitskosten ergeben. Allein die Konzentration auf die Kernkompetenzen und das Outsourcen von Tätigkeiten reduziert bereits den Bedarf an Arbeitskräften insgesamt und meist erheblich.

Ferner zeigt sich im Rahmen der kritischen Analyse des Betriebsablaufs häufig, dass das vorhandene Personal nicht effizient genug arbeitet. Dies hängt aber nicht mit einer Trägheit der Arbeitnehmer zusammen, sondern ist Ausfluss einer fehlerhaft entwickelten Unternehmenskultur. Arbeitnehmer wollen in der Regel Leistung erbringen, um persönliche Anerkennung zu erhalten. Sie müssen eingebunden sein in die betrieblichen Abläufe, ihre Meinung sollte gefragt sein, sie sollten sich mit dem Unternehmen und den Zielen des Unternehmens identifizieren können. Werden Arbeitnehmer lediglich als Befehlsempfänger behandelt, wirkt dies demotivierend und leistungshemmend. Daher sollte im Rahmen der Restrukturierung des Unternehmens vor allem die Art und Weise der Unternehmenskultur analysiert und einer kritischen Überprüfung unterzogen werden.

Kritische Analyse des Betriebsablaufs

Analyse der Unternehmenskultur

> **Eine erhöhte Krankheitsrate ist Ausdruck eines schlechten Betriebsklimas!**
>
> Die Krankheitsrate im Unternehmen sollte überprüft und von den Krankenkassen Daten zu der durchschnittlichen Höhe der Krankheitsrate in Unternehmen dieser Branche beschafft werden. Eine ungünstige Abweichung ist ein deutliches Zeichen für eine fehlgeleitete Unternehmenskultur, weil überdurchschnittlich viele Arbeitnehmer ihren Frust mit Krankfeiern kompensieren.

Tipp

Ist der gesamte Betriebsablauf neu geplant, weiß man, wie hoch der Personalbedarf in Zukunft ist. Eine Reduzierung der Anzahl der Mitarbeiter muss nicht unbedingt zu Kündigung führen. Es gibt zahlreiche Maßnahmen zur Reduzierung der Mitarbeiterzahl, die sozialverträglich sind und Unruhen vermeiden oder begrenzen (siehe folgende Checkliste). Ferner ist immer darauf zu achten, dass mit dem Verlust von Mitarbeitern nicht betriebsnotwendiges Know-how aus dem Unternehmen gedrängt wird.

Sozialverträgliche Reduzierung der Mitarbeiterauswahl

Reichen all diese Maßnahmen nicht mehr aus, sind betriebsbedingte Kündigungen auszusprechen.

Checkliste

Diese Maßnahmen können zur Verringerung der Mitarbeiterzahl verhelfen, ohne dass Kündigungen ausgesprochen werden müssen:

- ✔ **Neueinstellungen werden grundsätzlich nicht vorgenommen.** Mitarbeiter aus Abteilungen, die geschlossen oder reduziert werden, erhalten neue Aufgaben im Unternehmen; falls erforderlich nach einer entsprechenden Schulung.
- ✔ **Keine Verlängerung befristeter Arbeitsverhältnisse.** Vorsicht ist bei einer Wiederholung der Befristung geboten, weil sehr schnell aufgrund der Rechtssprechung der Arbeitsgerichte ein so genannter Kettenarbeitsvertrag vorliegt, was die automatische Umwandlung des befristeten Arbeitsvertrages in einen unbefristeten Vertrag bedeutet.
- ✔ **Vorzeitige Pensionierung:** Ältere Mitarbeiter werden in den Vorruhestand geschickt. Dabei sind die hierdurch entstehenden Folgelasten aus den Sozialgesetzen sorgfältig zu prüfen.
- ✔ **Aufhebungsverträge:** Abfindungszahlungen des Arbeitgebers sind bei richtiger Strukturierung der Aufhebungsverträge bis zu bestimmten Höchstgrenzen steuer- und sozialversicherungsfrei, so dass die Arbeitnehmer ihre Abfindungsforderung und damit die Kosten des Arbeitgebers begrenzt halten.
- ✔ **Überstundenverbot:** Durch das Verbot von Überstunden entsteht der Druck in der Belegschaft, Mitarbeiter aus anderen Abteilungen mitarbeiten zu lassen. Ist dieser Druck nicht vorhanden, neigen die Mitarbeiter dazu, sich abzuschotten.
- ✔ **Kündigung von Dienstverträgen mit freien Mitarbeitern, Aushilfen oder Dienstleistungsgesellschaften:** Dies schafft die Möglichkeit, diese Tätigkeiten durch das vorhandene Personal, soweit dieses hierzu in der Lage ist, durchführen zu lassen.
- ✔ **Angepasste Urlaubsplanung:** Von Mitarbeitern kann der vorzeitige Antritt von Urlaub verlangt werden. Angebote von unbezahltem Urlaub verschaffen Mitarbeitern die Möglichkeiten, private Träume zu verwirklichen, z. B. die Durchführung ausgedehnter Urlaubsreisen oder der Umbau des Familienheims.
- ✔ **Umwandlung von Vollarbeitszeitverträgen in Teilzeitarbeit:** Vielfach besteht Interesse bei den Mitarbeitern zur Reduzierung der Arbeitszeit, z. B. um sich verstärkt der Kindererziehung widmen zu können. Damit besteht nach erfolgreicher Sanierung des Unternehmens ein Potenzial, solche Teilzeitmitarbeiter zur Vermehrung ihrer Tätigkeit motivieren zu können.
- ✔ **Kurzarbeit:** Die Durchführung von Kurzarbeit schafft die Möglichkeit, zügig die Restrukturierung umzusetzen.

8.5 Änderungen auf der Gesellschafterebene

Ist das Schuldnerunternehmen als Kapitalgesellschaft, meist in der Rechtsform der GmbH, oder als Kommanditgesellschaft, meist als GmbH & Co. KG, geführt, kann eine Stärkung des Unternehmens und damit eine Verbesserung der Chancen für eine außergerichtliche Sanierung durch eine Veränderung auf der Gesellschafterebene herbeigeführt werden. In Betracht kommen hier die Aufnahme eines kapitalkräftigen weiteren Gesellschafters oder die Aufnahme eines Gesellschafters, der zusätzliches und wichtiges Know-how oder bedeutende Kontakte zu Kunden und Märkten einbringt.

Erweiterung des Gesellschafterkreises zur Beschaffung von Kapital, Know-how und Kontakten

Allein eine solche Maßnahme kann bei den wichtigsten Gläubigern des Unternehmens, meist den Banken und Sparkassen, zu einer außergerichtlichen Sanierungsbereitschaft führen. Denn diese orientieren sich bei ihrer Entscheidung für eine außergerichtliche Sanierung in der Regel daran, wie groß das Vertrauen in eine positive Fortsetzung des Unternehmens ist. Eine positive Fortsetzungsprognose wollen sie unterstützen. Einer Sanierung mit einer negativen Fortsetzungsprognose stehen die Banken und Sparkassen ablehnend gegenüber, zumal sie in einem solchen Falle nicht unerhebliche eigene Haftungsrisiken gegenüber den Gläubigern eingehen würden, die aufgrund der Verschleppung der Insolvenz Schaden erleiden.

8.6 Moratorium von Banken und Gläubigern

Trägt man als Schuldnerunternehmen die Aufforderung zum Teilverzicht auf Forderungen an die Gläubiger in einer frühen Phase der Krise des Unternehmens heran, kann stets davon ausgegangen werden, dass die Gläubiger zunächst der Sanierung reserviert gegenüber stehen. Die Gläubiger wollen nichts verlieren und sehen damit nicht ein, auf Forderungen verzichten zu sollen. Die Gründe, warum die Gläubiger auf einen Teil ihrer Forderungen verzichten sollten, müssen daher ganz massiv sein.

Moratorium versus Forderungsreduzierung

Falls die Krise eines Unternehmens noch nicht ganz tief sitzt und lediglich zu einem vorübergehenden Liquiditätsengpass führt, kommt ein Moratorium der Gläubiger in Betracht. In diesem Falle erklären die Gläubiger, für eine bestimmte Zeit still zu halten und ihre Forderungen nicht geltend zu machen. Ein solcher Sanierungsbeitrag ist wesentlich einfacher von den Gläubigern zu erhalten, als die Zusage eines Teilverzichts auf Forderungen.

Beispiel Sanierung der Firma Huber:

Variante 2: Späte, aber noch rechtzeitige Einsicht in den Ernst der Lage

Als Herr Huber wieder gesund war, beurteilte er die Situation nicht allzu problematisch. Situationen, in denen das Unternehmen auf der Kippe stand, hatte er schon mehrfach erlebt. Da er sehr kommunikationsfähig ist, wird er bei den Bankgesprächen schon einen guten Eindruck hinterlassen, zumal er mit dem Leiter der Hausbank einen guten persönlichen Kontakt hat. Die Banken werden das von ihm beabsichtigte Werbekonzept mittragen und ihm die entsprechenden Finanzierungsmittel zur Verfügung stellen. Dafür sind die Banken ja da und immerhin ist er ein alter Hase und es geht auch nicht um ein kleines Geschäft. Die Banken haben an ihm immer gut verdient und können es auch in Zukunft. Zuversichtlich ging er an die Kreditgespräche heran.

Variante 2 a: Gläubiger werden auf die Wartebank gesetzt – Stundungen schaffen Liquidität

Nach dem ersten Gespräch mit dem Leiter seiner Hausbank kam jedoch die Ernüchterung. Dieser teilte mit, dass die Banken umstrukturiert hätten und Kreditentscheidungen in dieser Höhe nunmehr in der Zentrale von einem Gremium getroffen werden würden. Außerdem müsse man das Unternehmen vor dem Hintergrund von »Basel II« genau prüfen, welche Bonität es aufweist. Eine solche interne Prüfung habe bereits stattgefunden und er habe die strikte Anweisung, keinerlei Erhöhung des Risikos für die Bank zuzulassen. Eine zusätzliche Finanzierung werde abgelehnt. Er müsse zudem darauf achten, dass die Kontokorrentlinie eingehalten werde. Jede Abbuchung oder jeder Scheck jenseits des Kontokorrentlimits müsse zurückgehen.

Herr Huber reagierte mit Entrüstung und Empörung. Jahrzehnte lang habe er eine gute Geschäftsverbindung zu der Bank gehabt. Diese verfügte über ausreichende Sicherheiten und überhaupt sei die Argumentation mit den Entscheidungen in der Zentrale nur eine vorgeschobene Argumentation. Herr Huber wertete diese Aussage als einen Angriff auf ihn persönlich und war entsprechend verstimmt.

Sodann stellte er bei einer anderen Bank einen entsprechenden Kreditantrag, um die abtrünnig gewordene Hausbank ablösen zu können. Diese prüfte den Antrag drei Wochen lang und lehnte dann ohne Begründung ab.

Herr Huber meinte, dass dies alles nicht mit rechten Dingen zugehen könne und stellte nochmals einen entsprechenden Kreditantrag bei einer anderen Bank. Auch diese lehnte nach drei Wochen Prüfung den Antrag ohne Begründung ab.

Mittlerweile waren die Löhne, Sozialversicherungsbeiträge und Lohnsteuern seit drei Wochen unbezahlt. Die Lieferanten lieferten nur noch

gegen Vorauskasse und die Krankenkassen und das Finanzamt drohten Vollstreckungshandlungen an.
Die Banken drohten die Kündigung der Darlehensverträge an. Die A-Bank kündigte ferner die Kündigung des Kontokorrents an.
Nun erkannte Herr Huber den vollen Ernst der Lage. Er erkannte, dass er eine anderweitige Bankfinanzierung nicht erhalten werde, weil sich die Grundlagen bei den Banken im Hinblick auf die Unternehmensfinanzierungen erheblich geändert haben.
Wenn er nicht schnellstens alle Lohnkosten bezahlt, werden ihm die besten Mitarbeiter weglaufen. Wenn er keine Waren mehr im ausreichenden Maße kaufen kann, wäre es ohnehin aus.
Seine Berater wiesen ihn zudem auf seine Pflicht zur rechtzeitigen Stellung eines Insolvenzantrages im Falle einer Zahlungsunfähigkeit des Unternehmens und auf die Strafbarkeit eines verspäteten Insolvenzantrages hin.
Herr Huber war keinesfalls bereit, sein Unternehmen, das er über Jahrzehnte aufgebaut und durch stürmische See gefahren hat, einem Insolvenzverwalter zur Zerschlagung zu überlassen. Für ihn war ein Insolvenzverfahren gleichbedeutend mit der Zerschlagung des Unternehmens.
Herr Huber entschied sich, mit allem Nachdruck und kurzfristig die außergerichtliche Sanierung seines Unternehmens durchzuführen. Gegen seine Hausbank erhob er moralische Forderungen im Hinblick auf die jahrzehntelange und gute Geschäftsverbindung und forderte, dass diese ihm eine Übergangszeit von zwölf Monaten gewährt. In dieser Zeit werde er persönlich dafür einstehen, dass die Bank alle Zinsen erhält, so dass sich keine Verschlechterung für die Bank ergibt. Die Bank war hiermit einverstanden. Herr Huber unterzeichnete eine entsprechende Bürgschaftserklärung.
Auch mit den wichtigsten Lieferanten vereinbarte er, dass diese die Bezahlung der rückständigen Verbindlichkeiten aus Lieferungen und Leistungen auf die Dauer eines Jahres zinslos stundeten. Mit den Krankenkassen vereinbarte er Ratenzahlungen für die Arbeitgeberbeiträge. Das Finanzamt gewährte dem Unternehmen die Aussetzung der Vollziehung bei entsprechend vorgegebenen Ratenzahlungen. Die Arbeitnehmer informierte Herr Huber in einer Betriebsversammlung und bat um Zusammenhalt, die diese ganz überwiegend als Zeichen ihrer Loyalität zum Unternehmen zum Ausdruck brachten. Sie waren ferner zur Verschiebung der Zahlung des Urlaubsgeldes um ein Jahr bereit.
Damit hatte Herr Huber die Sicherung der Liquidität für ein Jahr erreicht. In dieser Zeit strukturierte er den Betrieb um und konzentrierte ihn auf die Kernkompetenzen. Er schaffte es, dass der Betrieb bereits nach sechs Monaten die Gewinnzone erreichte. Ferner schuf er eine Arbeitsorganisation, wonach er in wesentlichen Teilbereichen entlastet war und machte einige seiner besten Mitarbeitern zu Prokuristen.

> Dies schaffte bei den Banken Vertrauen, die nach Ablauf der Stillhaltefrist von einem Jahr das Unternehmen weiterhin begleiteten. Den Lieferanten konnten die gestundeten Forderungen aus den erheblichen Gewinnen bezahlt werden, die mittlerweile wieder erzielt wurden.

8.7 Forderungsverzichte von Gläubigern

Höhe der Forderungsverzichte abhängig vom Ausfallsrisiko

Vielfach hat die Krise eines Unternehmens zu so hohen Nachteilen für das Fortkommen des Unternehmens geführt, dass eine positive Fortsetzungsprognose eine erhebliche Reduzierung des Schuldenstandes des Unternehmens voraussetzt. Die Höhe der Forderungsverzichte hängt vom Einzelfall ab. Forderungsverzichte von 20 %, 30 % oder mehr werden oftmals in außergerichtlichen Sanierungen erreicht. Die Höhe des Verzichts hängt insbesondere davon ab, wie hoch das Ausfallsrisiko des Gläubigers im Falle eines Insolvenzverfahrens ist und in welchem Maße der Gläubiger überhaupt bereit ist, sich mit der Frage nach der Höhe des Ausfallsrisikos auseinanderzusetzen. So werden sich Kleingläubiger nur selten mit solchen Fragen auseinandersetzen, sondern ihre Forderung in voller Höhe auf dem Gerichtswege geltend machen und sie vollstrecken. Daher sollten alle Kleingläubiger vollständig befriedigt und die außergerichtlichen Verhandlungen mit dem Ziel der Erreichung von Forderungsverzichten auf die Großgläubiger beschränkt werden.

> **Beispiel Sanierung der Firma Huber:**
>
> **Variante 2 b: schnelles Geld ist mehr wert als die Hoffnung auf mehr**
> **Bei Verlustrisiken gibt es auch Forderungsverzichte**
> Wie Variante 2a, jedoch konnte Herr Huber nicht erreichen, dass sich die Hausbank auf seine Forderung einer Stillhaltefrist von einem Jahr gegen Zahlung der Zinsen einlässt. Die Bank verwies darauf, dass die Zahlung der Zinsen nicht ausreichend sei, weil sich die Immobilie durch die Benutzung abnutze. Der Tilgungsanteil bei den Annuitäten der Darlehen kompensiere diese Abnutzung. Deshalb müsse man auf die volle Leistung der Annuitäten bestehen. Diese konnte aber die Firma Huber nicht aufbringen. Und auch Herr Huber persönlich war in dieser Höhe nicht mehr leistungsfähig.
> Die Bank setzte der Firma Huber ein Ultimatum für den Verkauf der Immobilie und drohte die Zwangsversteigerung an. Sie wies Herrn Huber darauf hin, dass ihm bis zur Durchführung des Versteigerungstermins noch genügend Zeit verbleibe, angemessene Zahlungen an die Bank zu leisten. Wenn diese hoch genug seien, könne man ihm durch eine Zustim-

mung zur einstweiligen Einstellung des Zwangsversteigerungsverfahrens entgegen kommen.

Herr Huber wandte sich an das Wirtschaftsministerium des Landes und an die staatliche Aufbaubank und bat um Mithilfe bei der Lösung des Problems. Denn immerhin würden im Falle eines Zusammenbruchs seines Unternehmens eine ganz erhebliche Anzahl von Arbeitsplätzen vernichtet werden. Außerdem wäre die Volkswirtschaft um einen mittelständischen Betrieb ärmer.

Sodann wurde alsbald ein gemeinsamer Termin mit den Banken und Herrn Huber im Wirtschaftsministerium des Bundeslandes durchgeführt. Dort wurde festgestellt, dass die C-Bank im Falle der Versteigerung der Immobilie und des Zusammenbruchs des Unternehmens voraussichtlich einen Totalausfall ihrer Forderung und die B-Bank einen Ausfall bis etwa 0,5 Mio. €, wenn nicht noch mehr, erleiden werde, nämlich durch auflaufende Zinsen und durch eine Versteigerung unter Wert, wie es allgemein bei Versteigerungen üblich ist.

Es wurde folgendes Konzept entwickelt und durchgeführt:
- Die C-Bank verzichtet auf eine Forderung in Höhe von 0,3 Mio. € und die B-Bank verzichtet auf eine Forderung von 0,2 Mio. €. Sämtliche Banken, auch die A-Bank, stunden den Restbetrag über fünf Jahre gegen Zahlung der banküblichen Zinsen.
- Eine Stundung der rückständigen Steuern für ein Jahr wird erreicht.
- Die Firma Josef Huber GmbH erhöht das Stammkapital um 0,25 Mio. €. Herr Huber übernimmt diese Stammeinlage persönlich und zahlt zunächst ein Viertel dieses Betrages ein. Der Rest wird in gleich bleibenden Monatsraten innerhalb von vier Jahren eingezahlt.
- Die staatliche Aufbaubank gewährt dem Unternehmen ein Konsolidierungsdarlehen über einen Betrag von 0,5 Mio. €.

Bei der Bemessung der für eine dauerhafte Unternehmenssanierung notwendigen Verzichte von Gläubigern auf ihre Forderungen und bei der Planung der künftigen Liquidität ist zu berücksichtigen, dass der Verzicht der Gläubiger auf Forderungen beim Schuldnerunternehmen zu einem Sanierungsgewinn führt, weil sich in der Höhe des Verzichts das Vermögen des Unternehmens erhöht. Oftmals besteht zwar infolge der Krise der Gesellschaft ein nicht unerheblicher steuerlicher Verlustvortrag, so dass der Sanierungsgewinn insoweit lediglich den Verlustvortrag aufbraucht.

Sanierungsgewinne sind steuerpflichtig

Vor allem bei hoch verschuldeten Unternehmen wird der Verlustvortrag oftmals nicht ausreichen, um den Sanierungsgewinn durch die Forderungsverzichte der Gläubiger im Hinblick auf die Gewerbesteuern aufzufangen. Dies kommt daher, dass Zinsen für Dauerschulden nur jeweils zur Hälfte bei den Kosten angesetzt werden konnten (§ 8 Nr. 1 GewStG), so dass der gewerbesteuerliche Verlustvortrag hierdurch erheblich reduziert ist. Die Forderungsverzichte der Gläubiger im Rahmen der Sanierung sind dann oftmals größer als der gewerbesteuerliche Verlustvortrag.

Abweichende Festsetzung von Steuern infolge der Sanierung nach § 163 AO aus Billigkeitsgründen

Damit jedoch eine Sanierung nicht durch Steuerforderungen, die durch die Sanierung infolge der Forderungsverzichte seitens der Gläubiger anfallen, gefährdet oder unmöglich gemacht wird, haben sich die Finanzbehörden auf Weisung des Bundesfinanzministers darauf geeinigt, dass hiernach anfallende Steuerforderungen gemäß § 163 AO aus Billigkeitsgründen abweichend festgesetzt werden; vorerst werden sie gemäß § 222 AO gestundet und später gemäß § 227 AO erlassen (Schreiben des Bundesfinanzministerium vom 27.03.2003, BStBl I 2003, 240). Vorausetzung hierfür ist,

- die Sanierungsbedürftigkeit des Unternehmens,
- die Sanierungseignung der Maßnahmen und
- die Sanierungsabsicht der Gläubiger.

Zu beachten ist bei dieser Regelung aber, dass durch die Sanierung zwar keine Steuerforderungen verursacht werden, die die Sanierung gefährden könnte, dass jedoch der Verlustvortrag hierdurch verbraucht ist und künftige Erträge zu versteuern sind. Für den Sanierungsplan und insbesondere den Liquiditätsplan bedeutet dies, dass für die künftigen Erträge entsprechende Steuerzahlungen eingeplant werden müssen.

8.8 Poolbildung und Sanierungstreuhand

Sicherheiten der Poolmitglieder unterliegen einer Gesamthandsbindung

Vielfach schließen sich Gläubiger gegenüber einem Krisenunternehmen zu einem Pool zusammen, um ihre gemeinsamen Interessen geltend zu machen. Je nach Ausgestaltung des Vertrags zwischen den Gläubigern ist dieser Pool entweder als Gesellschaft bürgerlichen Rechts oder als Treuhand zu werten. Wird der Pool durch die Begründung einer Gesellschaft bürgerlichen Rechts organisiert, übertragen die Poolmitglieder ihre Sicherungsrechte auf eine für diesen Zweck gegründete gemeinsame BGB-Gesellschaft. Dies bedeutet, dass somit sämtliche Sicherheiten der Poolmitglieder einer Gesamthandsbindung unterliegen. Die Poolmitglieder bestimmen hierbei, wer die Gesamthand, also die BGB-Gesellschaft, gegenüber dem Schuldnerunternehmen vertritt.

Wird der Pool durch Begründung einer Treuhand organisiert, übertragen einzelne Gläubiger ihre Sicherungsrechte auf einen anderen Gläubiger, der sie im eigenen Namen, aber zu Gunsten des übertragenden Gläubigers als Treuhänder für diese gegenüber dem Schuldner geltend macht.

Vielfach werden Pools von den Gläubigern zu dem Zweck gegründet, Beweisschwierigkeiten bei der Abgrenzung der verschiedenen Sicherungsrechte zu vermeiden. Die Gläubiger wollen verhindern, dass sie sich untereinander rechtlich über die Fragen des Umfangs ihrer Sicherungsrechte auseinandersetzen müssen.

Vermeidung von Beweisschwierigkeiten bei der Abgrenzung der Sicherungsrechte

Die Poolbildung seitens der Gläubiger macht vor allem bei dem Versuch einer außergerichtlichen Sanierung des Krisenunternehmens Sinn. Denn in einem eröffneten Insolvenzverfahren ist, soweit es nicht um die Verwertung von Immobilien geht, der Insolvenzverwalter und nicht der einzelne Gläubiger zuständig. Bei der Poolbildung zum Zwecke einer außergerichtlichen Sanierung des Unternehmens legen die Gläubiger nicht nur Sicherheiten zusammen, sondern vereinbaren in der Regel eine einheitliche Marschrichtung für die Sanierung.

Einheitliche Marschrichtung für die Sanierung

Häufig werden solche Pools zwischen den finanzierenden Banken und Sparkassen geschlossen, um in einheitlicher Weise die Sanierung des Unternehmens betreiben zu können. Die Poolführerin oder die Treuhänderin hat jeweils die Sicherheiten im Interesse sämtlicher Vertragspartner zu verwalten, zu überwachen und eventuell zu verwerten. Die Art und Weise der Verwertung und die Verteilung des Erlöses wird in der Vereinbarung über den Pool geregelt. Ferner ist dort in der Regel auch bestimmt, welche Maßnahmen die Poolführerin selbständig und welche Maßnahmen sie nur mit Zustimmung der Poolmitglieder durchführen kann.

Ferner werden häufig Pools aus denselben Gründen auch zwischen Lieferanten, insbesondere zwischen Eigentumsvorbehaltslieferanten, gebildet.

Vereinfachung der Kommunikation

Für das zu sanierende Unternehmen hat eine Poolbildung von Gläubigern oftmals erhebliche Vorteile, weil sich die Kommunikation mit den im Pool angeschlossenen Gläubigern wesentlich vereinfacht. Es besteht insoweit nur ein einziger Ansprechpartner. Zudem wird sich dieser Ansprechpartner intensiv mit der Angelegenheit und damit mit einem Sanierungskonzept auseinandersetzen, weil er den Poolmitgliedern zu berichten hat und daher vermeiden möchte, nicht ausreichend informiert zu sein.

Tipp

Gläubiger wollen Gewinner sein!
- Solange Gläubiger eines in die Krise geratenen Unternehmens noch glauben, durch Verzichte etwas zu verlieren, werden die Sanierungsverhandlungen kaum Erfolg haben können.
- Die Teilnahme an einer Sanierungsvereinbarung sollte für Gläubiger eine gute Gewinnchance beinhalten.
- Damit die Gläubiger überzeugt sind, dass sie etwas gewinnen, müssen sie die bestehende Forderung erst als ganz oder teilweise uneinbringlich ansehen. Damit muss das Sanierungskonzept den Gläubigern aufzeigen, wie sie stünden, wenn es nicht zu einer außergerichtlichen Sanierung kommen sollte. Die Bewertung der Forderung im Falle der Zerschlagung des Unternehmens ist der Anker, von dem aus dem Gläubiger die Gewinnchance bei der Teilnahme an der Unternehmenssanierung vermittelt werden kann.

8.9 Zusammenfassung

1. Eine außergerichtliche Unternehmenssanierung sollte frühzeitig eingeleitet werden. Die Versuche zur außergerichtlichen Sanierung sollten fortgesetzt werden, auch wenn bereits der Antrag auf Eröffnung des Insolvenzverfahrens gestellt oder gar das Insolvenzverfahren eröffnet ist. Wird die außergerichtliche Sanierung vor der Eröffnung des Insolvenzverfahrens vereinbart, kann der Insolvenzantrag zurückgenommen werden, andernfalls wird das Verfahren auf Antrag durch Beschluss des Insolvenzgerichts eingestellt.
2. Fast immer wird es dem Krisenunternehmen an dem nötigen Eigenkapital für eine dauerhaft erfolgreiche Unternehmensführung fehlen. Als Mittel der Eigenkapitalzufuhr kommen nicht nur die Erhöhung des Stamm-, Grund- oder Kommanditkapitals in Betracht, sondern auch die Vergabe eigenkapitalersetzender Darlehen durch die Gesellschafter.
3. In Betracht kommt auch die Aufnahme eines atypisch stillen Gesellschafters. Die atypische stille Gesellschaft ist eine nach außen nicht in Erscheinung tretende Mitunternehmerschaft. Ein Anreiz für den Dritten könnten auch Steuervorteile sein, da bei der atypisch stillen Gesellschaft dem atypisch stillen Gesellschafter Verluste aus der Sanierung des Unternehmens unmittelbar zugerechnet werden, so dass dieser die Verlustzuweisungen im Rahmen der steuerlichen Grenzen mit anderen positiven Einkünften verrechnen kann.

4. In Betracht kommt auch die Kapitalerhöhung nach vorangegangener Kapitalherabsetzung. Für die Kapitalherabsetzung zum Ausgleich von Wertminderungen und zur Verlustdeckung gibt es bei der GmbH ein vereinfachtes Verfahren, bei dem die komplizierten und bei einer Sanierung eines Unternehmens kaum beschaffbaren Voraussetzungen einer ordentlichen Kapitalherabsetzung nicht eingehalten werden müssen. Eine Kapitalherabsetzung führt aber zu nicht unerheblichen Kosten für Notar und Gericht und führt durch die Veröffentlichung der Handelsregistereintragung auch zu einer negativen Publizität.
5. Die Erhöhung des Eigenkapitals ist auch durch einen so genannten Nachschuss der GmbH-Gesellschafter zum geleisteten Stammkapital möglich.
6. Das Eigenkapital des Unternehmens kann auch durch Umwandlung von Verbindlichkeiten in Eigenkapital erhöht werden. Dies geschieht durch Rangrücktrittserklärungen der Gläubiger. Diese treten mit ihrer Forderung in der Weise im Range zurück, dass ihre Forderung nur aus dem künftigen Bilanzgewinn oder aus dem Liquidationserlös erfüllt werden können.
7. Eine Verbesserung der Kapitalausstattung des Unternehmens bewirkt auch die Auflösung von Vermögensreserven wie z.B. der Verkauf einer Immobilie bei gleichzeitiger Anmietung vom Käufer (Sale-and-lease-back) oder durch den Verkauf nicht betriebsnotwendigen Vermögens.
8. Auch durch eine Optimierung des Betriebsablaufs kann die Eigenkapitalausstattung des Unternehmens verbessert werden. So können überschüssige Vorräte abgebaut oder der Fuhrpark koordiniert werden, so dass zur Ausführung des gleichen Arbeitsergebnisses weniger gebundenes Betriebsvermögen erforderlich ist.
9. Eine Verbesserung der Liquiditätsausstattung des Unternehmens durch Fremdkapital scheidet in der Regel aus, weil die entsprechende Kreditwürdigkeit des Unternehmens nicht mehr besteht.
10. Ferner gibt es je nach Einzelfall zahlreiche weitere Maßnahmen zur Verbesserung der Liquidität. So werden Forderungen durch eine Optimierung des Forderungsmanagements frühzeitiger erfüllt. Forderungsausfälle können durch den Abschluss von Kreditversicherungen vermieden werden. Das Outsourcen von Arbeitsvorgängen, also die Verlagerung bestimmter Arbeitsvorgänge auf hierauf spezialisierte Unternehmen, schafft oftmals erhebliche Kostenreduzierungen.
11. Vor allem personelle Maßnahmen können die Kosten des Unternehmens erheblich senken. Dies kann durch Entlassungen aber

auch dadurch erfolgen, dass freiwillige Zahlungen und soziale Leistungen reduziert werden. Durch eine Verbesserung der Unternehmenskultur kann die Effizienz der Leistungen der Mitarbeiter erhöht werden, so dass bei gleichen Kosten ein besseres Arbeitsergebnis möglich ist.

12. Änderungen auf der Gesellschafterebene können das Unternehmen stärken. In Betracht kommen die Aufnahme eines kapitalkräftigen weiteren Gesellschafters oder die Aufnahme eines Gesellschafters, der zusätzliches Know-how oder Kontakte zu Kunden einbringt.

13. Die Verschuldung und damit die Kapitalkosten lassen sich durch Forderungsverzichte von Gläubigern reduzieren. Ein Moratorium schafft zumindest die Möglichkeit, die begrenzt vorhandene Liquidität für die Aufrechterhaltung und Verbesserung der Geschäftstätigkeit zu verwenden.

14. Gläubiger bilden oftmals Pools, um gemeinsam gegenüber dem Schuldnerunternehmen aufzutreten und sich auf eine gemeinsame Marschroute zum Zwecke der Sanierung des Unternehmens zu einigen. Ihr Interesse besteht aber auch darin, Streitigkeiten untereinander im Hinblick auf die Abgrenzung der Sicherheiten zu vermeiden. Eine solche Poolbildung macht es dem Krisenunternehmen einfacher, infolge der Existenz eines gemeinsamen Ansprechpartners des Pools die Grundlagen und Ziele der Sanierung zu vermitteln.

9 Der Übergang des Betriebs auf einen neuen Rechtsträger (§ 613a BGB) außerhalb einer Insolvenz

9.1 Betriebsübergang als Vorbedingung für die Sanierung

Oftmals scheitern Sanierungsmaßnahmen daran, dass die notwendige Zuführung neuer Ressourcen in das marode Unternehmen zwar möglich, aber nicht gewollt ist, weil die Befürchtung besteht, dass sich der Sanierungsbedarf letztlich wesentlich erhöht, wenn neue Probleme bekannt werden. Ein Investor, der zur Mitwirkung an der Sanierung bereit ist, befürchtet, dass er bei der Aufdeckung versteckter Risiken entweder seine Investition verlieren oder aber einem wirtschaftlichen Druck ausgesetzt sein könnte, seinen Sanierungsbeitrag zu erhöhen, um seine Sanierungsinvestitionen nicht zu verlieren. Dabei wird oftmals von den hinlänglich bekannten Fällen der Sanierung von Altbauten ausgegangen, bei denen sich erst im Rahmen der Durchführung der Sanierungsmaßnahmen herausstellt, dass die notwendigen Sanierungsmaßnahmen erheblich umfangreicher und kostenträchtiger sind, als zunächst angenommen. Deswegen macht der Käufer eines zu sanierenden Altbaus oftmals erhebliche Abschläge bei dem Kaufpreis, um solche Risiken aufzufangen oder eine hohe Rendite erzielen zu können, wenn sich die Risiken nicht realisieren sollten.

Betriebsübergang als Vorbedingung einer Sanierungsinvestition

Vor diesem Hintergrund scheitern Sanierungsmaßnahmen dann oftmals aus wirtschaftlichen Gründen, weil der Investor seinen Investitionsbeitrag entsprechend niedrig ansetzt. Der Investor bewertet bei der Berechnung der erwarteten Rendite für seine Investition in das Sanierungsprojekt das Risiko infolge der allgemein bestehenden Unwägbarkeiten in solchen Fällen entsprechend hoch mit der Folge des Ansatzes eines erhöhten Risikozuschlages. Vor diesem Hintergrund ist der Barwert seiner Sanierungsinvestitionen entsprechend niedriger mit der weiteren Folge, dass es dann oftmals nicht

Höhere Sanierungsbeiträge durch geringeres Risiko bei Sanierung nach Betriebsübergang

reicht, mit einem solchen Sanierungsbeitrag die Sanierung erfolgreich durchführen zu können.

In solchen Fällen besteht die Möglichkeit, den Betrieb von den potenziellen wirtschaftlichen Altlasten zu trennen. Dies erfolgt dadurch, dass der Betrieb auf einen neuen Rechtsträger überführt wird, damit potenzielle wirtschaftliche Risiken des maroden Unternehmens auf diesen eingegrenzt bleiben. In diesem Falle stehen höhere Sanierungsbeiträge zur Verfügung, weil der Risikozuschlag bei der Errechnung des Barwertes der Sanierungsbeiträge geringer und damit der Barwert selbst höher ist. Der Investor kann in diesem Falle von einem begrenzten Risiko ausgehen und vermindert dadurch die Gefahr, dass er seine Investition verliert oder zur Nachinvestition verpflichtet wäre, um den Verlust zu vermeiden. In solchen Sanierungsfällen wird der Betrieb auf einen anderen Rechtsträger überführt und erst dort mit Sanierungsmaßnahmen gestärkt und zum Erfolg gebracht.

Für das übertragende Unternehmen stellt sich ein solcher Verkauf eines Betriebs oder Teilbetriebs in der Regel ebenso als vorteilhaft dar. Denn damit können für das Unternehmen Sanierungsbeiträge durch Zufluss des Kaufpreises und Entlastung von den Kosten des Betriebs erzielt werden.

Betriebsübergang auf personenidentische Rechtsträger

Auch dann, wenn der Sanierungsbeitrag durch die bisherigen Gesellschafter des Unternehmens erbracht werden soll, z.B. durch Kapitalerhöhung oder durch ein Sanierungsdarlehen, macht eine solche Herauslösung des Betriebs aus dem Unternehmen und seiner Übernahme durch eine vollständig oder überwiegend personenidentische Erwerbergesellschaft Sinn. Denn oftmals nehmen die Gesellschafter eher den Zusammenbruch des Unternehmens in Kauf, als noch erhebliche Beträge in eine ungewisse Zukunft zu investieren, so dass dann vielleicht die letzten Reserven auch noch verloren wären. Auch hier ist für die Gesellschafter das Risiko reduziert, dass die Investition durch wirtschaftliche Altlasten aufgrund der Vergangenheit nutzlos und verloren sein könnte.

> **Tipp**
>
> Legen Sie bei einer Übertragung des Betriebs auf eine Gesellschaft, an der Personenidentität besteht oder die im Besitz nahe stehender Personen ist, einen besonders strengen Sorgfaltsmaßstab an die Konzeption der Betriebsübertragung an. Denn im Falle der Insolvenz des den Betrieb übertragenden Unternehmens könnte ein Insolvenzverwalter versucht sein, die Betriebsübertragung nach § 133 Abs. 2 Satz 1 InsO anzufechten. Nach dieser Vorschrift ist ein vom Schuldner mit einer nahe stehenden Person geschlossener entgeltliche Vertrag anfechtbar, wenn hierdurch die Insolvenzgläubiger unmittelbar benachteiligt werden und die Vereinbarung innerhalb von zwei Jahren vor dem Eröffnungsantrag geschlossen wurde. Deshalb sollte eine belastbare Bewertung durch einen unabhängigen Dritten erfolgen, welcher Preis und welche Konditionen für den Betriebsübergang angemessen sind, um einem späteren Insolvenzverwalter dadurch nachweisen zu können, dass eine Benachteiligung der Insolvenzgläubiger nicht erfolgt ist.

Keine Betriebsübertragung bei oder kurz vor Insolvenz

Wenn allerdings die Krise des Unternehmens so weit fortgeschritten ist, dass Zahlungsunfähigkeit oder drohende Zahlungsunfähigkeit vorliegt, sollte keine außergerichtliche Übertragung des Betriebs mehr auf eine solche Auffanggesellschaft erfolgen. In diesem Falle wäre es besser, Insolvenzantrag wegen drohender Zahlungsunfähigkeit zu stellen und sodann den Betrieb aus der Insolvenz zu erwerben. Eine solche Vorgehensweise beinhaltet viele Vorteile und vermeidet viele Probleme, wie z. B.:

- Die Gefahr der Anfechtung der Betriebsübertragung seitens des Insolvenzverwalters, hier nach der verschärften Vorschrift des § 133 Abs. 1 InsO, wäre sehr groß, insbesondere, nachdem auf der Erwerberseite eine Kenntnis der drohenden Zahlungsunfähigkeit des verkaufenden Unternehmens vorliegt (vgl. § 133 Abs. 1 Satz 2 InsO, näher hierzu Kap. 10.3.9.3).
- Es besteht eine erhebliche Gefahr, dass die Geschäftsführer der übertragenden Gesellschaft nach den §§ 283, 283c, 283d StGB (Kap. 3.2.5) oder wegen Vereitelung der Zwangsvollstreckung (§ 288 StGB) strafrechtlich verfolgt werden.
- Bei einem Betriebsübergang aus der Insolvenz haftet der Erwerber nicht für offene Ansprüche von Arbeitnehmern aus der Zeit vor dem Betriebsübergang (näher hierzu Kap. 12).

> **Tipp**
>
> Unterlassen Sie einen außergerichtlichen Betriebsübergang, wenn sich das Unternehmen bereits in der Phase einer drohenden oder eingetretenen Zahlungsunfähigkeit befindet!
>
> In diesem Falle sollte das Unternehmen frühzeitig Insolvenzantrag stellen. Eine Auffanggesellschaft sollte dann den Betrieb durch Vereinbarung mit dem Insolvenzverwalter übernehmen.

Bei dem übertragenden Betrieb stellt sich dann die Frage, ob dieser im Bestand aufrechterhalten werden kann. Dies kann durch außergerichtliche Sanierung erfolgen oder, bei Eintritt von Insolvenztatbeständen, im Rahmen eines Insolvenzverfahrens.

Bei dem Betriebsübergang ist jedoch insbesondere die Vorschrift des § 613a BGB zu beachten, die zu weitreichenden Haftungsrisiken des Rechtsträgers führen könnte, der den Betrieb übernimmt.

9.2 Die Regelung des § 613a BGB

9.2.1 Überblick

Eintritt des Erwerbers in Rechte und Pflichten aus den Arbeitsverhältnissen

Geht ein Betrieb oder Betriebsteil durch Rechtsgeschäft auf einen anderen Inhaber über, so tritt dieser in die Rechte und Pflichten aus den im Zeitpunkt des Übergangs bestehenden Arbeitsverhältnissen ein (§ 613a Abs. 1 Satz 1 BGB). Damit haftet der Erwerber nicht nur für die ab dem Betriebsübergang entstehenden Ansprüche aus dem Arbeitsverhältnis, sondern auch für alle vor dem Übergang entstandenen Ansprüche der Arbeitnehmer, soweit das Arbeitsverhältnis im Zeitpunkt des Übergangs noch nicht beendet war.

Sind die Rechte und Pflichten aus dem Arbeitsverhältnis durch Rechtsnormen eines Tarifvertrags oder durch eine Betriebsvereinbarung geregelt, so werden sie Inhalt des Arbeitsverhältnisses zwischen dem neuen Inhaber und dem Arbeitnehmer und dürfen nicht vor Ablauf eines Jahres nach dem Zeitpunkt des Übergangs zum Nachteil des Arbeitnehmers geändert werden, es sei denn dass die Rechte und Pflichten bei dem neuen Inhaber durch Rechtsnormen eines anderen Tarifvertrags oder durch eine andere Betriebsvereinbarung geregelt werden (§ 613a Abs. 1 Satz 2 und 3 BGB).

Die Kündigung des Arbeitsverhältnisses eines Arbeitnehmers durch den bisherigen Arbeitgeber oder durch den neuen Inhaber wegen des Übergangs eines Betriebs oder eines Betriebsteils ist unwirksam (§ 613a Abs. 4 BGB). Der Arbeitnehmer kann jedoch dem Übergang seines Arbeitsverhältnisses widersprechen, und zwar auch dann, wenn nicht nur ein Betriebsteil, sondern der ganze Betrieb übertragen wird. Hat der Arbeitnehmer Kenntnis von dem bevorstehenden Betriebsübergang und macht er bis zum Betriebsübergang von seinem Widerspruchsrecht Gebrauch, geht das Arbeitsverhältnis nicht über.

Der Übergang des Arbeitsverhältnisses kann weder durch Arbeitsvertrag von vornherein ausgeschlossen werden, noch kann der Übergang des Arbeitsverhältnisses davon abhängig gemacht werden, dass der Arbeitnehmer mit dem Betriebserwerber für den Fall des Betriebsübergangs geänderte Arbeitsbedingungen hinnimmt.

Kein Ausschluss des Übergangs der Arbeitsverhältnisse möglich

Nach dem Betriebsübergang können aufgrund vertraglicher Vereinbarungen zwischen dem Arbeitnehmer und dem Arbeitgeber die Arbeitsbedingungen geändert werden. Stimmt der Arbeitnehmer einer solchen vertraglichen Regelung nicht zu, kann der neue Arbeitgeber eine betrieblich bedingte Kündigung oder Änderungskündigung aussprechen, sofern die Kündigung nicht wegen des Betriebsübergangs erfolgt, wofür die Voraussetzungen des Kündigungsschutzgesetzes eingehalten werden müssen, sofern der Betrieb infolge seiner Größe dem Kündigungsschutzgesetz unterliegt (hierzu Kap. 1.2.7).

9.2.2 Betrieb oder Betriebsteil

Voraussetzung für die Anwendung des § 613a BGB ist, dass ein »Betrieb oder Betriebsteil« auf einen neuen Rechtsträger übergeht. Wann ein Betrieb oder Betriebsteil vorliegt und welche Bereiche zu einem solchen Betrieb oder Betriebsteil gehören, ist oftmals schwer zu entscheiden. Grundlage hierfür ist zunächst die Rechtsprechung des EuGH zur Auslegung der Richtlinie 77/187/EWG. Die Richtlinie soll, wie der EuGH in der »Ayse Süzen«-Entscheidung vom 11.03.1997 (NZA 1997, 433 ff.) feststellte, die Kontinuität der im Rahmen einer wirtschaftlichen Einheit bestehenden Arbeitsverhältnisse unabhängig von einem Inhaberwechsel gewährleisten. Entscheidend für einen Übergang im Sinne der Richtlinie ist, ob die fragliche Einheit ihre Identität bewahrt, was namentlich dann zu bejahen ist, wenn der Betrieb tatsächlich weitergeführt oder wiederaufgenommen wird.

Betriebsbegriff

Weiter definierte der EuGH in dieser Entscheidung den Betrieb als eine auf Dauer angelegte organisierte Gesamteinheit von Personen oder Sachen zur Ausübung einer wirtschaftlichen Tätigkeit mit eigener Zielsetzung.

In weiteren Entscheidungen konkretisierte das BAG diese Rechtsprechung:

Konkretisierung durch die Rechtsprechung

- Die Einheit darf nicht als bloße Tätigkeit verstanden werden. Ihre Identität ergibt sich aus ihrem Personal, ihren Führungskräften, ihrer Arbeitsorganisation, ihren Betriebsmethoden und

den ihr zur Verfügung stehenden Betriebsmitteln, wobei diesen Merkmalen nach der Eigenart der ausgeübten Tätigkeit ein unterschiedliches Gewicht zukommt (BAG vom 26.06.1997, NZA 1997, 1228, 1229).
- In betriebsmittelarmen Branchen können bereits Arbeitnehmer, die durch ihre gemeinsame Tätigkeit dauerhaft verbunden sind, eine wirtschaftliche Einheit darstellen (BAG vom 10.12.1998, NZA 1999, 420, 421).
- Betriebsteile sind nach der Rechtsprechung des BAG selbständige, abtrennbare Teileinheiten, die innerhalb des betrieblichen Gesamtzwecks einen Teilzweck erfüllen (BAG vom 25.09.2003, NZA 2004, 316, 318, m.w.Nw).

Ein Betrieb oder Betriebsteil im Sinne des § 613a BGB können sein
- die Grundstücksverwaltung eines fremdgenutzten Miethauses (BAG vom 18.03.1999, NZA 1999, 869 f.) oder
- die Verwaltung einer Bohrgesellschaft (BAG vom 08.08.2002, NZA 2003, 315 ff.).

9.2.3 Übergang eines Betriebs oder Betriebsteils

Definition des »Übergangs« eines Betriebs

Ferner ist Voraussetzung für die Anwendung des § 613a BGB, dass ein Betrieb oder Betriebsteil auf einen neuen Rechtsträger »übergeht«. Der Übergang eines Betriebs oder Betriebsteils liegt vor, wenn ein anderer Rechtsträger eine funktionale wirtschaftliche Einheit unter Wahrung ihrer Identität übernimmt. Dabei müssen bei der Prüfung, ob eine wirtschaftliche Einheit übergeht, sämtliche den betreffenden Vorgang kennzeichnenden Tatsachen berücksichtigt werden. Dabei müssen bei der Prüfung, ob eine Einheit übergegangen ist, sämtliche den betreffenden Vorgang kennzeichnende Tatsachen berücksichtigt werden. Dazu gehören namentlich, wie der EuGH in seiner Entscheidung vom 11.03.1997 weiter feststellte (a.a.O.),
- die Art des betreffenden Unternehmens oder Betriebes,
- der etwaige Übergang der materiellen Betriebsmittel wie Gebäude und bewegliche Güter,
- der Wert der immateriellen Aktiva im Zeitpunkt des Übergangs,
- die etwaige Übernahme der Hauptbelegschaft durch den neuen Inhaber,
- der etwaige Übergang der Kundschaft sowie
- der Grad der Ähnlichkeit zwischen den vor und nach dem Übergang verrichteten Tätigkeiten und
- die Dauer einer eventuellen Unterbrechung dieser Tätigkeit.

Diese Kriterien sind, wie weiter festgestellt wird, lediglich Teilaspekte der vorzunehmenden Gesamtbewertung und dürfen nicht isoliert betrachtet werden.

Unter Verweis auf seine »Rygaad«-Entscheidung vom 19.09.1995 (NZA 1995, 1031) stellte der EuGH in seinem Urteil vom 11.03.1997 ferner fest, dass, soweit in bestimmten Branchen, in denen es im wesentlichen auf die menschliche Arbeitskraft ankommt, eine Gesamtheit von Arbeitnehmern, die durch eine gemeinsame Tätigkeit dauerhaft verbunden sind, eine wirtschaftliche Einheit darstellt, eine solche Einheit ihre Identität über ihren Übergang hinaus bewahren kann, wenn der neue Unternehmensinhaber nicht nur die betreffende Tätigkeit weiterführt, sondern auch eine nach Zahl und Sachkunde wesentlichen Teil des Personals übernimmt, das sein Vorgänger gezielt bei dieser Tätigkeit eingesetzt hatte. Denn in diesem Fall erwirbt der neue Unternehmensinhaber eine organisierte Gesamtheit von Faktoren, die ihm die Fortsetzung der Tätigkeiten des übertragenden Unternehmens auf Dauer erlaubt (so auch BAG vom 13.02.2003, NZA 2003, 552, 556 m.w.Nw).

»Rygaad«-Entscheidung des EuGH

9.2.4 Übergang der Arbeitsverhältnisse

Mit dem Betriebsübergang tritt der Erwerber gemäß § 613a Abs. 1 Satz 1 BGB in die Rechte und Pflichten aus den im Zeitpunkt des Übergangs bestehenden Arbeitsverhältnissen ein. Dies bedeutet nicht etwa, dass nur die Ansprüche und Verpflichtungen aus dem Arbeitsverhältnis übergehen würden, sondern die Vorschrift bewirkt, dass auf der Schiene des § 613a BGB das Arbeitsverhältnis als Ganzes übergeht. Ferner bewirkt die Vorschrift, dass der Übergang auf den Erwerber automatisch erfolgt, also unabhängig vom Willen des Veräußerers oder des Erwerbers.

Übergang des Arbeitsverhältnisses als Ganzes

Der Übergang betrifft alle Arbeitsverhältnisse wie z.B. unbefristete und befristete Arbeitsverhältnisse oder Probearbeitsverhältnisse. Auch Arbeitsverhältnisse die z.B. infolge Mutterschutzes, Elternzeit oder Wehrdienstes ruhen oder außer Vollzug gesetzt sind gehen über, wie auch Arbeitsverhältnisse übergehen, bei denen die Arbeitnehmer von ihrer Verpflichtung zur Erbringung der Arbeitszeit freigestellt sind. Nicht betroffen vom Übergang sind die Anstellungsverhältnisse mit den Geschäftsführern, weil diese keine Arbeitnehmer sind und damit insofern keine Arbeitsverhältnisse vorliegen. Nicht gehen auch die Ruheverhältnisse mit früheren Arbeitnehmern über, die Vergütungen für den Altersruhestand von dem Veräußerer des Betriebs erhalten.

Kein Übergang der Anstellungsverhältnisse der Geschäftsführer

9.2.5 Haftung des Erwerbers

Der Erwerber haftet mit dem Betriebsübergang nicht nur für die ab dem Betriebsübergang entstehenden Ansprüche aus dem Arbeitsverhältnis, sondern auch für alle vor dem Übergang entstandenen Ansprüche der Arbeitnehmer, soweit das Arbeitsverhältnis im Zeitpunkt des Übergangs noch nicht beendet war. Andererseits haftet der Veräußerer nicht mehr für Ansprüche der Arbeitnehmer, die erst nach Übergang des Betriebs oder Teilbetriebs entstanden und fällig geworden sind.

9.2.6 Übergang der kollektivrechtlichen Vereinbarungen

Kollision kollektivrechtlicher Vereinbarungen

Sind die Rechte und Pflichten aus dem Arbeitsverhältnis durch Rechtsnormen eines Tarifvertrags oder durch eine Betriebsvereinbarung geregelt, so werden sie Inhalt des Arbeitsverhältnisses zwischen dem neuen Inhaber und dem Arbeitnehmer und dürfen nicht vor Ablauf eines Jahres nach dem Zeitpunkt des Übergangs zum Nachteil des Arbeitnehmers geändert werden, es sei denn dass die Rechte und Pflichten bei dem neuen Inhaber durch Rechtsnormen eines anderen Tarifvertrags oder durch eine andere Betriebsvereinbarung geregelt werden (§ 613a Abs. 1 Satz 2 und 3 BGB).

Tipp

> Bestehen in dem zu übernehmenden Betrieb kollektivrechtliche Vereinbarungen, die der Erwerber nicht übernehmen möchte, dann kann die Übernahme dadurch verhindert werden, dass er für diesen Bereich vor der Betriebsübernahme eine eigene kollektivrechtliche Regelung zu diesem Themenbereich vereinbart. Dies setzt im Falle einer Betriebsvereinbarung voraus, dass der Erwerber einen eigenen Betriebsrat hat. Im Falle einer tarifvertraglichen Regelung müsste im Falle einer Tarifgebundenheit z. B. ein eigener Haustarif mit dem Tarifparteien vereinbart werden, bevor der Betriebsübergang erfolgt.

9.2.7 Zuordnung der Arbeitsverhältnisse

Da mit dem Übergang des Betriebs oder Teilbetriebs alle dort bestehende Arbeitsverhältnisse übergehen, kommt es dann, wenn ein Unternehmen mehrere Betriebe oder Teilbetriebe hat und hiervon einen überträgt, darauf an, wer welchem Betrieb oder Teilbetrieb zugehört.

> **Tipp**
>
> Wenn ein Unternehmen mehrere Betriebe oder Teilbetriebe hat, die auf verschiedene Rechtsträger ausgegliedert werden sollen, dann empfiehlt es sich, vor der Ausgliederung darauf zu achten, dass diejenigen Arbeitnehmer, deren Arbeitsverhältnisse auf einen bestimmten Rechtsträger übergehen sollen, exakt in diesem Betrieb oder Teilbetrieb arbeiten, was notfalls durch eine Versetzung erreicht werden muss. Andernfalls besteht die Gefahr, dass diese Arbeitnehmer bei der Übertragung des Betriebs oder Teilbetriebs bei dem »falschen« Rechtsträger ankommen und dies dann durch einen eigenen Änderungsvertrag für die Übernahme des Arbeitsverhältnisses durch die »richtige« Gesellschaft korrigiert werden muss.

9.2.8 Widerspruchsrecht der Arbeitnehmer

Jeder Arbeitnehmer kann dem Übergang seines Arbeitsverhältnisses widersprechen, und zwar auch dann, wenn nicht nur ein Betriebsteil, sondern der ganze Betrieb übertragen wird. Hat der Arbeitnehmer Kenntnis von dem bevorstehenden Betriebsübergang und macht er bis zum Betriebsübergang von seinem Widerspruchsrecht Gebrauch, geht das Arbeitsverhältnis nicht über. Der Widerspruch kann gegenüber dem Veräußerer oder gegenüber dem Erwerber ausgesprochen werden. Der Widerspruch muss binnen eines Monats nach Unterrichtung erklärt werden.

Kein Übergang des Arbeitsverhältnisses bei Widerspruch

Das Widerspruchsrecht bewirkt, dass dem Arbeitnehmer nicht ein anderer Arbeitgeber aufgedrängt werden kann, so dass er letztlich selbst entscheiden kann, ob sein Arbeitsverhältnis auf den Erwerber übergeht (wenn er dem Übergang nicht widerspricht) oder ob er bei seinem alten Arbeitgeber bleiben möchte (wenn er dem Übergang widerspricht).

Soweit ein Arbeitnehmer infolge seines Widerspruchs mit seinem Arbeitverhältnis bei dem Veräußerer des Betriebs oder Betriebsteils verbleibt, riskiert er die Kündigung seines Arbeitsverhältnisses aus betriebsbedingten Gründen wegen Wegfalls seines Arbeitsplatzes. Denn sein Arbeitsplatz befindet sich infolge des Übergangs des Betriebs oder Teilbetriebs nunmehr bei dem Erwerber, zu dem dieses Arbeitsverhältnis infolge des Widerspruchs des Arbeitnehmers nicht übergegangen ist, so dass es zu einem Auseinanderfallen von Arbeitsplatz und Arbeitsverhältnis gekommen ist. Der widersprechende Arbeitnehmer müsste daher gegen eine mögliche Kündigung geltend machen können, dass er trotz seines Widerspruchs bei seinem bisherigen Arbeitgeber auf einem anderen Arbeitsplatz beschäftigt werden könnte. Diese Möglichkeit wird nur selten der Fall sein.

9.2.9 Verbot der Kündigung wegen des Übergangs des Betriebs oder Teilbetriebs

Keine Kündigung wegen Betriebsübergang möglich

Die Kündigung des Arbeitsverhältnisses eines Arbeitnehmers durch den bisherigen Arbeitgeber oder durch den neuen Inhaber wegen des Übergangs eines Betriebs oder eines Betriebsteils ist unwirksam (§ 613a Abs. 4 BGB). Damit soll im Wege eines Umgehungsverbots verhindert werden, dass der in § 613a Abs. 1 BGB angeordnete Bestandsschutz durch eine Kündigung unterlaufen wird (BAG vom 18.07.1996, NZA 1997, 148f.). Unzulässig ist danach nur eine Kündigung »wegen des Übergangs« eines Betriebs oder Betriebsteils. Kündigungen aus anderen Gründen sind uneingeschränkt zulässig, was durch § 613a Abs. 4 Satz 2 BGB ausdrücklich klargestellt wird.

9.3 Zusammenfassung

1. Ein Betrieb kann von den Risiken des Unternehmens getrennt werden, indem der Betrieb an eine andere Gesellschaft übertragen wird. Eine solche Übertragung stellt einen Betriebsübergang im Sinne des § 613a BGB dar.
2. Besteht zwischen der übertragenden und der erwerbenden Gesellschaft Personenidentität oder handelt es sich bei dem erwerbenden Gesellschaft um eine nahe stehende Person, so sollten die Bedingungen für den Betriebsübergang von Dritten in belastbarer Weise ermittelt werden, andernfalls im Falle der Insolvenz der übertragenden Gesellschaft der Insolvenzverwalter die Übertragung wegen Gläubigerbenachteiligung anfechten könnte (§ 133 Abs. 2 Satz 1 InsO).
3. Befindet sich die übertragende Gesellschaft im Zustand der drohenden oder eingetretenen Zahlungsunfähigkeit sollte frühzeitig Insolvenzantrag gestellt und die Betriebsübertragung vom Insolvenzverwalter erfolgen.
4. Mit dem Betriebsübergang tritt der Erwerber gemäß § 613a BGB in die Rechte und Pflichten aus den im Zeitpunkt des Übergangs bestehenden Arbeitsverhältnissen ein.
5. Der Erwerber haftet mit dem Betriebsübergang nicht nur für die ab dem Betriebsübergang entstehenden Ansprüche der Arbeitnehmer, sondern auch für alle vor dem Übergang entstandenen Ansprüche der Arbeitnehmer, soweit das Arbeitsverhältnis im Zeitpunkt des Übergangs noch nicht beendet war.
6. Sind die Rechte und Pflichten aus dem Arbeitsverhältnis durch Rechtsnormen eines Tarifvertrags oder durch eine Betriebsvereinbarung geregelt, so werden sie Inhalt des Arbeitsverhältnisses zwischen den neuen Inhaber und dem Arbeitnehmer und

dürfen nicht vor Ablauf eines Jahres nach dem Zeitpunkt des Übergangs zum Nachteil des Arbeitnehmers geändert werden, es sei denn, dass die Rechte und Pflichten bei dem neuen Inhaber durch Rechtsnormen eines anderen Tarifvertrags oder durch eine andere Betriebsvereinbarung geregelt werden.
7. Die Kündigung des Arbeitsverhältnisses eines Arbeitnehmers durch den bisherigen Arbeitgeber oder durch den neuen Inhaber wegen des Übergangs eines Betriebs oder Betriebsteils ist unwirksam.
8. Der Arbeitnehmer kann dem Übergang seines Arbeitsverhältnisses widersprechen, mit der Folge, dass sein Arbeitsverhältnis mit dem bisherigen Arbeitgeber bestehen bleibt. Dort befindet sich aber sein Arbeitsplatz nicht mehr, so dass die Kündigung seines Arbeitsverhältnisses aus betriebsbedingten Gründen droht.
9. Ein Übergang eines Betriebs oder Teilbetriebs liegt vor, wenn eine auf Dauer angelegte Gesamtheit von Personen oder Sachen zur Ausübung einer wirtschaftlichen Tätigkeit mit eigener Zielsetzung vorliegt und der Erwerber diese funktionale Einheit unter Wahrung der Identität übernimmt. Damit ist der Begriff des Betriebsübergangs in § 613a BGB weit gefasst.

10 Die Unternehmenssanierung im Insolvenzverfahren – Überblick

10.1 Frühzeitige Antragstellung

Drohende Zahlungsunfähigkeit

Nach § 18 Abs. 1 InsO kann Insolvenzantrag bereits im Falle einer drohenden Zahlungsunfähigkeit gestellt werden. Der Schuldner droht zahlungsunfähig zu werden, wenn er voraussichtlich nicht in der Lage sein wird, die bestehenden Zahlungspflichten im Zeitpunkt der Fälligkeit zu erfüllen (§ 18 Abs. 2 InsO). Damit schafft die Insolvenzordnung die Möglichkeit, bereits frühzeitig die Sanierung des Unternehmens einzuleiten. Vor allem lassen sich dadurch absehbare Vollstreckungsmaßnahmen, die oftmals einen ganz erheblichen Schaden anrichten und die Sanierung gefährden oder beeinträchtigen können, frühzeitig unterbinden, indem das Insolvenzgericht Maßnahmen der Zwangsvollstreckung gegen den Schuldner untersagt, soweit nicht unbewegliche Gegenstände betroffen sind (§ 21 Abs. 2 Nr. 3 InsO).

> **Beispiel Sanierung der Firma Huber:**
>
> **Variante 3: Frühzeitige Stellung des Insolvenzantrags**
> *Die A-Bank hat Herrn Huber ein Schreiben übersandt und mitgeteilt, dass sie keinerlei Überziehung des Kontokorrents zulassen werde und dass die Kreditkündigung der Darlehen unmittelbar bevorstehe, weil bereits mehr als zwei Annuitäten rückständig sind. Auch die B- und C-Bank drohten die Darlehenskündigung an. Sie forderten die Firma Huber unter Fristsetzung auf, die Rückstände bei den Annuitäten zu bezahlen. Da der Kontokorrent bis zum Limit ausgeschöpft war und Zahlungseingänge nicht in der Höhe erwartet werden konnten, sah Herr Huber die Kreditkündigung zwangsläufig auf sich zukommen. Ferner wurden kurzfristig Steuernachzahlungen und Zahlungen an Sozialversicherungen fällig. Auch Lieferantenforderungen wurden kurzfristig fällig, für deren Bezahlung keine Liquidität beschaffbar war. Außerdem drohte bereits eine nicht unerhebliche Anzahl von Lieferanten an, die noch unter Eigentums-*

vorbehalt stehenden Waren aus dem Ladengeschäft der Firma Huber abzuholen, wenn nicht fristgerecht Zahlungen geleistet würde.
Herr Huber war nunmehr einsichtig genug um zu sehen, dass jede Verschleppung von Entscheidungen den Schaden vergrößern und die Chance für den Fortbestand des Unternehmens reduzieren wird. Seine Berater teilten ihm mit, dass auch Insolvenzantrag im Falle einer drohenden Zahlungsunfähigkeit gestellt werden könne (§ 18 Abs. 1 InsO), nämlich dann, wenn der Schuldner voraussichtlich nicht in der Lage sein wird, die bestehenden Zahlungspflichten im Zeitpunkt der Fälligkeit zu erfüllen. Diese Voraussetzungen lagen vor, so dass die Firma Josef Huber GmbH Insolvenzantrag stellte.

Variante 3 a: mit den Schutzmauern der Insolvenzordnung
Ein Insolvenzantrag kann auch zurückgenommen werden

Das Insolvenzgericht bestellte einen vorläufigen Insolvenzverwalter und untersagte gemäß § 21 Abs. 2 Ziffer 3 InsO Maßnahmen der Zwangsvollstreckung gegen die Firma Josef Huber GmbH.

Ferner legte das Insolvenzgericht dem Schuldner ein allgemeines Verfügungsverbot auf (§ 21 Abs. 2 Ziffer 2 InsO), so dass die Verwaltungs- und Verfügungsbefugnis über das Vermögen der Firma Josef Huber GmbH auf den vorläufigen Insolvenzverwalter überging (§ 22 Abs. 1 Satz 1 InsO). Dieser hatte gemäß § 22 Abs. 1 Satz 2 InsO das Vermögen der Firma Huber zu sichern und zu erhalten und das Unternehmen bis zur Entscheidung über die Eröffnung des Insolvenzverfahrens fortzuführen. Darüber hinaus beauftragte das Gericht den vorläufigen Insolvenzverwalter, als Sachverständiger zu prüfen, welche Aussichten für eine Fortführung der Firma Huber bestehen (§ 22 Abs. 1 Satz 2 Ziffer 3 InsO).

Der vorläufige Insolvenzverwalter untersagte den Lieferanten, die unter Eigentumsvorbehalt stehenden Waren abzuholen, da diese für die Aufrechterhaltung des Geschäftsbetriebs gebraucht wurden. Den Banken teilte er mit, dass er im Falle eines Antrages auf Versteigerung des Betriebsgrundstücks die einstweilige Aussetzung des Zwangsversteigerungsverfahrens beantragen werde. Damit konnte der vorläufige Insolvenzverwalter erreichen, dass das für die Unternehmensfortführung notwendige betriebliche Vermögen erhalten blieb.

Im Schutze der Insolvenzordnung konnte der Geschäftsbetrieb fortgeführt werden. Die Liquidität aus dem laufenden Geschäft reichte zum großen Teil aus, um die laufenden Kosten zu begleichen. Soweit die Liquidität nicht reichte, half Herr Huber dem Unternehmen mit einem Darlehen aus.

Der vorläufige Insolvenzverwalter stellte bei der Anfertigung seines Gutachtens fest, dass das Unternehmen nach den geplanten Maßnahmen zur Restrukturierung eine positive Fortsetzungsprognose aufwies. Die

> Bestellung eines vorläufigen Insolvenzverwalters

> Erhalt des für die Unternehmensführung notwendigen Betriebsvermögens

Restrukturierungsmaßnahmen schritten zügig voran, so dass die Firma Huber bereits nach fünf Monaten einen ganz erheblichen Überschuss im laufenden Geschäft über die laufenden Kosten erzielte.

Rücknahme des Insolvenzantrags

Herr Huber verhandelte mit den Banken, dass diese ihm persönlich einen Kredit geben, der mit Grundschulden auf seinem Grundbesitz abgesichert wird, damit er eine Kapitalerhöhung bei der Josef Huber GmbH durchführen kann. Die Banken sagten ihm dies zu, die Firma Josef Huber GmbH zog den Insolvenzantrag noch vor einer Entscheidung des Insolvenzgerichts im Eröffnungsverfahren zurück. Aus den Mitteln der Kapitalerhöhung bediente er sämtliche Lieferanten. Das Unternehmen arbeitete von nun an mit Gewinn und war erfolgreich saniert.

Tipp

> Bei drohender Zahlungsunfähigkeit einer GmbH, AG oder GmbH & Co. KG stellt sich die Frage:
>
> Ist mit den externen Beratern die frühzeitige Stellung eines Insolvenzantrags wegen drohender Zahlungsunfähigkeit beraten worden?

Bestellung eines Gutachters nach einem Insolvenzantrag

Beispiel:
Das Insolvenzgericht hat die Möglichkeit, zunächst noch keine Entscheidungen in der Sache zu treffen, sondern erst den Sachverhalt aufzuklären, um dann konkret auf den Einzelfall bezogen entsprechende Entscheidungen zu fällen. Ein solcher Beschluss hätte etwa folgenden Wortlaut:

Amtsgericht X-Stadt
Insolvenzgericht
Geschäftsnummer 10 IN 785/06

Beschluss:

In dem Insolvenzantragsverfahren
gegen die Firma Y-GmbH, Adresse,
vertreten durch den Geschäftsführer
Hans-Georg Mayr
- Schuldnerin -

wird beschlossen:

1. Es soll ein schriftliches Gutachten erstellt werden über folgende Fragen: Liegen Tatsachen vor, wonach der Schluss auf (drohende) Zahlungsunfähigkeit und/oder Überschuldung der Schuldnerin gerechtfertigt ist. Falls ja: Ist eine die Verfahrenskosten (§ 54 Insolvenz-

ordnung (InsO)) deckende Masse vorhanden? Erscheinen vorläufige Anordnungen zur Sicherung der Masse (allgemeines Veräußerungsverbot, vorläufige Verwaltung, Postsperre usw.) erforderlich?

2. Gemäß § 20 InsO wird angeordnet:
Die Schuldnerin hat dem Sachverständigen auf sein Verlangen alle zur Erfüllung seines Auftrages erforderlichen Auskünfte zu erteilen, insbesondere
- ein vollständiges Vermögensverzeichnis nach Aktiva und Passiva geordnet, unter Angabe der jeweiligen Zeitwerte und Fremdrechte (Eigentumsvorbehalte, Sicherungsübereignungen und Pfandrechte) zu erstellen und vorzulegen,
- je ein Verzeichnis ihrer Gläubiger und Schuldner mit vollständigen Anschriften (keine Abkürzungen) unter Angabe der bestehenden Verbindlichkeiten bzw. Forderungen sowie des Grundes (z. B. Kaufvertrag, Darlehen, usw.) zu erstellen und vorzulegen,
- nähere Angaben über Grund, Fälligkeit und Realisierbarkeit der einzelnen Forderungen zu machen und gegen sie bereits erwirkte Titel vorzulegen,
- dem Sachverständigen Zutritt zu sämtlichen Geschäftsräumen und als Büro verwendeten Zimmern zu geben und ihm die Einsicht in sämtliche Geschäfts-papiere zu gestatten bzw. diese vorzulegen.

3. Zum Sachverständigen wird Rechtsanwalt Anton Moxter, A-Straße 1, 00000 X-Stadt, Tel. ....., Fax: ...., bestellt.

4. Der Schuldnerin wird aufgegeben, sich unverzüglich mit dem oben bezeichneten Sachverständigen in Verbindung zu setzen und ihm eine vollständige Liste ihres Aktiv- und Passivvermögens unter genauer Bezeichnung ihrer Gläubiger und Schuldner mitzuteilen. Die Schuldnerin hat die Richtigkeit und Vollständigkeit der gegenüber dem Sachverständigen gemachten Angaben zu versichern.

Die Schuldnerin wird darauf hingewiesen, dass das Gericht zur Bewirkung wahrheitsgemäßer Angaben nach § 98 Abs. 1 InsO anordnen kann, dass sie die Richtigkeit und Vollständigkeit der gemachten Angaben an Eides Statt zu versichern hat. Die Schuldnerin wird vorsorglich darauf hingewiesen, dass die Abgabe einer falschen eidesstattlichen Versicherung nach § 156 Strafgesetzbuch mit Freiheitsstrafe bis zu drei Jahren oder mit Geldstrafe bestraft wird. Für den Fall der Behinderung des Sachverständigen wird das Insolvenzgericht über weiterreichende Maßnahmen (allgemeines Verfügungsverbot, vorläufige Verwaltung, Postsperre) oder die Bestimmung eines Termins zur mündlichen Anhörung entscheiden (§§ 21, 22 InsO).

Hans Huber,
Richter am Amtsgericht

10.2 Vorläufiger Insolvenzverwalter

Verwaltungs- und Verfügungsbefugnis des vorläufigen Insolvenzverwalters

Nach § 21 Abs. 2 Nr. 1 InsO kann das Insolvenzgericht einen vorläufigen Insolvenzverwalter bestellen. Legt das Insolvenzgericht dem Schuldner zudem ein allgemeines Verfügungsverbot auf (§ 21 Abs. 2 Nr. 2 InsO), geht die Verwaltungs- und Verfügungsbefugnis über das Vermögen des Schuldners auf den vorläufigen Insolvenzverwalter über (§ 22 Abs. 1 Satz 1 InsO). In diesem Fall hat der vorläufige Insolvenzverwalter gemäß § 22 Abs. 1 Satz 2 InsO das Vermögen des Schuldners zu sichern und zu erhalten und das Unternehmen bis zur Entscheidung über die Eröffnung des Insolvenzverfahrens fortzuführen, soweit nicht das Insolvenzgericht einer Stilllegung zustimmt, um eine erhebliche Verminderung des Vermögens zu vermeiden. Ferner kann das Gericht den vorläufigen Insolvenzverwalter beauftragen, als Sachverständiger zu prüfen, welche Aussichten für eine Fortführung des Unternehmens des Schuldners bestehen (§ 22 Abs. 1 Satz 2 Nr. 3 InsO). Aber auch dann, wenn dem Schuldner ein allgemeines Verfügungsverbot nicht auferlegt wurde, kann das Insolvenzgericht die Durchführung solcher Aufgaben und Maßnahmen durch den vorläufigen Insolvenzverwalter anordnen (§ 22 Abs. 2 InsO).

Bestellung eines vorläufigen Insolvenzverwalters

> **Beispiel:**
> *Der Sachverständige im vorherigen Beispiel hat sich zunächst als Gutachter mit der Sache beschäftigt. Sodann wurde auf Antrag des Sachverständigen vom Insolvenzgericht angeordnet:*
>
> *Amtsgericht X-Stadt*
> *Insolvenzgericht*
> *Geschäftsnummer 10 IN 785/07*
>
> **Beschluss:**
>
> *In dem Insolvenzantragsverfahren*
> *gegen die Firma Y-GmbH, Adresse,*
> *vertreten durch den Geschäftsführer*
> *Hans-Georg Mayr - Schuldnerin -*
> *wird gemäß §§ 21, 22 Insolvenzordnung (InsO) zur Sicherung der Masse und zum Schutz der Gläubiger gegen die Schuldnerin am 28.09.07 um 11.30 Uhr beschlossen:*
>
> 1. *Gemäß § 21 Abs. 2 Ziffer 1 InsO wird die vorläufige Verwaltung der Schuldnerin angeordnet. Zum vorläufigen Insolvenzverwalter wird Rechtsanwalt Anton Moxter, A-Straße 1, 00000 X-Stadt, Tel. ....., Fax: ....., bestellt.*

2. *Gemäß § 21 Abs. 2 Ziffer 2 InsO wird angeordnet, dass Verfügungen der Schuldnerin nur mit Zustimmung des vorläufigen Insolvenzverwalters wirksam sind.*
3. *Der vorläufige Insolvenzverwalter wird ermächtigt, Bankguthaben und sonstige Forderungen der Schuldnerin einzuziehen, sowie eingehende Gelder entgegenzunehmen.*
4. *Der vorläufige Insolvenzverwalter wird beauftragt, die gemäß § 23 Abs. 1 Satz 2 InsO erforderlichen Zustellungen, auch durch Aufgabe zur Post, vorzunehmen.*
5. *Die Schuldner der Schuldnerin werden aufgefordert, nur noch unter Beachtung dieser Anordnung zu leisten.*
6. *Maßnahmen der Zwangsvollstreckung werden gemäß § 21 Abs. 2 Nr. 3 InsO untersagt, bereits eingeleitete Maßnahmen werden eingestellt, soweit nicht unbewegliche Gegenstände betroffen sind. Der vorläufige Insolvenzverwalter soll gemäß § 22 Abs. 1 InsO das Vermögen der Schuldnerin sichern und erhalten, ein Unternehmen, das die Schuldnerin betreibt, bis zur Entscheidung über die Eröffnung des Insolvenzverfahrens mit der Schuldnerin fortführen, soweit nicht das Insolvenzgericht einer Stilllegung zustimmt, um eine erhebliche Verminderung des Vermögens zu vermeiden. Der vorläufige Insolvenzverwalter ist berechtigt, die Geschäfts- und Wohnräume der Schuldnerin zu betreten; die Schuldnerin hat dem vorläufigen Insolvenzverwalter Einsicht in ihre Bücher und Geschäftspapiere zu gestatten.*
7. *Der Schuldnerin wird gemäß §§ 20, 97 InsO aufgegeben, sich unverzüglich mit dem vorläufigen Insolvenzverwalter in Verbindung zu setzen und ihm ein vollständiges Vermögensverzeichnis nach Aktiva und Passiva geordnet, unter Angabe der jeweiligen Zeitwerte und Fremdrechte (Eigentumsvorbehalte, Sicherungsübereignungen und Pfandrechte), je ein Verzeichnis ihrer Gläubiger und Schuldner mit vollständigen Anschriften (keine Abkürzungen) unter Angabe der bestehenden Verbindlichkeiten bzw. Forderungen sowie des Grundes (z. B. Kaufvertrag, Darlehen, usw.) vorzulegen. Die Schuldnerin wird darauf aufmerksam gemacht, dass sie die Richtigkeit dieser Angaben an Eides Statt zu versichern hat, wenn das Insolvenzgericht dieses zur Herbeiführung wahrheitsgemäßer Angaben für erforderlich hält, § 98 Abs. 1 InsO. Auf die Strafbarkeit einer falschen eidesstattlichen Versicherung wird hingewiesen, § 156 Strafgesetzbuch.*

Die Anordnung der vorläufigen Verwaltung erfolgt auf Antrag des Sachverständigen. Die Anordnung war notwendig, um bis zur Entscheidung über den Antrag eine den Gläubigern nachteilige Veränderung in der Vermögenslage der Schuldnerin zu verhüten oder nachteilige Handlungen aufzuklären.

Hans Huber, Richter am Amtsgericht

Sicherung und Erhaltung des Vermögens	Geht auf den vorläufigen Insolvenzverwalter nach § 22 Abs. 1 InsO die Verwaltungs- und Verfügungsbefugnis über das Schuldnervermögen über, so hat er die Aufgabe, das Vermögen des Schuldners zu sichern und zu erhalten. Er hat dafür Sorge zu tragen, dass die Aus- und Absonderungsrechte nicht vor der Verfahrenseröffnung durchgesetzt werden. Hieraus folgt, dass es dem vorläufigen Insolvenzverwalter untersagt ist, die Insolvenzmasse zu verwerten. Damit kann das für die Unternehmensfortführung notwendige betriebliche Vermögen erhalten werden. Das Unternehmen kann damit in seiner organischen Struktur aufrechterhalten werden.
Der vorläufige Insolvenzverwalter ist berechtigt, die Geschäftsräume des Schuldners zu betreten und dort Nachforschungen anzustellen (§ 22 Abs. 3 Satz 1 InsO). Ferner hat ihm der Schuldner Einsicht in die Bücher und Geschäftsunterlagen zu gestatten und ihm alle erforderlichen Auskünfte zu erteilen (§ 22 Abs. 3 Satz 2 und 3 InsO).
Begründung von Masseverbindlichkeiten durch den vorläufigen Insolvenzverwalter	Begründet der vorläufige Insolvenzverwalter, der mit der Verwaltungs- und Verfügungsbefugnis ausgestattet ist, Verbindlichkeiten, so sind diese nach der Verfahrenseröffnung als Masseverbindlichkeiten zu berichtigen (§ 55 Abs. 2 Satz 1 InsO). Gleiches gilt für Verbindlichkeiten aus einem Dauerschuldverhältnis, soweit der vorläufige Insolvenzverwalter für das von ihm verwaltete Vermögen die Gegenleistung in Anspruch genommen hat (§ 55 Abs. 2 Satz 2 InsO).

10.3 Die Fortführung des Unternehmens durch den Insolvenzverwalter

10.3.1 Der Erhalt des betriebsnotwendigen Vermögens

	Mit Eröffnung des Verfahrens wird ein Insolvenzverwalter bestellt, es sei denn, dass Eigenverwaltung angeordnet wird. Als Insolvenzverwalter wird in der Regel der vorläufige Insolvenzverwalter bestellt. Nach der Eröffnung des Insolvenzverfahrens hat der Insolvenzverwalter das gesamte zur Insolvenzmasse gehörende Vermögen sofort in Besitz und Verwaltung zu nehmen (§ 148 Abs. 1 InsO). Zur Insolvenzmasse gehört das gesamte Vermögen, das dem Schuldner zur Zeit der Eröffnung des Verfahrens gehört und das er während
Entscheidung über Rückgabe von unter einfachem Eigentumsvorbehalt gelieferten Gegenständen erst nach dem Berichtstermin	des Verfahrens erlangt (§ 35 InsO). Der Geschäftsbetrieb des schuldnerischen Unternehmens ist durch den Insolvenzverwalter bis zum Berichtstermin fortzuführen.
Der Insolvenzverwalter hat darauf zu achten, dass das Betriebsvermögen des Unternehmens nicht durch Gläubiger beeinträchtigt wird. Die Insolvenzordnung gibt ihm die hierzu notwendigen Rech-

te bis zum Berichtstermin in die Hand. So kann er bewegliche Gegenstände, die vor Verfahrenseröffnung unter einfachem Eigentumsvorbehalt an den Schuldner geliefert worden sind, zunächst behalten, ohne sie zu bezahlen, sofern nicht in der Zeit bis zum Berichtstermin eine erhebliche Verminderung des Wertes der Sache zu erwarten ist und der Gläubiger den Verwalter auf diesen Umstand hingewiesen hat (§ 107 Abs. 2 InsO). Erst unverzüglich nach dem Berichtstermin hat sich der Verwalter zu seinem Wahlrecht zwischen Erfüllung oder Ablehnung des Kaufvertrages, zu deren Ausübung er vom Gläubiger aufgefordert wurde, zu entscheiden (§§ 103 Abs. 2 Satz 2 i. V. m. § 107 Abs. 2 Satz 1 InsO).

Gläubiger, denen bewegliche Sachen zur Sicherung übereignet sind, können ihre Sicherheiten nicht selbst verwerten. Zuständig hierfür ist der Insolvenzverwalter (§ 166 InsO). Dies gilt auch für die stille Sicherungszession von Forderungen. Ferner kann er eine bewegliche Sache, zu deren Verwertung er berechtigt ist, für die Insolvenzmasse benutzen, wenn er den dadurch entstehenden Wertverlust von der Eröffnung des Insolvenzverfahrens an durch laufende Zahlungen an den Gläubiger ausgleicht (§ 172 Abs. 1 Satz 1 InsO). Nutzt er den Gegenstand auch noch in der Zeit nach dem Berichtstermin hat er neben dem Ausgleich für den Wertverlust eine Nutzungsentschädigung in Höhe der ab dem Berichtstermin geschuldeten Verzugszinsen zu bezahlen (§ 169 InsO).

Kein Verwertungsrecht des Sicherungsnehmers bei Sicherungsübereignung und stiller Sicherungszession

Keinem automatischen Verwertungsstopp unterliegen dagegen Immobilien. Der Gläubiger, dem ein Recht auf Befriedigung aus einem Grundstück aufgrund einer Grundschuld oder Hypothek zusteht, kann die Verwertung des Grundstücks im Wege der Zwangsversteigerung bzw. Zwangsverwaltung auch während des Insolvenzverfahrens betreiben. Jedoch hat der Insolvenzverwalter die Möglichkeit, wenn der Berichtstermin noch bevorsteht oder das Grundstück für die Fortführung des Unternehmens benötigt oder die Durchführung eines Insolvenzplans gefährdet wird, die einstweilige Einstellung des Zwangsversteigerungsverfahrens zu beantragen und somit einen Entzug der Immobilie zu verhindern (§ 30d Abs. 1 ZVG). Der gesicherte Gläubiger erhält jedoch für die Zeit nach dem Berichtstermin aus der Insolvenzmasse laufend die geschuldeten Zinsen (§ 30e Abs. 1 ZVG).

Kein automatischer Verwertungsstopp bei Immobilien

10.3.2 Die Abwicklung der laufenden Geschäfte

Ist ein gegenseitiger Vertrag zur Zeit der Eröffnung des Insolvenzverfahrens vom Schuldner und vom anderen Teil nicht oder nicht vollständig erfüllt, so kann der Insolvenzverwalter anstelle des Schuldners den Vertrag erfüllen und die Leistung vom anderen Teil verlangen (§ 103 Abs. 1 InsO). Der andere Teil kann hierbei die ge-

Wahlrecht über Erfüllung von Verträgen

samte Gegenleistung beanspruchen. Diese Ansprüche sind Masseverbindlichkeiten (§ 55 Abs. 1 Nr. 2 InsO). Lehnt der Verwalter dagegen ab, so kann der andere Teil eine Forderung wegen der Nichterfüllung nur als Insolvenzgläubiger geltend machen (§ 103 Abs. 2 Satz 1 InsO), er erhält also hierfür nur die Quote. Fordert der andere Teil den Verwalter zur Ausübung seines Wahlrechts auf, so hat der Verwalter unverzüglich zu erklären, ob er die Erfüllung verlangen will (§ 103 Abs. 2 Satz 2 InsO). Unterlässt er dies, so kann er auf der Erfüllung nicht bestehen (§ 103 Abs. 2 Satz 3 InsO). Gegenseitige Verträge im Sinne des § 103 InsO sind insbesondere Kauf-, Werk- und Werklieferungsverträge. Nicht hierunter fallen Gesellschaftsverträge, weil es sich dabei nicht um gegenseitige Verträge im Sinne dieser Vorschrift handelt.

Miet- und Pachtverträge über Grundstücke und Räume, Leasingverträge

Wenn der Schuldner Mieter oder Pächter eines unbeweglichen Gegenstandes oder von Räumen ist, kann der Verwalter den Vertrag jederzeit unter Einhaltung der gesetzlichen Frist kündigen (§ 109 Abs. 1 Satz 1 InsO). Kündigt der Verwalter, so kann der andere Teil wegen der vorzeitigen Beendigung des Vertragsverhältnisses als Insolvenzgläubiger Schadenersatz verlangen (§ 109 Abs. 1 Satz 3 InsO). Er erhält also hierfür nur die Quote. Unter die Vorschrift des § 109 InsO fallen auch Leasingverträge.

Gegenseitige Verträge, bei denen sich jemand durch einen Dienst- oder Werkvertrag mit dem Schuldner verpflichtet hat, ein Geschäft für diesen zu besorgen, erlöschen mit der Eröffnung des Insolvenzverfahrens (§ 116 Satz 1 i.V.m. § 115 Abs. 1 InsO). Hierzu gehören Treuhandverträge, Inkassoverträge, Anwalts- und Steuerberatungsverträge oder Giroverträge. Nicht hierher gehören Verwahrungsverträge und Lagergeschäfte.

Geschäftsbesorgungsverträge

Ist jedoch der Schuldner durch Dienst- oder Werkverträge zur Geschäftsbesorgung gegenüber Dritten verpflichtet, ist die Vorschrift des § 103 InsO anwendbar, das heißt, dass der Verwalter ein Wahlrecht hat, ob er den Vertrag erfüllen möchte oder nicht.

10.3.3 Die weitere Finanzierung des Unternehmens

Automatisches Erlöschen eines nicht ausgeschöpften Kontokorrents

Schwierig ist die Unternehmensfortführung durch den Insolvenzverwalter meist jedoch aus Liquiditätsgründen. Ein nicht ausgeschöpfter Kontokorrentkredit erlischt mit der Eröffnung des Verfahrens (§§ 116, 115 InsO). Die Neuvergabe eines Kredits setzt voraus, dass eine Bank zur Kreditgewährung bereit ist und zur Absicherung des Kredits freie Vermögenswerte vorhanden sind. Ferner benötigt der Insolvenzverwalter für die Aufnahme neuer Kredite, die, wie es bei der Finanzierung der Unternehmensfortführung regelmäßig der Fall sein wird, die Insolvenzmasse erheblich belasten, die Zustimmung des Gläubigerausschusses oder, wenn ein solcher nicht gewählt worden ist, die Zustimmung der Gläubigerversammlung (§ 160 Abs. 2 Nr. 2 InsO). Der Kredit ist eine Masseverbindlichkeit (§ 55 Abs. 1 Nr. 1 InsO). Der Insolvenzverwalter haftet hierfür persönlich (§ 61 Satz 1 InsO), es sei denn, er konnte bei Vertragsschluss nicht erkennen, dass die Masse voraussichtlich zur Erfüllung nicht ausreichen würde (§ 61 Satz 2 InsO).

Zustimmung der Gläubiger für die Aufnahme von Krediten

10.3.4 Personalmaßnahmen

Die Insolvenz des Unternehmens berührt das Fortbestehen der Arbeitsverhältnisse nicht (§ 108 Abs. 1 Satz 1 InsO). Der Insolvenzverwalter hat das Recht, das Arbeitsverhältnis ohne Rücksicht auf eine vereinbarte Vertragsdauer oder einem vereinbarten Ausschluss des Rechts zur ordentlichen Kündigung zu kündigen. Die Kündigungsfrist beträgt drei Monate zum Monatsende, wenn nicht eine kürzere Frist maßgeblich ist (§ 113 Abs. 1 Satz 1 und 2 InsO). Dieses Recht hat auch der Arbeitnehmer. Die Löhne aus der Zeit nach Eröffnung des Insolvenzverfahrens sind Masseverbindlichkeiten. Dies gilt auch für rückständige Löhne aus der Zeit vor Eröffnung des Verfahrens, soweit der vorläufige Insolvenzverwalter entsprechend seiner Pflicht zur Betriebsfortführung die Arbeitsleistung angenommen hat (§ 55 Abs. 2 Satz 2 InsO). Hatte der vorläufige Insolvenzverwalter die Arbeitnehmer freigestellt, sind diese Arbeitnehmerforderungen aus dem Eröffnungsverfahren einfache Insolvenzforderungen.

Fortbestehen von Arbeitsverhältnissen

Verpflichtung zur Lohnzahlung als Masseverbindlichkeit

Mit der Insolvenz und insbesondere mit der Durchführung von Personalmaßnahmen besteht in der Regel die Gefahr, dass betriebsnotwendiges Know-how abwandert. Dies erschwert vielfach die Sanierung ganz erheblich.

10.3.5 Betriebsstilllegungen

Im Übrigen hat der Insolvenzverwalter bei allen Entlassungen und Änderungskündigungen, bei der Einführung von Kurzarbeit oder der Kündigung von Betriebsvereinbarungen alle einschlägigen arbeitsrechtlichen Vorschriften zu beachten. So ist bei einer geplanten Betriebsänderung ein Interessenausgleich durchzuführen (§ 111 BetrVG, §§ 121 ff. InsO). Massenentlassungen sind der zuständigen Agentur für Arbeit anzuzeigen (§ 17 KSchG).

10.3.6 Weitere betriebswirtschaftliche Maßnahmen

Um eine effiziente Fortführung des Unternehmens zu ermöglichen, sind je nach Einzelfall eine Vielzahl von Maßnahmen vorzunehmen, wie z. B. Regelungen von Verantwortlichkeiten und Kompetenzen der Mitarbeiter, Regelungen zum Berichtswesen, Änderungen bei der Organisation, beim Produktionsprozess, beim Vertrieb, beim Einkauf, bei der Lagerhaltung oder bei der Materialwirtschaft. Der

Insolvenzverwalter wird dies in der Regel erst auf der Grundlage von Empfehlungen von Sachverständigen vornehmen, die von ihm beauftragt wurden.

10.3.7 Erstellung eines Masse- und Gläubigerverzeichnisses und einer Vermögensübersicht

Mit der Eröffnung des Verfahrens hat der Insolvenzverwalter ein Masseverzeichnis, ein Gläubigerverzeichnis und eine Vermögensübersicht anzufertigen. Diese Aufstellungen sind spätestens eine Woche vor dem Berichtstermin in der Geschäftsstelle des Insolvenzgerichts zur Einsicht der Beteiligten niederzulegen (§ 154 InsO).

Bezeichnung und Bewertung der Gegenstände der Insolvenzmasse im Masseverzeichnis

Im Masseverzeichnis sind die einzelnen Gegenstände der Insolvenzmasse zu bezeichnen und mit ihrem tatsächlichen Wert anzugeben. Sind die Werte im Falle der Fortführung des Unternehmens oder im Falle seiner Liquidation unterschiedlich, sind beide Werte anzugeben (§ 151 Abs. 2 Satz 2 InsO). Besonders schwierige Bewertungen können einem Sachverständigen übertragen werden (§ 151 Abs. 2 Satz 3 InsO). Zu erfassen sind alle Gegenstände der Insolvenzmasse, also auch solche, die erst durch Anfechtung zu erlangen sind.

Verzeichnis aller Gläubiger

In das Gläubigerverzeichnis hat der Insolvenzverwalter alle Gläubiger aufzunehmen, die ihm aus den Büchern und Geschäftspapieren des Schuldners, durch sonstige Angaben des Schuldners, durch die Anmeldung ihrer Forderungen oder auf andere Weise bekannt geworden sind (§ 152 Abs. 1 InsO). Bei jedem Gläubiger sind die Anschrift sowie der Grund und der Betrag seiner Forderung anzugeben (§ 152 Abs. 2 Satz 2 InsO). Das Gläubigerverzeichnis soll einen möglichst vollständigen Überblick über Belastungen und Verbindlichkeiten des Schuldners vermitteln. In dem Verzeichnis sind die absonderungsberechtigten Gläubiger und die einzelnen Rangklassen der nachrangigen Insolvenzgläubiger gesondert aufzuführen (§ 152 Abs. 2 Satz 1 InsO).

Gegenüberstellung der Insolvenzmasse und der Verbindlichkeiten

In der Vermögensübersicht hat der Insolvenzverwalter auf den Zeitpunkt der Eröffnung des Insolvenzverfahrens die Gegenstände der Insolvenzmasse und die Verbindlichkeiten des Schuldners aufzuführen und einander gegenüber zu stellen (§ 153 Abs. 1 Satz 1 InsO). Grundlage der Übersicht ist das Masse- und Gläubigerverzeichnis. Fortführungs- und Einzelveräußerungswerte sind nebeneinander anzugeben (§ 153 Abs. 1 Satz 2 i.V.m. § 151 Abs. 2 Satz 2 InsO).

10.3.8 Buchhaltung, Bilanzierung und steuerliche Pflichten

Mit der Eröffnung des Verfahrens beginnt ein neues Geschäftsjahr (§ 155 Abs. 2 Satz 1 InsO). Der Insolvenzverwalter ist verpflichtet, die handels- und steuerrechtlichen Verpflichtungen des Schuldnerunternehmens zu erfüllen (§ 155 Abs. 1 InsO). Er hat die Bücher zu führen und fehlende Buchungen, die meist insolvenzbedingt unterblieben sind, nachzuholen. Ferner hat er die Jahresabschlüsse zum Ende des Geschäftsjahres zu erstellen und die Steuererklärungen abzugeben. Unter den Voraussetzungen der §§ 316 ff. HGB ist der Abschluss durch einen Abschlussprüfer zu prüfen und offen zu legen (§§ 325 ff HGB). Der Insolvenzverwalter kann sich hierbei der Mitwirkung eines Steuerberaters bedienen und diesen aus der Masse bezahlen (§ 4 Abs. 1 Satz 3 InsVV).

Neues Geschäftsjahr mit Verfahrenseröffnung

Die Zeit zwischen der Eröffnung des Verfahrens und dem Ende des Geschäftsjahres stellt ein Rumpfgeschäftsjahr dar, sofern nicht die Eröffnung des Verfahrens auf den Tag des Beginns eines neuen Geschäftsjahres fällt. Auf den Tag der Insolvenzeröffnung ist eine Eröffnungsbilanz zu erstellen. Da das Unternehmen in der Regel bis zum Berichtstermin fortgeführt wird, ist handelsrechtlich die Eröffnungsbilanz mit Fortführungswerten zu erstellen (§ 242 Abs. 1 Satz 1 HGB).

Erstellung einer Eröffnungsbilanz

Diese Pflichten des Insolvenzverwalters hängen nicht davon ab, ob die anfallenden Kosten von der Masse gedeckt sind. Sind hierfür die Mittel nicht vorhanden, hat der Insolvenzverwalter die Abschlüsse und die Steuererklärungen selbst anzufertigen.

10.3.9 Anfechtung von Rechtshandlungen

Der Insolvenzverwalter kann Rechtshandlungen, die vor der Eröffnung des Insolvenzverfahrens vorgenommen worden sind und die Insolvenzgläubiger benachteiligen, nach Maßgabe der §§ 130 bis 146 InsO anfechten (§ 129 Abs. 1 InsO). Was durch die anfechtbaren Handlungen aus dem Vermögen des Schuldners veräußert, weggegeben oder aufgegeben ist, muss zur Insolvenzmasse zurückgewährt werden (§ 143 Satz 1 InsO). Gewährt der Empfänger einer anfechtbaren Leistung das Erlangte zurück, so lebt seine Forderung wieder auf (§ 144 Abs. 1 InsO). Die Verjährung des Anfechtungsanspruchs richtet sich nach den Regelungen über die regelmäßige Verjährung nach dem Bürgerlichen Gesetzbuch (§ 146 Abs. 1 InsO). Nach § 195 BGB beträgt die regelmäßige Verjährungsfrist grundsätzlich drei Jahre und beginnt mit dem Schluss des Jahres, in dem der Anspruch entstanden ist und der Gläubiger von den Anspruch begründenden Umständen und der Person des Schuldners Kenntnis erlangt oder ohne grobe Fahrlässigkeit erlangen müsste (§ 199 Abs. 1 BGB).

Geltendmachung von Rückforderungsansprüchen aufgrund Gläubigerbenachteiligungen

10.3.9.1 Kongruente Deckung

Sicherung oder Befriedigung eines Gläubigers innerhalb von drei Monaten vor dem Insolvenzantrag

Nach § 130 Abs. 1 Nr. 1 InsO ist eine Rechtshandlung anfechtbar, die einem Insolvenzgläubiger Sicherung oder Befriedigung gewährt oder ermöglicht hat,

- wenn sie in den letzten drei Monaten vor dem Antrag auf Eröffnung des Insolvenzverfahrens vorgenommen worden ist,
- wenn zur Zeit der Handlung der Schuldner zahlungsunfähig war und
- wenn der Gläubiger zu dieser Zeit die Zahlungsunfähigkeit kannte.

> **Beispiel:**
> Bernhard B betrieb als Einzelunternehmer seit drei Jahrzehnten ein vom Vater übergebenes Handelsgeschäft für den Verkauf von Eisenwaren. Das Unternehmen wurde insolvent, weil Bernhard B mit den Preisen der großen Baumarkt-Ladenketten, die ihre Produkte im In- und Ausland massenweise einkaufen und damit den Preis diktieren konnten, immer weniger mithalten konnte. Das Insolvenzverfahren wurde eröffnet.
> Die Hausbank hat Bernhard B den Kredit gekündigt, weil das Unternehmen zahlungsunfähig und überschuldet war. Gelder von Kunden, die auf dem Kontokorrentkonto Bernhard B eingingen, wurden von der Bank einbehalten und mit den Kreditforderungen verrechnet. Ein Gläubiger von Bernhard B stellte knapp drei Monate nach diesen Geldeingängen Insolvenzantrag. Nach Eröffnung des Insolvenzverfahrens focht der Insolvenzverwalter gegenüber der Bank die Verrechnung der eingegangen Kundengelder mit den Kreditansprüchen an und verlangte Herausgabe der eingegangen Gelder zur Insolvenzmasse. Die Forderung war nach § 130 Abs. 1 Nr. 1 InsO berechtigt. Die Bank stellte ihm die einbehaltenen Gelder zur Verfügung. Die Bank meldete ihre Darlehensansprüche zur Insolvenztabelle an und erhielt hierauf nur die Quote.

Sicherung oder Befriedigung eines Gläubigers nach dem Insolvenzantrag

Nach § 130 Abs. 1 Nr. 2 InsO ist eine Rechtshandlung anfechtbar, die einem Insolvenzgläubiger Sicherung oder Befriedigung gewährt oder ermöglicht hat,

- wenn sie nach dem Eröffnungsantrag vorgenommen worden ist und
- wenn der Gläubiger zur Zeit der Handlung die Zahlungsunfähigkeit oder den Eröffnungsantrag kannte.

> **Beispiel:**
> Bernhard B fand den Insolvenzantrag in der Post vor. Ein guter Freund von ihm hatte noch eine Handwerkerrechnung wegen Umbauten im Ladengeschäft offen. Bernhard B ging zu seinem Freund, erzählte ihm, dass nunmehr ein Gläubiger Insolvenzantrag gestellt habe und es daher

aus sei. Da er das Geld in der Ladenkasse nunmehr nicht mehr brauche, könne er ihm seine Rechnung bezahlen, was er auch tat.
Der Insolvenzverwalter focht die Zahlung nach § 130 Abs. 1 Nr. 2 InsO an und verlangte von dem Freund von Bernhard B die Zahlung zur Insolvenzmasse. Der Freund zahlte und meldete seine Handwerkerrechnung zur Tabelle an. Hierauf erhielt er nur die Quote.

In beiden Fällen der Anfechtungsmöglichkeiten nach § 130 Abs. 1 InsO steht der Kenntnis der Zahlungsunfähigkeit oder des Eröffnungsantrags die Kenntnis von Umständen gleich, die zwingend auf die Zahlungsunfähigkeit oder den Eröffnungsantrag schließen lassen (§ 130 Abs. 2 InsO).

<small>Vermutungen zu Lasten nahe stehender Personen des Schuldners über die Kenntnis der Zahlungsunfähigkeit oder des Insolvenzantrags</small>

Gegenüber einer Person, die dem Schuldner zur Zeit der Handlung nahe stand, wird vermutet, dass sie die Zahlungsunfähigkeit oder den Eröffnungsantrag kannte (§ 130 Abs. 3 InsO). Nahe stehende Personen sind u. a. der Ehegatte, Verwandte des Schuldners in auf- und absteigender Linie, Geschwister des Schuldners oder Personen, die in häuslicher Gemeinschaft mit dem Schuldner leben oder im letzten Jahr vor der Handlung in häuslicher Gemeinschaft mit dem Schuldner gelebt haben (§ 138 Abs. 1 InsO).

Ist der Schuldner eine juristische Person oder eine Gesellschaft ohne Rechtspersönlichkeit, so sind nahe stehende Personen u. a. die Mitglieder des Vertretungs- oder Aufsichtsorgans und Personen oder Gesellschaften, die aufgrund einer vergleichbaren gesellschaftsrechtlichen oder dienstvertraglichen Verbindung zum Schuldner die Möglichkeit haben, sich über dessen wirtschaftliche Verhältnisse zu unterrichten.

<small>Nahe stehende Personen im Hinblick auf Gesellschaften</small>

10.3.9.2 Inkongruente Deckung

Nach § 131 Abs. 1 InsO ist eine Rechtshandlung anfechtbar, die einem Insolvenzgläubiger Sicherung oder Befriedigung gewährt oder ermöglicht hat, die er nicht oder nicht in der Art oder nicht zu der Zeit zu beanspruchen hatte (inkongruente Deckung),

<small>Befriedigung oder Sicherung eines Gläubigers, die er so nicht zu beanspruchen hatte</small>

- wenn die Handlung im letzten Monat vor dem Antrag auf Eröffnung des Insolvenzverfahrens oder nach diesem Antrag vorgenommen worden ist,
- wenn die Handlung innerhalb des zweiten oder dritten Monats vor dem Eröffnungsantrag vorgenommen worden ist und der Schuldner zur Zeit der Handlung zahlungsunfähig war oder
- wenn die Handlung innerhalb des zweiten oder dritten Monats vor dem Eröffnungsantrag vorgenommen worden ist und dem Gläubiger zur Zeit der Handlung bekannt war, dass sie die Insolvenzgläubiger benachteiligte.

> **Beispiel:**
> In der Zeit, zu der Bernhard B bereits wusste, dass er seine Zahlungsverpflichtungen nicht mehr werde erfüllen können, überlegte er sich wie es weitergehen werde. Die Insolvenz war für ihn fast unausweichlich. Er hatte aber noch die Hoffnung, dass sich irgendwo her ein positiver Lichtblick ergeben könnte. Ziel war für ihn, zunächst weiterzuarbeiten, um Zeit für weitere Überlegungen zu haben. Dabei kam ihm der Gedanke, dass ihm vielleicht später seine Tante Geld geben könne. Er wollte ihr aber nicht mitteilen, wie es um sein Unternehmen steht. Denn in den Augen der Tante war er der große und erfolgreiche Unternehmer, der das Geschäft des Vaters in der nächsten Generation weiterführt.
> Da die Tante ihm aber schon Geld gegeben hat, das allerdings noch lange nicht zur Zurückzahlung fällig war, wollte er kein Risiko eingehen, dass er es ihr dann später nicht mehr geben könne. Deshalb zahlte er der Tante das Geld zurück, die sich wunderte, warum sie es jetzt erhalte. Bernhard B begründete seine Handlung damit, dass er das Geld jetzt nicht brauche.
> Knapp drei Monate später kam dann der Insolvenzantrag eines Gläubigers. Der Insolvenzverwalter focht die Rückzahlung an die Tante von Bernhard B nach § 131 Abs. 1 InsO an, die Zahlung an die Insolvenzmasse leistete. Auf ihre Kenntnis von der Krise kam es nicht an, weil Bernhard B zur Zeit der Zahlung bereits zahlungsunfähig war.

10.3.9.3 Vorsätzliche Benachteiligung

Lange Anfechtungsfrist bei Kenntnis des Empfängers von der Gläubigerbenachteiligungsabsicht des Schuldners

Nach § 133 Abs. 1 InsO ist eine Rechtshandlung anfechtbar, die der Schuldner in den letzten zehn Jahren vor dem Antrag auf Eröffnung des Insolvenzverfahrens oder nach diesem Antrag mit dem Vorsatz, seine Gläubiger zu benachteiligen, vorgenommen hat, wenn der andere Teil zur Zeit der Handlung den Vorsatz des Schuldners kannte. Diese Kenntnis wird vermutet, wenn der andere Teil wusste, dass die Zahlungsunfähigkeit des Schuldners drohte und dass die Handlung die Gläubiger benachteiligte.

> **Beispiel:**
> Bernhard B sah schon lange mit Bedenken, dass die Einkaufsmacht der Baumarkt-Ladenketten immer größer werden würde und er möglicherweise irgendwann einmal damit nicht mehr mit seinen Preisen mithalten werden könne. Im Hinblick auf seine hohe Verschuldung und die bereits ständig gegebenen Schwierigkeiten, seine Gläubiger befriedigen zu können, war eine Insolvenz stets naheliegend. Diese Situation besprach er eingehend mit seinem Sohn. Sie vereinbarten, dass der Sohn schon jetzt ein unbebautes Grundstück seines Vaters übernimmt, damit dieses erst einmal vor den Gläubigern gesichert ist.
> Knapp zehn Jahre später wurde über das Vermögen seines Vaters Insolvenzantrag gestellt. Der Sohn prahlte am Stammtisch in der Dorfkneipe mit die-

sem Vorgang und erzählte, dass zumindest das Grundstück noch gesichert werden konnte. Ein nicht wohlwollender Stammtischkamerad erzählte diese Geschichte einem mit seiner Forderung gegen Bernhard B ausgefallenen Gläubiger und dieser erzählte sie dem Insolvenzverwalter. Der Insolvenzverwalter focht die Grundstücksübertragung nach § 133 Abs. 1 InsO wirksam an und verlangte Herausgabe des Grundstücks zur Insolvenzmasse.

10.3.9.4 Vorsätzliche Benachteiligung durch entgeltliche Verträge mit nahe stehenden Personen

Nach § 133 Abs. 2 Satz 1 InsO ist ein vom Schuldner mit einer nahe stehenden Person geschlossener entgeltlicher Vertrag anfechtbar, durch den die Insolvenzgläubiger unmittelbar benachteiligt werden. Eine solche Anfechtung ist ausgeschlossen, wenn der Vertrag früher als zwei Jahre vor dem Eröffnungsantrag geschlossen worden ist oder wenn dem anderen Teil zur Zeit des Vertragsschlusses ein Vorsatz des Schuldners, die Gläubiger zu benachteiligen, nicht bekannt war (§ 133 Abs. 2 Satz 2 InsO).

Anfechtungsfrist von zwei Jahren bei unmittelbarer Benachteiligung der Insolvenzgläubiger durch entgeltliche Verträge mit nahe stehenden Personen

Beispiel:
Knapp zwei Jahre vor dem Insolvenzantrag erwarb der Sohn von Bernhard B von seinem Vater ein Firmenfahrzeug weit unter Preis. Der Insolvenzverwalter focht den Erwerb an und verlangte die Differenz zum tatsächlichen Wert des Fahrzeugs.

10.3.9.5 Kapitalersetzende Darlehen

Nach § 135 InsO ist eine Rechtshandlung anfechtbar, die für die Forderung eines Gesellschafters auf Rückgewähr eines kapitalersetzenden Darlehens oder für eine gleichgestellte Forderung
- Sicherung gewährt hat, wenn die Handlung in den letzten zehn Jahren vor dem Antrag auf Eröffnung des Insolvenzverfahrens oder nach diesem Antrag vorgenommen worden ist, oder
- Befriedigung gewährt hat, wenn die Handlung im letzten Jahr vor dem Eröffnungsantrag oder nach diesem Antrag vorgenommen worden ist.

Schutz des Eigenkapitals juristischer Personen oder einer GmbH & Co. KG

Beispiel:
An der A-GmbH sind die Eheleute Alfons und Christine A und ihre Kinder Bertram und Dora A seit 20 Jahren mit je 25% beteiligt. Die A-GmbH kam vor knapp zehn Jahren in die Krise, bei der der Zusammenbruch des Unternehmens damals unmittelbar bevorstand. Das Unternehmen erzielte dabei einen Verlust von 1 Mio. €, der das Stammkapital von 0,1 Mio. € vollständig aufbrauchte. Die Gesellschafter wollten nicht, dass das Unternehmen insolvent wird, weil sie nach einer Restrukturierung gute Chancen für eine positive Entwicklung sahen.

Die Restrukturierung sah vor, dass auf dem unternehmenseigenen Firmengelände eine moderne Produktionsanlage errichtet wird, mit der das Unternehmen durch kostengünstige Produktionskosten erhebliche Wettbewerbsvorteile erreichen wird. Die Kosten hierfür beliefen sich auf 2 Mio. €. Da die A-GmbH nicht über die notwendigen Mittel zur Errichtung der Produktionsanlage verfügte und auch aus eigener Kraft hierfür keinen Kredit erhielt, war Alfons A bereit, die Erstellung der Produktionsanlage fest auf 15 Jahre zu finanzieren. Er gab der A-GmbH ein Gesellschafterdarlehen in Höhe von 2 Mio. € und ließ sich dieses durch eine Grundschuld auf dem Firmengrundstück absichern, das durch die Investition erheblich an Wert gewann, da die Produktionsanlage rechtlich Zubehör des Grundstücks wurde und damit dem Grundstückswert zufloss. Auf das Darlehen zahlte die A-GmbH regelmäßig Zinsen und Tilgung.

Vor einem Jahr kam das Unternehmen erneut in die Krise. Wiederum wäre ein erheblicher Finanzbedarf erforderlich gewesen, um die Krise erneut zu meistern. A, der mittlerweile schwer krank und auch schon über 75 Jahre alt war, konnte und wollte dem Unternehmen nicht mehr mit finanziellen Mitteln helfen. Die anderen Gesellschafter waren nicht bereit, sich in finanzielle Risiken zu stürzen. Das Unternehmen wurde insolvent. Das Insolvenzverfahren wurde eröffnet. Das Gesellschafterdarlehen von Alfons A valutierte noch mit einem Betrag von 0,5 Mio. €. Innerhalb des letzten Jahres vor dem Antrag auf Eröffnung des Insolvenzverfahrens wurden an Alfons A auf das Gesellschafterdarlehen noch 0,3 Mio. € an Zinsen und Tilgung bezahlt.

Der Insolvenzverwalter betrieb den Verkauf des Unternehmens an ein Konkurrenzunternehmen. Hierzu gehörte die Übertragung des Firmengrundstücks an den Erwerber. Da dieses aber noch mit der Grundschuld zugunsten von Alfons A belastet war, wurde die vor neun Jahren erfolgte Grundschuldbestellung zugunsten des Alfons A nach § 135 Nr. 1 InsO angefochten und die Löschung gefordert. Ferner verlangte der Insolvenzverwalter den im letzten Jahr vor dem Antrag auf Eröffnung des Insolvenzverfahrens an Alfons A gezahlten Betrag von 0,3 Mio. € gemäß § 135 Nr. 2 InsO zurück.

Alfons A ließ sich hierzu beraten. Dabei wurde festgestellt, dass die Forderungen des Insolvenzverwalters zutreffend sind, weil das Gesellschafterdarlehen von Anfang an eigenkapitalersetzend war.

Anfechtungsfrist von vier Jahren für unentgeltliche Leistungen des Schuldners

10.3.9.6 Unentgeltliche Verfügungen

Nach § 134 Abs. 1 InsO ist eine unentgeltliche Leistung des Schuldners anfechtbar, es sei denn, sie ist früher als vier Jahre vor dem Antrag auf Eröffnung des Insolvenzverfahrens vorgenommen worden.

Beispiel:
Im Fall des Einzelunternehmers Bernhard B stellte der Insolvenzverwalter nach Durchsicht der Unterlagen fest, dass Bernhard B seinem Sohn Markus vor knapp vier Jahren ein Firmenfahrzeug geschenkt hatte, das damals einen Wert von 10.000 € hatte. Der Insolvenzverwalter verlangte im Wege der Insolvenzanfechtung nach § 134 Abs. 1 InsO von Markus B die Zahlung des Betrags von 10.000 € zur Insolvenzmasse. Die Forderung war rechtmäßig, weil die Schenkung noch nicht mehr als vier Jahre zurücklag und nach § 143 Satz 1 InsO das, was durch die anfechtbare Handlung aus dem Vermögen des Schuldners veräußert, weggegeben oder aufgegeben ist, zur Insolvenzmasse zurückgewährt werden muss.

10.3.9.7 Benachteiligende Rechtsgeschäfte

Nach § 132 Abs. 1 Nr. 1 InsO ist ein Rechtsgeschäft des Schuldners anfechtbar, das die Insolvenzgläubiger unmittelbar benachteiligt,

- wenn es in den letzten drei Monaten vor dem Antrag auf Eröffnung des Insolvenzverfahrens vorgenommen worden ist,
- wenn zur Zeit des Rechtsgeschäfts der Schuldner zahlungsunfähig war, und
- wenn der andere Teil zu dieser Zeit die Zahlungsunfähigkeit kannte.

Benachteiligende Rechtsgeschäfte des Schuldners

In gleicher Weise ist ein solches Rechtsgeschäft anfechtbar, wenn es nach dem Eröffnungsantrag vorgenommen worden ist und wenn der andere Teil zur Zeit des Rechtsgeschäfts die Zahlungsunfähigkeit oder den Eröffnungsantrag kannte (§ 132 Abs. 1 Nr. 2 InsO); (s. nachfolgende Tabelle).

Beispiel:
Bernhard B war schon länger als drei Monate vor dem Insolvenzantrag zahlungsunfähig, weil keine Aussicht bestand, dass er seine fälligen Zahlungsverpflichtungen erfüllen kann. Ein Teil des Sortiments des Einzelhandelsgeschäfts lief jedoch sehr gut, nämlich der Bereich der computergesteuerten Metallverarbeitung. Der Beratungsanteil beim Verkauf dieser Produkte war sehr hoch und setzte eine entsprechende Ausbildung in der Metallverarbeitung voraus. Die großen Baumarkt-Ladenketten hatten dieses Produktsortiment daher nicht angeboten, weil sie über entsprechendes Fachpersonal im Verkauf nicht verfügten. Markus B verfügte über diese Ausbildung und war für den Verkauf dieser Produkte zuständig.
Bernhard B vereinbarte knapp drei Monate vor dem Insolvenzantrag des Gläubigers mit seinem Sohn Markus, dass dieser den Teil des Ladengeschäfts für die computergesteuerte Metallverarbeitung übernimmt. Dies wurde sofort vollzogen und von nun betrieb Markus B diesen Teil unter

Anfechtungs- zeitraum in Bezug auf den Insolvenz- eröffnungsantrag	Anfechtbare Rechtshandlung	Subjektive Voraussetzung, Beweislast	Rechtsgrund- lage nach der InsO
10 Jahre	vorsätzliche Gläubigerbenachteiligung	Kenntnis des Gläubigers vom Vorsatz des Schuldners	§ 133 Abs. 1
	Besicherung Kapital ersetzender Darlehen	keine Kenntnis notwendig	§ 135 Nr. 1
4 Jahre	unentgeltliche Leistung		§ 134 Abs. 1
2 Jahre	vorsätzliche Gläubigerbenach- benachteiligung durch ent- geltliche Verträge mit nahe stehenden Personen	Entlastungsbeweis für die nahe stehende Person sowohl für die Kenntnis als auch für den Zeitpunkt des Vertragsabschlusses	§ 133 Abs. 2
1 Jahr	Befriedigung Kapital ersetzender Darlehen		§ 135 Nr. 2
	Einlagenrückgewähr oder Verlusterlass gegenüber stillem Gesellschafter	Vereinbarung nach dem Eröffnungsgrund	§ 136 Abs. 1
3 Monate	kongruente Deckung bei Zahlungsunfähigkeit	Kenntnis oder zwingende Schluss- folgerung des Gläubigers von der Zahlungsunfähigkeit des Schuldners; Beweislast: Verwalter	§ 130 Abs. 1 Nr. 1
	inkongruente Deckung	Zahlungsunfähigkeit des Schuldners oder Kenntnis des Gläubigers von der Benachteiligung anderer Gläubiger, Beweislast: Verwalter für Kenntnis oder zwingende Schlussfolgerung des Gläubigers von der Benachteiligung, bei nahe stehenden Personen Vermutung für Kenntnis	§ 131 Abs. 1 Nr. 2, 3
	unmittelbare Benachteiligung der Gläubiger	Kenntnis oder zwingende Schluss- folgerung des Gläubigers von der Zahlungsunfähigkeit des Schuldners; Beweislast: Verwalter	§ 132 Abs. 1 Nr. 1
1 Monat	inkongruente Deckung	keine Kenntnis notwendig	§ 131 Abs. 1 Nr. 1
nach dem Insolvenz- antrag	kongruente Deckung	Kenntnis oder zwingende Schluss- folgerung des Gläubigers von der Zahlungsunfähigkeit des Schuldners oder des Insolvenzantrags; Beweis- last: Verwalter; bei nahe stehenden Personen Vermutung für Kenntnis	§ 130 Abs. 1 Nr. 2
	unmittelbare Benachteiligung der Gläubiger	Kenntnis oder zwingende Schluss- folgerung des Gläubigers von der Zahlungsunfähigkeit des Schuldners oder des Insolvenzantrags; Beweis- last: Verwalter; bei nahe stehenden Personen Vermutung für Kenntnis	§ 132 Abs. 1 Nr. 2, § 132 Abs. 3

eigenem Namen. Der Insolvenzverwalter ließ die getroffene Vereinbarung fachmännisch überprüfen. Der Sachverständige stellte fest, dass der vereinbarte Preis zur Übernahme des Produktsortiments unangemessen niedrig war. Der Insolvenzverwalter focht deshalb die Vereinbarung zwischen Vater und Sohn nach § 132 Abs. 1 Nr. 1 InsO an und verlangte den vom Sachverständigen festgestellten reellen Preis.

10.4 Die Eigenverwaltung

Nach den §§ 270 bis 285 InsO kann in Abweichung zum Regelfall vom Insolvenzgericht die Eigenverwaltung angeordnet werden. Dieses Verfahren ist dem US-amerikanischen Recht nachgebildet. Wird die Eigenverwaltung angeordnet, verbleibt das Verfügungs- und Verwaltungsrecht beim Schuldner. Dem Schuldner wird lediglich zur Kontrolle ein Sachwalter beigestellt.

Verbleib des Verfügungs- und Verwaltungsrechts beim Schuldner

Die Eigenverwaltung wird vom Insolvenzgericht in der Regel nur beschlossen werden, wenn bereits vor der Insolvenz mit der Sanierung des Unternehmens begonnen und diese von der Mehrheit der Gläubiger getragen wurde, aber die Sanierung an einer Minderheit von Gläubigern scheiterte. Da die Verfügungs- und Verwaltungsbefugnis beim Unternehmen verbleibt, können die Sanierungsmaßnahmen im Schutze der InsO fortgeführt werden.

Keine nennenswerte Bedeutung der Eigenverwaltung

Bislang hat die Möglichkeit der Eigenverwaltung noch keine nennenswerte Bedeutung erlangt. Eine empirische Untersuchung zu den Ursachen der geringen Bedeutung der Eigenverwaltung im Insolvenzverfahren liegt nicht vor. Voraussichtlich sind folgende Ursachen maßgeblich:

- Im Denken der Insolvenzgerichte herrscht noch das bisherige Verfahren vor, wonach die Insolvenzverwalter die prädestinierten Leitungspersonen insolventer Unternehmen sind.
- Die Durchführung des Insolvenzverfahrens durch die Anordnung der Eigenverwaltung wird nicht im notwendigen Maße vom Schuldner vorbereitet und beantragt.

Um eine Eigenverwaltung erfolgreich erlangen und durchführen zu können, sollten eine detaillierte Planung des Sanierungsvorhabens, eine substantiierte Begründung für die Beantragung einer Eigenverwaltung und insbesondere die nachfolgenden Maßnahmen erfolgen:

10.4.1 Abstimmung mit den wesentlichen Gläubigern

Mit den wesentlichen Gläubigern sollte nicht nur eine Abstimmung über das Sanierungskonzept, sondern auch über die beabsichtigte Beantragung einer Eigenverwaltung erfolgen. Mit welchen Gläubi-

Konsens über Sanierungskonzept und Eigenverwaltung

gern eine Abstimmung herbeigeführt werden sollte, hängt jeweils vom Einzelfall ab. In der Regel sind dies vorrangig die das Unternehmen finanzierenden Banken und Sparkassen und die wichtigsten Lieferanten.

10.4.2 Persönlicher Kontakt zum Insolvenzgericht

Persönliche Kontaktaufnahme mit dem Insolvenzgericht

Damit sich das Insolvenzgericht einen persönlichen Eindruck von dem Schuldner bzw. seines organschaftlichen Vertreters machen kann, sollte eine persönliche Kontaktaufnahme mit dem Gericht erfolgen. Im Rahmen eines solchen Gesprächs können dann die Ziele und die Grundlagen für eine Eigenveraltung wesentlich besser vermittelt werden, als dies im Falle einer lediglich schriftlichen Antragstellung der Fall wäre.

10.4.3 Durchführung vertrauensbildender Maßnahmen

Begründung des Antrags auf Anordnung der Eigenverwaltung

Nach der Insolvenzordnung muss der Antrag auf Anordnung der Eigenverwaltung nicht gesondert begründet werden. Damit er aber in ausreichendem Maße Aussicht auf Erfolg hat, sollte er eine detaillierte Begründung enthalten. Die Begründung sollte insbesondere die Ursachen für die Insolvenz und die Besonderheiten des Falles aufzeigen. Denn grundsätzlich wird jedes Insolvenzgericht einem Antrag auf Anordnung der Eigenverwaltung zurückhaltend gegenüberstehen. Diskutiert wird dies in der Fachliteratur dahingehend, dass mit der Anordnung der Eigenverwaltung der »Bock zum Gärtner« gemacht wird. Wenn nämlich die Person, die den Eintritt der Krise und die Insolvenz des Unternehmens verursacht hat, mit der Anordnung der Eigenverwaltung ihre Tätigkeit wie bisher weiterführen kann, dann ist nichts gewonnen, sondern im Gegenteil sind dann die Konflikte vorprogrammiert.

Austausch der Unternehmensführung

Um eine solche Problematik von vorneherein nicht aufkommen zu lassen, sollte, soweit es möglich ist, vor dem Antrag auf Eigenverwaltung der Austausch der Unternehmensführung erfolgen. Ist das insolvente Unternehmen beispielsweise eine Gesellschaft, dann sollte eine neue Geschäftsführung bestellt werden. Falls auf die bisherige Geschäftsführung aber nicht verzichtet werden kann, z.B. wegen vorhandenem Spezial-Know-how, dann besteht noch immer die Möglichkeit, durch zusätzliche Bestellung weiterer Geschäftsführer und einem entsprechenden Geschäftsverteilungsplan den Einfluss der bisherigen Geschäftsführung auf die Geschicke des Unternehmens zu relativieren. Solche Maßnahmen schaffen Vertrauen in die Leistungsfähigkeit der Unternehmensführung seitens des Insolvenzgerichts und der Hauptgläubiger, so dass die Chancen für einen erfolgreichen Antrag auf Anordnung der Eigenverwaltung wesentlich verbessert sind.

10.4.4 Eigenverwaltung als Grundlage des Sanierungskonzepts

Verbesserte Voraussetzungen für die Anordnung einer Eigenverwaltung sind dann gegeben, wenn die Eigenverwaltung Grundlage des Sanierungskonzeptes ist. Ein Sanierungskonzept ist in der Regel sehr komplex. Es setzt meist eingehende Kenntnisse der Branche und des Kundenverhaltens und oftmals persönliche Kontakte zu wichtigen Geschäftspartnern voraus. Ferner ist die erfolgreiche Umsetzung eines solchen Sanierungskonzepts in der Regel von einem erheblichen Zeitdruck geprägt. Ein Insolvenzverwalter besitzt kaum die notwendigen Branchenkenntnisse und ist oftmals nicht in der Lage, sich mit dem nötigen zeitlichen Engagement für die Sanierung des Unternehmens zu verwenden. In dem Antrag auf Anordnung der Eigenverwaltung sollte daher detailliert dargelegt werden, was die Voraussetzungen für eine erfolgreiche Sanierung des Unternehmens sind. In einem solchen Falle bedarf es dann selten zusätzlicher Argumente für die Anordnung der Eigenverwaltung, weil das Insolvenzgericht selbst erkennt, dass ein Insolvenzverwalter mit dem nötigen Leistungsspektrum nicht vorhanden ist, so dass die größte Wahrscheinlichkeit für das Gelingen der Sanierung des Unternehmens in der Anordnung der Eigenverwaltung liegt.

Eigenverwaltung als Grundlage des Sanierungskonzepts

Beispiel Sanierung der Firma Huber:

Variante 3 b: Unternehmensführung mit einem Sachwalter – mit der Eigenverwaltung zügig zum Ziel
Bei dieser Variante hatte es Herr Huber nicht geschafft, eine Sanierung zu erreichen, um den Insolvenzantrag zurückziehen zu können. Die überwiegende Anzahl der Gläubiger stand zwar hinter Herrn Huber und sagte ihre Bereitschaft zur Leistung von angemessenen Sanierungsbeiträgen zu. Ein paar wenige Querulanten waren aber nicht zur Mitwirkung bereit.
Die Berater teilten Herrn Huber mit, dass es in solchen Fällen möglich sei, die Insolvenzverwaltung als so genannte Eigenverwaltung zu erreichen. In dieser Eigenverwaltung sah Herr Huber die Chance, die nahezu fertig verhandelte Sanierung doch noch zu erreichen. Damit der Antrag auf Eigenverwaltung in ausreichendem Maße Aussicht auf Erfolg hat, begründete Herr Huber diesen ausführlich. Er legte die Ursachen für die Insolvenz und die Besonderheiten des Falles dar. Um eventuelle Einwendungen des Insolvenzgerichts zu zerstreuen, dass Herr Huber selbst durch sein zu langes Zuwarten mit Entscheidungen nach Beginn der Krise die Insolvenz des Unternehmens verursacht hat, bestellten er als Hauptgesellschafter und seine Familienmitglieder als Mitgesellschafter zwei langjährige Mitarbeiter zu weiteren Geschäftsführern der Gesellschaft. Über einen entsprechenden Geschäftsverteilungsplan gab Herr

> Huber seinen Einfluss auf die Geschicke des Unternehmens teilweise ab. Dies sollte zugleich eine Maßnahme zur Einleitung einer Unternehmensnachfolge im Rahmen eines MBO (Management Buy Outs) sein. Diese Maßnahmen schafften Vertrauen in die Leistungsfähigkeit der Unternehmensführung seitens des Insolvenzgerichts.
> Ferner legte Herr Huber seinem Antrag auf Eigenverwaltung den bereits vorverhandelten Sanierungsplan und die Zustimmung der Hauptgläubiger zum Sanierungsplan und zur Eigenverwaltung bei. Im Sanierungsplan war bereits detailliert dargelegt, was die Voraussetzungen für eine erfolgreiche Sanierung des Unternehmens sind.
> Der Antrag war erfolgreich. Das Gericht beschloss die Eigenverwaltung durch die Geschäftsführer und bestellte einen Sachwalter. Zusammen mit dem Sachwalter wurde das Unternehmen fortgeführt und der bereits vor Eröffnung des Verfahrens aufgestellte Sanierungsplan als Insolvenzplan beschlossen.

10.4.5 Positive Prognoseentscheidung des Insolvenzgerichts

Vergleich des voraussichtlichen Verlaufs des Insolvenzverfahrens mit und ohne Anordnung der Eigenverwaltung

Nach § 270 Abs. 2 InsO ist für die Anordnung einer Eigenverwaltung auch notwendig, dass nach den Umständen zu erwarten ist, dass die Anordnung nicht zu einer Verzögerung des Verfahrens oder zu sonstigen Nachteilen für die Gläubiger führen wird. Hiernach hat das Insolvenzgericht eine Prognoseentscheidung vorzunehmen, bei der es den voraussichtlichen Verlauf des Insolvenzverfahrens mit und ohne Anordnung der Eigenverwaltung vergleicht. Über diese gesetzliche Bestimmung kann das Insolvenzgericht nicht hinreichend detaillierte Anträge in der Regel zurückweisen.

10.4.6 Aufhebung der Eigenverwaltung

Nach § 272 InsO kann die Eigenverwaltung nachträglich wieder aufgehoben werden, wenn dies von der Gläubigerversammlung beantragt wird, oder wenn ein Gläubigerantrag vorliegt, der das Wegfallen der Voraussetzungen für die Anordnung der Eigenverwaltung glaubhaft macht. Auch aus diesen Gründen ist es, wie oben bereits ausgeführt, dringend zu empfehlen, den Antrag auf Eigenverwaltung schon vor seiner Stellung mit den wichtigsten Gläubigern abzustimmen.

Ferner kann die Eigenverwaltung auch auf Antrag des Schuldners aufgehoben werden (§ 272 Abs. 1 Nr. 3 InsO).

10.4.7 Die Zusammenarbeit mit dem Sachwalter

Zuweisung von Aufgaben an den Sachwalter

Dem Sachwalter können unterschiedliche Aufgaben, insbesondere Zustimmungsrechte zugewiesen werden. So kann auf Antrag der Gläubigerversammlung das Insolvenzgericht anordnen, dass bestimmte Rechtsgeschäfte des Schuldners nur wirksam sind, wenn der Sachwalter ihnen zustimmt. Andere Aufgaben sind dem Sachwalter zwingend zugeordnet. Insbesondere kann die Insolvenzanfechtung nur durch den Sachwalter ausgeübt werden (§ 280 InsO).

Soweit Aufgaben vom Gesetz oder durch Beschluss des Insolvenzgerichts nicht ausdrücklich dem Sachwalter übertragen sind, ist der Schuldner hierfür zuständig. Vorsorglich stellt dies das Gesetz für bestimmte Aufgaben klar und weist dem Schuldner das Recht der Verwertung von Sicherungsgut (§ 282 Abs.1 InsO) und die Vornahme von Verteilungen (§ 283 Abs. 2 Satz 1 InsO) zu.

Insolvenzanfechtung durch den Sachverwalter

10.4.8 Aufstellung eines Insolvenzplans

In der Regel wird die Eigenverwaltung wie gesagt, beantragt werden, um ein Insolvenzplanverfahren durchzuführen. Dabei sollte der Insolvenzplan im Wesentlichen als Sanierungsplan bereits vor der Stellung des Insolvenzantrags erstellt und mit den wichtigsten Gläubigern abgestimmt worden sein.

10.5 Die Pflichten des Schuldners in der Insolvenz

Der Schuldner unterliegt auch während der Insolvenz einem nicht unerheblichen Pflichtenkatalog.

10.5.1 Organschaftliche Bestellung des Geschäftsführers und dienstvertragliche Anstellung

Ist der Schuldner eine Kapitalgesellschaft, bleiben sowohl das Amt des Geschäftsführers als Organ der Gesellschaft als auch sein Dienstvertrag mit der Gesellschaft durch das Insolvenzverfahren unberührt. Die Abberufung des Geschäftsführers durch die Gesellschafter als auch die Möglichkeit der Amtsniederlegung durch den Geschäftsführer bestehen auch während des Insolvenzverfahrens fort. Jedoch kann der Anstellungsvertrag mit dem Geschäftsführer innerhalb einer Frist von drei Monaten beendet werden (§ 113 Abs. 1 InsO).

Abberufung und Bestellung der Geschäftsführer weiterhin durch die Gesellschafter

Einen Anspruch auf Insolvenzgeld (§§ 183 ff. SGB III) hat der Geschäftsführer jedoch grundsätzlich nicht. Dieses können nur Arbeitnehmer beanspruchen. Nur ausnahmsweise könnte nach Maßgabe des Einzelfalls ein Geschäftsführer als Arbeitnehmer anerkannt werden.

10.5.2 Pflichten während des Eröffnungsverfahrens

Der Schuldner ist zur Auskunft verpflichtet (§ 20 Satz 1 InsO). Ist der Schuldner eine Kapitalgesellschaft, so hat der Geschäftsführer als organschaftlicher Vertreter des Schuldners dem Insolvenzgericht die

Auskunftspflichten

Auskünfte zu erteilen, die zur Entscheidung über den Insolvenzantrag erforderlich sind. Bei der Bestellung eines vorläufigen Insolvenzverwalters und der Anordnung eines allgemeinen Verfügungsverbots geht die Verwaltungs- und Verfügungsbefugnis über das Vermögen auf den vorläufigen Insolvenzverwalter über (§ 22 Abs. 1 InsO). Der Schuldner hat ihm nicht nur Einsicht in die Handelsbücher und Geschäftsunterlagen zu gewähren, sondern ist nach § 22 Abs. 3 Satz 3 InsO auch zur unbeschränkten Auskunft gegenüber dem vorläufigen Insolvenzverwalter verpflichtet. Dies kann notfalls dadurch durchgesetzt werden, dass der Schuldner bzw. dessen Geschäftsführer in Haft genommen wird (§§ 20 Satz 2, 101, 98 Abs. 2 InsO).

10.5.3 Pflichten des Schuldners während des eröffneten Verfahrens

Gläubigerinteressen vorrangig

Nach Eröffnung des Insolvenzverfahrens gehen die Aufgaben und Befugnisse des Schuldners grundsätzlich auf den Insolvenzverwalter über. Mit der Eröffnung des Insolvenzverfahrens ist, wenn der Schuldner eine Gesellschaft ist, eine Funktionsänderung des Geschäftsführeramtes eingetreten. Die ursprünglich vorrangigen Gesellschafterinteressen treten hinter die Gläubigerinteressen zurück. Die §§ 101 Abs. 1 Satz 1, 97 Abs. 1 Satz 2 InsO stellen klar, dass der Schuldner, bzw. der Geschäftsführer selbst solche Tatsachen offenbaren muss, die zu seiner Verfolgung wegen einer Straftat oder Ordnungswidrigkeit führen könnte. Jedoch darf seine Aussage in einem Straf- oder Ordnungswidrigkeitenverfahren nur mit seiner Zustimmung verwertet werden (§ 97 Abs. 1 InsO).

Unterstützung des Insolvenzverwalters

Der Schuldner bzw. der Geschäftsführer ist weiterhin dem Insolvenzgericht, dem Insolvenzverwalter, dem Gläubigerausschuss und auf Anordnung des Gerichts der Gläubigerversammlung über alle das Verfahren betreffenden Verhältnisse zur Auskunft verpflichtet (§§ 101, 97 Abs. 1 Satz 1 InsO). Ferner hat er den Insolvenzverwalter bei der Erfüllung seiner Aufgaben zu unterstützen (§§ 101, 97 Abs. 2 InsO).

Einberufung von Gesellschafterversammlungen

Gesellschafterversammlungen der Schuldnergesellschaft sind weiterhin vom Geschäftsführer einzuberufen. Registerrechtliche Anforderungen, wie etwa die Anmeldung von Satzungsänderungen oder Kapitalerhöhungen zum Handelsregister (§§ 55, 57 GmbHG) oder die Einreichung der Gesellschafterlisten (§§ 40, 78 GmbHG), müssen weiterhin vom Geschäftsführer und nicht vom Insolvenzverwalter erfüllt werden.

Keine Beendigung von Mitwirkungs- und Auskunftspflichten durch Amtsniederlegung oder Abberufung

10.5.4 Pflichten des ehemaligen Geschäftsführers

Ein Geschäftsführer der Schuldnergesellschaft kann sich diesen Mitwirkungs- und Auskunftspflichten nicht durch Amtsniederlegung entziehen. Gleiches gilt, wenn die Gesellschafter den Geschäftsführer abberufen haben. Denn die §§ 97 Abs. 1 und 98 InsO gelten entsprechend für Personen, die nicht früher als zwei Jahre vor dem Antrag auf Eröffnung des Insolvenzverfahrens aus dem Amt ausgeschieden sind (§ 101 Abs. 1 Satz 2 InsO). Unabhängig von der öffentlich-rechtlichen Auskunftspflicht kann sich eine Informationspflicht gegenüber der insolventen Gesellschaft auch als nachwirkende Treuepflicht des Anstellungsverhältnisses ergeben. Diese dienstvertraglichen Rechte der Gesellschaft können nach Eröffnung des Insolvenzverfahrens vom Insolvenzverwalter geltend gemacht werden.

10.6 Grafische Übersicht über den Ablauf des Insolvenzverfahrens

Den Ablauf eines Insolvenzverfahrens zeigt Abb. 14.

Die Übersicht trifft folgende Aussagen:
1. Die Stellung eines Insolvenzantrages erfolgt bei Überschuldung oder bei drohender oder eingetretener Zahlungsunfähigkeit.
2. Parallel zum Insolvenzantrag wird weiterhin die außergerichtliche Sanierung betrieben.
3. Das Gericht bestellt (in der Regel) einen vorläufigen Insolvenzverwalter.
4. Können die Gerichtskosten für die Eröffnung des Verfahrens nicht bezahlt werden, wird die Eröffnung des Verfahrens mangels Masse abgelehnt. Es kommt zu keinem Insolvenzverfahren.
5. Ist die außergerichtliche Sanierung vor der Entscheidung des Insolvenzgerichts über die Eröffnung des Verfahrens erfolgreich gewesen, wird der Insolvenzantrag zurückgenommen, so dass es zu keiner Eröffnung eines Insolvenzverfahrens kommt.
6. Andernfalls kommt es zur Eröffnung des Insolvenzverfahrens durch Beschluss des Insolvenzgerichts.
7. Im Insolvenzverfahren wird vom Insolvenzgericht ein Insolvenzverwalter bestellt, wenn nicht die Eigenverwaltung angeordnet wird, was allerdings nur in den seltensten Fällen erfolgen wird.
8. Sodann werden durch die Gläubiger die Forderungen angemeldet und danach eine Gläubigerversammlung durchgeführt.
9. Das Unternehmen wird entweder zerschlagen, auf eine Auffanggesellschaft übertragen oder unter Beibehaltung des Rechtsträgers saniert.
10. Parallel zum Insolvenzverfahren ist weiterhin eine außergerichtliche Sanierung möglich. Wird diese vereinbart, stellt das Insolvenzgericht das Verfahren ein.

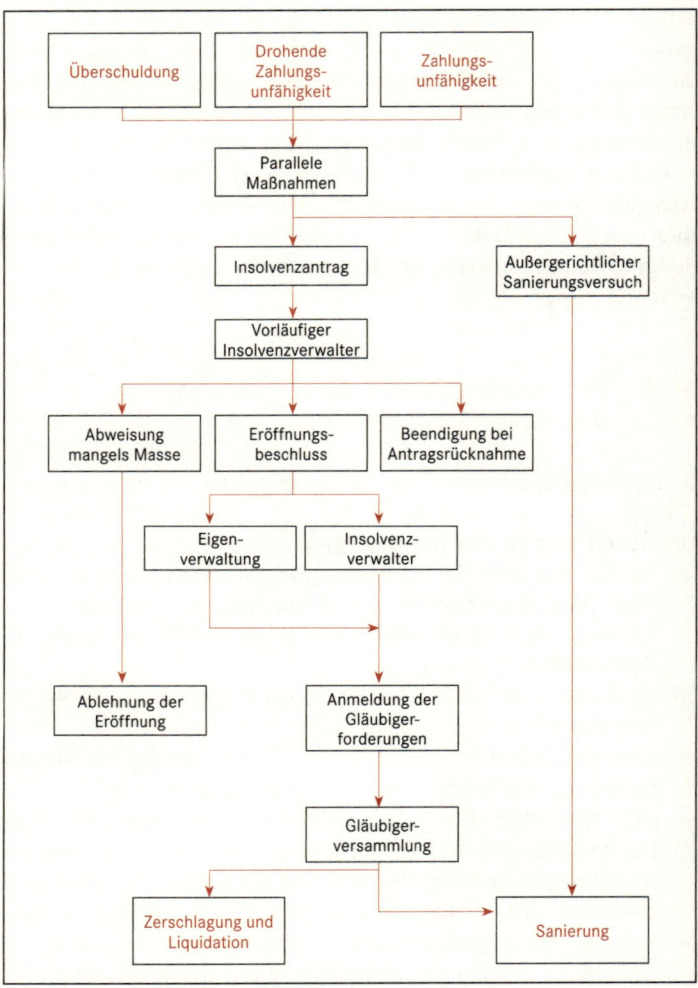

Abb. 14: Ablauf eines Insolvenzverfahrens

10.7 Zusammenfassung

1. Kann die Krise nicht mehr außergerichtlich beseitigt werden, sollte frühzeitig Insolvenzantrag gestellt werden. Die Stellung eines Insolvenzantrags ist auch bei drohender Zahlungsunfähigkeit zulässig.
2. Das Insolvenzgericht kann einen vorläufigen Insolvenzverwalter einsetzen. Es kann dem Schuldner ein allgemeines Verfügungsverbot auferlegen mit der Folge, dass die Verwaltungs- und Verfügungsbefugnis auf den vorläufigen Insolvenzverwalter übergeht.
3. Ferner kann das Insolvenzgericht Maßnahmen der Zwangsvollstreckung gegen den Schuldner untersagen.
4. Wird dem vorläufigen Insolvenzverwalter durch Anordnung eines allgemeinen Verfügungsverbots die Verwaltungs- und Verfügungsbefugnis über das Schuldnervermögen übertragen, so hat er die Aufgabe, das Vermögen des Schuldners zu sichern und zu erhalten und das Unternehmen bis zur Entscheidung über die Eröffnung des Insolvenzverfahrens fortzuführen, soweit nicht das Insolvenzgericht einer Stilllegung zustimmt, um eine erhebliche Verminderung des Vermögens zu vermeiden.
5. Der Schuldner bzw. sein Geschäftsführer hat dem vorläufigen Insolvenzverwalter Einsicht in die Bücher und Geschäftsunterlagen zu gestatten und ihm alle erforderlichen Auskünfte zu erteilen.
6. Mit Eröffnung des Verfahrens wird ein Insolvenzverwalter bestellt, es sei denn, dass Eigenverwaltung angeordnet wird. Als Insolvenzverwalter wird in der Regel der vorläufige Insolvenzverwalter bestellt.
7. Der Insolvenzverwalter führt das Unternehmen fort und achtet darauf, dass das Betriebsvermögen nicht durch Gläubiger beeinträchtigt wird. Bewegliche Gegenstände, die vor Verfahrenseröffnung unter einfachem Eigentumsvorbehalt geliefert worden sind, kann er zunächst behalten, ohne sie zu bezahlen. Gläubiger, denen bewegliche Sachen zur Sicherung übereignet sind, können ihre Sicherheiten nicht selbst verwerten. Zuständig hierfür ist der Insolvenzverwalter. Bei Immobilien, die sich in der Zwangsversteigerung befinden, kann der Insolvenzverwalter die einstweilige Einstellung des Versteigerungsverfahrens beantragen.
8. Der Insolvenzverwalter kann entscheiden, ob er Verträge, insbesondere Kauf-, Werk- und Werklieferungsverträge, die zur Zeit der Eröffnung des Insolvenzverfahrens vom Schuldner und vom anderen Teil nicht oder nicht vollständig erfüllt sind, weiter-

führt oder nicht. Miet- und Pachtverträge über unbewegliche Gegenstände oder über Räume, deren Mieter oder Pächter der Schuldner ist, kann der Verwalter unter Einhaltung der gesetzlichen Frist kündigen. Arbeitsverträge kann er mit einer Frist von drei Monaten kündigen, wenn nicht einer kürzere Frist maßgeblich ist.

9. Ein nicht ausgeschöpfter Kontokorrentkredit erlischt mit Eröffnung des Insolvenzverfahrens. Für neu aufgenommene Kredite haftet der Insolvenzverwalter persönlich, es sei denn, er konnte bei Vertragsschluss nicht erkennen, dass die Masse voraussichtlich zur Erfüllung nicht ausreichen würde.

10. Mit der Eröffnung des Verfahrens hat der Insolvenzverwalter ein Masseverzeichnis, ein Gläubigerverzeichnis und eine Vermögensübersicht anzufertigen. Sind Werte der einzelnen Gegenstände im Falle der Fortführung des Unternehmens oder im Falle seiner Liquidation unterschiedlich, sind beide Werte anzugeben. Ferner hat er eine Eröffnungsbilanz zu erstellen.

11. Der Insolvenzverwalter kann Rechtshandlungen des Schuldners anfechten, um die Masse zugunsten der Gläubiger zu mehren. Was durch die anfechtbaren Handlungen aus dem Vermögen des Schuldners veräußert, weggegeben oder aufgegeben ist, muss zur Insolvenzmasse zurückgewährt werden.

12. Rechtshandlungen die innerhalb von zehn Jahren vor dem Stichtag, nämlich dem Antrag auf Eröffnung des Insolvenzverfahrens vorgenommen worden sind, sind anfechtbar, wenn es sich um vorsätzliche Gläubigerbenachteiligungen handelt, bei denen der Gläubiger den Vorsatz des Schuldners kennt. Anfechtbar mit einer solchen Zehnjahresfrist ist auch die Besicherung eigenkapitalersetzender Darlehen.

13. Schenkungen sind anfechtbar, wenn sie innerhalb eines Zeitraumes von vier Jahren vor dem Stichtag vorgenommen worden sind.

14. Ferner sind Rückzahlungen eigenkapitalersetzender Darlehen, die innerhalb von einem Jahr vor dem Stichtag vorgenommen worden sind, anfechtbar.

15. Anfechtbare Handlungen, die innerhalb von drei Monaten vor dem Stichtag vorgenommen worden sind, sind Rechtsgeschäfte des Schuldners, die die Insolvenzgläubiger unmittelbar benachteiligen, wenn der Schuldner zu dieser Zeit bereits zahlungsunfähig war und der Gläubiger zu dieser Zeit die Zahlungsunfähigkeit kannte oder hierauf durch die Umstände schließen konnte.

16. Ist einem Insolvenzgläubiger innerhalb eines Monats vor dem Stichtag eine Sicherung oder Befriedigung gewährt worden, die

er nicht oder nicht in der Art oder nicht zu der Zeit zu beanspruchen hatte, so ist auch dieses anfechtbar.
17. In Abweichung zum Regelfall kann vom Insolvenzgericht die Eigenverwaltung angeordnet werden. In einem solchen Falle bleibt das Verfügungs- und Verwaltungsrecht beim Schuldner. Anstatt eines Insolvenzverwalters wird ein Sachwalter dem Unternehmen beigestellt. Die Anordnung der Eigenverwaltung wird nur selten erreichbar sein. Verbesserte Voraussetzungen für die Anordnung einer Eigenverwaltung sind dann gegeben, wenn die Eigenverwaltung Grundlage eines Sanierungskonzepts ist.
18. Ist der Schuldner eine Kapitalgesellschaft, bleibt das Amt als Geschäftsführer als Organ der Gesellschaft durch das Insolvenzverfahren unberührt. Die Ausübung der Geschäftsführertätigkeit ist jedoch nur zulässig, soweit nicht hierfür der Insolvenzverwalter zuständig ist. So sind Gesellschafterversammlungen der Schuldnergesellschaft weiterhin vom Geschäftsführer einzuberufen.

11 Die Sanierung eines Unternehmens nach dem Insolvenzplanverfahren

Von den Vorschriften der Insolvenzordnung abweichende Regelungen im Insolvenzplan

Im Mittelpunkt der seit 01.01.1999 geltenden Insolvenzordnung steht der Insolvenzplan. Nach § 217 InsO können die Befriedigung der absonderungsberechtigten Gläubiger und der Insolvenzgläubiger, die Verwertung der Insolvenzmasse und deren Verteilung an die Beteiligten sowie die Haftung des Schuldners nach der Beendigung des Insolvenzverfahrens in einem Insolvenzplan abweichend von den Vorschriften der Insolvenzordnung geregelt werden. Mit dem Insolvenzplan kann abweichend von den allgemeinen Vorschriften der Insolvenzordnung jede Form der Masseverwertung geregelt werden, und zwar von der Liquidation bis zur Sanierung.

Übertragende Sanierung

Vorrangiges Ziel des Insolvenzplans ist es jedoch, eine Sanierung des Unternehmens zu erreichen, bei der die wesentlichen Entscheidungen durch die Gläubiger getroffen werden. Die Sanierung kann dadurch erfolgen, dass das Schuldnerunternehmen nach seiner Sanierung das Unternehmen außerhalb des Insolvenzverfahrens fortsetzt. Die Sanierung kann aber auch als übertragende Sanierung erfolgen, indem das Unternehmen auf der Grundlage eines Insolvenzplans an eine Auffanggesellschaft übertragen wird. In diesem Falle kann der Insolvenzplan auch vorsehen, dass der Verkauf des Unternehmens erst nach einer Restrukturierung und Stabilisierung erfolgt und das Unternehmen zu diesem Zwecke über einen gewissen Zeitraum im Insolvenzverfahren fortgeführt wird.

Restschuldbefreiung in Anschluss an die Plandurchführung

Aber auch die Rechtsstellung des Schuldners wird gestärkt, insbesondere durch die Möglichkeit der Restschuldbefreiung im Anschluss an die Plandurchführung.

Damit ergeben sich für die Unternehmen neue Chancen für das Überleben in der Krise. Im Rahmen der Planung einer Unternehmenssanierung können und müssen diese Möglichkeiten einer Sanierung im Insolvenzverfahren gezielt berücksichtigt werden. Dabei soll aber davor gewarnt werden, die Möglichkeiten der Sanierung des Unternehmens im Insolvenzplanverfahren zu überschätzen. Eine solche Sanierungsmöglichkeit bietet nämlich eine so hohe Anzahl an Risiken, Unwägbarkeiten und Tücken, dass der Eintritt in das Insolvenzplanverfahren immer in nicht unerheblichem Maße ein Glückspiel ist, das der Schuldner nur zum Teil zu seinen Gunsten beeinflussen kann.

11.1 Planinitiative

Zur Vorlage des Insolvenzplans an das Insolvenzgericht sind gemäß § 218 Abs. 1 Satz 1 InsO der Insolvenzverwalter und der Schuldner berechtigt. Die Vorlage durch den Schuldner kann mit dem Antrag auf Eröffnung des Insolvenzverfahrens verbunden werden (§ 218 Abs. 1 Satz 2 InsO). Ferner können die Gläubiger durch Beschluss im Berichtstermin den Verwalter beauftragen, einen Insolvenzplan auszuarbeiten, und ihm das Ziel des Plans vorgeben (§ 157 Satz 2 InsO). Eine adäquate Erfolgschance für eine Sanierung im Insolvenzverfahren besteht in der Regel, wie noch näher erläutert wird, nur durch einen sogenannten Pre-packaged-Plan. Dies ist ein Plan, der bereits vor der Stellung des Insolvenzantrags aufgestellt und mit den wichtigsten Gläubigern abgestimmt wurde, aber am obstruktiven Verhalten einzelner Gläubiger gescheitert ist.

Berechtigung zur Vorlage des Insolvenzplans

Auftrag zur Ausarbeitung eines Insolvenzplans durch die Gläubiger

Tipp

Eine ausreichende Erfolgschance für eine Unternehmenssanierung im Insolvenzverfahren besteht nur,

- wenn die Unternehmenssanierung bereits als außergerichtliche Sanierung versucht wurde,
- das Sanierungskonzept mit den wichtigsten Gläubigern bereits außergerichtlich abgestimmt ist, aber die außergerichtliche Sanierung am Widerstand einzelner Gläubiger gescheitert ist,
- der Insolvenzplan als sog. Pre-packaged-Plan bereits zusammen mit dem Insolvenzantrag dem Insolvenzgericht vorgelegt wird und
- die Finanzierung der Unternehmensfortführung nach Stellung des Insolvenzantrags gesichert ist.

11.2 Grundsätzliches zur Sanierung im Insolvenzplanverfahren

Das Insolvenzplanverfahren beinhaltet eine nicht unerhebliche Anzahl von Tücken, mit dem Risiko, dass trotz guter betriebswirtschaftlicher Voraussetzungen eine erfolgreiche Unternehmenssanierung nicht erreicht werden kann.

11.2.1 Maßstab: Quotenerwartung der Gläubiger

Sanierung als ein Instrument der Schuldenregulierung

Auch das Insolvenzplanverfahren ist ein Gesamtvollstreckungsverfahren gegen den Schuldner. Nicht entscheidend ist damit das Fortführungs- und Erhaltungsinteresse des insolventen Unternehmens, sondern Maßstab ist lediglich die Quotenerwartung der Gläubiger. Die Sanierung ist nur ein Instrument der Schuldenregulierung und steht gleichrangig neben der Liquidation und Zerschlagung des Unternehmens oder der Veräußerung an eine Auffanggesellschaft. Wird Insolvenzantrag ohne die vorangegangenen Erfahrungen aus dem Versuch einer außergerichtlichen Sanierung gestellt, bleibt die Sanierung des Unternehmens lediglich eine Hoffnung.

11.2.2 Finanzierungsprobleme bei der Unternehmensfortführung

Verschärfung der Liquiditätskrise mit der Stellung des Insolvenzantrags

Bis zur rechtskräftigen Feststellung eines Insolvenzplans muss der Geschäftsbetrieb finanziert werden. In der Regel wird der Insolvenzantrag gestellt, weil die notwendigen liquiden Mittel für die Fortsetzung des Geschäftsbetriebs nicht mehr vorhanden waren. Diese Situation verschärft sich mit der Stellung des Insolvenzantrags aber um so mehr. Denn die Kreditlinien enden automatisch durch die Eröffnung des Insolvenzverfahrens, bzw. werden bereits vorher gekündigt, falls überhaupt noch welche vor dem Insolvenzantrag bestanden. Die Lieferanten sind weiterhin nur noch gegen Vorauskasse bereit, zu liefern. Forderungsabtretungen und Aussonderungsrechte werden geltend gemacht. Gemäß § 159 InsO kann erst nach dem Berichtstermin im eröffneten Verfahren mit der Verwertung begonnen werden, so dass auch die Verwertung nicht betriebsnotwendigen Vermögens vorher keine Liquidität schaffen kann. Gleiches gilt für eingezogene Forderungen, die von einem verlängerten und erweiterten Eigentumsvorbehalt der Lieferanten oder von einer Globalzession betroffen sind.

In der Regel Haftung des Insolvenzverwalters für neu aufgenommene Kredite

Die Aufnahme neuer Kredite führen zu Masseverbindlichkeiten, so dass der vorläufige oder endgültige Insolvenzverwalter hierfür persönlich haftet, es sei denn, er konnte bei Begründung der Verbindlichkeit nicht erkennen, dass die Masse voraussichtlich zur Erfüllung nicht ausreichen würde. Masseverbindlichkeiten sind alle Verbindlichkeiten gegenüber Gläubigern, die aus der Insolvenzmasse voll zu befriedigen sind (§ 53 InsO) – also nicht nur wie die Verbindlichkeiten gegenüber den Insolvenzgläubigern lediglich in Höhe der Quote.

Neue Kredite in der Regel nur bei Vorliegen eines Insolvenzplans

Ob das insolvente Unternehmen, selbst wenn der vorläufige oder endgültige Insolvenzverwalter zur Aufnahme eines Kredites bereit wäre, überhaupt einen Kredit erhalten würde, wäre zudem sehr fraglich. Denn nach § 18 KWG ist der Kreditgeber gehalten, eine substantiierte Prüfung der Kreditwürdigkeit durchzuführen. Eine solche Prüfung setzt zumindest das Vorliegen eines Insolvenzplans voraus. Ist dieser nicht erstellt, gibt es schon deshalb keinen Kredit, weil auf irgendwelche Erklärungen des Schuldners die Bank oder Sparkasse keine Kredite geben kann, sondern die Plausibilität der Erklärungen nachprüfen muss. Für die Aufstellung eines Insolvenzplans fehlt dann aber die Zeit, so dass auch hier mangels Möglichkeit der Unternehmensfortführung aus Liquiditätsgründen die Sanierungsfähigkeit bis zur Erstellung eines Insolvenzplans erloschen wäre.

Zustimmung zur Kreditaufnahme durch die Gläubigerversammlung

Wollte der Verwalter mit Hilfe eines Überbrückungskredits das Unternehmen fortführen, um erst einen Insolvenzplan erstellen zu können, würde sich dieser einem Vorwurf und der Gefahr aussetzen, dass ihn die Gläubiger in die Haftung nehmen, wenn die Erarbeitung des Insolvenzplans zu einem negativen Ergebnis führt, etwa weil eine Sanierungsfähigkeit nicht festgestellt werden konnte und dann womöglich die wichtigsten Sicherheiten für den Überbrückungskredit nutzlos verwendet wurden.

Ein vorläufiger und endgültiger Insolvenzverwalter wird diese oft wenig überschaubaren Haftungsverhältnisse daher kaum eingehen. Er wird sich erst von der Gläubigerversammlung die Zustimmung zur Fortführung des Unternehmens, der Aufnahme von Massekrediten und der Erstellung eines Insolvenzplans einholen. Bis es aber zu solchen Beschlüssen kommt, ist eine zum Zeitpunkt der Stellung des Insolvenzantrags möglicherweise vorhanden gewesene Sanierungsfähigkeit längst verspielt, wenn nicht schon vor Stellung des Insolvenzantrages die Unternehmensfortführung und ihre Finanzierung sichergestellt werden konnten.

Aufgrund der in der Regel fehlenden Liquidität ist die Vorstellung der Insolvenzordnung, die die Fortführung des Unternehmens vorsieht, soweit nicht das Insolvenzgericht einer Stilllegung zustimmt, um eine erhebliche Verminderung des Vermögens zu erreichen (§ 22 Abs. 1 Nr. 2 InsO für die Rechtsstellung des vorläufigen Insolvenzverwalters) in der Regel nicht durchführbar. Gleiches gilt für die Vorstellung, dass erst im eröffneten Insolvenzverfahren die Gläubigerversammlung im Berichtstermin gemäß § 157 InsO beschließt, ob das Unternehmen stillgelegt oder vorläufig fortgeführt werden soll.

11.2.3 Kundenabwanderung

Sowohl die Eröffnung des Insolvenzverfahrens als auch weitere Informationen zum Verfahrensablauf werden öffentlich bekannt gemacht. Damit kommt es zu einer wiederholten negativen Publizität und zu einem Imageverlust des Unternehmens in der Öffentlichkeit. Insbesondere hierdurch wandern die Kunden ab, weil sie kein Vertrauen mehr

Öffentliche Bekanntmachungen

in den weiteren Bestand des Unternehmens haben, so dass auch die Einnahmen wegbrechen. Die Kunden wissen nicht, ob sie noch eine Dienstleistung und einen Service für ihr Produkt oder ein Ersatzteil erhalten. Außerdem ist der Imagewert des Produkts oder der Dienstleistung des Unternehmens durch diese negative Publizität herabgesetzt. Der Imagewert eines Produkts oder einer Dienstleistung ist bei der Entscheidung zum Kauf oder zur Nutzung in der Regel sehr groß. Käufer kaufen gerne von Siegerunternehmen, vor allem, wenn es um Markenartikel geht. Dies gilt in gleicher Weise für Dienstleistungen. Kunden wollen sich mit dem Image des Produkts und der Dienstleistung auch selbst schmücken. Deshalb zielen viele Marketingstrategien gerade darauf ab, eine bekannte und überdurchschnittlich positive Markenausstrahlung zu erreichen, um über diesen Weg den Kunden zur Nachfrage zu gewinnen. Im Marketing wird diese Strategie als Pull-Strategie bezeichnet, weil die Kunden über das Produktimage das Produkt und die Dienstleistung aus dem Markt ziehen.

Beeinträchtigung des Imagewerts eines Produkts oder einer Dienstleistung durch die Insolvenz

Leidet das Image einer Marke, kommt es schnell zu einem spürbaren Umsatzeinbruch. Das Image des Produkts oder der Dienstleistung leidet besonders stark, wenn das Unternehmen insolvent wird. In diesem Falle sind die Umsatz-einbrüche meist ganz drastisch.

11.2.4 Fortführungsinteresse des vorläufigen oder endgültigen Insolvenzverwalters gering

Haftung des Insolvenzverwalters für Verbindlichkeiten infolge der Unternehmensfortführung

Auch wird der Insolvenzverwalter in der Regel kein Interesse an einer Fortführung des Unternehmens haben. Denn die im Rahmen der Fortführung des Unternehmens durch den vorläufigen oder endgültigen Insolvenzverwalter begründeten Verbindlichkeiten sind Masseverbindlichkeiten, für die der Insolvenzverwalter persönlich haftet, es sei denn, er konnte bei Begründung der Verbindlichkeit nicht erkennen, dass die Masse voraussichtlich zur Erfüllung nicht ausreichen würde (§ 61 InsO). Insbesondere haftet er unter diesen Voraussetzungen auch persönlich für Forderungen aus in Anspruch genommener Dauerschuldverhältnisse. Eine Übernahme dieses Risikos durch Vermögenshaftpflichtversicherungen ist kaum oder nur unter erschwerten Bedingungen und auch nur dann möglich, wenn der Insolvenzverwalter die Chancen einer erfolgreichen Unternehmenssanierung dem Versicherungsunternehmen detailliert und überzeugend darlegen kann. Eine solche Darlegung könnte durch einen Insolvenzplan erfolgen. Wenn dieser aber erst erarbeitet werden muss, gibt es keinen Versicherungsschutz. Ohne Versicherungsschutz gibt es keine Unternehmensfortführung. Und ohne Unternehmensfortführung gibt es keine Sanierung, weil allein durch den Stillstand das Unternehmen so schwer geschädigt wird, dass eine positive Fortsetzungsprognose nicht mehr gegeben ist.

11.2.5 Motivationseinbruch bei den Arbeitnehmern

Die Arbeitnehmer erhalten kein Geld und sind daher nicht oder nur wenig motiviert, ihre Arbeitsleistung zu erbringen. Für den Zeitraum der vorläufigen Verwaltung im Eröffnungsverfahren besteht kaum eine adäquate Möglichkeit der Vorfinanzierung des Insolvenzgeldes. Die guten und leistungsfähigen Mitarbeiter werden auch nicht länger in einem Unternehmen mit unsicherer Zukunft und angekratztem Image arbeiten wollen. Sie werden schnell zu anderen Arbeitgebern wechseln, um in der persönlichen Karriereleiter weiter empor zu kommen. Vor allem die Headhunter, die sich oftmals schon länger um bestimmte Personen im Unternehmen bemühten und sie zum Wechsel des Arbeitgebers gedrängt haben, werden nunmehr eine erhöhte Chance haben, den Mitarbeiter, der sich vielleicht bislang aus Loyalität zu Arbeitgeber und Kollegen gegen einen Wechsel wehrte, abwerben zu können.

Abwanderung der besten Mitarbeiter

Sollte die Sanierung im Insolvenzplanverfahren erfolgreich durchgeführt werden können, ist damit das Unternehmen trotz Sanierung ganz erheblich weniger leistungsfähig als zum Zeitpunkt der Stellung des Insolvenzantrags.

Vorbereitung einer Sanierung im Insolvenzverfahren

Checkliste

✔ Ist bereits vor der Stellung eines Insolvenzantrags ein konkretes Sanierungskonzept erstellt und mit den wichtigsten Gläubigern abgestimmt worden?

✔ Können die Gläubiger, die die außergerichtliche Sanierung verhindert haben, im Insolvenzplanverfahren innerhalb einer Gruppe, der sie zugeordnet werden können, überstimmt werden?

✔ Welcher Betrag wäre erforderlich, um die obstruktiven Gläubiger zu einer außergerichtlichen Lösung bringen zu können und in welchem Verhältnis stünde dieser Betrag zu den Kosten des Insolvenzverfahrens und zu dem Imagenachteil aufgrund der negativen Publizität des Verfahrens?

✔ Bestehen Chancen, dass sich die obstruktiven Gläubiger nach Stellung des Insolvenzantrags und noch vor der Eröffnung des Verfahrens zu einer Zustimmung bewegen lassen könnten, um so die negative Publizitätswirkung vermeiden zu können?

✔ Kann von dritter Seite, z.B. von Seiten der Gesellschafter veranlasst werden, dass ein Finanzierungsinstitut zur Finanzierung der Unternehmensfortführung im Insolvenzverfahren ohne Absicherung durch die Masse bereit ist?

✔ Sind Betriebsrat und Arbeitnehmer in die Problematik und die Vision der Unternehmensfortführung eingebunden?

11.3 Die Durchführung personeller Maßnahmen im Insolvenzverfahren

Mit der Insolvenzordnung wurde ein eigenes Insolvenzarbeitsrecht geschaffen. Damit sind zahlreiche Maßnahmen zur Restrukturierung des Unternehmens einfacher und schneller durchzuführen als außerhalb eines Insolvenzverfahrens. Liegt das wesentliche oder gar das zentrale Problem, warum ein Unternehmen in die Krise gekommen ist, in einer betriebswirtschaftlich nicht mehr vertretbaren Arbeitsorganisation bei ebenso wenig konkurrenzfähigen Personalkosten, so steht oftmals für außergerichtliche Unternehmenssanierungen nicht mehr die notwendige Zeit und die notwendige Liquidität zur Verfügung, um die Fehlstrukturen im Arbeitsbereich beseitigen zu können. In solchen Fällen können gezielt die Vorteile des Insolvenzarbeitsrechts eingesetzt werden, um schneller, sicherer und kostengünstiger die Fehlstrukturen ändern zu können.

11.3.1 Die Kündigung von Arbeitsverhältnissen und Betriebsvereinbarungen

Fortbestehen der Arbeitsverhältnisse mit Wirkung für die Insolvenzmasse

Mit der Eröffnung des Insolvenzverfahrens wird der Insolvenzverwalter zum Arbeitgeber. Er hat alle arbeitsrechtlichen Bestimmungen, insbesondere auch die Mitbestimmungsrechte des Betriebsrats zu beachten. Die Arbeitsverhältnisse bestehen mit Wirkung für die Insolvenzmasse fort (§ 108 Abs. 1 Satz 1 InsO). Nach § 113 Abs. 1 Satz 1 InsO kann der Insolvenzverwalter das Arbeitsverhältnis ohne Rücksicht auf die vereinbarte Vertragsdauer oder einen vereinbarten Ausschluss des Rechts zur ordentlichen Kündigung kündigen. Die Kündigungsfrist beträgt drei Monate zum Monatsende, wenn nicht eine kürzere Frist maßgeblich ist.

Kündigung von Betriebsvereinbarungen

Sind in Betriebsvereinbarungen Leistungen vorgesehen, welche die Insolvenzmasse belasten, so sollen Insolvenzverwalter und Betriebsrat über eine einvernehmliche Herabsetzung der Leistungen beraten (§ 120 Abs. 1 Satz 1 InsO). Auch bietet die InsO die Möglichkeit, die Arbeitskosten bei langfristigen Betriebsvereinbarungen schneller zu reduzieren, als außerhalb eines Insolvenzverfahrens. Betriebsvereinbarungen können nämlich in der Insolvenz auch dann mit einer Frist von drei Monaten gekündigt werden, wenn eine längere Frist vereinbart ist (§ 120 Abs. 1 Satz 2 InsO).

11.3.2 Betriebsänderungen und Interessenausgleich

Die Vorschriften des Betriebsverfassungsgesetzes bei Betriebsänderungen gelten grundsätzlich auch im Insolvenzverfahren. So ist der Insolvenzverwalter selbst dann zum Interessenausgleich verpflichtet, wenn die Betriebsänderung eine zwangsläufige Folge der Eröffnung des Insolvenzverfahrens ist. Jedoch ist das Verfahren durch die Insolvenzordnung erleichtert. Die Vorschriften dienen der Beschleunigung und erleichtern die Kündigungen der Arbeitnehmer. Anders als in § 112 Abs. 2 BetrVG vorgesehen, findet eine Vermittlung des Interessenausgleichs durch den Präsidenten des Landesarbeitsamtes nur statt, wenn der Insolvenzverwalter und der Betriebsrat gemeinsam um eine solche Vermittlung ersuchen (§ 121 InsO). Kommt ein Interessenausgleich nicht innerhalb von drei Wochen nach Verhandlungsbeginn oder schriftlicher Aufforderung zur Verhandlung zustande, obwohl der Verwalter den Betriebsrat rechtzeitig und umfassend unterrichtet hat, so kann der Verwalter die Zustimmung des Arbeitsgerichts dazu beantragen, dass die Betriebsänderung durchgeführt wird, ohne dass die Einigungsstelle nach § 112 Abs. 2 BetrVG eingeschaltet wurde (§ 122 Abs. 1 InsO). Das Gericht erteilt die Zustimmung, wenn es die wirtschaftliche Lage des Unternehmens auch unter Berücksichtigung der sozialen Belange der Arbeitnehmer erfordert, dass die Betriebsänderung ohne vorheriges Verfahren nach § 112 Abs. 2 BetrVG durchgeführt wird (§ 122 Abs. 2 Satz 1 InsO). Gegen den Beschluss des Arbeitsgerichts findet die Beschwerde an das Landesarbeitsgericht nicht statt (§ 122 Abs. 3 Satz 1 InsO).

Beschleunigungsmöglichkeiten des Insolvenzverwalters im Hinblick auf den Interessensausgleich

Ist eine Betriebsänderung im Sinne des § 111 BetrVG geplant und kommt zwischen Insolvenzverwalter und Betriebsrat ein Interessenausgleich zustande, in dem die Arbeitnehmer, denen gekündigt werden soll, namentlich bezeichnet sind, so wird im Kündigungsschutzverfahren vermutet, dass die Kündigung der Arbeitsverhältnisse der bezeichneten Arbeitnehmer durch dringende betriebliche Erfordernisse, die einer Weiterbeschäftigung in diesem Betrieb oder einer Weiterbeschäftigung zu unveränderten Arbeitsbedingungen entgegenstehen, bedingt ist (§ 125 Abs. 1 Satz 1 Nr. 1 InsO). Ferner kann in diesem Falle die soziale Auswahl der Arbeitnehmer nur im Hinblick auf die Dauer der Betriebszugehörigkeit, das Lebensalter und die Unterhaltspflichten und auch insoweit nur auf grobe Fehlerhaftigkeit nachgeprüft werden, wobei die soziale Auswahl nicht als grob fehlerhaft anzusehen ist, wenn eine ausgewogene Personalstruktur erhalten oder geschaffen wird (§ 125 Abs. 1 Satz 1 Nr. 2 InsO). Diese Regelung schafft ein wesentlich vereinfachteres und auch im Hinblick auf Rechtsstreitigkeiten vor den Arbeitsgerichten schnelleres und überschaubareres Verfahren.

Geringerer Rechtsschutz der Arbeitnehmer vor den Arbeitsgerichten

Und schließlich ersetzt der Interessenausgleich nach Maßgabe dieser Bestimmungen die Stellungnahme des Betriebsrats nach § 17 Abs. 3 Satz 2 KSchG (§ 125 Abs. 2 InsO).

11.3.3 Sozialplan

Soweit es das Betriebsverfassungsgesetz vorsieht, sind vom Insolvenzverwalter veranlasste Betriebsänderungen sozialplanpflichtig. Die Dotierung dieser nach Eröffnung des Insolvenzverfahrens aufgestellten Sozialpläne ist jedoch begrenzt.

Begrenzungen der Ansprüche aus einem im Insolvenzverfahren abgeschlossenen Sozialplan

So kann für den Ausgleich oder die Milderung der wirtschaftlichen Nachteile, die den Arbeitnehmern infolge der geplanten Betriebsänderung entstehen, ein Gesamtbetrag von bis zu zweieinhalb Monatsverdiensten der von einer Entlassung betroffenen Arbeitnehmer vorgesehen werden (§ 123 Abs. 1 InsO, absolute Begrenzung). Die Verbindlichkeiten aus einem solchen Sozialplan sind Masseverbindlichkeiten (§ 123 Abs. 2 Satz 1 InsO).

Jedoch darf, wenn nicht ein Insolvenzplan zustande kommt, für die Berichtigung von Sozialplanforderungen nicht mehr als ein Drittel der Masse verwendet werden, die ohne einen Sozialplan für die Verteilung an die Insolvenzgläubiger zur Verfügung stünde (§ 123 Abs. 2 Satz 2 InsO, relative Begrenzung).

11.3.4 Beschleunigte Klärung der Wirksamkeit von Kündigungen

Die Vorschrift des § 126 InsO ermöglicht eine beschleunigte Klärung der Wirksamkeit der Kündigungen seitens des Insolvenzverwalters und dient damit der Verfahrensbeschleunigung.

Beschlussverfahren zum Kündigungsschutz

Hat der Betrieb keinen Betriebsrat oder kommt aus anderen Gründen innerhalb von drei Wochen nach Verhandlungsbeginn oder schriftlicher Aufforderung zur Aufnahme von Verhandlungen ein Interessensausgleich nach § 125 Abs. 1 InsO nicht zustande, obwohl der Verwalter den Betriebsrat rechtzeitig und umfassend unterrichtet hat, so kann der Insolvenzverwalter beim Arbeitsgericht die Feststellung beantragen, dass die Kündigungen der Arbeitsverhältnisse bestimmter, im Antrag bezeichneter Arbeitnehmer durch dringende betriebliche Erfordernisse bedingt und sozial gerechtfertigt sind (§ 126 Abs. 1 Satz 1 InsO). Auch hier kann die soziale Auswahl der Arbeitnehmer nur im Hinblick auf die Dauer der Betriebszugehörigkeit, das Lebensalter und die Unterhaltspflichten nachgeprüft werden (§ 126 Abs. 1 Satz 2 InsO). Durchgeführt wird dieses Verfahren im Beschlussverfahren (§ 126 Abs. 2 Satz 1 InsO). Gegen den Beschluss des Arbeitsgerichts findet die Beschwerde an das Landesarbeitsgericht nicht statt (§§ 126 Abs. 2 Satz 2 i.V.m. 122 Abs. 3 Satz 1 InsO).

11.4 Insolvenzgeld

Nach § 183 Abs. 1 SGB III haben Arbeitnehmer Anspruch auf Zahlung von Insolvenzgeld, wenn sie im Inland beschäftigt waren und bei dem Insolvenzereignis für die vorausgehenden drei Monate des Arbeitsverhältnisses noch Ansprüche auf Arbeitsentgelt haben. Insolvenzereignis nach dieser Bestimmung ist
- die Eröffnung des Insolvenzverfahrens über das Vermögen des Arbeitgebers,
- die Abweisung des Antrags auf Eröffnung des Insolvenzverfahrens mangels Masse oder
- die vollständige Beendigung der Betriebstätigkeit im Inland, wenn ein Antrag auf Eröffnung des Insolvenzverfahrens nicht gestellt worden ist und ein Insolvenzverfahren offensichtlich mangels Masse nicht in Betracht kommt.

Kein Lohnausfall der Arbeitnehmer für die letzten drei Monate vor dem Insolvenzereignis

Mit dem Insolvenzgeld sollen die vorleistungspflichtigen Arbeitnehmer vor dem Risiko des Lohnausfalls bei Zahlungsunfähigkeit des Arbeitgebers geschützt werden. Finanziert wird das Insolvenzgeld durch eine Umlage, die alle Arbeitgeber zu zahlen haben (§§ 358 ff. SGB III).

Finanzierung durch Umlage der Arbeitgeber

Geleistet wird das Insolvenzgeld in Höhe des Nettoarbeitsentgelts, das sich ergibt, wenn das auf die monatliche Beitragsbemessungsgrenze (§ 341 Abs. 4 SGB III) begrenzte Bruttoarbeitsentgelt um die gesetzlichen Abzüge vermindert wird (§ 185 Abs. 1 SGB III). Neben dem ausgefallenen Arbeitsentgelt umfasst die Sicherung der Arbeitnehmer auch die Entrichtung der Pflichtbeiträge zur Sozialversicherung (§ 208 SGB III). Lohnsteuern sind auf das Insolvenzgeld nicht zu entrichten, da dieses für den Arbeitnehmer steuerfrei ist. Jedoch wird der Bezug des Insolvenzgeldes bei dem Arbeitnehmer bei der Ermittlung des Steuersatzes, dem dieses mit seinem übrigen Einkommen unterliegt, berücksichtigt (Progressionsvorbehalt).

Höhe des Insolvenzgeldes

Ansprüche auf Arbeitsentgelt, die einen Anspruch auf Insolvenzgeld begründen, gehen mit dem Antrag auf Insolvenzgeld auf die Bundesagentur für Arbeit über (§ 187 Satz 1 SGB III).

Die Bundesagentur für Arbeit kann einen Vorschuss auf das Insolvenzgeld erbringen, wenn
- die Eröffnung des Insolvenzverfahrens über das Vermögen des Arbeitgebers beantragt ist,
- das Arbeitsverhältnis beendet ist und
- die Voraussetzungen für den Anspruch auf Insolvenzgeld mit hinreichender Wahrscheinlichkeit erfüllt werden (§ 186 Satz 1 SGB III).

Vorschuss durch die Bundesagentur für Arbeit

Berücksichtigung der Voraussetzungen für das Insolvenzgeld bei der Sanierungsplanung

Diese gesetzlichen Bestimmungen können bei der Sanierung eines Unternehmens gezielt eingesetzt werden, um eine Kostenentlastung bei den Lohnzahlungen oder zumindest eine Entlastung bei der Liquidität zu erhalten. Um die Vorschriften zum Insolvenzgeld voll ausschöpfen zu können, ist die Sanierung so zu planen, dass bei Eröffnung des Verfahrens die Lohnzahlungen für drei Monate rückständig sind. In diesem Falle erhalten die Arbeitnehmer ihre Lohnzahlungen als Insolvenzgeld seitens des Arbeitsamtes. Unter gewissen Voraussetzungen, die allerdings sehr restriktiv sind, lässt sich das Insolvenzgeld von einer Bank vorfinanzieren, so dass die Arbeitnehmer in diesem Drei-Monats-Zeitraum weiterhin Lohnzahlungen erhalten.

Bezahltes Insolvensgeld in der Regel Masseforderungen der Bundesagentur für Arbeit

Damit wird die Liquidität des Unternehmens mit Lohnzahlungen für einen Zeitraum von drei Monaten entlastet. Da die Arbeitnehmer ihre Arbeitsleistung weiterhin erbringen, fließt dem Unternehmen die Wertschöpfung durch Verkauf der produzierten Gegenstände oder durch Erbringung der Dienstleistungen zu. Die Zahlungen auf Insolvenzgeld und die Übernahme der Pflichtbeiträge zur Sozialversicherung sind dem Unternehmen aber nicht entlassen, denn sie sind aus der Insolvenzmasse der Bundesagentur für Arbeit zurückzuzahlen, wenn, wie es regelmäßig der Fall sein wird, dem vorläufigen Insolvenzverwalter die Verwaltungs- und Verfügungsbefugnis übertragen ist und dieser das Unternehmen fortführt. Entlastet ist das Unternehmen aber von den Lohnzahlungen in Höhe der sonst fällig werdenden Lohnsteuerzahlungen.

Eine wesentlich bessere Situation für das Unternehmen ergibt sich, wenn das Insolvenzgericht keinen vorläufigen Insolvenzverwalter einsetzt oder ihm nicht die Verwaltungs- und Verfügungsbefugnis überträgt. Denn in diesem Falle sind die auf die Bundesanstalt übergegangenen Ansprüche nicht Masseforderungen, sondern lediglich Insolvenzforderungen, die nur mit der Quote befriedigt werden.

> **Beispiel:**
> *Die H-GmbH ist ein Handwerksbetrieb mit 20 Mitarbeitern. Wegen des Ausfalls einer großen Forderung gegen einen Bauherrn ist die GmbH in eine ernste Liquiditätskrise gekommen. Die einzige Bank des Unternehmens kündigte die Geschäftsverbindung, so dass das Unternehmen von nun an über keinen Cent mehr an Liquidität verfügte.*
>
> *Mit allen Mitarbeitern wurde das Ziel abgesprochen, den Betrieb zu erhalten und zu sanieren. Die GmbH stellte Insolvenzantrag und setzte einen Sanierer als Geschäftsführer ein. Dieser bemühte sich darum, dass zunächst keinem vorläufigen Insolvenzverwalter die Verwaltungs- und Verfügungsbefugnis erteilt wird und man das Unternehmen zunächst selbst fortführen kann. Das Insolvenzgericht kam dem nach und bestell-*

te einen Gutachter, der zu begutachten hatte, ob Insolvenzgründe vorliegen und ob eine die Verfahrenskosten deckende Masse vorhanden ist.
Die Arbeitnehmer führten ihre Arbeit fort, erhielten hierfür aber keine Lohnzahlungen. Sie finanzierten ihren Lebensunterhalt vorübergehend aus Reserven, durch Familienmitglieder oder durch eine Inanspruchnahme eines Kontokorrentkredits. Die Kosten des Betriebs für Telefon, Strom und Benzin wurden von den Gesellschaftern der GmbH getragen. Weitere Kosten hatte die GmbH nicht, insbesondere waren keine Baustoffe zu erwerben, weil der Handwerksbetrieb reine Dienstleistung für andere erbrachte und die hierzu notwendigen Vorräte noch ausreichend vorhanden und nicht zur Sicherheit an die Bank übertragen waren. Damit konnte das Unternehmen den Geschäftsbetrieb fortsetzen, ohne eigene Liquidität aufwenden zu müssen.
Nach drei Monaten erstattete der Gutachter sein Gutachten und das Insolvenzverfahren wurde eröffnet. Der Gutachter wurde zum Insolvenzverwalter bestellt. Die Bundesagentur für Arbeit zahlte den Arbeitnehmern für die letzten drei Monate Insolvenzgeld und übernahm die Sozialversicherungsbeiträge. Alle weiteren Lohnzahlungen wurden nunmehr vom Insolvenzverwalter vorgenommen, der insbesondere deshalb über eine ausreichende Liquidität verfügte, weil durch die Fortsetzung der Arbeitstätigkeit in den letzten drei Monaten erhebliche Forderungen aus Lieferungen und Leistungen entstanden sind, die der Insolvenzverwalter einzog und für die Fortsetzung des Geschäftsbetriebs verwendete.
Die Bundesanstalt meldete ihre Ansprüche beim Insolvenzverwalter an und erhielt hierauf die Quote.

Tipp

Mit einer geschickten Einbindung der Vorschriften zum Insolvenzgeld in das Sanierungskonzept lassen sich erhebliche Liquiditätsreserven für eine Unternehmensfortführung erschließen.

11.5 Der Inhalt eines Insolvenzplans

Der Insolvenzplan gliedert sich in zwei Teile, nämlich in den darstellenden und den gestaltenden Teil.

11.5.1 Darstellender Teil

Im darstellenden Teil sind alle Angaben zu den Grundlagen und Auswirkungen des Plans vorzunehmen, die für die Entscheidung der Gläubiger über die Zustimmung zum Plan und für dessen gerichtliche Bestätigung erheblich sind (§ 220 Abs. 2 InsO). Ferner wird beschrieben, welche Maßnahmen nach der Eröffnung des Insolven-

Grundlagen und Auswirkungen des Plans

zverfahrens getroffen worden sind oder noch getroffen werden sollen, um die Grundlagen für die geplante Gestaltung der Rechte der Beteiligten zu schaffen (§§ 219, 220 Abs. 1 InsO). Der Insolvenzplan ist Grundlage für die Entscheidungen der Gläubiger für oder gegen den Insolvenzplan. Ein Insolvenzplan sollte nicht auf den Mindestinhalt reduziert sein. Zum Mindestinhalt zählen insbesondere die Informationen über

Mindestinhalt eines Insolvenzplans

- Betriebsänderungen und andere organisatorische und personelle Maßnahmen innerhalb des Unternehmens,
- die Sozialplanforderungen und eine für künftige Sozialpläne etwa getroffene Vereinbarung,
- die Höhe und Bedingungen der Darlehen, die während des Verfahrens aufgenommen wurden oder noch werden sollen,
- eine Vergleichsrechnung, aus der zu ersehen ist, in welchem Umfang die Gläubiger ohne Plan befriedigt werden könnten,
- Strafverfahren, die gegen den Schuldner wegen Insolvenzstraftaten anhängig sind oder zu einer Verurteilung geführt haben,
- die Beteiligung von Gläubigern an dem Schuldnerunternehmen und über
- behördliche Genehmigungen und Erklärungen Dritter, die für die Realisierung des vorgelegten Plans erforderlich sind.

Überzeugung der Gläubiger vom Vorteil einer Sanierung

Denn je eingehender sich die Gläubiger über das Sanierungskonzept und die Folgerungen informieren und sich hierzu ein eigenes Bild machen können, desto eher werden sie überzeugt werden können, dass die Sanierung des Unternehmens der Zerschlagung vorzuziehen ist. Eine knappe Begründung eines Insolvenzplans lässt Fragen unbeantwortet und erzeugt Missverständnisse, was bei den Gläubigern dazu führen könnte und in der Regel auch wird, dass die Erzielung des prognostizierten Ergebnisses und die Besserstellung der Gläubiger im Falle der Sanierung gegenüber einer Liquidation des Unternehmens fraglich sein könnte. Je mehr die Sanierung die Stundung von Forderungen der Gläubiger vorsieht oder je mehr die Zahlungen an die Gläubiger aus künftigen Einnahmen erfolgen soll, desto mehr sollten sich die Gläubiger darüber informieren können, ob die beabsichtigte Sanierung auch von Dauer und damit die künftigen Zahlungen auf die Forderungen auch gesichert sein kann. Die Gläubiger sollten sich so informieren können, wie sie informiert sein wollen, wenn sie eine Entscheidung über eine Investition in ein neues Unternehmen oder eine Unternehmenserweiterung treffen sollen.

Deshalb sollte der Insolvenzplan folgende Inhalte haben:

Ziele, Struktur und Leitbild der Unternehmenssanierung	Hierzu gehören die Darstellung der langfristigen und strategischen Ziele der Sanierung und der Neuausrichtung der Tätigkeit des Unternehmens, insbesondere die Entwicklung einer Vision. Durch eine Zusammenfassung der Eckdaten werden die Wege und die Zwischenziele der Sanierung transparent gemacht.
Beschreibung der rechtlichen Eckdaten	Die rechtlichen Grundlagen sind zu beschreiben, wie z. B. Datum und Rechtsform der Gründung des Unternehmens, Daten zur Eintragung im Handelsregister, bei Gesellschaften sind die Gesellschafter und deren Beteiligungen anzugeben, für die Sanierung wichtige Bestimmungen des Gesellschaftsvertrages sind darzulegen.
Beschreibung der Tätigkeit des Unternehmens	Anzugeben sind die Art und Weise der Tätigkeit des Unternehmens. Hat das Unternehmen mehrere Geschäftsbereiche, sind die Angaben für jeden einzelnen Geschäftsbereich zu machen.
Beschreibung der wirtschaftlichen Eckdaten	Darzustellen ist die Vermögens-, Ertrags- und Liquiditätslage im Einzelnen. Einzelne wichtige Posten sind zu erläutern.
Mitarbeiter	Detaillierte Ausführungen zur Mitarbeiterstruktur sind zu machen, einschließlich der Angaben zu den Qualifikationen und zum Grad der Bedeutung der Qualifikationen für den Erfolg des Unternehmens.
Darstellung der Krisensymptome und der Ursachen	Hier sind die Krisensymptome anzugeben, insbesondere, wann sie in welcher Weise in Erscheinung getreten sind. Anzugeben sind ferner die Ursachen für das Auftreten der Krisensymptome und wie hierauf von der Unternehmensführung reagiert wurde.
Angaben zum Eintritt der Insolvenz	Bei juristischen Personen ist anzugeben, wann die Insolvenzgründe Zahlungsunfähigkeit oder Überschuldung oder drohende Zahlungsunfähigkeit eingetreten sind, welche Umstände es waren, die den Eintritt der Insolvenzgründe der Unternehmensführung vermittelt haben und wann die Unternehmensführung dann Insolvenzantrag gestellt hat.

Aufstellung einer Schwachstellenanalyse	Eine Analyse ist vorzunehmen, welche Schwachstellen im Unternehmen für den Eintritt der Krise verantwortlich waren und was getan wurde oder getan werden soll, um diese Schwachstellen in Zukunft zu vermeiden.
Darstellung der Sanierungsmaßnahmen	Anzugeben ist, welche Sanierungsmaßnahmen bereits getroffen worden sind und welche noch durchgeführt werden müssen.
Darstellung der vom vorläufigen und endgültigen Insolvenzverwalter getroffenen Maßnamen	Ferner ist anzugeben, welche Maßnahmen getroffen worden sind, um das betriebsnotwendige Vermögen und die für die Betriebsfortführung notwendige organische Organisation zu erhalten, z. B. die Weiterbeschäftigung von Personal, die Zurückweisungen von Verwertungshandlungen seitens von Gläubigern, die durchgeführten Insolvenzanfechtungen, und die Maßnahmen zur Beschaffung der für die Unternehmensfortführung notwendigen Liquidität.
Objektive Beurteilung der Chancen	Hier wird die Sanierungsfähigkeit beschrieben und detailliert begründet.
Sonstiges	Informationen über anhängige oder abgeschlossene Strafverfahren gegen den Schuldner wegen Insolvenzdelikten; notwendige Genehmigungen oder Zustimmungen Dritter, die für die Realisierung des Insolvenzplans notwendig sind.
Vergleichsrechnung	In einer Vergleichsrechnung ist anzugeben, mit welcher Quote die Gläubiger bei einer Befriedigung ohne Durchführung des Insolvenzplans und mit welcher Quote sie bei Durchführung des Insolvenzplans rechnen können.

Entwicklung des Insolvenzplans aus dem Sanierungsplan

Der Insolvenzplan sollte aus dem Sanierungsplan entwickelt werden, wie er in Kap. 6 bereits dargestellt wurde. Zusätzlich zum Mindestinhalt sind folgende Angaben zu machen.

11.5.1.1 Reaktion auf die Krisensymptome

Gründe für die Insolvenz

Anzugeben ist, wie von der Unternehmensführung auf die Krisensymptome reagiert wurde, warum es zur Insolvenz gekommen ist und warum nicht eine außergerichtliche Sanierung möglich gewesen war. Soweit sich das Management bei der Unternehmensführung, insbesondere in der Krise durch Insolvenzdelikte strafbar gemacht haben sollte oder der Verdacht hierzu besteht, sind Verurteilungen oder staatsanwaltschaftliche Ermittlungsverfahren anzugeben. Anzugeben ist in diesem Falle auch, welche Reaktionen auf solche Sachlagen erfolgt sind oder noch erfolgen sollen, z. B. durch Austausch oder Suspendierung der beschuldigten Personen.

11.5.1.2 Angaben zum Eintritt der Insolvenz

Anzugeben ist, wann die Insolvenzgründe Zahlungsunfähigkeit oder Überschuldung eingetreten sind. Ferner ist anzugeben, welche Umstände es waren, die den Eintritt der Insolvenzgründe der Unternehmensführung vermittelt haben und wann die Unternehmensführung dann Insolvenzantrag gestellt hat. Insbesondere dann, wenn das Schuldnerunternehmen eine Kapitalgesellschaft ist, sind solche Angaben zu machen, weil in diesen Fällen eine gesetzliche Pflicht zur rechtzeitigen Stellung eines Insolvenzantrags bestand und die Verletzung dieser Pflicht nicht nur strafbar ist, sondern auch Haftungstatbestände zu Lasten der Geschäftsführung eröffnet. Vor allem die Art und Weise, wie mit der Krise des Unternehmens umgegangen wurde, zeigt, ob und in welchem Umfange der Unternehmensführung vertraut werden kann, so dass weiterhin die Führung des sanierten Unternehmens in seine Hände gelegt werden kann.

Beurteilung der Vertrauenswürdigkeit der Unternehmensführung durch die Gläubiger

11.5.1.3 Darstellung der vom vorläufigen und endgültigen Insolvenzverwalter getroffenen Maßnahmen

Ferner ist anzugeben, welche Maßnahmen getroffen worden sind, um das betriebsnotwendige Vermögen und die für die Betriebsfortführung notwendige organische Organisation zu erhalten, z. B. die Weiterbeschäftigung von Personal, die Zurückweisungen von Verwertungshandlungen seitens von Gläubigern, die durchgeführten Insolvenzanfechtungen, und die Maßnahmen zur Beschaffung der für die Unternehmensfortführung notwendigen Liquidität.

Bereits getroffene Maßnahmen zum Erhalt des Unternehmens

11.5.1.4 Vergleichsrechnung

In einer Vergleichsrechnung ist anzugeben, mit welcher Quote die Gläubiger bei einer Befriedigung ohne Durchführung des Insolvenzplans und mit welcher Quote sie bei Durchführung des Insolvenzplans rechnen können.

Vorteile für die Gläubiger durch die Sanierung

Beispiel aus dem Insolvenzplan der Firma Huber:
Der darstellende Teil des Insolvenzplans der Firma Huber ist in verkürzter Form wie folgt formuliert:

**Insolvenzplan zum Zwecke der Sanierung
des Unternehmens der Firma Josef Huber GmbH
und seiner Fortführung**

vorgelegt vom Gesellschaftergeschäftsführer der
Josef Huber GmbH

1. **Darstellender Teil**
1.1 Die Ziele und die Struktur der Unternehmenssanierung
Mit der Durchführung des nachfolgenden Plans soll das seit mehr als drei Jahrzehnten bestehende Unternehmen der Firma Josef Huber GmbH erhalten bleiben und fortgeführt werden.
Der Sanierungsplan sieht grundsätzlich Folgendes vor:
a) *Das Gewerbegrundstück bleibt dem Unternehmen durch ein Sale-and-lease-back-Verfahren erhalten. Die Firma A-AG erwirbt das Grundstück und verpachtet es langfristig an die Firma Josef Huber GmbH. Die mit Grundschulden gesicherten Banken verzichten auf Forderungen wie folgt: ... wird ausgeführt*
b) *Die Alpha und Beta AG wird weitere Gesellschafterin der Firma Josef Huber GmbH und stellt im Wege einer Kapitalerhöhung dem Unternehmen Eigenkapital wie folgt zur Verfügung: ... wird ausgeführt*
c) *Aufgrund einer Satzungsänderung wird ein Aufsichtsrat bestellt. Der bisherige Gesellschaftergeschäftsführer Josef Huber wechselt in den Aufsichtsrat. Die Geschäftsführung der Gesellschaft wird aus den eigenen Reihen und vom Arbeitsmarkt neu besetzt.*
d) *Die Gesellschaft wird in Media & Adventure GmbH umfirmiert.*
e) *Die absonderungsberechtigten Lieferanten erhalten die Bezahlung ihrer Forderungen wie folgt: ... wird ausgeführt*
f) *Die nicht gesicherten Lieferanten und die Lieferanten mit ihrem ungesicherten Forderungsteil verzichten auf Forderungen wie folgt: ... wird ausgeführt*
g) *Die Arbeitnehmer verzichten auf ihre außertariflichen Gratifikationen wie folgt: ...... wird ausgeführt*
h) *Der Geschäftsbereich Verkauf wird grundsätzlich reorganisiert, und zwar wie folgt: ... wird ausgeführt*
i) *Sodann wurden beschrieben das Leitbild des sanierten Unternehmens, die Vision, die Corporate Identity, die Unternehmensidee, die Tätigkeitsgebiete und die Marktstrategien.*

Zusammenfassung der wesentlichen Änderungen und Maßnahmen zum Zwecke der Sanierung

1.2 Die Sanierungsfähigkeit des Unternehmens

Das Unternehmen ist sanierungsfähig. Die Geschäftsbereiche Beratung und Wartung und Service sind gesund. Sie erzielten auch in 2005 ein erheblich positives Betriebsergebnis. Der Verlust erzielende Geschäftsbereich Lizenzen wird eingestellt. Verursacht wurde die Insolvenz durch den Geschäftsbereich Verkauf, nachdem die Branchenentwicklung ungünstig und das Unternehmen nicht rechtzeitig auf die Veränderungen reagiert hat. Die vorzunehmenden Umstrukturierungsmaßnahmen dieses Geschäftsbereichs werden auch diesen Geschäftsbereich wieder in die Gewinnzone führen. Selbst unter Beachtung eines worst-case-Szenarios kann das Unternehmen auf Dauer überleben, weil die Möglichkeit besteht, den Geschäfts-bereich Verkauf auszulagern und an eine Handelskette zu veräußern.

Positive Fortführungsprognose für das sanierte Unternehmen

1.3 Die rechtlichen Grundlagen der Josef Huber GmbH

Das Unternehmen wurde 1965 von Herrn Josef Huber, geb. am 30.9.1940, als Einzelunternehmen gegründet, nachdem er den Meistertitel für das Elektrohandwerk erworben hat. Mit Urkunde vor dem Notar Huber in X-Stadt vom 12.03.1972 (URNr. 123/72 G) wurde das Unternehmen als Sacheinlage in die Firma Josef Huber GmbH mit einem Stammkapital von 20.000 DM eingebracht. Gründungsgesellschafter waren Herr Josef Huber mit einer Stammeinlage von 19.500 DM und seine Ehefrau Monika Huber mit einer Stammeinlage von 500 DM. Satzungsmäßiger Gegenstand des Unternehmens war die Durchführung von Elektroreparaturen und der Verkauf von Elektrogeräten und allen dazugehörigen Artikeln.

Gesellschaftsrechtliche Unternehmensdaten und Historie

Mit Kapitalerhöhungen vom 19.10.1978, 22.04.1982, und 17.06.1994 wurde das Stammkapital auf 1.400.000 DM (715.809 €) erhöht. Seit 17.06.1994 sind an der Gesellschaft beteiligt:

- *Herr Josef Huber mit einer Stammeinlage 840.000 DM (429.485 €, 60 %),*
- *seine Ehefrau Monika Huber mit einer Stammeinlage von 420.000 DM (214.742 €, 30 %),*
- *die gemeinsame Tochter Manuela mit einer Stammeinlage von 70.000 DM (35.790 €, 5 %) und*
- *der gemeinsame Sohn Hans mit einer Stammeinlage von 70.000 DM (35.790 €, 5 %).*

Mit Kapitalerhöhungsbeschluss vom 19.12.1999 wurde das Stammkapital auf 750.000 € umgestellt. Die neue Stammeinlage von 34.191,37 € wurde von Herrn Josef Huber übernommen.

Die Gesellschaft ist im Handelsregister des Amtsgerichts in X-Stadt unter HRB 12553 eingetragen. Alleiniger Geschäftsführer der Gesellschaft ist seit der Gründung der Gesellschaft Herr Josef Huber. Er ist von den Beschränkungen des § 181 BGB befreit.

1.4 Die Tätigkeit des Unternehmens

Das Unternehmen hat vier Geschäftsbereiche, nämlich wie folgt:

1.4.1 Geschäftsbereich Verkauf

Überblick über die Ergebnisse der einzelnen Geschäftsbereiche

Ein Geschäftsbereich betrifft den Verkauf von Computer nebst Zubehör und Standardsoftware. Dieser weist einen Umsatzanteil von 65% aus, das sind 17,55 Mio. €/ Jahr. Der Materialeinsatz in diesem Geschäftsbereich beträgt 14,5 Mio. €/Jahr, so dass ein Rohertrag von ca. 3,05 Mio. €/Jahr verbleibt. Das Personal in diesem Geschäftsbereich erzeugt jährliche Kosten von 3,5 Mio. €. Die Werbung für den Verkauf verursacht Kosten von 0,8 Mio. €/Jahr. Ferner fallen diverse Kosten in Höhe von 0,5 Mio. € in diesem Bereich an. Hinzu kamen in 2001 noch Sonderabschreibungen von 0,57 Mio. € wegen erheblichem Preisverfall von Geräten, die sich bereits längerfristig auf Lager befinden. Wertmäßig die Hälfte der Immobilie wird für den Verkauf genutzt, so dass für diesen Geschäftsbereich 0,35 Mio. € an Zinsen hinzuzurechnen sind. Damit erwirtschaftete dieser Geschäftsbereich in 2005 einen Verlust von 2,67 Mio. €.

Hoher Verlust im Geschäftsbereich Verkauf

1.4.2 Geschäftsbereich Beratung

Ein Geschäftsbereich betrifft die Beratung von Unternehmen im EDV-Bereich mit einem Umsatzanteil von 10%, das sind 2,7 Mio. €. Die Personalkosten in diesem Geschäftsbereich betrugen in 2005 gesamt 0,8 Mio. € und die Werbung 0,5 Mio. €. Sonstige Kosten sind diesem Geschäftsbereich mit 0,1 Mio. € und Zinsen in Höhe von 0,05 Mio. € zuzurechnen. Dieser Geschäftsbereich erzielte damit einen Gewinn von 1,25 Mio. €.

Gewinn im Geschäftsbereich Beratung

1.4.3 Geschäftsbereich Wartung und Kundenservice

Ein Geschäftsbereich betrifft die Wartung von Computern und Zubehör nebst Kundenservice mit einem Umsatzanteil von 10%, das sind 2,7 Mio. €. Der Materialeinsatz in diesem Bereich beträgt 0,5 Mio. €/Jahr. Die Personalkosten in diesem Geschäftsbereich betrugen in 2005 gesamt 0,8 Mio. € und die Werbung 0,2 Mio. €. Sonstige Kosten sind diesem Geschäftsbereich mit 0,1 Mio. v und Zinsen in Höhe von 0,15 Mio.€ zuzurechnen. Dieser Geschäftsbereich erzielte damit in 2005 einen Gewinn von 0,75 Mio. €.

Gewinn im Geschäftsbereich Wartung und Kundenservice

1.4.4 Geschäftsbereich Lizenzen

Und schließlich betrifft ein Geschäftsbereich die Verlizenzierung eigener Software für den unternehmerischen Einsatz mit einem Umsatzanteil von 15 %, das sind 4,05 Mio. €/Jahr. Die Personalkosten in diesem Geschäftsbereich betrugen in 2005 gesamt 2,4 Mio. € und die Werbung 1,5 Mio. €. Sonstige Kosten sind diesem Geschäftsbereich mit 0,1 Mio. € und Zinsen in Höhe von 0,15 Mio. € zuzurechnen. Dieser Geschäftsbereich erzielte damit in 2005 einen Verlust von 0,1 Mio. €.

Geringer Verlust im Geschäftsbereich Lizenzen

1.5 Das betriebliche Anwesen

Das Unternehmen wird in der Gewerbeimmobilie in Y-Straße 3 in X-Stadt betrieben. Diese dreigeschossige Immobilie steht im Eigentum der Firma Josef Huber GmbH. Im Erdgeschoss befinden sich die Ladenräume mit einer Fläche von ca. 3.500 qm und einem Lager von 500 qm. Im 1. und 2. OG befinden sich 1.500 qm Bürofläche.

1.6 Die Mitarbeiter

Das Unternehmen beschäftigt 170 Arbeitnehmer, wovon im Verkauf 115 Arbeitnehmer tätig sind. Hierzu gehören 35 Personen als teilzeitbeschäftigtes Aushilfspersonal, 60 fest angestellte Vollzeit beschäftigte Mitarbeiter für den Verkauf und das Lager und 20 Mitarbeiter für Leitung, Überwachung, Beschwerdemanagement und Einkauf.

Acht Mitarbeiter sind in der Beratung und zwölf Mitarbeiter in der Wartung und dem Kundenservice tätig. Fünfzehn hochqualifizierte Mitarbeiter sind in der Softwareentwicklung und der Akquisition und zwanzig Mitarbeiter in der Verwaltung tätig.

1.7 Die gegenwärtige wirtschaftliche Lage

1.7.1 Die Vermögenslage

... wird anhand der Bilanz ausgeführt ...

Zur Vermögens- und Ertragslage

1.7.2 Die Ertragslage

Das Ergebnis in Höhe von ./. 770.000 € wurde in 2005 wie folgt erzielt:

Geschäftsbereich Verkauf	./.	2.670.000 €
Geschäftsbereich Beratung	+	1.250.000 €
Geschäftsbereich Wartung und Service	+	750.000 €
Geschäftsbereich Lizenzen	./.	100.000 €

In 2004 erzielte der Geschäftsbereich Lizenzen noch ein positives Ergebnis von 0,9 Mio. €.

1.8 Die Ursachen der Krise

Darstellung und Analyse der Ursachen für die Krise

Der aktuelle Eintritt der Krise ist im wesentlichen auf zwei Ursachen zurückzuführen, die erst durch ihr gemeinsames zeitliches Auftreten die Krise verursacht haben. Strukturelle Versäumnisse bewirkten, dass der gemeinsame Auftritt der beiden Ursachen zur Insolvenz führten.

1.8.1 Ursache 1: Verluste in den Geschäftsbereichen Verkauf und Lizenzen

Krisenursache 1

Ursache 1 ist die anhaltende Schwächung der wirtschaftlichen Verfassung des Unternehmens durch die Geschäftsbereiche Verkauf und Lizenzen.

Die Schwächung des Geschäftsbereichs Verkauf erfolgte durch einen allgemeinen Preisverfall in der Branche mit der Folge immer kleiner gewordener Handelsspannen. Während andere leistungsstarke Unternehmen dem Margenverfall mit verstärkter Werbung und verstärktem Umsatz begegneten, erfolgte eine solche Reaktion durch die Firma Josef Huber GmbH infolge der nachfolgend beschriebenen Krisenursache 2 nicht.

Ähnliches gilt für den Geschäftsbereich Lizenzen. Leistungsstarke Unternehmen wie Microsoft und SAP brachten in kurzer Abfolge Neuentwicklungen und verbesserte Entwicklungen von Massensoftware für den unternehmerischen Bereich heraus. Diese Softwarepakete sind sehr leistungsstark und flexibel, so dass maßgeschneiderte Anwendungen in den Unternehmen in immer größerem Maße möglich geworden sind. Ferner werden diese Softwarepakete auf dem Weltmarkt verbreitet, so dass die Kalkulation sehr niedrige Preise ermöglicht, weil sich die Entwicklungskosten auf eine sehr große Anzahl verkaufter Software-Pakete verteilen. Mit dieser Entwicklung konnte die Firma Josef Huber nicht mehr mithalten, so dass die von ihr entwickelten Softwarepakete immer weniger konkurrenzfähiger waren, und zwar sowohl was den Leistungsumfang als auch die Preise anlangt. Soweit die Softwareverträge mit den Kunden der Josef Huber GmbH ausgelaufen sind, wurden zuletzt die Verträge von einer Anzahl von mehr als 30% der Kunden nicht mehr verlängert. Um die Verlängerung der Lizenzverträge wenigstens noch teilweise zu erreichen, mussten die Preise gesenkt und mit verstärkten Aufwendungen Individuallösungen entwickelt werden, ohne dass sich diese preislich niederschlagen hatte können.

Zwar ist dieser Geschäftsbereich in 2005 mit nur einem Verlust von 0,1 Mio. € beteiligt, jedoch ist der Niedergang des Ergebnisses in solch schnellem Maße erfolgt, dass in Zukunft mit einem ganz erheblichen Anwachsen des Verlustes zu rechnen ist.

1.8.2 Ursache 2: Schwere Erkrankung des Gesellschaftergeschäftsführers

Ursache 2 für den Eintritt der Krise war Mitte 2005 eine schwere Erkrankung des Gesellschaftergeschäftsführers Josef Huber mit einem Krankenhausaufenthalt von acht Wochen bei strengster Bettruhe und einer anschließenden Rekonvaleszenzzeit von zwölf Wochen. Damit konnte auf die negative Branchenentwicklung (Ursache 1) nicht adäquat reagiert werden.

Krisenursache 2

1.8.3 Strukturelle Ursache: Abhängigkeit des Unternehmens vom Gesellschaftergeschäftsführer

Zu den Krisenursachen zählen auch strukturelle und langfristige Entwicklungen, die es erst ermöglicht haben, dass bei dem Zusammentreffen der Krisenursachen 1 und 2 das Unternehmen insolvent geworden ist. Hierzu gehören insbesondere

- die völlige Ausrichtung aller Entscheidungsbefugnisse auf den Gesellschaftergeschäftsführer Josef Huber mit der Folge, dass grundsätzliche Entscheidungen nicht getroffen werden, wenn dieser, wie erfolgt, schwer erkrankt, und
- die Eigenkapitalschwäche des Unternehmens, die es nicht ermöglichte, insbesondere im Geschäftsbereich Verkauf mit verstärkter Werbung und verstärkter Umsatzerzielung den Margenverfall zu kompensieren.

Weitere Krisenursachen

1.9 Der Eintritt der Insolvenz

Zahlungsunfähigkeit des Unternehmens ist spätestens am 05.01.2006 mit der Kündigung der Kredite durch die C-Bank am 07.12.2005 und die Fälligstellung bis zum 05.01.2006 eingetreten. Das Unternehmen verfügte über keinerlei finanzielle Mittel oder Refinanzierungsmöglichkeiten, so dass die fällig gestellten Bankverbindlichkeiten auf Dauer nicht mehr bedient werden konnten. Die Zahlungsunfähigkeit zeigte sich auch daran, dass die Sozialversicherungsbeiträge für Dezember 2005 von gesamt ca. 65.000 € und die zum 10. 01. 2006 fälligen Lohnsteuern, Solidaritätszuschläge und Kirchensteuern nicht bezahlt werden konnten und das Finanzamt und die Sozialversicherungsträger Vollstreckungen ankündigten. Ferner konnten bereits ab dem 15.12.2005 Lieferungen von Waren nur noch gegen Vorauskasse bezogen werden, insbesondere weil die Kreditversicherer Ende November 2005 ihren Versicherungsschutz für Lieferungen an die Firma Josef Huber GmbH widerriefen. Dies führte dazu, dass Lieferanten mit einer Gesamtsumme von mehr als 0,4 Mio. € am 05.01.2006 bereits gerichtliche Mahnbescheide beantragt hatten und am 15.01.2006 bereits Vollstreckungsbescheide in einer Größenordnung von mehr als

Begründung der Zahlungsunfähigkeit und ihres Eintritts

0,1 Mio. € vorlagen, so dass mit dem Beginn von Zwangsvollstreckungen unmittelbar zu rechnen war.

Am 08.01.2006 stellte die Firma Josef Huber GmbH Antrag auf Eröffnung des Insolvenzverfahrens über ihr Vermögen.

1.10 Die Lagebeurteilung des Unternehmens

Das Unternehmen der Firma Josef Huber GmbH ist infolge ihres jahrzehntelangen Bestandes gut im Markt eingeführt. Das Unternehmen ist regional tätig und hat damit den Vorteil einer großen Kundenbindung. Dies zeigt sich insbesondere in den Bereichen Beratung und Service und Wartung, wonach trotz ungünstigerer Preise gegenüber einer Anzahl von Wettbewerbern die Kunden weiterhin dem Unternehmen die Treue halten.

Aufgabe des Geschäftsbereichs Lizenzen

Der Geschäftsbereich Lizenzen hat auf Dauer keine Aussicht auf durchschlagenden Erfolg, weil die Entwicklung der Konkurrenz eher noch weiter zu Lasten der Firma Josef Huber GmbH zunimmt. Dieser Geschäftsbereich ist daher aufzugeben.

Der Geschäftsbereich Verkauf erzielte in 2005 einen hohen Verlust, der teilweise ganz erheblich durch die Geschäftsbereiche Beratung und Service und Wartung aufgefangen wurde. Eine Einstellung des Geschäftsbereichs Verkauf kann aber keine Lösung für eine dauerhafte Sanierung des Unternehmens erreichen. Denn aus dieser Tätigkeit wird etwa die Hälfte des Zinsdienstes gegenüber den Banken erbracht. Ferner werden die positiven Ergebnisse der Geschäftsbereiche Beratung und Service und Wartung ganz maßgeblich von der Existenz des Verkaufsgeschäfts begünstigt. Eine Einstellung des Geschäftsbereichs Verkauf würde damit erhebliche Nachteile bei diesen Geschäftsbereichen zur Folge haben.

Sanierung des Geschäftsbereichs Verkauf insbesondere durch Senkung der Personalkosten und Umgestaltung der Produktpalette

Die Gewinnschwelle des Geschäftsbereichs Verkauf kann jedoch nach Durchführung von zwei Maßnahmen schnell erreicht werden. Zum einen ist dieser Geschäftsbereich davon geprägt, dass die Personalkosten gegenüber anderen vergleichbaren Unternehmen überdurchschnittlich hoch sind. Die erste Maßnahme ist damit die Senkung der Personalkosten bei Aufrechterhaltung der Leistungsfähigkeit. Zum anderen ist auch gegenüber vergleichbaren Unternehmen der Umsatz pro qm Ladenfläche unterdurchschnittlich gering. Damit können mit den gegebenen räumlichen Mitteln höhere Umsätze erzielt werden. Hierzu gehört eine Umgestaltung der Produktpalette, insbesondere durch Ausfiltern schwer verkäuflicher Produkte, und die Erhöhung der Lagerumschlagsgeschwindigkeit.

Die Verbesserung der Effizienz der Umsatzerzielung setzt insbesondere zwei Maßnahmen voraus, nämlich einerseits die fachmännischer Erstellung einer Empfehlung über die Art und Weise und die

Gestaltung des Warensortiments und die Durchführung verstärkter Marketingmaßnahmen.

In der erfolgreichen Durchführung dieser Maßnahme liegt der Schlüssel für die Sanierung des Unternehmens.

2. Die nach Eröffnung des Insolvenzverfahrens getroffenen Maßnahmen

2.1 Personalmaßnahmen

In Zusammenarbeit mit dem Betriebsrat sind folgende Personalmaßnahmen erfolgt:

Im Geschäftsbereich Lizenzen sind zehn Arbeitnehmer entlassen worden. Die Lizenzverträge mit den Kunden haben noch kurze Laufzeiten. Da Neu- oder Weiterentwicklungen nicht mehr erfolgen, sind die verbleibenden fünf Mitarbeiter ausreichend, den bestehenden Bestand an Lizenzverträgen zu warten.

Im Geschäftsbereich Verkauf wurde der Personalbestand um 30% der Mitarbeiter reduziert.

Neueinstellung von Personal erfolgt nicht. Notfalls sind Mitarbeiter aus den eigenen Reihen durch Fortbildungsmaßnahmen auf neue Geschäftsfelder und Aufgabenbereiche vorzubereiten.

Lohnerhöhungen werden innerhalb der nächsten 24 Monate nicht durchgeführt.

Das Urlaubsgeld für 2006 und 2007 wird durch alle Mitarbeiter zinslos gestundet. Es wird mit dem Urlaubsgeld 2008 ausgezahlt.

Die Betriebsvereinbarung über Verpflegungs- und Fahrtkostenzuschüsse wurde gekündigt.

2.2 Zurückweisung von Verwertungen

Das notwendige Betriebsvermögen wurde durch die Zurückweisung von Verwertungshandlungen der Gläubiger erhalten. Auch nach dem Berichtstermin wird an allen unter verlängertem oder erweitertem Eigentumsvorbehalt erfolgten Lieferungen festgehalten und die Verwertung sicherungsübereigneter Gegenstände weiterhin zurückgewiesen.

Erhalt des betriebsnotwendigen Vermögens

Das von der X-Bank eingeleitete Zwangsversteigerungsverfahren betreffend die Gewerbeimmobilie in der Y-Straße ist durch eine einstweilige Anordnung des Gerichts eingestellt.

2.3 Insolvenzanfechtung

Fünf Wochen vor Stellung des Insolvenzantrags wurde ein eigenkapitalersetzendes Darlehen der Josef Huber GmbH, das die Gesellschafterin Monika Huber der Gesellschaft acht Monate vor dem Insolvenzantrag in Höhe von 20.000 € gegeben hat, zurückgezahlt. Dieser

Unzulässige Rückzahlung eines eigenkapitalersetzenden Darlehens

Tatbestand ist wegen unzulässiger Verkürzung der Insolvenzmasse angefochten worden. Frau Monika Huber hat die erhaltenen Beträge an die Insolvenzmasse zurückgezahlt.

2.4 Darlehensaufnahme

Aufnahme eines Massedarlehens

Nach der Insolvenzeröffnung wurde dem Insolvenzverwalter bei der O-Bank ein Kontokorrentdarlehen in Höhe von 120.000 € zu einem Zinssatz von 8 % p.a. eingeräumt, das zum heutigen Tage in dieser Höhe beansprucht ist. Diese Beanspruchung zählt zu den Masseverbindlichkeiten, die vorweg aus der Insolvenzmasse beglichen werden.

3. Der Sanierungsplan

Für die weitere Sanierung des Unternehmens sind folgende Maßnahmen geplant, die ausgeführt werden, sobald die Gläubiger dem Insolvenzplan zugestimmt haben:

3.1 Einstellung des Geschäftsbereichs Lizenzen

Verkauf des Geschäftsbereichs Lizenzen

Der Geschäftsbereich Lizenzen wird eingestellt. Mit der Firma EDV & Software AG wurde eine Vereinbarung unter dem Vorbehalt der Zustimmung der Gläubiger geschlossen, wonach diese den Geschäftsbereich übernimmt. Übernommen werden sämtliche Rechte aus der von der Firma Josef Huber GmbH entwickelten Software, alle Verträge mit den Kunden und die Arbeitsverhältnisse der in diesem Geschäftsbereich verbliebenen Arbeitnehmern. Die Arbeitnehmer haben ihre Zustimmung zu einem Austausch der Arbeitgeberin mit der EDV & Software AG als neuer Arbeitgeberin erklärt. Die EDV & Software AG zahlt an die Josef Huber GmbH einen Preis von 100.000 €, fällig mit Zustimmung der Gläubiger.

3.2 Kapitalzuführung durch eine Venture-Capital-Gesellschaft

Zuführung von Venture Capital

Die Venture Capital Gesellschaft Alpha und Beta AG in X-Stadt beteiligt sich an der Josef Huber GmbH im Wege einer Kapitalerhöhung mit einer Stammeinlage von nominell 500.000 €. Der Beschluss der Gesellschafter der Josef Huber GmbH vor dem Notar Huber in X-Stadt erfolgte unter der Bedingung der Zustimmung der Gläubiger zu diesem Insolvenzplan. Danach wird das Stammkapital der Josef Huber GmbH von 750.000 € auf 1.250.000 € erhöht. Die Alpha und Beta AG hat die neue Stammeinlage von 500.000 € gegen Zahlung eines Betrages in dieser Höhe übernommen. Fällig ist die Zahlung mit Wirksamwerden des Kapitalerhöhungsbeschlusses.

3.3 Nachfolge in der Geschäftsführung

Ferner wurde vor dem Notar Huber in X-Stadt die Satzung der Josef Huber GmbH geändert. Die Gesellschaft erhält gemäß § 52 GmbHG einen Aufsichtsrat von drei Personen, dem weit gehende Zustimmungsrechte bei der Durchführung von Geschäftsführungsmaßnahmen eingeräumt werden.

Bestellung eines Aufsichtsrats

Ferner haben sich die Gesellschafter der Josef Huber GmbH und die künftige Gesellschafterin Alpha und Beta AG in einer Gesellschaftervereinbarung vor dem Notar Huber in X-Stadt darauf geeinigt, dass Herr Josef Huber als bisheriger Geschäftsführer der Josef Huber GmbH in den Aufsichtsrat wechselt und dort den Vorsitz übernimmt. Ferner werden drei Geschäftsführer bestellt, wobei ein Geschäftsführer von der Alpha & Beta AG entsandt wird. Als weiterer Geschäftsführer wird Herr Alfons Meier bestellt, der seit 1978 dem Unternehmen angehört. Er leitet den Geschäftsbereich Beratung des Unternehmens und hat seit 1997 Prokura. Und schließlich wird mit Zustimmung der Gläubiger zum Insolvenzplan über geeignete Unternehmen ein weiterer Geschäftsführer gesucht, der über Kompetenzen und Erfahrungen im Bereich des Verkaufs von Gegenständen im EDV-Bereich verfügt.

Neue Geschäftsführung

3.4 Umfirmierung

Die Firmierung der Josef Huber GmbH wurde geändert in Media & Adventure GmbH.

3.5 Sale-and-lease-back der Gewerbeimmobilie

Die Gewerbeimmobilie in der X-Stadt wird an die Immobiliengesellschaft A-AG zu einem Preis von 7,5 Mio. € verkauft. Gleichzeitig wird die Gewerbeimmobilie an die Josef Huber GmbH, künftig Media & Adventure GmbH, vermietet. Von dem Kaufpreis wird eine Mietkaution in Höhe von 250.000 € in Abzug gebracht, so dass 7,25 Mio. € zur Auszahlung kommen. Kauf- und Mietvertrag sind bereits abgeschlossen und stehen unter der Bedingung der Zustimmung der Gläubiger zu diesem Insolvenzplan. Damit werden sämtliche Verbindlichkeiten der X-Bank in gleicher Höhe getilgt. Die Miete beträgt mit Wirksamwerden der Verträge monatlich 35.000 € und ist damit erheblich niedriger als die bisherigen Annuitätsverpflichtungen der Josef Huber GmbH gegenüber der X-Bank von monatlich durchschnittlich 50.000 €. Der Mietvertrag hat eine feste Laufzeit von zehn Jahren mit einer einseitigen Verlängerungsoption der Josef Huber GmbH von fünf Jahren.

Einsparung erheblicher Kosten durch Sale-and-lease-back-Verfahren

3.6 Umstrukturierung des Geschäftsbereichs Verkauf

Gutachten zur Umstrukturierung des Geschäftsbereichs Verkauf

Weitere Sanierungsmaßnahmen zielen auf eine künftige größere Effizienz des Geschäftsbereichs Verkauf ab. Das Personal dieses Geschäftsbereichs wird um 30 Personen reduziert, womit eine jährliche Lohnsumme von ca. 850.000 € eingespart wird. Mindestens der selbe Umsatz kann mit dem verbleibenden Personal bei Durchführung entsprechender Umstrukturierungsmaßnahmen erzielt werden, wie die Huber & Schulze Verkaufsconsulting GbR mit Gutachten festgestellt hat. Zu den Umstrukturierungsmaßnahmen gehören insbesondere

- die Einstellung des Verkaufs der im Gutachten beschriebenen beratungsintensiven Produkte und
- ein verbessertes Regalsystem und Systeme der Kundeninformationen, damit diese sich schnell und intuitiv zurechtfinden und Verkaufspersonal in wesentlich geringerem Umfange zu Rate ziehen müssen.

4. Vergleichsrechnung

4.1 Die Befriedigung der Gläubiger ohne Insolvenzplan

Nur geringe Quote für die Gläubiger, falls keine Sanierung erfolgt

Wird ein Insolvenzplan nicht beschlossen, können die Gläubiger in dem folgenden Umfange befriedigt werden:

Grundstück	*6.500 T€*
Vorräte	*500 T€*
Forderungen aus Lieferungen und Leistungen	*100 T€*
Verkauf des Geschäftsbereichs Lizenzen	*20 T€*
Zwischensumme	**7.120 T€**
Masseverbindlichkeiten	*./. 120 T€*
Zwischensumme	*7.000 T€*
absonderungsberechtigte Grundschuldgläubiger	*./. 6.500 T€*
absonderungsberechtigte Lieferanten	*./. 400 T€*
für die Insolvenzgläubiger	**100 T€**
Forderungssumme der Insolvenzgläubiger	*1.120 T€*
Quote	**8,92 %**

Wird ein Insolvenzplan nicht beschlossen, kommt ein Verkauf der Geschäftsbereiche Verkauf, Beratung, Service und Wartung, nicht in Betracht, weil Käufer hierfür nicht bereit stehen. Diese Geschäftsbereiche sind dann zu liquidieren.

In Betracht kommt lediglich der Verkauf des Geschäftsbereichs Lizenzen. Die Firma EDV & Software AG hat in dem geschlossenen Vertrag für den Fall der Ablehnung des Insolvenzplans gleichwohl den Kauf vereinbart. Für diesen Fall konnte aber lediglich ein Kaufpreis von 20.000 € vereinbart werden, weil der Vorteil der Übernehmerin aus der Weiterexistenz des Unternehmens der Firma Josef Huber GmbH in diesem Falle nicht mehr besteht. Nur durch die Aufrechterhaltung des Geschäftsbetriebs der Firma Josef Huber GmbH verspricht sich die EDV & Software AG einen zusätzlichen Vorteil in der Kundenbedienung und Kundenakquisition, der es bewirkte, dass im Falle der Zustimmung der Gläubiger zum Insolvenzplan der erhöhte Betrag von 100.000 € gezahlt wird.

Kommt der Insolvenzplan nicht zustande, kommt es zu keinem Verkauf des Grundstücks an die Immobiliengesellschaft. Die X-Bank wird die Versteigerung des Grundstücks fortsetzen. Es ist zu erwarten, dass diese nur einen Versteigerungserlös von 6,5 Mio. € erzielen wird. Mit dem ausgefallenen Betrag wird sie an der Insolvenzmasse als Insolvenzgläubigerin teilnehmen.

Ohne Sanierung erfolgt Versteigerung des Betriebsgrundstücks

Im Liquidationsfalle können keine Zahlungen an nachrangige Insolvenzgläubiger geleistet werden, die in diesem Falle mit ihren Forderungen vollständig ausfallen würden.

4.2 Die Befriedigung der Gläubiger mit Insolvenzplan

Die im gestaltenden Teil dargelegte Berechnung zeigt, wie sich die Situation für die Gläubiger mit Durchführung des Insolvenzplans darstellt. Diese Gegenüberstellung erfolgt jeweils auch isoliert für die Insolvenzgläubiger, für die absonderungsberechtigten Gläubiger und für die nachrangigen Insolvenzgläubiger. Alle Gläubiger erhalten nach Durchführung des Insolvenzplans eine wesentlich höhere Quote, als sie im Liquidationsfalle rechnen könnten.

Erheblich höhere Quoten für die Gläubiger im Falle der Sanierung

Wird der Insolvenzplan beschlossen, stellt sich die Sachlage für die Gläubiger wie folgt dar:

Grundstück	*7.250 T€*
Vorräte	*700 T€*
Forderungen aus Lieferungen und Leistungen	*120 T€*
Verkauf des Geschäftsbereichs Lizenzen	*20 T€*
Zwischensumme	**8.090 T€**
Masseverbindlichkeiten	*./. 120 T€*
Zwischensumme	**7.970 T€**
absonderungsberechtigte Grundschuldgläubiger	*./. 7.250 T€*
absonderungsberechtigte Lieferanten	*./. 400 T€*
für die Insolvenzgläubiger	**320 T€**
Forderungssumme der Insolvenzgläubiger	*370 T€*
Quote	**86,48%**

11.5.2 Gestaltender Teil
11.5.2.1 Eingriff in Gläubigerrechte

Änderung der Rechtsstellung aller Beteiligten

In dem gestaltenden Teil des Insolvenzplans wird dargelegt, in welcher Weise und in welchem Maße in die Rechte der Gläubiger eingegriffen wird, d. h. inwieweit sich die Rechtsstellung aller Beteiligten durch den Insolvenzplan ändert (§ 221 InsO).

11.5.2.2 Einteilung der Gläubiger in Interessengruppen

Zustimmung der Mehrheit jeder Gläubigergruppe zum Insolvenzplan notwendig

Ferner ist im gestaltenden Teil darzustellen, wie die Einteilung der Gläubiger in Interessengruppen erfolgt ist. Denn zur Annahme des Insolvenzplans durch die Gläubiger ist erforderlich, dass in jeder Gruppe die Mehrheit der abstimmenden Gläubiger dem Plan zustimmt und die Summe der Ansprüche der abstimmenden Gläubiger mehr als die Hälfte der Summe der Ansprüche der abstimmenden Gläubiger beträgt (§ 244 Abs. 1 InsO).

Bildung der Gruppen durch den Ersteller des Insolvenzplans

Die Bildung der Gruppen erfolgt durch den Ersteller des Insolvenzplans. Nach § 222 Abs. 1 InsO sind Gruppen zu bilden, soweit Gläubiger mit unterschiedlicher Rechtsstellung betroffen sind. Dabei ist zu unterscheiden zwischen

- den absonderungsberechtigten Gläubigern, wenn durch den Plan in deren Rechte eingegriffen wird,
- den nicht nachrangigen Insolvenzgläubigern und
- den einzelnen Rangklassen der nachrangigen Insolvenzgläubiger, soweit deren Forderungen nicht nach § 225 InsO als erlassen gelten sollen (§ 222 Abs. 1 Satz 2 Nr. 1 bis 3 InsO).

Gläubiger mit gleichartigen wirtschaftlichen Interessen

Aus den Gläubigern mit gleicher Rechtsstellung können Gruppen gebildet werden, in denen Gläubiger mit gleichartigen wirtschaftlichen Interessen zusammengefasst werden (§ 222 Abs. 2 Satz 1 InsO). Die Gruppen müssen sachgerecht voneinander abgegrenzt werden (§ 222 Abs. 2 Satz 2 InsO). Die Arbeitnehmer sollen eine besondere Gruppe bilden, wenn sie als Insolvenzgläubiger mit nicht unerheblichen Forderungen beteiligt sind (§ 222 Abs. 3 Satz 1 InsO). Für Kleingläubiger können besondere Gruppen gebildet werden (§ 222 Abs. 3 Satz 2 InsO).

Zustimmung einer Abstimmungsgruppe gilt unter bestimmten Voraussetzungen als erteilt

Die Art und Weise der Bildung der Gruppen kann entscheidend sein, ob ein Insolvenzplan und damit die Unternehmenssanierung Erfolg hat oder ob er von einzelnen Gläubigern blockiert werden kann. Denn auch wenn die erforderlichen Mehrheiten nicht erreicht worden sind, gilt die Zustimmung einer Abstimmungsgruppe als erteilt, wenn

- die Gläubiger dieser Gruppe durch den Insolvenzplan voraussichtlich nicht schlechter gestellt werden, als sie ohne einen Plan stünden,

- die Gläubiger dieser Gruppe angemessen an dem wirtschaftlichen Wert beteiligt werden, der auf der Grundlage des Plans den Beteiligten zufließen soll, und
- die Mehrheit der abstimmenden Gruppen dem Plan mit den erforderlichen Mehrheiten zugestimmt hat (§ 245 Abs. 1 Nr. 1 bis 3 InsO, sogenanntes Obstruktionsverbot).

Eine angemessene Beteiligung der Gläubiger einer Gruppe im Sinne von § 245 Abs. 1 Nr. 2 InsO liegt vor, wenn nach dem Plan
- kein anderer Gläubiger wirtschaftliche Werte erhält, die den vollen Betrag seines Anspruchs übersteigen,
- weder ein Gläubiger, der ohne einen Plan mit Nachrang gegenüber den Gläubigern der Gruppe zu befriedigen wäre, noch der Schuldner oder eine an ihm beteiligte Person einen wirtschaftlichen Wert erhält und
- kein Gläubiger, der ohne einen Plan gleichrangig mit den Gläubigern der Gruppe zu befriedigen wäre, besser gestellt wird als diese Gläubiger (§ 245 Abs. 2 Nr. 1 bis 3 InsO).

Aufgrund dieser Regelungen kann der Planersteller die Akkordstörer in einer Gruppe oder in möglichst wenigen Gruppen konzentrieren, um dann die voraussichtlich verweigerte Zustimmung dieser Gruppe durch das Insolvenzgericht ersetzen zu lassen. Er kann die Gruppenbildung aber auch in der Weise gestalten, dass die bekannten Akkordstörer innerhalb der Gruppe nicht über eine Beschlussmehrheit verfügen. Die Möglichkeit der flexiblen Gruppenbildung ist oftmals das entscheidende Mittel zur Beeinflussung des Ergebnisses der Abstimmung über den Insolvenzplan.

Möglichkeiten der flexiblen Gruppenbildung

> **Beispiel aus dem Insolvenzplan der Firma Huber:**
>
> **II. Gestaltender Teil**
> *Sodann wird in dem gestaltenden Teil des Insolvenzplans beschrieben, wie sich die Rechte der Gläubiger bei Durchführung des Insolvenzplans verändern.*
> *Zunächst erfolgte die Bildung von folgenden Gruppen:*
>
> *a) Absonderungsberechtigte Gläubiger gemäß §§ 49 ff. InsO*
>   *Gruppe 1: Kreditinstitute mit gesicherten Forderungen*
>   *Gruppe 2: Lieferanten mit Rechten auf abgesonderte Befriedigung*
> *b) Nicht nachrangige Insolvenzgläubiger gemäß § 38 InsO*
>   *Gruppe 3: Lieferanten*

> Gruppe 4:   Finanzämter
> Gruppe 5:   Arbeitsamt und Krankenkassen
> Gruppe 6:   Kreditinstitute mit ungesicherten Forderungen
> Gruppe 7:   Arbeitnehmer
> Gruppe 8:   Kleingläubiger
>
> Es wird erläutert, warum diese Gruppen gebildet werden. Sodann werden die vorgeschlagenen Regelungen des Insolvenzplans dargestellt, nämlich der Erlass und die Stundung der Forderungen nicht nachrangiger Insolvenzgläubiger und die Befriedigung der Forderungen nicht nachrangiger Insolvenzgläubiger (§ 224 InsO). Weiter wird zu den Forderungen der absonderungsberechtigten Gläubiger Stellung genommen (§ 223 InsO).
>
> Ferner wird die Behandlung der vom Insolvenzverwalter aufgenommenen Kredite beschrieben (§ 264 InsO) und die Überwachung der Planerfüllung (§ 260 InsO) vorgeschlagen.
>
> Sodann wird eine Reihe von Planrechnungen vorgestellt, nämlich eine Plan-GuV und eine Plan-Bilanz und schließlich auch ein Finanzplan.

11.6 Prüfung durch das Gericht

Gefahr einer Verfahrensverzögerung

Aufgrund der Amtsermittlungspflicht des Insolvenzgerichts (§ 5 Abs. 1 InsO) hat dieses zu prüfen, ob die im Insolvenzplan vorgenommenen Bewertungen zutreffend sind und die Zustimmung einer Abstimmungsgruppe nach § 245 InsO als erteilt gilt. Damit beinhalten diese Vorschriften nicht unerhebliche Bewertungsprobleme, die grundsätzlich zu einer erheblichen Verfahrensverzögerung infolge der Prüfungstätigkeit des Insolvenzgerichts führen können. Da die Erfolgschance einer Unternehmenssanierung mit schwindender Zeit exponentiell abnimmt, beinhalten solche Prüfungstätigkeiten die Gefahr des Scheiterns der Sanierung. Zwar ist dadurch, dass Gläubiger der Gruppe lediglich »voraussichtlich« durch den Insolvenzplan nicht schlechter gestellt werden, als sie ohne den Plan stünden (§ 245 Abs. 1 Nr. 1 InsO), die Prüfung des Insolvenzgerichts auf eine Prognoseentscheidung, also auf eine Wahrscheinlichkeitsbetrachtung reduziert. Gleichwohl müssen dem Gericht aber so viele Informationen und Nachweise vorliegen, die es ihm erlauben, eine solche Prognoseentscheidung auch durchzuführen.

Prüfung im Sinne einer Wahrscheinlichkeitsbetrachtung

Hat das Insolvenzgericht keine Einwendungen gegen die Prognoseentscheidung erhoben, ist die Gefahr der Zeitverzögerung jedoch noch nicht beseitigt. Denn die Vorschrift des § 245 InsO schützt lediglich die Gruppe von Gläubigern als solche, nicht aber den einzelnen Gläubiger davor, dass er innerhalb seiner Gruppe überstimmt wird. Deshalb verfügt der überstimmte Gläubiger noch über einen Minderheitenschutz (§ 251 InsO). Danach ist auf Antrag eines Gläubigers die Bestätigung des Insolvenzplans zu versagen, wenn er dem Plan spätestens im Abstimmungstermin widersprochen hat und durch den Plan voraussichtlich schlechter gestellt wird, als er ohne einen Plan stünde.

Minderheitenschutz

Ob das Insolvenzplanverfahren infolge der Prüfungen nach den Vorschriften der §§ 245, 251 InsO verzögert wird und damit der Erfolg der Sanierung gefährdet wird, wird im Wesentlichen von den Vorbereitungstätigkeiten des Insolvenzverwalters und des Schuldners für den Insolvenzplan abhängen. Sind diese Vorbereitungstätigkeiten nur unzureichend, kann die Sanierung im Stadium der Prüfung des Insolvenzgerichts nach den §§ 245, 251 InsO scheitern. Auch diesbezüglich ist also ein Schuldner gut beraten, frühzeitig, engagiert, zügig und qualifiziert die Voraussetzungen für eine Sanierung zu schaffen. Denn der Insolvenzverwalter wird oftmals nicht in der Lage sein, diese Tätigkeiten in der notwendigen Kürze der Zeit zu leisten.

Beschleunigung der Prüfungen des Insolvenzgerichts durch gute Vorbereitung

Der Insolvenzplan ist mit seinen Anlagen und den eingegangenen Stellungnahmen in der Geschäftsstelle zur Einsicht der Beteiligten niederzulegen (§ 234 InsO). Das Insolvenzgericht bestimmt einen Termin, in dem der Insolvenzplan und das Stimmrecht der Gläubiger erörtert werden und anschließend über den Plan abgestimmt wird (§ 235 Abs. 1 InsO). Die Niederlegung wird zusammen mit dem Erörterungs- und Abstimmungstermin öffentlich bekannt gemacht (§ 235 Abs. 2 Satz 1 InsO).

Niederlegung des Plans in der Geschäftsstelle des Insolvenzgerichts zur Einsicht

Mit der Rechtskraft der Bestätigung des Insolvenzplans durch das Gericht (§§ 252, 253 InsO) treten die im gestaltenden Teil festgelegten Wirkungen für und gegen die Beteiligten ein (§ 254 Abs. 1 Satz 1 InsO).

Beispiel Sanierung der Firma Huber:

Variante 4 a: Die Sanierung im Insolvenzverfahren
Herr Huber versuchte, eine außergerichtliche Sanierung des Unternehmens zu erreichen. Er erstellte zusammen mit seinen Beratern ein schriftliches Sanierungskonzept und verhandelte dies mit seinen wichtigsten Gläubigern. Jedoch konnte er nicht alle wesentlichen Gläubiger vom Konzept überzeugen. Die B- und C-Bank kündigten den Kredit. Finanzamt und Krankenkassen kündigten die Vollstreckung an. Lieferanten waren nur bereit, Ware gegen Vorauskasse zu liefern und eine nicht unerhebliche Anzahl kleinerer und mittlerer Gläubiger machte die rückständigen Forderungen auf dem Gerichtswege geltend. Und die Löhne wurden nun fällig, ohne dass die für ihre Bezahlung notwendige Liquidität vorhanden war.

324 Die Sanierung eines Unternehmens nach dem Insolvenzplanverfahren

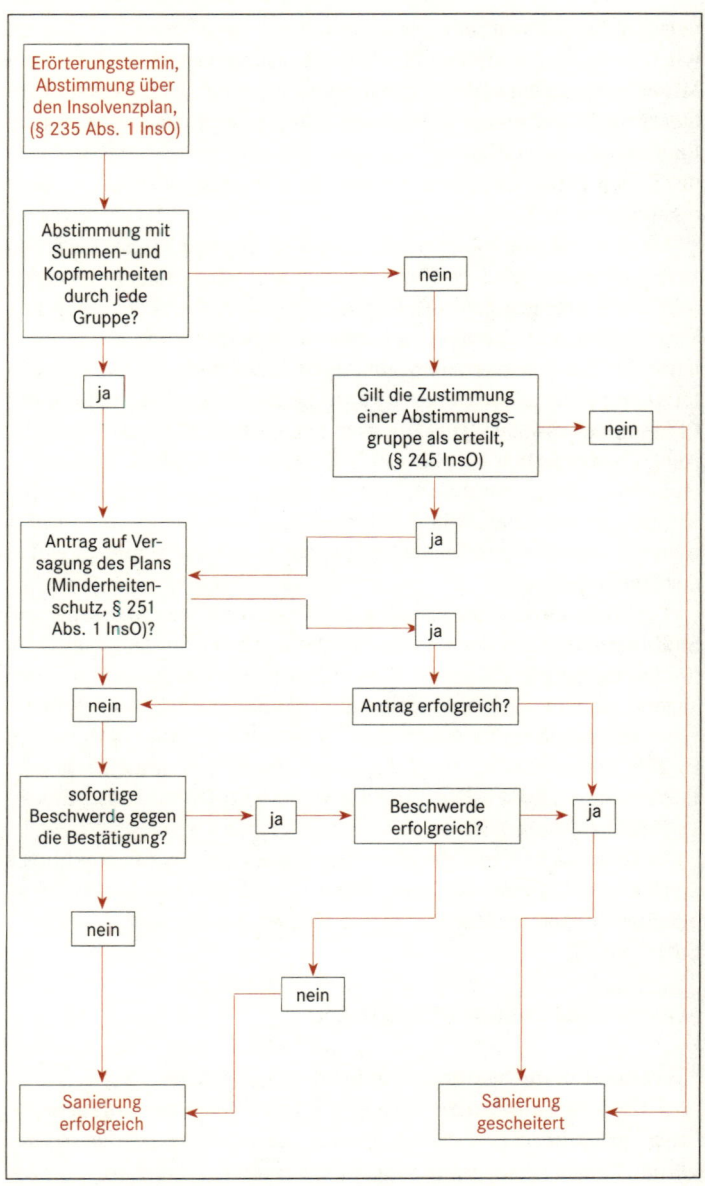

Abb. 15: Verfahren nach Vorlage eines Insolvenzplans im Erörterungstermin

Herr Huber stellte Insolvenzantrag wegen Zahlungsunfähigkeit und legte einen Insolvenzplan vor. Ziel des Insolvenzverfahrens sollte sein, den Insolvenzplan nun mit Hilfe der Insolvenzordnung auch gegen den Widerstand der Gläubiger durchzuführen, die eine außergerichtliche Sanierung verhindert haben.

Ein vorläufiger Insolvenzverwalter wurde bestellt. Der Firma Huber wurde durch ein allgemeines Verfügungsverbot die Verwaltungs- und Verfügungsbefugnis über ihr Vermögen entzogen und der vorläufige Insolvenzverwalter mit der Begutachtung beauftragt, welche Aussichten für eine Fortführung des Geschäftsbetriebs der Firma Huber bestehen. Der vorläufige Insolvenzverwalter stellte die positive Fortsetzungsprognose fest. Das Insolvenzverfahren wurde sodann eröffnet.

Der Insolvenzplan wurde mit seinen Anlagen und den eingegangenen Stellungnahmen des Gläubigerausschusses, des Betriebsrates und von Herrn Huber in der Geschäftsstelle zur Einsicht der Beteiligten niedergelegt (§ 234 InsO). Ferner bestimmte das Insolvenzgericht einen Termin, in dem der Insolvenzplan und das Stimmrecht der Gläubiger erörtert und anschließend über den Plan abgestimmt wird (§ 235 Abs. 1 InsO).

Im Erörterungstermin wurde der Insolvenzplan vom Insolvenzverwalter und von Herrn Huber erläutert. Insbesondere wurden die Durchführbarkeit und die Erfolgsaussichten erläutert. Sodann wurden die Stimmrechte der Gläubiger festgelegt und über den Plan abgestimmt.

Die Annahme des Insolvenzplans erfolgte durch die Gläubiger, und zwar in jeder Gruppe sowohl mit einer Summen- als auch mit einer Kopfmehrheit. Die obstruktiven Gläubiger wurden überstimmt. Mit der Rechtskraft der Bestätigung des Insolvenzplans durch das Gericht (§§ 252, 253 InsO) traten damit die im gestaltenden Teil festgelegten Wirkungen für und gegen die Beteiligten ein (§ 254 Abs. 1 Satz 1 InsO).

Die Regelungen des Insolvenzplans wurden durchgeführt. Das Insolvenzgericht hob das Insolvenzverfahren auf.

11.7 Zusammenfassung

1. Parallel zum Insolvenzverfahren sollte weiterhin die außergerichtliche Sanierung verfolgt werden. Soweit die außergerichtliche Sanierung gelingt und das Insolvenzverfahren noch nicht eröffnet ist, kann der Insolvenzantrag zurückgenommen werden. Es kommt dann auch nicht zu einer Imageschädigung durch die Veröffentlichung einer Insolvenzeröffnung.
2. Auch nach Eröffnung des Insolvenzverfahrens sollte die außergerichtliche Sanierung weiter verfolgt werden. Gelingt sie, wird das Insolvenzverfahren auf Antrag des Unternehmens eingestellt.

3. Die neue Insolvenzordnung ist darauf ausgerichtet, die betriebliche Organisation zu erhalten. Gläubiger können das betriebsnotwendige Vermögen nicht einseitig zerreißen.
4. Die neue Insolvenzordnung verfolgt das Ziel, sanierungswürdige Unternehmen zu erhalten, fortzuführen und zu sanieren. Dies kann im Insolvenzplanverfahren auch gegen den Widerstand obstruktiver Gläubiger geschehen.
5. Zur Vorlage eines Insolvenzplans an das Insolvenzgericht sind der Insolvenzverwalter und der Schuldner berechtigt.
6. Die Erwartungshaltung im Hinblick auf das neue Insolvenzrecht darf nicht zu hoch angesetzt werden. Unternehmenssanierungen werden in der Regel nur dann eine ausreichende Chance auf Erfolg haben, wenn sie bereits vor Stellung des Insolvenzantrags nachhaltig versucht wurden und bei wichtigen Gläubigern ein weiter Konsens erzielt wurde.
7. Problematisch bei einer Sanierung im Insolvenzverfahren ist die Liquiditätssituation während des Insolvenzverfahrens. Kann die für die Fortführung des Unternehmens notwendige Liquidität nicht beschafft werden, kann eine anfänglich bestandene positive Fortsetzungsprognose sehr schnell verspielt sein. Neu aufgenommene Kredite führen zu Masseverbindlichkeiten, für die der Insolvenzverwalter persönlich haftet, es sei denn, er konnte bei der Kreditaufnahme nicht erkennen, dass die Masse voraussichtlich zur Erfüllung nicht ausreichen würde. Dies gilt auch für alle Geschäfte des Insolvenzverwalters, die er zum Zwecke der Unternehmensfortführung eingeht.
8. Die Insolvenzordnung beinhaltet ein spezielles Insolvenzarbeitsrecht. Dadurch ist die grundsätzliche Änderung der Arbeitsorganisation in der Insolvenz des Unternehmens erleichtert.
9. Die Arbeitnehmer haben Anspruch auf Zahlung von Insolvenzgeld, wenn sie bei dem Insolvenzereignis für die vorausgehenden drei Monate des Arbeitsverhältnisses noch Ansprüche auf Arbeitsentgelt haben. Insolvenzereignis ist insbesondere die Eröffnung des Insolvenzverfahrens.
10. Mit einer geschickten Einbindung der Ansprüche auf Zahlung von Insolvenzgeld in das Sanierungskonzept lässt sich die Liquiditätsproblematik bei der Unternehmensfortführung im Insolvenzverfahren reduzieren.
11. Mit der Zustimmung zu einem Insolvenzplan versprechen sich die Gläubiger ein besseres Ergebnis als bei der Liquidation und Zerschlagung des Unternehmens. Damit ist die Entscheidung eines Gläubigers für eine Zustimmung oder Ablehnung eines Insolvenzplans eine Investitionsentscheidung.

12. Das Insolvenzverfahren führt durch diverse Veröffentlichungen zum Verfahrensablauf zu einem Imageverlust des Unternehmens in der Öffentlichkeit. Dieser Imageverlust beeinträchtigt die Entwicklung des Unternehmens auf lange Zeit. Gleiches gilt infolge eines Motivationseinbruchs bei den Arbeitnehmern, weil diese sich nicht mit einem Insolvenzunternehmen identifizieren wollen.
13. Der Insolvenzplan besteht aus zwei Teilen, nämlich dem darstellenden und dem gestaltenden Teil. Im darstellenden Teil werden insbesondere die Grundlagen und Auswirkungen des Plans beschrieben. Im gestaltenden Teil wird dargelegt, in welcher Weise und in welchem Maße in die Rechte der Gläubiger eingegriffen wird, d. h. inwieweit sich die Rechtsstellung aller Beteiligten durch den Insolvenzplan ändert.
14. Im Insolvenzplan sind Gruppen der Gläubiger zu bilden, soweit Gläubiger mit unterschiedlicher Rechtsstellung betroffen sind. Zur Annahme des Insolvenzplans durch die Gläubiger ist erforderlich, dass in jeder Gruppe die Mehrheit der abstimmenden Gläubiger dem Plan zustimmt und die Summe der Ansprüche der abstimmenden Gläubiger mehr als die Hälfte der Summe der Ansprüche der abstimmenden Gläubiger beträgt.
15. Der Insolvenzplan ist mit seinen Anlagen und den eingegangenen Stellungnahmen in der Geschäftsstelle des Insolvenzgerichts zur Einsicht der Beteiligten niederzulegen. Das Insolvenzgericht bestimmt einen Termin, in dem über den Insolvenzplan abgestimmt wird.
16. Das Insolvenzgericht prüft von Amts wegen, ob die im Insolvenzplan vorgenommenen Bewertungen zutreffend sind und, erforderlichenfalls, ob die Zustimmung einer Abstimmungsgruppe als erteilt gilt.
17. Ist der Insolvenzplan von den Gläubigern angenommen, bestätigt das Insolvenzgericht den Plan. Mit der Rechtskraft der Bestätigung treten die im gestaltenden Teil festgelegten Wirkungen für und gegen die Beteiligten ein.

12 Erwerb des Betriebs aus der Insolvenz

Liquidation des Rechtsträgers

Bei der Bildung einer Auffanggesellschaft handelt es sich um eine Besonderheit der Unternehmenssanierung, weil der Betrieb durch Verwertung übertragen und das Vermögen des Rechtsträgers liquidiert wird. Daher wird die Sanierung über eine Auffanggesellschaft auch als so genannte übertragende Sanierung bezeichnet. Der Betrieb als betriebsorganische Einheit wird aus dem Rechtsträger herausgelöst, der als wirtschaftlich leere Hülle zurückbleibt.

Asset-Deal

Die Auffanggesellschaft ist ein anderer Rechtsträger, der den Betrieb als organisatorische Einheit auffängt. Dies erfolgt durch Verkauf seitens des Insolvenzverwalters im Wege eines so genannten Asset-Deals. Verkauft werden alle Gegenstände, die den Betrieb in seiner organischen Struktur ausmachen, wie z. B.
- das Betriebsgrundstück,
- die Maschinen,
- die betriebsnotwendigen Vorräte,
- die Kundenkarteien und
- die gewerblichen Schutzrechte.

Betriebsübergang gemäß § 613a BGB

Gleichzeitig werden die Arbeitnehmer des Betriebs des insolventen Unternehmens übernommen, wobei die gesamte Belegschaft des Betriebs übernommen werden muss, wenn die Übernahme, wie es regelmäßig der Fall ist, einen Betriebsübergang im Sinne des § 613a BGB darstellt.

Umschreibung der Aufträge durch Parteiänderung

Und schließlich werden entweder noch nicht abgeschlossene Aufträge durch Vertragsumschreibung übernommen, was einen so genannten dreiseitigen Vertrag darstellt, weil die Übernahme die Zustimmung des Bestellers, des Insolvenzverwalters und der Auffanggesellschaft bedarf. Wird eine Vertragsumschreibung nicht vorgenommen, führt die Auffanggesellschaft einen solchen Vertrag oftmals im Auftrag des Insolvenzverwalters als Subunternehmer zu Ende.

Insoweit handelt es sich bei der Bildung einer Auffanggesellschaft aus der Sicht des Schuldners gesehen um eine Verwertungsmaßnahme und nicht um eine Sanierungsmaßnahme. Der Rechtsträger wird liquidiert und geht, wenn es sich dabei um eine Gesellschaft handelt, unter. Ein neuer Rechtsträger fängt die betriebsorganische

Einheit auf. Diese wird erhalten mit seinem gesamten Erscheinungsbild nach außen.

12.1 Sanierung im Insolvenzplanverfahren versus Auffanggesellschaft

Die Bildung einer Auffanggesellschaft war bis zu der seit 01.01.1999 geltenden Insolvenzordnung oftmals das einzig mögliche und damit auch in der Regel das einzig praktizierte Mittel, eine organisch gewachsene unternehmerische Einheit zu erhalten. Denn die damalige Konkursordnung war auf Abwicklung gerichtet und die Voraussetzungen der damaligen Vergleichsordnung ließen in der Regel keine Sanierung des Unternehmens zu, weil diese kaum einhaltbar waren. Zudem konnten Sicherungsgläubiger durch ihre Verwertungsmaßnahmen das betriebsnotwendige Vermögen zerreißen, so dass schon diesbezüglich die organische unternehmerische Einheit zur Fortführung nicht erhalten werden konnte.

12.1.1 Nachteil: erhöhtes Haftungsrisiko der die Sanierung fördernden Unternehmen

Mit dem heute in der geltenden Insolvenzordnung vorhandenen Insolvenzplanverfahren und der Möglichkeit, das betriebsnotwendige Vermögen auch gegen den Widerstand der Sicherungsgläubiger erhalten zu können, ist die Bildung einer Auffanggesellschaft nunmehr nicht mehr die einzige Möglichkeit, die betriebssoziale und organische unternehmerische Einheit, das einheitliche Erscheinungsbild nach außen und die gewachsenen Kunden- und Lieferantenstrukturen erhalten zu können.

Jedoch wird es oftmals einfacher sein, einen Betrieb im Insolvenzverfahren als Sachgesamtheit an eine Auffanggesellschaft zu veräußern, als das Unternehmen im Rahmen eines Insolvenzplanverfahrens zu sanieren. Entscheidend ist immer, welche der Maßnahmen im Insolvenzverfahren für die Gläubiger einen höheren Erlös, also eine höhere Quote bringen. Deshalb ist auch bei einer Sanierung im Insolvenzplanverfahren alternativ die Frage zu stellen, ob und wenn ja, zu welchen Bedingungen der Betrieb an eine Auffanggesellschaft verkauft werden kann. Nur wenn der Verkauf an eine Auffanggesellschaft nicht möglich oder nur zu geringeren Erlösen für die Masse führt, wird einem Insolvenzplan von den Gläubigern zugestimmt werden.

In der Regel wird aber der Verkauf des Betriebs an eine Auffanggesellschaft einen höheren Erlös für die Gläubiger bringen, als bei einer Sanierung im Insolvenzverfahren. Denn bei einer Sanierung

Übertragung des Unternehmens an eine Auffanggesellschaft bringt meist eine höhere Quote für die Gläubiger als eine Sanierung im Insolvenzverfahren

Anhaltende negative Vorbelastung des Unternehmens bei Sanierung im Insolvenzplanverfahren

im Insolvenzplanverfahren müssen erhebliche Abschläge dafür gemacht werden, dass das Unternehmen auch nach der Sanierung über viele Jahre hinweg infolge der negativen Vergangenheit angeschlagen und damit in der Entwicklung beeinträchtigt sein wird. Dieser negativen Vorbelastung kann nur durch höhere Abschläge zu Lasten der Gläubiger begegnet werden, da andernfalls das Risiko, dass das Unternehmen nach der Sanierung alsbald wieder sanierungsbedürftig werden würde, unangemessen hoch wäre. Solche Abschläge müssen die Gläubiger schon im eigenen Interesse verwirklichen, denn sollte das Unternehmen nach der Sanierung alsbald zusammenbrechen, weil das Sanierungskonzept wegen überhöhter Ansprüche der Gläubiger eine dauerhafte Sanierung des Unternehmens nicht zuließ, sind die Gläubiger sehr schnell gegenüber den Neugläubigern, die ihre Forderungen gegen das »sanierte« Unternehmen nach dessen »Sanierung« erworben haben, in der Haftung.

> **Beispiel:**
> *Über das Vermögen der A-GmbH wurde das Insolvenzverfahren eröffnet. Die A-GmbH war eine Händlerin für Büroartikel, die ihr Ladengeschäft in zentraler Lage in einer deutschen Kleinstadt in eigener Immobilie betrieb. Die Verschuldung des Unternehmens war in den letzten Jahren stark angestiegen, insbesondere durch die erheblichen Zinsen für die Kontokorrentkredite der örtlichen Sparkasse und für zugelassene Überziehungen. Es wurde vom Insolvenzverwalter ein Insolvenzplan aufgestellt, wonach die Sparkasse auf 25 % ihrer Darlehensforderungen verzichten und weitere 25 % ihrer Forderungen für eine Zeit von zwei Jahren zinsgünstig stehen lassen sollte. Der Restbetrag von 50 % sollte durch eine andere Bank, nämlich die örtliche Raiffeisenbank abgelöst werden, die in diesem Falle zusätzliche Sicherheiten durch die Gesellschafter der A-GmbH verlangte.*
>
> *Das Sanierungskonzept wurde zwischen den Gesellschaftern der A-GmbH und der Raiffeisenbank anlässlich des Kreditantrags eingehend erörtert. Es wurde von den Gesellschaftern der A-GmbH eingewandt, dass das Unternehmen in den nächsten Monaten nach der Bestätigung des Insolvenzplans durch das Insolvenzgericht ihr Sortiment an Waren dringend und erheblich modernisieren müsse, so dass auch hierfür der Kreditantrag gestellt wurde. Die Raiffeisenbank wies darauf hin, dass weder für die Anschaffung dieser Waren noch für die in zwei Jahren fällig werdende Umfinanzierung des durch die Sparkasse stehen gelassenen Darlehensbetrages eine Finanzierung durch die Raiffeisenbank erfolgen könne, weil man im Hinblick auf die Vorbelastung des Unternehmens durch die Sanierung die Beleihungsgrenzen der Sicherheiten sehr niedrig ansetzen müsse.*

Ferner teilte die Bank mit, dass man den Kredit für die Ablösung der Sparkasse nur geben werde, wenn vorher gesichert werden kann, dass die notwendigen weiteren Finanzierungsmittel für die Modernisierung des Warenbestandes und für die in zwei Jahren fällig werdende weitere Ablösung des durch die Sparkasse stehen gelassenen Darlehensbetrags beschafft werden können. Auch die Sparkasse war unter diesen Bedingungen nicht bereit, den vom Insolvenzverwalter vorgeschlagenen Insolvenzplan zu akzeptieren. Denn weder die örtliche Sparkasse noch die örtliche Raiffeisenbank wollten aus Imagegründen das Risiko eingehen, dass das Unternehmen mit ihrer Mitwirkung saniert wird und alsbald zusammenbricht. Die örtlichen Medien würden dann die Sache aufgreifen und sowohl die Sparkasse als auch die Raiffeisenbank würden in der öffentlichen Meinung herabgewürdigt sein, wenn das selbe Unternehmen innerhalb eines überschaubaren Zeitraums zweimal insolvent werden würde, nachdem es im Zusammenwirken der Bank und der Sparkasse saniert worden sein sollte.

Die Sparkasse hätte daher zur Erreichung der Grundlagen für die künftig notwendige zusätzliche Unternehmensfinanzierung noch mehr auf ihre Kredite verzichten müssen. Hierzu war sie aber nicht bereit, weil sie die im Insolvenzplan angesetzten Beträge auch im Falle einer zwangsweisen Verwertung der Sicherheiten erhalten würde.

Die Sparkasse und die Raiffeisenbank einigten sich auf das Modell, dass die Sparkasse die Zwangsversteigerung der Immobilie weiter betreibt, die Gesellschafter der A-GmbH eine neue GmbH gründen, an der sich weitere Kapitalgeber beteiligen und diese neue Gesellschaft die Immobilie im Zwangsversteigerungsverfahren ersteigert. Die Raiffeisenbank war bereit, die für den Erwerb in der Versteigerung notwendigen Beträge zu finanzieren und kündigte an, auch zur weiteren Finanzierung des neu anzuschaffenden Warenbestandes bereit zu sein.

Schon aus diesen Gründen des oftmals wenig überschaubaren Haftungsrisikos werden vor allem die Finanzierungsinstitute, die im Rahmen der Sanierung über einen Verzicht hinaus auch einen aktiven Sanierungsbeitrag zu erbringen haben, beispielsweise durch Vergabe eines Sanierungskredits, sehr zurückhaltend sein.

12.1.2 Nachteil: langfristig bleibender Imageschaden des sanierten Unternehmens

Ferner werden die Finanzierungsinstitute auch in den nächsten Jahren nach der Sanierung mit einer Kreditvergabe sehr zurückhaltend sein. Denn die Entscheidung, ob und wenn ja zu welchen Bedingungen eine Fremdfinanzierung gewährt wird, ist heute infolge der Grundsätze von Basel II vorrangig eine risikoorientierte. Das Maß des Risikos wird auf der Grundlage eines Ratings entscheiden,

Zurückhaltung der Finanzierungsinstitute bei der Neuvergabe von Krediten an ein Sanierungsunternehmen

bei dem die vormalige Sanierung sehr belastend wirkt. Nur langfristig werden sich die Belastungen infolge der erfolgten Sanierung verflüchtigen. Hinzu kommt eine psychologische Komponente. Die Entscheidungsträger bei Finanzierungsinstituten wollen sich, sollte die Sanierung auf Dauer doch nicht erfolgreich sein, nicht dem Risiko eines Vorwurfs ausgesetzt sehen, sie hätten das Geld der Kunden leichtfertig auf das Spiel gesetzt. Wird dem sanierten Unternehmen ein Kredit gewährt und wird dieser vertragsgemäß zurückgezahlt, entspricht das der Pflicht des Sachbearbeiters, die bankmäßigen Regeln sorgfältig zu beachten. Ein Lob kann er damit nicht erwarten. Wird der Kredit allerdings nicht zurückgezahlt, kommt sehr schnell der undifferenzierte Vorwurf, wie man einem Unternehmen, das erst aus einer Sanierung entsprungen ist, überhaupt einen Kredit geben könne. Man wisse doch, dass ein erhebliches Risiko bestehe und hätte sich gegen dieses Risiko dadurch schützen müssen, dass entweder ein Kredit überhaupt nicht oder nur unter verschärften Bedingungen eines Realkredits eingeräumt hätte werden dürfen.

Finanzierung durch Eigenkapital oder Hypothekarkredite

Daher wird das sanierte Unternehmen in den Folgejahren nach der Sanierung kaum über eine adäquate Unternehmensfinanzierung verfügen können, die auf die Ertragskraft des Unternehmens abgestellt ist, weil kein Entscheidungsträger das Risiko eines Vorwurfs auf sich nehmen wird. Eine Finanzierung wird daher allenfalls als Eigenkapitalfinanzierung, z. B. seitens der Gesellschafter, oder als Realkredite, und zwar als so genannte Hypothekarkredite, die lediglich auf grundbuchrechtliche Sicherheiten abgestellt sind, erfolgen können. Um einen Hypothekarkredit zu erhalten, müssen aber erst einmal Immobilien vorhanden sein, die zudem kaum belastet sein dürfen, weil Hypothekarkredite nur bis maximal 60 % des darüber hinaus auch noch sehr konservativ ermittelten Verkehrswertes vergeben werden können (§§ 11, 12 Hypothekenbankgesetz). Dass ein saniertes Unternehmen über diese Voraussetzungen zur Erlangung eines Hypothekarkredits verfügen könnte, ist eine wenig realistische Annahme.

Hinzu kommt, dass in der Regel erst nach mehr als fünf Jahren in den Auskünften über das Unternehmen die frühere Krise und Sanierung nicht mehr erscheint. Erst dann wird ein Kreditantrag nicht mehr durch die frühere Krise vorbelastet sein, vorausgesetzt, die Ertragslage des Unternehmens nach der Krise war gut und das Unternehmen kann positive Jahresabschlüsse vorlegen. Aber selbst dann, wenn die Sanierung mehr als fünf Jahre zurückliegt und die Finanzierung durch Grundschulden auf dem Grundstück erfolgen sollte, das von der damaligen Sanierung betroffen war, geht die Belastung des Unternehmens bei der Unternehmensfinanzierung weit über fünf Jahre hinaus. Denn im Rahmen des Kreditantrags sind im

Hinblick auf die grundbuchmäßig vorgesehene Absicherung des Kredits Grundbuchauszüge vorzulegen. Und daraus ergibt sich aus Abteilung 2 die Information, dass das Grundstück von einer früheren Unternehmenskrise betroffen war. Denn auch dann wenn solche Einträge, z. B. die Eröffnung eines Insolvenzverfahrens oder die Beschlagnahme des Grundstücks im Rahmen eines Zwangsversteigerungsverfahrens mittlerweile gelöscht sind, ergibt sich aus dem Grundbuchauszug noch immer der damalige Eintrag. Zwar wäre es zur Vermeidung einer solchen Information möglich, die Löschung aller gelöschten Einträge zu verlangen, so dass ein unbelasteter Grundbuchauszug vorgelegt werden kann. Die Bank wird aber in der Regel seine eigenen Überlegungen zur Frage anstellen, warum das Grundbuch bereinigt wurde. Im Zweifel wird sie den Kreditantrag dann aus anderen Gründen ablehnen.

Eine Auffanggesellschaft dagegen hat keine negative Vergangenheit, so dass sich der übernommene Betrieb bei einer Auffanggesellschaft als Rechtsträger wesentlich einfacher und besser entwickeln kann, als bei einer Sanierung im Insolvenzplanverfahren unter Aufrechterhaltung des bisherigen Rechtsträgers.

12.1.3 Vorteil: steuerlicher Verlustvortrag

Andererseits besteht durch den Verkauf des Betriebs an eine Auffanggesellschaft möglicherweise ein Nachteil dadurch, dass die steuerlichen Verlustvorträge bei dem Schuldner verbleiben. Ob und inwieweit es sich bei dem Verzicht auf die Nutzung eines steuerlichen Verlustvortrags um einen ins Gewicht fallenden Nachteil handelt, kann erst aufgrund einer detailliert aufgestellten Vergleichsrechnung erfolgen. Meist besteht dieses Vorteil nicht oder ist nur gering, denn der steuerliche Verlustvortrag wird im Falle der Sanierung des Unternehmens im Insolvenzplanverfahren in der Regel ohnehin ganz oder zu einem erheblichen Teil aufgezehrt, nachdem die Sanierungsgewinne im Gegensatz zur früheren Gesetzeslage seit 1998 steuerpflichtig geworden sind.

Verlustvortrag des Schuldnerunternehmens

Sollte das Schuldnerunternehmen eine juristische Person sein und das Sanierungskonzept nur dann eine wirtschaftliche Tragfähigkeit haben, wenn die Sanierung über eine Auffanggesellschaft bei gleichzeitiger Nutzung des nach Berücksichtigung des Sanierungsgewinns verbleibenden Verlustvortrags erfolgt, gäbe es noch einen allerdings komplizierten Weg, nämlich die Sanierung über eine Auffanggesellschaft kombiniert mit der Sanierung im Insolvenzplanverfahren, und zwar mit der Folge, dass die Auffanggesellschaft nach Rechtskraft des Insolvenzplans die Gesellschaftsanteile des Schuldnerunternehmens erwirbt und auf sich verschmelzt. Nach dem Umwandlungsgesetz und dem Umwandlungssteuergesetz können im

Falle der Verschmelzung die steuerlichen Verlustvorträge übernommen werden. Damit eine solche Konstruktion dann auch tatsächlich erfolgreich ist, sollte sie vorab eingehend mit dem Steuerberater besprochen und mit dem zuständigen Finanzamt abgestimmt werden.

12.1.4 Vorteil: geringere Transaktionskosten

Kosten für die Übertragung des Unternehmens auf die Auffanggesellschaft

Andererseits ist die Übertragung des Betriebs auf eine Auffanggesellschaft in der Regel mit hohen Transaktionskosten verbunden. Gehört zum Betriebsvermögen z. B. ein Grundbesitz, fallen nicht nur erhebliche Kosten für die notarielle Beurkundung und für Gerichtskosten für die Übertragung an, sondern es ist vor allem Grunderwerbsteuer zu zahlen. Gehört ein Fuhrpark zum Betriebsvermögen, müssen die jeweiligen Fahrzeugpapiere auf den neuen Halter umgeschrieben werden. Ferner kann es bei der Übertragung von Schadensfreiheitsrabatten zu Schwierigkeiten kommen. Und schließlich muss zur Übertragung von betriebsnotwendigen Verträgen, z. B. von Miet- oder Leasingverträgen, eine Zustimmung des Vertragspartners zum Austausch der Partei erfolgen, was zwar in der Regel nicht große Probleme verursachen wird, weil der Vertragspartner kein Interesse haben wird, einen Vertrag mit einem Unternehmen zu haben, das zerschlagen wird. Aber die Vertragsumschreibung bedeutet in der Regel eine nicht unerhebliche und damit kostenträchtige Mitarbeit von Rechtsanwälten oder Hausjuristen. Andererseits können, insbesondere dann, wenn die Marktpreise seit Abschluss des Vertrages gestiegen sind, die Vertragspartner ihre Zustimmung zur Übertragung des Vertragsverhältnisses davon abhängig machen, dass die Auffanggesellschaft die neuen Preise akzeptiert.

12.2 Die Regelungen des § 613a BGB zum Erwerb eines Betriebs aus der Insolvenz

Die Regelung des § 613a BGB findet auf einen Betriebsübergang während eines eröffneten Insolvenzverfahrens nur in modifizierter Weise Anwendung. Der Erwerber des Betriebs haftet nämlich nach ständiger Rechtsprechung des BAG nicht für Ansprüche der Arbeitnehmer, die vor dem Betriebsübergang entstanden sind (BAG NZA 2003, 318 ff.). Andernfalls wären die Arbeitnehmer mit ihren insolvenzrechtlichen Ansprüchen bis zum Zeitpunkt der Insolvenzeröffnung anderen Gläubigern gegenüber bevorzugt, indem sie im Falle eines Betriebsübergangs ihre vollen Ansprüche gegen den Erwerber realisieren könnten. Und diesen Vorteil müssten in der Regel die anderen Gläubiger tragen, weil der Erwerber je nach Höhe der zu übernehmenden Verpflichtungen aus den Arbeitsverhältnissen den Kaufpreis entsprechend reduzieren würde (BAG NZA 1990, 188 f.).

Jedoch sind folgende Besonderheiten zu beachten:
- Wird der Betrieb oder Betriebsteil nicht zeitgleich zum Zeitpunkt der Eröffnung des Insolvenzverfahrens, sondern zu einem späteren Zeitpunkt übernommen, so haftet der Erwerber für eventuell offene Verbindlichkeiten des insolventen Unternehmens aus den Arbeitsverhältnissen für die Zeit ab der Verfahrenseröffnung. In der Regel haftet für diese Ansprüche aber auch die Insolvenzmasse, andernfalls solche durch die Auffanggesellschaft übernommenen Verbindlichkeiten bei der Kaufpreisbemessung Berücksichtigung finden wird.
- Der Erwerber eines Betriebs oder Betriebsteils ist mit zum Zeitpunkt der Insolvenzeröffnung noch nicht erfüllten Urlaubsansprüchen der Arbeitnehmer belastet.
- Der Erwerber des Betriebs oder Betriebsteils tritt in die Versorgungsanwartschaften der übergegangenen Arbeitsverhältnisse ein. Allerdings schuldet er im Versorgungsfall nicht die volle, sondern nur die seit dem Übergangszeitpunkt erdiente Versorgungsleistung (BAG NZA 1992, 217f.).
- Für den Erwerber eines Betriebs oder Betriebsteils macht es keinen Unterschied, ob zum Zeitpunkt der Eröffnung des Insolvenzverfahrens Anwartschaften der übergegangenen Arbeitnehmer aus einer betrieblichen Altersversorgung verfallbar waren oder nicht, weil dieses Risiko die Arbeitnehmer selbst tragen. Denn nur dann, wenn ihre Versorgungsanwartschaften zum Zeitpunkt der Eröffnung des Insolvenzverfahrens unverfallbar waren, haftet der Pensionssicherungsverein zeitanteilig für die beim bisherigen Betriebsinhaber erdienten Versorgungsleistungen (a.a.O.). Waren die Anwartschaften noch nicht unverfallbar, so hat der Arbeitnehmer diese Ansprüche zur Insolvenztabelle anzumelden und trägt das entsprechenden Ausfallsrisiko.
- Diese Modifizierungen des § 613a BGB gelten nicht, wenn der Betrieb oder Betriebsteil vor der Eröffnung des Insolvenzverfahrens übernommen wird, so dass diese Haftungserleichterungen des Erwerbers auch dann nicht zur Anwendung kommen, wenn der Betrieb oder Betriebsteil in der Phase des Insolvenzeröffnungsverfahrens, beispielsweise aufgrund einer Vereinbarung mit dem vorläufigen Insolvenzverwalter übernommen wird.
- Diese Modifizierungen des § 613a BGB gelten ferner nicht, wenn der Betrieb oder Betriebsteil übernommen wird, nachdem der Antrag auf Eröffnung des Insolvenzverfahrens mangels Masse abgelehnt wurde.

Tipp

> Besondere Vorsicht ist im Hinblick auf die Regelungen des § 613a BGB angesagt, wenn der Erwerber eines Betriebs oder Betriebsteils bereits vor der Eröffnung des Insolvenzverfahrens Einfluss auf die Geschicke des Betriebs oder Betriebsteils nimmt, um diesen dann mit Eröffnung des Insolvenzverfahrens zu übernehmen. Denn ein Betriebsübergang liegt bereits dann vor, wenn der Erwerber die betriebliche Leitungs- und Organisationsmacht tatsächlich ausübt. Auf die Vereinbarung selbst und auf den Zeitpunkt des Abschlusses kommt es dann nicht an. Der Erwerber kann dadurch die Haftungsbeschränkungen bei der Übernahme eines Betriebs oder Betriebsteils verlieren, wenn er zu unvorsichtig ist.

Checkliste

> **Vor- und Nachteile einer Sanierung über eine Auffanggesellschaft gegenüber der Sanierung im Insolvenzverfahren**
>
> ✔ Keines oder erheblich vermindertes negatives Image in künftigen Jahren wegen der Vorbelastung durch den Insolvenzantrag.
> ✔ Keine oder erheblich verminderte Vorbelastung der künftigen Bankgespräche durch das frühere Insolvenzverfahren und dadurch bessere Finanzierungsmöglichkeiten bei der Unternehmensentwicklung.
> ✔ Möglichkeit der Durchführung einer schnellen Lösung und dadurch Reduzierung der insolvenzbedingten Nachteile bei der Unternehmensentwicklung.
> ✔ Sofortige Möglichkeit der Unternehmensführung in Eigenregie.
> ✔ Keine Nutzung des Verlustvortrags des Schuldnerunternehmens.
> ✔ Erhöhte Transaktionskosten.

Beispiel Sanierung der Firma Huber:

Variante 4 b: Verwertung des Betriebs als Sachgesamtheit Veräußerung an eine Auffanggesellschaft

Herr Huber hatte kein Vertrauen, dass das Unternehmen im Insolvenzverfahren saniert werden könne. Nach Rücksprache mit dem vorläufigen Insolvenzverwalter war es aus Gründen fehlender Liquidität nicht gewährleistet, das Unternehmen fortzuführen. Herr Huber hätte daher die Unternehmensfortführung selbst finanzieren müssen, was ihn finanziell so ausgezehrt hätte, dass er selbst am Rande des wirtschaftlichen Zusammenbruchs gestanden hätte. Vor allem sah Herr Huber auch ganz erhebliche Schwierigkeiten bei der Fortsetzung des Unternehmens nach einer Sanierung im Insolvenzverfahren, da dem Unternehmen über lange Zeit der Imageschaden aus der Insolvenz schwer anhängen werde. Deshalb vereinbarte er mit dem vorläufigen Insolvenzverwalter die Marschroute, dass es so schnell wie möglich zu der Eröffnung des Insolvenzverfahrens kommt und der Insolvenzverwalter in ebenso kurzer Frist die Zustimmung der Gläubigerversammlung zur Veräußerung des Unternehmens an eine Auffanggesellschaft einholt, die für einen solchen Verkauf nach §162 InsO notwendig war, weil die Gesellschafter der Josef Huber GmbH an der Auffanggesellschaft nicht mit weniger als einem Fünftel beteiligt sein werden. Ferner wurde abgestimmt, dass mit Zustimmung der Banken das Firmengrundstück an eine Immobiliengesellschaft verkauft wird, die das Grundstück an die neu zu gründende Auffanggesellschaft vermietet.

Herr Huber führte sodann parallel zum Insolvenzverfahren mit verschiedenen Freunden Gespräche über die Gründung einer Auffanggesellschaft. Diese Gespräche waren erfolgreich. Seine Freunde waren bereit, für den Erwerb der Betriebs erhebliche Kapitalbeträge zur Verfügung zu stellen. Herr Huber und seine Freunde gründeten eine GmbH, an der Herr Huber, seine Ehefrau und seine Kinder mit 60 % und die Freunde mit 40 % beteiligt wurden. Die neu gegründete GmbH unterbreitete dem Insolvenzverwalter ein Angebot zum Erwerb des Betriebs. Dieses Angebot war für die Gläubiger besser, als bei einer Sanierung im Wege des Insolvenzplanverfahrens, denn die Vorbelastung des Unternehmens bei einer Sanierung im Insolvenzplanverfahren brauchte nicht als Abschlag eingerechnet werden.

Der Insolvenzverwalter holte die Zustimmung der Gläubigerversammlung ein. Die Gläubigerversammlung stimmte dem Verkauf zu. Das Grundstück wurde mit Zustimmung der Banken an eine Immobiliengesellschaft verkauft, die dieses an die Auffanggesellschaft vermietete.

12.3 Zusammenfassung

1. Trotz der verbesserten Möglichkeiten einer Unternehmenssanierung im neuen Insolvenzrecht hat die Sanierung des Unternehmens über eine Auffanggesellschaft weiterhin große Bedeutung.
2. Im Insolvenzverfahren muss geklärt werden, ob die Sanierung des Unternehmens im Insolvenzverfahren eine bessere Quote für die Gläubiger bringt als der Verkauf des Unternehmens an einen Dritten.
3. Bei einer Sanierung im Insolvenzplanverfahren muss stets berücksichtigt werden, dass das sanierte Unternehmen auf längere Dauer wegen der negativen Vorbelastung durch die Insolvenz geschwächt sein und insbesondere Schwierigkeiten bei der Unternehmensfinanzierung haben wird. Diese Schwierigkeiten führen zu Abschlägen bei den Forderungen der Gläubiger und reduzieren damit die Quote bei einer Sanierung im Insolvenzverfahren.

4. Werden von Banken und Sparkassen Maximalforderungen durchgesetzt und wird ein Unternehmen nur unzureichend saniert aus der Insolvenz entlassen, besteht ein erhebliches Haftungsrisiko, von späteren Gläubigern des Unternehmens in die Haftung genommen zu werden, die mit ihrer Forderung ausfallen, weil das Unternehmen infolge der unzureichenden Sanierung zusammengebrochen ist.
5. Eine Auffanggesellschaft hat eine solche negative Vorbelastung nicht oder zumindest nicht in diesem Umfange. Damit hat die Sanierung über eine Auffanggesellschaft weiterhin per se einen Vorteil gegenüber einer Sanierung im Insolvenzverfahren.
6. Die Regelungen des § 613a BGB (hierzu Kap. 9) finden auf einen Betriebsübergang während eines eröffneten Insolvenzverfahrens nur in modifizierter Weise Anwendung. Der Erwerber des Betriebs oder Betriebsteils haftet in diesem Falle nicht für Ansprüche der Arbeitnehmer, die vor dem Betriebsübergang entstanden sind.
7. Die Übertragung des Betriebs auf eine Auffanggesellschaft ist in der Regel mit hohen Transaktionskosten für die Übertragung des Vermögens und den Übergang der Kundenverträge verbunden.

13 Die Zerschlagung des Unternehmens

Viele in die Krise geratene Unternehmen sind zur Fortführung nicht geeignet. In der Praxis wird vor allem bei kleinen und mittelständischen Unternehmen die überwiegende Anzahl der insolvent gewordenen Unternehmen eine negative Fortsetzungsprognose aufweisen. Jede Unternehmenssanierung muss als Investition angesehen werden. Vor allem die Gläubiger sehen die Teilnahme an einer Sanierung als Investition. Sie wollen hierdurch finanziell besser stehen, als im Falle einer Zerschlagung des Unternehmens. Kann eine persönliche Fortsetzungsprognose nicht vermittelt werden, bringt die Einzelliquidation für die Gläubiger voraussichtlich einen höheren Erlös. Das Unternehmen ist daher zu zerschlagen.

Unternehmenssanierung als Investition

Verfügt ein Unternehmen über keine positive Fortsetzungsprognose, wird es durch Zerschlagung aus dem Markt entfernt. Dies ist eine konsequente und auch richtige Folge einer Marktwirtschaft, indem nicht lebensfähige Gebilde vom Markt selbst verdrängt werden, der Markt sich also selbst bereinigt.

Zerschlagung von Unternehmen ohne positive Fortsetzungsprognose

Letztlich hängt die Beurteilung, ob ein Unternehmen über eine positive Fortsetzungsprognose verfügt, vom Management des Unternehmens selbst ab. Ist dieses von einer positiven Zukunft des in die Krise geratenen Unternehmens überzeugt und will es das Unternehmen im Bestand erhalten, wird es dies auch aktiv und überzeugend den Gläubigern, dem Insolvenzverwalter und dem Insolvenzgericht kommunizieren können. Das neue Insolvenzrecht verschafft dem Unternehmen dann die rechtlichen Möglichkeiten, dieses Ziel auch gegen obstruktive Gläubiger erreichen zu können.

Die Zerschlagung eines Unternehmens bedeutet, dass alle Vermögensgegenstände verwertet und das Unternehmen aus seinem Zusammenhang gerissen wird. Ist ein Insolvenzverfahren eröffnet worden, ist für die Verwertung des Vermögens der Insolvenzverwalter zuständig. Unbewegliches Vermögen kann jedoch von den Grundpfandrechtsgläubigern, falls es nicht zu einem freihändigen Verkauf durch den Insolvenzverwalter kommt, durch Zwangsversteigerung verwertet werden.

Löschung von Gesellschaften im Handelsregister wegen Vermögenslosigkeit

Ist ein Insolvenzverfahren nicht eröffnet worden, wird die Verwertung des Vermögens durch die Gläubiger selbst im Wege der

Einzelzwangsvollstreckung erfolgen. Gesellschaften, die im Handelsregister eingetragen sind, werden wegen Vermögenslosigkeit von Amts wegen aus dem Register entfernt.

Beispiel Sanierung der Firma Huber:

Variante 4 c: In aussichtslosen Fällen: Die Zerschlagung des Unternehmens

Nach dieser letzten Variante hatte Herr Huber alle Chancen für den Erhalt der Betriebseinheit verspielt. Er suchte die Schuld an der Situation stets bei allen anderen und versank in Selbstmitleid. Mit den Banken und Gläubigern hatte er sich eine verträgliche Kommunikation verscherzt, weil er diesen Vorwürfe machte, dass sie gegen sein Unternehmen mit Vollstreckungsmaßnahmen vorgegangen sind. Den Insolvenzverwalter sah er als seinen Gegner an, weil dieser, so seine Auffassung, ihm nur schaden wolle. Und mit seinen Freunden beendete er sehr zeitig die Gespräche wegen der Finanzierung einer Auffanggesellschaft, weil diese hierfür 40% an der neuen Gesellschaft haben wollten. Er glaubte, diese wollten aus seiner Notsituation lediglich für sich Kapital schlagen und sich an dem Unternehmen, das er jahrzehntelang aufgebaut hat, nur bereichern.

Bei einer solchen Motivation schied Herr Huber als Führungskraft für eine Sanierung auf der Grundlage eines Insolvenzplans aus. Andere Führungskräfte oder Käufer des Betriebs waren nicht vorhanden, so dass der Insolvenzverwalter keine positive Fortsetzungsprognose annehmen konnte. Er stellte die Arbeitnehmer frei, verwertete alle Vermögensgegenstände und zerschlug das Unternehmen. Die Immobilie wurde von dem Insolvenzverwalter mit Zustimmung der Banken an ein Konkurrenzunternehmen verkauft, das dort von nun an die eigenen Produkte vertrieb.

14 Die Kosten einer Unternehmenssanierung

Eine Unternehmenssanierung ist kein Akt, bei dem es lediglich um die kurzfristige Regelung der drängenden Verbindlichkeiten des Unternehmens, also um eine reine Schuldenregulierung geht. Eine Unternehmenssanierung ist wesentlich weitreichender und greift tief in alle Belange der Unternehmensführung ein. Eine Unternehmenssanierung stellt damit eine grundlegende Unternehmensplanung dar. Hierfür ist eine fachmännische Beratung und Begleitung der Unternehmenssanierung notwendig, weil andernfalls die bisherigen strukturellen Fehler, die zur Krise des Unternehmens geführt haben, nicht entdeckt und beseitigt werden können.

Unternehmenssanierung mehr als nur Schuldenregulierung

Auch die Verhandlungen mit den einzelnen Betroffenen selbst sollten nicht, wie dargelegt, von dem bisherigen Unternehmer erfolgen.

Die Kosten für eine Unternehmenssanierung sind je nach Größe des Unternehmens und fortgeschrittenem Stadium der Krise unterschiedlich. Sie werden aber stets ganz erheblich sein. Die Kosten insbesondere für die Sanierer und Fachberater sind dabei aber keine verlorenen Kosten, denn die Analyse der Krisenursachen und die sich hieraus ergebenden Folgerungen für eine Veränderung im Unternehmen sind Kosten, die schon lange vorher im Rahmen der strategischen Unternehmensplanung hätten aufgewendet werden müssen. Und die Kosten für die Sanierer sind Kosten des Managements für die Durchführung des Gesundungsprozesses des Unternehmens.

Kosten einer Unternehmenssanierung im wesentlichen Kosten der Unternehmensplanung und ihrer Umsetzung

Hinzu kommt, dass die Kosten der Unternehmenssanierung letztlich zu Lasten der Gläubiger gehen, weil diese Kosten im Rahmen des Sanierungskonzepts als notwendige Kosten der Sanierung zu erfassen sind und sich daraus erst errechnet, welchen Sanierungsbeitrag die Gläubiger zu leisten haben. Mit der Erfassung der Kosten im Sanierungsplan sind diese aber noch nicht finanziert.

Zunächst müssen vor Beginn der außergerichtlichen Sanierung erhebliche Arbeiten von Fachberatern durchgeführt werden, um zu prüfen, ob und inwieweit überhaupt eine Sanierungsfähigkeit gegeben ist und auf welchen Wegen eine Sanierung zum Ziel gebracht werden kann. Das Unternehmen verfügt oftmals in dieser Phase

Vorprüfung der Sanierungsfähigkeit

nicht mehr über die ausreichende Liquidität für die Finanzierung dieser Kosten, weil die meist geringe Liquidität bis zuletzt verwendet wurde, um dringende Löcher zu stopfen. Und einer Finanzierung von Seiten der Gesellschafter des Unternehmens stehen oftmals die gleichen Hindernisse entgegen, weil in der Regel die verfügbare persönliche Liquidität mittels Gesellschafterdarlehen dem Unternehmen zur Verfügung gestellt wurde.

Eine solche üblicherweise im Mittelstandsbereich erfolgende Vorgehensweise von Unternehmer und Gesellschafter ist zwar anerkennenswert, aber es schadet dem Unternehmen und seiner Sanierung mehr, wenn nicht rechtzeitig die Unternehmenssanierung in Angriff genommen wird. Es ist für alle Betroffenen, also nicht nur für die Gläubiger, sondern auch für das Unternehmen, die Unternehmensführer und die Gesellschafter besser, frühzeitig eine Restrukturierung zu planen und die Kosten hierfür zu verwenden. Die notwendigen Forderungsverzichte der Gläubiger verringern sich hierdurch erheblich und das Vertrauen in das Unternehmen wird durch die vorausschauende Unternehmenssanierung gestärkt.

Einen Überblick über die Kosten einer Unternehmenssanierung zeigt die folgende Tabelle:

Kosten einer Unternehmenssanierung für mittlere Unternehmen		
Sanierer	Interimsmanagement für die Sanierungsphase	monatlich 7.500 € bis 20.000 €
Sanierungsberater	Strategieberatung, Konzeption für die Sanierung, Mitwirken bei den Verhandlungen	Tagessätze zwischen 800 € und 1.500 €
Fachkräfte für die Sanierungsberatung	Unternehmensanalyse, Ausarbeitung der konkreten Sanierungsmaßnahmen	Tagessätze zwischen 500 € und 1.200 €; Stundensätze zwischen 60 € und 150 €
Rechtsanwälte, Steuerberater, Wirtschaftsprüfer	rechtliche und steuerrechtliche Beratung, Erstellung und Prüfung von Bilanzen und anderer Unterlagen	Stundensätze zwischen 150 € und 250 €

Die Gesamtkosten hängen vom Umfang und der Schwierigkeit der durchzuführenden Tätigkeiten und davon ab, in welchem Stadium der Krise sich das Unternehmen befindet:

Gesamtkosten abhängig vom Einzelfall

- Ein großes Unternehmen verursacht einen höheren Arbeitsaufwand als ein kleines Unternehmen.
- Ist die Durchführung von Massenentlassungen notwendig, führt dies zu einem wesentlich höheren Arbeitsaufwand als die Durchführung einer Kurzarbeit.
- Die Beschaffung der notwendigen Liquidität durch Finanzierung durch eine Bank mit Sicherheiten der Gesellschafter verursacht weit weniger Aufwand als die Finanzierung durch eine Beteiligungsgesellschaft, der zum Zwecke der Beteiligung das Gesamtkonzept überzeugend vermittelt werden muss.
- Müssen hoch qualifizierte Sanierer und Berater eingesetzt werden, z. B. weil das Unternehmen in einer hoch spezialisierten Branche tätig ist oder über umfangreiche Auslandsbeziehungen verfügt, sind diese Personen teurer als Sanierer und Berater in Standardfällen, z. B., wenn es um die Sanierung eines örtlich tätigen Handels- oder Handwerksunternehmens geht.
- Ist die Krise verschleppt und droht bereits unmittelbar der Zusammenbruch des Unternehmens, ist vor allem die Kommunikation mit den Gläubigern erschwert und zeitraubender. So muss z. B. das Sanierungskonzept, das in der Regel noch nicht erstellt ist, jedem einzelnen Gläubiger, der an der Sanierung mit einem Sanierungsbeitrag zu beteiligen ist, jeweils individuell erläutert werden.

Eine Reduzierung der Gesamtkosten lässt sich erreichen, wenn die Vergütung für die Berater und Sanierer des Unternehmens teilweise an den Erfolg geknüpft werden.

Erfolgsabhängige Vergütung

> **Unternehmensberater, die vom Erfolg ihrer Tätigkeit überzeugt sind, werden bereit sein, zumindest einen Teil ihrer Vergütung auf der Basis »Consulting for Equity« vorzunehmen.**
> - Ein Teil des Honorars wird in Geld und ein Teil durch eine Beteiligung am Unternehmen bezahlt.
> - Diese Unternehmensbeteiligung wird mit einer dauerhaft erfolgreichen
> - Unternehmenssanierung entsprechend werthaltig und kann dann von den Beratern veräußert werden.

Tipp

Finanzierung der Sanierungskosten über die Insolvenzmasse

Ist eine außergerichtliche Sanierung nicht mehr möglich, so hat der Insolvenzverwalter die Kosten für die Planung und Durchführung der Unternehmenssanierung aus der Masse zu bestreiten. Er wird dies aber – wenn überhaupt – nur mit Zustimmung der Gläubigerversammlung tun. Bis es zu einer Entscheidung der Gläubigerversammlung kommt, ist oftmals die Sanierungsfähigkeit des Unternehmens verspielt. Die Gläubiger werden ihre Aktivitäten dann lediglich auf das kurzfristige Ziel fokussieren, möglichst gut und schnell aus der Insolvenz herausgehen zu können. Das zentrale Ziel des Schuldners, dass das Unternehmen dauerhaft gestärkt aus der Krise hervorgeht, wird dabei meist nur unzureichend erreicht.

Auch deshalb sollten bereits in einer Frühphase einer Unternehmenskrise alle Planungen für eine dauerhafte Unternehmenssanierung durchgeführt werden. Auf diese Planungen kann dann das Insolvenzverfahren und der aufzustellende Insolvenzplan abgestellt werden.

> **Beispiel Sanierung der Firma Huber:**
> *Herr Huber hatte in der Variante 2 (späte aber noch rechtzeitige Einsicht in den Ernst der Lage) erkannt, dass er nunmehr die Krise der Firma Huber nicht mehr alleine wird meistern können und der Zusammenbruch des Unternehmens in Kürze droht. Er hat erkannt, dass das Unternehmen durch die in zahlreicher Weise vorliegenden strukturellen und organisatorischen Fehlentwicklungen ohne fremde Hilfe die Wettbewerbsfähigkeit nicht mehr wird erlangen können. Er hat erkannt, dass das Unternehmen saniert werden muss, wozu insbesondere gehört, dass die Fehlentwicklungen analysiert und die Neustrukturierung des Unternehmens geplant und dann umgesetzt werden muss. Er beauftragte eine in Unternehmenssanierungen kompetente und erfahrene Beratungsgesellschaft. Für die rechtlichen Angelegenheiten beauftragte er eine in Sanierungsfragen tätige Anwalts- und Steuerkanzlei.*
>
> *Die Honorierung wurde in der Weise vereinbart, dass diese ihre Leistung nach Zeithonorar abrechnen, wobei sich in der Mischung ein Stundensatz für die jeweiligen Seniorpartner von netto 185 € und für das diesen zuarbeitende Fachpersonal in der Mischung von netto 75 € ergab.*
>
> *Es wurde vereinbart, dass die Tätigkeit in der ersten Phase gegen Vorauskasse erfolgt, da die Berater diese Zeit erst benötigten, um feststellen zu können, ob überhaupt eine Sanierungsfähigkeit des Unternehmens bestehe. Ferner müsse in dieser Phase erst erforscht werden, ob und in welchem Maße die wichtigsten Gläubiger bereit seien, sich aktiv und kooperativ an einer Sanierung des Unternehmens zu beteiligen. Vereinbart wurde die Anzahlung eines Betrags in Höhe von netto 40.000 €. Die Liquidität für diese Anzahlung war noch durch eine offene Linie beim Kontokorrent gedeckt.*

Anzahlung der Kosten für die Erforschung der Sanierungsfähigkeit

Ferner wurde mit den Beratern vereinbart, dass zur Tätigkeit in der ersten Phase gehört, die Finanzierung des weiteren Honorars für die Restrukturierung und Sanierung des Unternehmens sicherzustellen, falls sich, wie Herr Huber behauptete, die Sanierungsfähigkeit des Unternehmens auch tatsächlich herausstellt. Denn eine Zahlung aus anderen Quellen, wie z. B. von Seiten der Gesellschafter, war nicht möglich, worauf Herr Huber ausdrücklich hingewiesen hat.

Zuerst mussten Notmaßnahmen ergriffen werden, damit der Firma Josef Huber GmbH überhaupt die notwendige Zeit zur Verfügung steht, um die grundsätzliche Restrukturierung des Unternehmens betreiben zu können. Diese Verhandlungen führten zentral die Seniorpartner, da es in dieser Phase vorrangig auf das zu übermittelnde Vertrauen in die künftige Sanierung des Unternehmens ankam. Denn die Seniorpartner konnten in dieser Phase den Gläubigern noch nicht viel an Fakten mitteilen, weil weder die Analyse der Krisenursachen noch die Planung der Maßnahmen zur Restrukturierung erfolgt waren.

Beschaffung des für die Restrukturierung notwendigen Zeitrahmens

Die Seniorpartner erreichten, dass die wichtigsten Gläubiger für einen Zeitraum von drei Monaten stillhalten. Nach dem Ablauf dieser Stillhaltefrist sollte den Gläubigern der Stand der Analyse und Planung mitgeteilt werden. Dieser Bericht sollte Grundlage für eine Entscheidung sein, ob das Unternehmen Insolvenzantrag stellt oder ob es restrukturiert und außergerichtlich saniert werden soll. Um das Vertrauen in die Überzeugung der Seniorpartner von der Sanierungsfähigkeit des Unternehmens und des Erfolgs der Sanierung zu unterstreichen, sagten die Seniorpartner zu, zwei Drittel des anfallenden Honorars dem Unternehmen zu stunden, so dass die Liquidität des Unternehmens während der Sanierungsphase nur in Höhe von einem Drittel des anfallenden Honorars belastet werde. Mit Abschluss der Sanierung werde der gestundete Honorarbetrag mit 36 Monatsraten bezahlt.

Nach Ablauf der Stillhaltefrist konnten den wichtigsten Gläubigern die Sanierungsfähigkeit des Unternehmens und die vorzunehmenden Maßnahmen überzeugend vermittelt werden. Die Gläubiger waren kooperativ und verlängerten die Stillhaltefrist um sechs Monate.

Nach Ablauf dieser weiteren Stillhaltefrist wurde ein detaillierter Sanierungsplan vorgelegt. Dieser sah eine Umsetzungszeit von neun Monaten vor und beinhaltete die konkreten Regelungen, in welcher Weise die Gläubiger einen Beitrag zur Sanierung leisten sollten. Damit sollte das seit mehr als drei Jahrzehnten bestehende Unternehmen der Firma Josef Huber GmbH erhalten bleiben und fortgeführt werden.

Vorlage eines detaillierten Sanierungsplans

Der Sanierungsplan sah zahlreiche Maßnahmen vor. Die Eckwerte des Sanierungsplans waren:

Eckwerte des Sanierungsplans

- Das Gewerbegrundstück bleibt dem Unternehmen durch ein Sale-and-lease-back-Verfahren erhalten. Die mit Grundschulden gesicherten Banken verzichten auf einen Forderungsbetrag von gesamt 200.000 €. Die Gewerbeimmobilie wird an eine Immobiliengesellschaft zu einem Preis von 7,5 Mio. € verkauft. Gleichzeitig wird die Gewerbeimmobilie an die Josef Huber GmbH vermietet. Von dem Kaufpreis wird eine Mietkaution in Höhe von 250.000 € in Abzug gebracht, so dass 7,25 Mio. € zur Auszahlung kommen. Damit werden sämtliche Verbindlichkeiten der Banken in gleicher Höhe getilgt. Die Miete beträgt mit Wirksamwerden der Verträge monatlich 35.000 € und ist damit erheblich niedriger als die bisherigen Annuitätsverpflichtungen der Josef Huber GmbH gegenüber den Banken von monatlich durchschnittlich 50.000 €. Der Mietvertrag hat eine feste Laufzeit von zehn Jahren mit einer einseitigen Verlängerungsoption der Josef Huber GmbH von fünf Jahren.

Gewerbeimmobilie

Zuführung von Eigenkapital

- Eine Kapitalbeteiligungsgesellschaft wird Gesellschafterin der Firma Josef Huber GmbH und stellt im Wege einer Kapitalerhöhung dem Unternehmen Eigenkapital in Höhe von 0,5 Mio. € zur Verfügung.

Bestellung eines Aufsichtsrats

- Die Satzung der Josef Huber GmbH wird geändert. Die Gesellschaft erhält gemäß §52 GmbHG einen Aufsichtsrat von drei Personen, dem weit gehende Zustimmungsrechte bei der Durchführung von Geschäftsführungsmaßnahmen eingeräumt werden. Der bisherige Gesellschaftergeschäftsführer Josef Huber wechselt in den Aufsichtsrat.

Neubesetzung der Geschäftsführung

- Die Geschäftsführung der Gesellschaft wird aus den eigenen Reihen und vom Arbeitsmarkt neu besetzt. Als weiterer Geschäftsführer wird ein leitender Mitarbeiter bestellt, der seit 1978 dem Unternehmen angehört. Er leitet den Geschäftsbereich Beratung des Unternehmens und hat seit 1997 Prokura. Ein Geschäftsführer wird extern gesucht, der über Kompetenzen und Erfahrungen im Bereich des Verkaufs von Gegenständen im EDV-Bereich verfügt.

Umfirmierung der Gesellschaft

- Die Gesellschaft wird in Media & Adventure GmbH umfirmiert.
- Die wichtigsten Lieferanten erhalten die Bezahlung ihrer Forderungen in Höhe von insgesamt 0,5 Mio. € in 36 gleichen Monatsraten. Zinsen entfallen.

Erstellung des Geschäftsbereichs Lizenzen

- Der Geschäftsbereich Lizenzen wird eingestellt. Mit einer EDV-Firma wird eine Vereinbarung geschlossen, wonach diese den Geschäftsbereich übernimmt. Übernommen werden sämtliche Rechte aus der von der Firma Josef Huber GmbH entwickelten Software, alle Verträge mit den Kunden und die Arbeitsverhältnisse der in diesem Geschäftsbereich verbliebenen Arbeitnehmern. Die Arbeitnehmer haben ihre Zustimmung zu einem Austausch der Arbeitgeberin mit der EDV-Firma als neuer Arbeitgeberin erklärt. Die EDV-Firma zahlt an die Josef Huber GmbH einen Preis von 100.000 €.

- Der Geschäftsbereich Verkauf wird grundsätzlich reorganisiert. Der Personalbestand wird zunächst um 15 Mitarbeiter reduziert. Weitere Sanierungsmaßnahmen zielen auf eine künftige größere Effizienz dieses Geschäftsbereichs ab. Das Personal dieses Geschäftsbereichs wird mittelfristig um weitere 25 Personen reduziert, womit eine jährliche Lohnsumme von ca. 0,6 Mio. € eingespart wird. Mindestens der selbe Umsatz kann mit dem verbleibenden Personal bei Durchführung entsprechender Umstrukturierungsmaßnahmen erzielt werden, wie eine auf Verkaufsconsulting spezialisierte Fachfirma gutachterlich festgestellt hat. Zu den Maßnahmen gehören insbesondere die Einstellung des Verkaufs der im Gutachten beschriebenen beratungsintensiven Produkte und ein verbessertes Regalsystem und Systeme der Kundeninformationen, damit die Kunden sich schnell und intuitiv zurechtfinden und Verkaufspersonal in wesentlich geringerem Umfange zu Rate ziehen müssen.
- Eine Neueinstellung von Personal erfolgt nicht. Notfalls sind Mitarbeiter aus den eigenen Reihen durch Fortbildungsmaßnahmen auf neue Geschäftsfelder und Aufgabenbereiche vorzubereiten.
- Die Betriebsvereinbarung über Verpflegungs- und Fahrtkostenzuschüsse wird gekündigt.

Reorganisation des Geschäftsbereichs Verkauf

Die Gläubiger waren mit den Vorschlägen im Sanierungsplan einverstanden, der sodann in den einzelnen Schritten umgesetzt wurde. Eineinhalb Jahre nach der Auftragserteilung war die Sanierung abgeschlossen. Hierfür sind an Nettohonoraren insgesamt angefallen:

Abschluss der Sanierung nach eineinhalb Jahren

Tätigkeitsbereich	Bearbeiter	Stundenzahl	Stundensatz €	gesamt €
erste Notmaßnahmen, Verhandlung mit den Gläubigern	Senior Fachpersonal	100 100	185 75	18.500 7.500
Analyse der Krisenursachen	Senior Fachpersonal	100 1.200	185 75	18.500 90.000
Planung der Maßnahmen zur Restrukturierung	Senior Fachpersonal	200 800	185 75	37.000 60.000
Umsetzung der Restrukturierungsmaßnahmen	Senior Fachpersonal	250 1.000	185 75	46.250 75.000
Sanierungsverhandlungen	Senior Fachpersonal	100 50	185 75	18.500 3.750
			gesamt	375.000

Gesamtkosten

Ertragreiche Investition für Unternehmen, Gläubiger, Arbeitnehmer und Familie

Diese Kosten waren für das Unternehmen eine ertragsreiche Investition. Wären die Arbeiten nicht erfolgt, wäre das Unternehmen zusammengebrochen. Die Tätigkeit der Berater hatte bei den Banken einen Nachlass von 200.000 € und durch die Stundungen der Zinsen seitens der Gläubiger Zinsersparnisse von ca. 75.000 € bewirkt. Vor allem steht das Unternehmen nunmehr in einer sehr guten betrieblichen und strukturellen Verfassung da, und verspricht nunmehr einen hohen Ertrag. Herr Huber hat nach seinen anfänglichen schweren Versäumnissen, die das Unternehmen an den Rand des Zusammenbruchs gebracht haben, gerade noch rechtzeitig den Ernst der Lage erkannt. Vor allem aber war er einsichtsfähig genug, dass der dauerhafte Bestand des Unternehmens und die Rückkehr zu einer guten Ertragskraft eine ganz grundlegende Restrukturierung des Unternehmens erfordert.

Mitfanzierung durch Gläubiger infolge des Verzichts auf Forderungen

Auch die Gläubiger waren Nutznießer dieser späten, aber gerade noch rechtzeitigen Einsicht von Herrn Huber in den Ernst der Lage. Im Falle eines Zusammenbruchs des Unternehmens hätten sie ganz erheblichen Schaden hinnehmen müssen.

Auch die Arbeitnehmer haben gewonnen. Die Arbeitsplätze und die betriebssoziale Struktur blieben erhalten.

Und schließlich ist die Gesellschaft als Familiengesellschaft und als wirtschaftliche Grundlage der Familie Huber erhalten geblieben. Tiefgreifende familiäre Konflikte im Falle eines Zusammenbruchs des Unternehmens und der Inanspruchnahme von Herrn Huber aus seinen Bürgschaften wurden ebenso abgewehrt.

Die Investitionen in die Restrukturierung und Sanierung des Unternehmens haben sich also für alle Beteiligten ganz besonders positiv ausgezahlt.

15 Schlussbetrachtung

Wie insbesondere das Beispiel der Firma Josef Huber GmbH in den einzelnen Varianten und den Handlungsalternativen innerhalb der einzelnen Varianten gezeigt hat, kommt es bei der Sanierung von Unternehmen ganz erheblich auf die Einstellung und das Kommunikationsverhalten des Unternehmensführers an. Kein Unternehmensführer ist davor geschützt, dass das von ihm geführte Unternehmen nicht einmal in eine Krise gerät. Dazu sind die Voraussetzungen für eine erfolgreiche Unternehmensführung zu komplex und die Risiken zu zahlreich. Hinzu kommt, dass bestimmte Grundvoraussetzungen vorliegen müssen, damit ein Unternehmen im Wettbewerb überhaupt erfolgreich sein kann. Wer ängstlich in allen Bereichen ist, braucht kein Unternehmen zu führen. Ein ängstlicher Unternehmensführer würde von Anfang an scheitern. Ein Unternehmen ist davon geprägt, dass etwas unternommen wird. Wo gehobelt wird, fallen aber auch Späne. *Unternehmen führen heißt, etwas unternehmen*

Ebenso wenig erfolgreich sind die so genannten Senkrechtstarter, nämlich die Unternehmen, die eine steile Aufwärtsentwicklung nach dem Motto »Mir gehört die Welt« vorzeigen. Der Zusammenbruch des Unternehmens verläuft dann meist spiegelbildlich zum Aufstieg, nämlich schnell und kräftig.

Zwischen diesen Extrempositionen liegt der dauerhaft erfolgreiche Unternehmensführer.

Wie mit dem Risiko der Unternehmensführung umgegangen wird, ist schwierig zu bestimmen. Das entscheidende Kriterium ist aber, wie diese Risiken, wenn sie sich realisieren, gemanagt werden. Ein Unternehmensführer, dem stets bewusst ist, dass Risiken auf das Unternehmen zukommen können, sorgt weitgehend vor. Realisiert sich ein solches Risiko, empfindet er dies nicht als persönliches Versagen. Die Stärke eines solchen Unternehmensführers liegt im Umgang mit realisiertem Risiko. Herr Huber von der Variante 1 konnte daher die sich aufgrund seiner Erkrankung eingetretenen Probleme auch sehr schnell lösen. *Risikomanagement*

Wer aber den Eintritt eines Risikos verdrängt und die Schuld bei anderen sucht, wird mit dieser Einstellung das Unternehmen schwer beeinträchtigen oder gar zerstören, wie die letzte Alternative der Variante 4 zeigt.

Die rechtlichen Möglichkeiten für die Sanierung eines Unternehmens trotz schwerer Krise sind gegeben. Man muss sie aber zu nutzen wissen.

Die **7 goldenen Regeln für eine erfolgreiche Unternehmenssanierung** sind:

- **Regel 1: Wachsam sein**

Die Krise kommt bestimmt

Es ist stets davon auszugehen, dass ein Unternehmen irgendeinmal in die Krise kommt. Man muss ständig wachsam sein und auf die ersten Krisensymptome achten. Je früher der Eintritt der Krise erkannt wird, desto einfacher ist es, richtig zu reagieren, damit sich ein ernstes Problem für den Bestand des Unternehmens erst gar nicht bilden kann. Außerdem steht dann für die richtigen Reaktionen eine wesentlich größere Zeitspanne zur Verfügung.

- **Regel 2: Kommunikativ sein**

Auch den Gegner verstehen

Wurden die ersten Krisenanzeichen übersehen oder sind diese plötzlich eingetreten, ist die Problematik kommunikativ zu lösen. Gläubiger und Geschäftspartner sind offen auf die Situation anzusprechen. Für ihre Interessen und Schwierigkeiten ist Verständnis zu zeigen.

- **Regel 3: Ehrlich sein**

Vertrauen aufbauen

Informationspolitik und Verhandlungsführung müssen korrekt und ehrlich erfolgen. Versuche zu täuschen, zu verdecken, zu beschönigen oder sonstwie zu tricksen, müssen unterlassen werden. Solche Handlungen haben kurze Beine.

- **Regel 4: Kritikfähig sein**

Von der eigenen Fehlbarkeit ausgehen

Die Gläubiger werden in dieser Phase der Unternehmenskrise versuchen, unnachgiebig zu sein und mit der Durchführung von Vollstreckungen drohen. Man muss kritikfähig sein, aber man darf sich nicht zu Vereinbarungen oder Handlungen hinreißen lassen, die das Problem nur scheinbar lösen, sondern nur verschleppen.

- **Regel 5: Frühzeitig den Insolvenzantrag stellen**

Handlungen und Entscheidungen nicht verschleppen

Wenn eine sinnvolle Regelung, die das Problem dauerhaft beseitigt, nicht durchsetzbar ist, ist frühzeitig Insolvenzantrag wegen drohender Zahlungsunfähigkeit zu stellen. Durch Absprachen mit dem Insolvenzgericht und dem vorläufigen Insolvenzverwalter ist zu erreichen, dass das Eröffnungsverfahren einen längeren Zeitraum in Anspruch nimmt, wenn die Unternehmensfortführung gesichert ist. Die Zeit ist für eine intensive Fortsetzung der Sanierungsverhandlungen mit den Gläubigern zu nutzen. Erst vor dem Hintergrund des bereits gestellten Insolvenzantrags kann oftmals bei den obstruktiven Gläubigern ein Durchbruch in den Verhandlungen erzielt werden. Sind die Bemühungen erfolgreich, ist der

Insolvenzantrag zurückzunehmen. Es kommt damit zu keiner negativen Publizität.

- **Regel 6: Wenn keine Aussicht auf eine außergerichtliche Sanierung besteht, auf schnelle Eröffnung des Insolvenzverfahrens hinwirken**
Ist es wiederum nicht möglich, eine sinnvolle Sanierung mit den Gläubigern zu vereinbaren, ist in Absprache mit dem Insolvenzgericht und dem vorläufigen Insolvenzverwalter auf eine schnelle Eröffnung des Insolvenzverfahrens hinzuwirken. Es sollten weiterhin die Versuche zur außergerichtlichen Einigung mit den Gläubigern fortgeführt werden. Ein Insolvenzverfahren kann, wenn eine außergerichtliche Sanierung vereinbart wird, auch vorzeitig eingestellt werden. Notfalls die Vorteile des neuen Insolvenzrechts nutzen

- **Regel 7: Mit dem Insolvenzantrag den Insolvenzplan vorlegen**
In jedem Falle sollte bei der Stellung des Insolvenzantrags bereits der Insolvenzplan erstellt sein und mit dem Insolvenzantrag vorgelegt werden. Sanierungskonzept rechtzeitig erstellen

Abschließende Erkenntnis: Wenn diese Regeln nicht beherzigt werden, wird mit größter Wahrscheinlichkeit das Unternehmen nicht gerettet werden können. Es wird liquidiert und zerschlagen!

Glossar

Außerordentliches Ergebnis
Aufwendungen und Erträge, die nicht dem ordentlichen, also operativen Ergebnis zugerechnet werden, wie z. B. Gewinne oder Verluste aus dem Verkauf von Anlagen oder der Auflösung von Geschäftsbereichen, Erträge aus der Auflösung von Rückstellungen oder steuerbedingte Sonderabschreibungen.

Bedingte Kapitalerhöhung
Erhöhung des Grundkapitals einer AG, die nur so weit durchgeführt werden soll, wie von einem Umtausch- oder Bezugsrecht Gebrauch gemacht wird, das die Gesellschaft auf die neuen Aktien einräumt (vgl. § 192 AktG).

Berichtstermin
Termin im Insolvenzverfahren. Im Berichtstermin hat der Insolvenzverwalter über die wirtschaftliche Lage des Schuldners und ihre Ursachen zu berichten. Er hat darzulegen, ob Aussichten bestehen, das Unternehmen des Schuldners im Ganzen oder in Teilen zu erhalten, welche Möglichkeiten für einen Insolvenzplan bestehen und welche Auswirkungen jeweils für die Befriedigung der Gläubiger eintreten würden.

Bilanz
Gegenüberstellung der Aktiva und Passiva eines Unternehmens zur Darstellung seiner Vermögens-, Kapital- und Finanzstruktur.

Bonität
Maßstab für die Kreditwürdigkeit.

Bonitätsrisiko
Risiko, dass der Schuldner illiquide oder zahlungsunfähig wird und damit Zins- und Tilgungsverpflichtungen nicht oder nicht termingerecht bedienen kann.

Buchführung
Führung von Büchern, in dem die Handelsgeschäfte und die Lage des Vermögens nach den Grundsätzen ordnungsmäßiger Buchführung ersichtlich sind. Die Buchführung muss so beschaffen sein, dass sie einem sachverständigen Dritten innerhalb angemessener Zeit einen Überblick über die Geschäftsvorfälle und über die Lage des Unternehmens vermittelt (vgl. § 238 HGB).

Buchwert
Der in der Bilanz ausgewiesene Wert von Vermögensgegenständen und Verbindlichkeiten eines Unternehmens.

Bürgschaft
Verpflichtung einer Person gegenüber dem Gläubiger eines Dritten, für die Erfüllung der Verbindlichkeit des Dritten einzustehen (vgl. §§ 765 ff. BGB).

Business Angel
Vermögende Privatperson, die jungen Unternehmen Eigenkapital, Management-Know-how und Businesskontakte zur Verfügung stellt. Vielfach investieren Business Angels parallel zu VC-Gesellschaften.

Business Plan
vgl. unter Unternehmensplan.

Burn-Rate
Geschwindigkeit und damit Zeitspanne, in der die einem Unternehmen zur Verfügung stehende Liquidität verbraucht ist.

Cash-Flow
Wichtige Kennzahl zur Bewertung der Finanz- und Ertragskraft eines Unternehmens. Der Cashflow setzt sich zusammen aus dem Jahresüberschuss, den Abschreibungen, den Veränderungen der langfristigen Rückstellungen und den Steuern auf Einkommen und Ertrag.

Controlling
Das Controlling dient dazu, dass das Unternehmen entsprechend seiner wirtschaftlichen Zielsetzung geführt wird. Anhand der betriebswirtschaftlichen Daten werden insbesondere die Wirtschaftlichkeit, die Kosten, die Liquidität, die Produktivität und die Rentabilität geplant, gesteuert und überwacht.

Corporate Governance
Unternehmensaufsicht durch eine entsprechende Aufgabenverteilung zwischen den Aktionären, dem Vorstand und dem Aufsichtsrat einer Aktiengesellschaft. Sie soll Fehlentwicklungen rechtzeitig erkennen und Unternehmenskrisen verhindern.

Dauerschuldverhältnis
Schuldverhältnis, das nicht auf eine einmalige Leistung der Parteien beschränkt ist (z. B. wie beim Kaufvertrag).

Deckungsbeitrag
Differenz zwischen den Erlösen und den Kosten eines Produkts. Der Deckungsbeitrag kann z. B. auf das Produkt oder auf eine Periode bezogen werden. Die Produktion von Produkten mit geringem oder gar negativem Deckungsbeitrag darf erst eingestellt werden, wenn die Verbundbeziehungen zu anderen Erfolgsfaktoren des Unternehmens geprüft und bewertet worden sind.

Due Diligence
Detaillierte Untersuchung, Prüfung und Bewertung eines Unternehmens im Rahmen eines beabsichtigten Kaufs. Die Beteiligungsprüfung nimmt einen Zeitraum von ca. 3 - 6 Monaten in Anspruch. Sie beginnt mit einer Grobanalyse des Businessplans und geht dann, bei positiver Beurteilung, in die Feinanalyse über. Dabei werden das Unternehmen sowie das Markt- und Technologiepotenzial intensiv geprüft. In dieser Phase finden auch intensive Gespräche mit dem Management statt, und es werden Besichtigungen vor Ort durchgeführt.

EBIT
Earnings before Interest and Taxes; Operatives Ergebnis, nämlich Ergebnis vor Ertragsteuern und vor dem Finanz- und außerordentlichen Ergebnis.

Eigenkapital
Unternehmenskapital; Haftkapital gegenüber den Gläubigern; im Gegensatz zum Fremdkapital. Auch Risiko- oder haftendes Kapital genannt. Bei der GmbH als Stammkapital, bei der AG als Grundkapital und bei der KG als Kommanditkapital bezeichnet. Das Eigenkapital, also das Reinvermögen des Unternehmens – wird entweder durch Kapital von außen (Venture Capital) oder durch den betrieblichen Wertschöpfungsprozess gebildet. Der Eigenkapitalgeber besitzt nur ergebnisabhängige Zahlungsansprüche. Macht ein Unternehmen Verluste, werden diese mit dem Eigenkapital verrechnet.

Eigenkapitalersetzendes Gesellschafterdarlehen
Fremdkapital, das der Gesellschafter seiner Gesellschaft gibt. Wird dieses Fremdkapital in einer Krise der Gesellschaft gegeben oder stehen gelassen, wird es zum eigenkapitalersetzenden Gesellschafterdarlehen und bis zum Ende der Krise wie Eigenkapital behandelt.

Eigenkapitalrendite
Jahresüberschuss in Prozent vom Eigenkapital.

Eigenverwaltung
Berechtigung des Schuldners, unter der Aufsicht eines Sachwalters die Insolvenzmasse zu verwalten und über sie zu verfügen (§ 270 Abs. 1 InsO).

Equity Story
Unternehmensgeschichte. Sie zeigt insbesondere bei Unternehmen, die sich beim Gang an die Börse befinden, den bisherigen Werdegang auf. Je besser die Equity Story ist, desto eher wird die Emission am Markt zu guten Kursen angenommen.

Erfolgskrise
Das Krisenmerkmal besteht darin, dass das Unternehmen keine Gewinne mehr erzielen kann.

Factoring
Beim Factoring werden die Forderungen aus Lieferungen und Leistungen an einen sogenannten Factor verkauft, der je nach Vereinbarung auch das Bonitätsrisiko sowie das Mahn- und Inkassowesen übernimmt.

Feasibility Study
Analyse der technischen und wirtschaftlichen Realisierbarkeit eines Projekts (Durchführbarkeitsstudie).

Fortführungswert
Bewertung von Sachgütern und Unternehmen unter der Annahme der Fortführung des Unternehmens.

Fremdfinanzierung
Finanzierung durch einen Darlehensgeber, meist einer Bank oder Sparkasse. Der Gegensatz ist die Eigenkapitalfinanzierung.

Fremdkapital
Kapital, welches mit Zahlungspflichten verbunden ist, nämlich zur Leistung von Zins- und Tilgungszahlungen. Anders als beim Eigenkapital, muss hier der Unternehmer gegenüber dem Kapitalgeber entsprechende Sicherheiten stellen. Für junge Unternehmen bedeutet eine Fremdfinanzierung eine hohe Belastung für die Liquidität, denn die Kredite müssen auch dann pünktlich zurückgezahlt werden, wenn das Unternehmen Verluste macht.

Fusion, Verschmelzung
Zusammenschluss von selbständigen Unternehmen zu einer neuen juristischen Person. Die Fusion kann durch Aufnahme oder Unternehmensneugründung erfolgen. Ziele einer Fusion können eine Verbesserung von Marktstellung und Wettbewerbssituation, die Sicherung von Beschaffungs- und/oder Absatzmärkten oder die Ausweitung der Produktpalette oder auch steuerliche Gründe sein.

Geschäftsführer
Leitungsorgan der GmbH; bei der Aktiengesellschaft als Vorstand bezeichnet.

Gläubigerausschuss
Selbständiges gesetzliches und fakultatives Hilfsorgan im Insolvenzverfahren, das den Insolvenzverwalter bei seiner Geschäftsführung unterstützen und überwachen soll. Im Gläubigerausschuss sollen die absonderungsberechtigten Gläubiger, die Insolvenzgläubiger mit den höchsten Forderungen und die Kleingläubiger vertreten sein; dem Ausschuss soll ein Vertreter der Arbeitnehmer angehören, wenn diese als Insolvenzgläubiger mit nicht unerheblichen Forderungen beteiligt sind (§ 67 Abs. 2 InsO).

Gläubigerbegünstigung
Straftat, wer in Kenntnis seiner Zahlungsunfähigkeit einem Gläubiger eine Sicherheit oder Befriedigung gewährt, die dieser nicht oder nicht in der Art oder nicht zu der Zeit zu beanspruchen hat, und ihn dadurch absichtlich oder wissentlich vor den übrigen Gläubigern begünstigt (§ 283c StGB).

Gläubigerversammlung
Versammlung im Insolvenzverfahren, die vom Insolvenzgericht einberufen wird. Zur Teilnahme an der Versammlung sind alle absonderungsberechtigten Gläubiger, alle Insolvenzgläubiger, der Insolvenzverwalter, die Mitglieder des Gläubigerausschusses und der Schuldner berechtigt (§ 74 Abs. 1 InsO).

GmbH
Gesellschaft mit beschränkter Haftung. Wie eine Aktiengesellschaft ist die GmbH ebenfalls eine juristische Person. Diese ist von der Organisationsform weniger formalistisch als eine AG ausgestaltet. Die Übertragung von Gesellschaftsanteilen bedarf der notariellen Beurkundung.

GmbH & Co. KG
Kommanditgesellschaft mit einer GmbH als persönlich haftender Gesellschafterin (Komplementärin).

Goodwill
Firmenwert, der sich aus den immateriellen Werten des Unternehmens zusammensetzt, wie z.B. Ruf, Markennamen, Patente, Know-how, Kundenstamm, Geschäftsverbindungen, Innovation. In die Bilanz darf ein Firmenwert nur eingestellt werden, wenn er käuflich erworben wurde (sog. derivativer Firmenwert). Er ist innerhalb von fünf Jahren abzuschreiben.

Grundkapital
Eigenkapital der Aktiengesellschaft. Der Mindestbetrag des Grundkapitals beträgt in Deutschland 50.000 €.

Grundkapitalherabsetzung
Neben der Kapitalerhöhung hat die Aktiengesellschaft auch die Möglichkeit einer Herabsetzung des Grundkapitals, z.B. die mit einer Teilliquidation verbundene ordentliche Kapitalherabsetzung, die nominelle Kapitalherabsetzung als Maßnahme der Buchsanierung oder die Kapitalherabsetzung durch Einziehung von Aktien.

Gruppenbildung
Bildung von Gruppen bei der Aufstellung eines Insolvenzplans, soweit Gläubiger bei der Festlegung der Rechte der Beteiligten mit unterschiedlicher Rechtsstellung betroffen sind (§ 222 Abs. 1 InsO).

Handelsbilanz
Bilanz eines Unternehmens nach den Ansätzen des Handelsgesetzbuches, im Gegensatz zur Steuerbilanz, die nach den Ansätzen der Steuergesetzgebung aufgestellt wird.

Handelsregister
Bei den Amtsgerichten wird ein Handelsregister geführt, bei dem die wichtigsten Daten eines Unternehmens eingetragen werden, wie z.B. Firma, rechtsgeschäftliche Vertretung des Unternehmens, Grund- oder Stammkapital und Prokuren. In der Beiakte sind weitere Unterlagen, wie z.B. die Gesellschafterlisten bei einer GmbH enthalten.

Hauptversammlung
Organ der Aktiengesellschaft, nämlich Versammlung der Aktionäre. Teilnahmerecht und Stimmrecht bestehen nur für die Inhaber von stimmberechtigten Stammaktien, nicht aber von Vorzugsaktien und Genussscheinen. Aufgaben der Hauptversammlung sind z.B. die Bestellung der Mitglieder des Aufsichtsrats, Beschlussfassung über die Verwendung des Bilanzgewinns, Kapitalerhöhungen, Bestellung der Abschlussprüfer.

Holding
Dachgesellschaft, die selbst keine Güter herstellt oder Dienstleistungen erbringt, sondern Unternehmen verwaltet, an denen sie beteiligt ist.

Insolvenzanfechtung
Recht des Insolvenzverwalters, Vermögensverschiebungen im Vorfeld des Insolvenzverfahrens, die die Insolvenzgläubiger benachteiligt haben, rückgängig zu machen um dadurch die Masse zu vermehren (§§ 129 ff. InsO).

Insolvenzgeld
Sozialleistung, die die Entgeltansprüche der Arbeitnehmer für den Fall der Insolvenz des Arbeitgebers sichert (§§ 183 Abs. 1, 185 Abs. 1 SGB III).

Insolvenzmasse
Das gesamte Vermögen, das dem Schuldner zur Zeit der Eröffnung des Verfahrens gehört und das er während des Verfahrens erlangt (§ 35 InsO).

Insolvenzplan
Plan im Insolvenzverfahren über die Befriedigung der absonderungsberechtigten Gläubiger, der Insolvenzgläubiger, der Verwertung der Insolvenzmasse und deren Verteilung an die Beteiligten sowie der Haftung des Schuldners (§§ 217 ff. InsO).

Insolvenzverfahren
Gerichtliches Gesamtvollstreckungsverfahren über das Vermögen eines insolventen Schuldners. Insolvenzgrund ist bei juristischen Personen die Zahlungsunfähigkeit oder die Überschuldung. Aufgabe des Insolvenzverfahrens ist die gleichmäßige Verteilung des vorhandenen Vermögens.

Insolvenzverschleppung
Fehlende oder verspätete Stellung eines Insolvenzantrags durch den Schuldner, soweit – wie bei juristischen Personen – eine Rechtspflicht zur Stellung eines Insolvenzantrags besteht.

Insolvenzverwalter
Als Insolvenzverwalter wird eine für den jeweiligen Einzelfall geeignete, insbesondere geschäftskundige und von den Gläubigern und dem Schuldner unabhängige natürliche Person (§ 56 Abs. 1 InsO) bestellt. Der Insolvenzverwalter übt kraft des ihm übertragenen Amtes die Verwaltungs- und Verfügungsbefugnis im eigenen Namen aus.

Interessenausgleich
Ausgleich der Interessen bei einer mitbestimmungspflichtigen Betriebsänderung über das Ob, Wann und Wie der Betriebsänderung (§§ 111 ff. BetrVG).

Interimsmanagement
Management auf Zeit, das z. B. nur für die Phase der Unternehmenssanierung eingesetzt wird.

Kapitalrentabilität
ROCE; Return of Capital Employed. Gewinn vor Ertragsteuern und außerordentlichem Ergebnis zuzüglich Zinsaufwendungen in Prozent des verzinslichen Eigen- und Fremdkapitals.

Kommanditgesellschaft
Personengesellschaft, bei denen mindestens eine Person mit seinem gesamten Vermögen voll haftet, dem sog. Komplementär. Die Kommanditisten haften nur mit ihrer Hafteinlage.

Kommanditkapital
Summe der Hafteinlagen der Kommanditisten einer Kommanditgesellschaft.

Komplementärgesellschaft
Voll haftende Gesellschafterin einer Kommanditgesellschaft.

Konsortialführer
Federführende Bank bei der Finanzierung eines Unternehmens durch mehrere Banken.

Konsortium
Gruppe aller betreuenden Banken bei der Finanzierung eines Unternehmens.

Konzern
Verbund von Unternehmen, die trotz rechtlicher Selbständigkeit aufgrund von Verträgen oder Beteiligungen unter einheitlicher Leitung stehen.

Liquidation
Auflösung und Abwicklung eines Unternehmens. Das nach Befriedigung der Gläubiger verbleibende Vermögen wird unter den Gesellschaftern verteilt.

Liquidationswert
Barwert aller bei der Zerschlagung des Unternehmens zu- oder abfließenden Geldbeträge.

Liquidität
Fähigkeit des Unternehmens, den fälligen Zahlungsverpflichtungen fristgerecht nachzukommen. Die Bedeutung der Liquidität wird oftmals nicht ausreichend beachtet. Sie steht noch vor der Kosteneinsparung, da fehlende Liquidität meist sehr schadenstächtig ist.

Liquiditätskrise
Die Krisenmerkmale bestehen darin, dass die Zahlungsfähigkeit des Unternehmens bedroht oder erloschen ist.

Massearmut
Fehlen einer für die Deckung der Kosten, nämlich der Gerichtskosten für das Insolvenzverfahren, und der Vergütungen und der Auslagen des vorläufigen Insolvenzverwalters, des Insolvenzverwalters und der Mitglieder des Gläubigerausschusses ausreichenden Masse. Die Massearmut führt zur Abweisung des Antrags auf Eröffnung des Insolvenzverfahrens, soweit nicht ein Gläubiger einen ausreichenden Vorschuss leistet (§§ 26, 54 InsO).

Masseverbindlichkeiten
Verbindlichkeiten im Insolvenzverfahren, die aus der Masse vorweg zu berichten sind. Hierzu zählen die Kosten des Insolvenzverfahrens und die sonstigen Masseverbindlichkeiten (§ 53 InsO). Zu den sonstigen Masseverbindlichkeiten gehören insbesondere Verbindlichkeiten, die durch Handlungen des Insolvenzverwalters oder in anderer Weise durch die Verwaltung, Verwertung und Verteilung der Insolvenzmasse begründet werden, ohne zu den Kosten des Insolvenzverfahrens zu gehören, und Verbindlichkeiten aus gegenseitigen Verträgen, soweit deren Erfüllung zur Insolvenzmasse verlangt wird oder für die Zeit nach der Eröffnung des Insolvenzverfahrens erfolgen muss (§ 55 InsO).

MBI
Management-Buy-In. Übernahme eines Unternehmens durch ein externes Management.

MBO
Mangagement-Buy-Out. Übernahme eines Unternehmens durch das vorhandene Management.

Moratorium
Aufschub seitens der Gläubiger bei der Erfüllung fälliger Verpflichtungen.

Netto-Cashflow
Ergebnis vor Steuern und außerordentlichem Ergebnis zuzüglich Abschreibungen auf immaterielle Vermögensgegenstände (außer Geschäfts- und Firmenwerte) sowie Sachanlagen zuzüglich Veränderungen der Rückstellungen zuzüglich oder abzüglich rechnungstechnische Positionen abzüglich gezahlte Ertragsteuern und Gewinnausschüttungen.

Obstruktionsverbot
Verbot der missbräuchlichen Verweigerung der Zustimmung von Gläubigern zum Insolvenzplan zum Zwecke seiner Vereitelung. Nach den Regelungen der Insolvenzordnung (insbes. § 245 InsO) können obstruktive Gläubiger unter gewissen Voraussetzungen den Plan nicht verhindern.

Operatives Ergebnis
Gewinn vor Ertragsteuern und vor dem Finanz- und außerordentlichen Ergebnis (EBIT - Earnings before Interest und Taxes).

Ordentliche Kapitalerhöhung
Kapitalerhöhung gegen Einlagen.

Private Equity
Eigenkapital, das Unternehmen zur Entwicklung neuer Produkte oder Technologien, zur Stärkung der Kapitaldecke oder für Akquisitionen zur Verfügung gestellt wird. Es werden damit alle Finanzierungen vor dem Börsengang, speziell MBOs und MBIs, bezeichnet.

Prüfungstermin
Termin im Insolvenzverfahren. Im Prüfungstermin werden die angemeldeten Forderungen ihrem Betrag und ihrem Rang nach geprüft (§ 176 InsO).

Publizität
Unterrichtung der Öffentlichkeit über relevante Ereignisse.

Publizitätsvorschriften
Gesetzliche Vorschriften über Art und Umfang der Publizität. Während die Gesellschaftspublizität von der Rechtsform des Unternehmens abhängig ist, richtet sich die Börsenpublizität nach dem Marktsegment, in dem das betreffende Papier gehandelt wird, wobei im amtlichen Handel die strengsten Vorschriften bestehen.

Rating
Eingruppierung von Unternehmen entsprechend ihrer wirtschaftlichen Verhältnisse und Bonität.

Rating Agenturen
Agenturen, die die Kreditfähigkeit von Unternehmen beurteilen.

Rechnungswesen
Erfassung und Verarbeitung von Informationen über die Geld- und Leistungsgrößen in einem Unternehmen. Das Rechnungswesen beinhaltet die Rechenschaftslegung und die Information über die Vermögens- und Erfolgslage des Unternehmens und dient der Kontrolle durch die Unternehmensführung.

Rentabilität
Prozentuales Verhältnis des Gewinns zu einer bestimmten Größe, z. B. Eigenkapital (Eigenkapitalrentabilität) oder Umsatz (Umsatzrentabilität).

ROCE
Return of Capital Employed. Gewinn vor Ertragsteuern und außerordentlichem Ergebnis zuzüglich Zinsaufwendungen in Prozent des verzinslichen Eigen- und Fremdkapitals.

ROE
Return of Equity; Jahresüberschuss in Prozent vom Eigenkapital.

ROI
Return of Investment. Gewinn oder Verkaufspreis einer Investition, z. B. einer unternehmerischen Beteiligung.

Rücklagen
Kapitalreserven eines Unternehmens, die zum Ausgleich eventuell in späteren Jahren anfallender Verluste dienen. Man unterscheidet zwischen gesetzlichen Rücklagen und freien Rücklagen. Ferner sind offene, d. h. in der Bilanz ausgewiesene Rücklagen, von den stillen Rücklagen, den sog. stillen Reserven zu unterscheiden. Die stillen Reserven sind in der Überbewertung

der Passiva (z.B. der Rückstellungen) oder in der Unterbewertung der Aktiva versteckt.

Sachwalter
Person, die im Falle der Eigenverwaltung im Insolvenzverfahren vom Insolvenzgericht dem Schuldner zur Überwachung und Mitwirkung bei der Geschäftsführung bestellt wird.

Share Deal
Kauf eines Unternehmens durch Kauf der Gesellschaftsanteile am Unternehmen; Gegensatz: Asset Deal.

Sonderprüfung
Sonderprüfungen bei Aktiengesellschaften können auf Beschluss der Hauptversammlung – notfalls durch Gericht – zur Prüfung von Vorgängen bei der Gründung oder der Geschäftsführung erfolgen (§ 142 AktG).

Sozialplan
Ausgleich oder Milderung der wirtschaftlichen Nachteile, die den Arbeitnehmern bei einer Betriebsänderung entstehen (§ 112 Abs. 1 Satz 2 BetrVG).

Spin off
Ausgliederung und Verselbstständigung einer Abteilung oder eines Unternehmensteils aus einem Unternehmen. Oftmals wird dieser Teil dem hierfür bereits tätigen Management übergeben, mit dem feste Verträge geschlossen werden, damit das Unternehmen weiterhin Zugriff auf das Know-how und die Leistung hat, ohne aber das Arbeitgeberrisiko tragen zu müssen.

Stammkapital
Das bei einer GmbH gebundene Eigenkapital. Das Stammkapital beträgt mindestens 25.000 € (§ 5 GmbHG) und wird ins Handelsregister eingetragen. Das zur Erhaltung des Stammkapitals erforderliche Vermögen der GmbH darf nicht an die Gesellschafter ausgezahlt werden (§ 30 GmbHG).

Stille Reserven
Stille Reserven eines Unternehmens entstehen durch bilanzielle Unterbewertung von Vermögensgegenständen oder durch Überbewertung von Verbindlichkeiten. Stille Reserven können einen erheblichen Beitrag zum Substanzwert eines Unternehmens leisten.

Strategische Krise
Die Krisenmerkmale des Unternehmens bestehen darin, dass die Erfolgspotenziale des Unternehmens gestört oder zerstört sind.

Substanzwert
Die Summe aller Vermögenswerte abzüglich der Schulden.

Szenarioplanung
Methode der Unternehmensplanung. Visionärer Teil der Unternehmensplanung. Mit der Szenarioplanung wird die Situation, die es zu vermeiden gilt, gedanklich intensiv durchgespielt. Damit wird dasselbe Ergebnis erzielt, wie wenn der Unternehmer die Situation real erlebt hat.

Takeover
Übernahme eines Unternehmens durch einen Dritten. Im Falle der feindlichen Übernahme (hostile takeover) erfolgt die Übernahme einseitig und gegen den Willen des übernommenen Unternehmens. Ein einvernehmlicher Takeover ist meist eine Fusion.

Turnaround
Rückkehr eines Unternehmens in die Gewinnzone. Als Turnaround wird allgemein auch die Verbesserung der Situation eines Unternehmens oder einer Branche bezeichnet.

Überschuldung
Eine Überschuldung liegt vor, wenn das Vermögen des Schuldners die bestehenden Verbindlichkeiten nicht mehr deckt. Bei der Bewertung des Vermögens des Schuldners ist jedoch die Fortführung des Unternehmens zugrunde zu legen, wenn diese nach den Umständen überwiegend wahrscheinlich ist (§ 19 Abs. 2 InsO).

Umwandlung
Umwandlung einer Gesellschaft in eine andere Rechtsform; z.B. einer GmbH in eine Aktiengesellschaft.

Unternehmensplan
Geschäftsplan eines Unternehmens, in dem die Ziele des Unternehmens und deren Wege, die Stärken und Schwächen, die Risiken, der geplante Umsatz, die geplanten Kosten und das geplante Ergebnis dargestellt werden.

Unternehmensplanung
Die Unternehmensplanung besteht in der strategischen und der operativen Unternehmensplanung. Die strategische Unternehmensplanung richtet sich auf die langfristigen Ziele, die operative Unternehmensplanung auf die mittelfristigen Ziele des Unternehmens aus.

VC-Gesellschaft
Venture Capital Gesellschaft, die den Unternehmen, insbesondere jungen Unternehmen, Eigenkapital zur Verfügung stellt.

Venture Capital
Risikokapital zur Finanzierung neuartiger, riskanter und zugleich zukunftsträchtiger und chancenreicher Projekte oder Technologien. Auch Wagnis- oder Risikokapital genannt.

Venture-Capital-Beteiligung
Eine VC-Gesellschaft beteiligt sich mit Kapital gegen Gesellschafteranteile am Unternehmen. In der Regel sind es Minderheitsbeteiligungen. Zielsetzung ist, die Anteile nach einigen Jahren gewinnbringend zu verkaufen.

Venture-Capital-Fonds
Fonds, aus dem das Kapital für die Investments bereitgestellt wird. Investoren des Fonds sind sowohl institutionelle Anleger (Kreditinstitute, Versicherungen, Staat, Pensionsfonds) als auch Privatpersonen.

Vorratsvermögen
Roh-, Hilfs- und Betriebsstoffe, fertige und unfertige Erzeugnisse und Waren, unverrechnete Lieferungen und Leistungen zuzüglich geleisteter und abzüglich erhaltener Anzahlungen auf Vorratsvermögen.

Vorstand
Leitungsorgan der Aktiengesellschaft. Der Vorstand besteht aus einer oder mehreren Personen und hat unter eigener Verantwortung die AG zu leiten. Der Vorstand wird vom Aufsichtsrat der AG bestellt und abberufen.

Vulture Capitalist
»Geier«; abfällige Bezeichnung für einen Investor, der schnelles Geld unter Einsatz unseriöser oder anrüchiger Methoden machen möchte. Bei Erwerb von in Schwierigkeiten befindlichen Unternehmen auch »Leichenfledderer« genannt.

Wandelanleihe
Eine von einer Aktiengesellschaft emittierte Anleihe (Schuldverschreibung), die dem Inhaber das Recht verbrieft, sie zu einem bestimmten Zeitpunkt in einem festgelegten Verhältnis in Aktien der betreffenden AG umzutauschen, d. h. zu wandeln (vgl. § 221 AktG). Damit bietet die Wandelanleihe einerseits den Vorteil der festen Verzinsung und andererseits die Möglichkeit, Aktionär der AG zu werden. Es besteht nur das Recht, nicht aber die Pflicht, die Anleihe in Aktien zu wandeln.

Zahlungsunfähigkeit
Insolvenzgrund. Der Schuldner ist zahlungsunfähig, wenn er nicht in der Lage ist, die fälligen Zahlungsverpflichtungen zu erfüllen. Zahlungsunfähigkeit ist in der Regel anzunehmen, wenn der Schuldner seine Zahlungen eingestellt hat (§ 17 InsO). Eine drohende Zahlungsunfähigkeit besteht, wenn der Schuldner voraussichtlich nicht in der Lage sein wird, die bestehenden Zahlungspflichten im Zeitpunkt der Fälligkeit zu erfüllen (§ 18 Abs. 2 InsO).

Stichwortverzeichnis

A

Abhängigkeit
- neue Technologien 191

Ablauf eines Insolvenzverfahrens 287
Alternative Dispute Resolution (ADR) 142
Altersstruktur der Mitarbeiter 170
Angemessene Abfindung 211
Anreizsysteme 171
Anspannungsgrad 172, 173
Ansprüche der AG gegen Vorstand/Aufsichtsrat
- Verjährung 41

Ansprüche der GmbH gegen ihren Geschäftsführer
- Verjährung 41

Antrag auf Eröffnung des Insolvenzverfahrens 275
Arbeitsrecht 202, 298
- Betriebsänderungen 298
- betriebsbedingte Kündigungen 207, 298, 300
- Betriebsvereinbarung 206, 298
- Dokumentation der arbeitsrechtlichen Situation 204
- Erfolgsorientierte Vergütungsmodelle 214
- im Insolvenzverfahren 298
- Interessenausgleich 298
- Kostenreduzierung 205
- Kündigungsschutzgesetz 207
- Kurzarbeit 218
- Massenkündigungen 212
- Mitarbeiterbeteiligung 214
- Reduzierung des arbeitsvertraglichen Entgelts 205
- Reduzierung tarifvertraglicher Leistungen 207
- Sozialplan 216, 300
- Versetzungen 216

Asset-Deal 328
Atypisch stille Gesellschaft 226
Auffanggesellschaft 2, 129, 292, 328, 329, 337
- Transaktionskosten 334
- Vergleich mit Sanierung im Insolvenzplanverfahren 329

Aufsichtsrat
- Überwachungspflicht 47

Auslastungsgrad 190
Außergerichtliche Unternehmenssanierung 221
Außerordentliches Ergebnis 353
Autonomiekrise 115
Autoritärer Führungsstil 135

B

Balanced Scorecard 122, 194
Bankrottdelikte 80
Barwert 30, 32, 357
Basel II-Beschluss 7
Bedingte Kapitalerhöhung 353
Beherrschungsvertrag 58
Benachteiligende Rechtsgeschäfte 279
Berichtstermin 353
Beschluss auf Herabsetzung des Stammkapitals 229
Best-use-/Worst-case-Szenarien 198
Bestellung eines Insolvenzverwalters 136
Betrieb
- Definition des EuGH 255

Betriebsänderungen 216
Betriebsfortführung 271
Betriebsrat 299
Betriebsübergang (§ 613a BGB) 251, 328
- Betrieb oder Betriebsteil 255
- Haftung des Erwerbers 258
- Kündigung des Arbeitsverhältnisses 254
- Überblick 254
- Übergang der Arbeitsverhältnisse 257
- Übergang der kollektivrechtlichen Vereinbarungen 258
- Übergang eines Betriebs oder Betriebsteils 256
- Verbot der Kündigung wegen des Übergangs 260

– Widerspruchsrecht der Arbeitnehmer 259
– Zuordnung der Arbeitsverhältnisse 258
Betriebsvereinbarungen 218
– Kündigung von 298
Betriebsverfassungsgesetz 298
Betriebswirtschaftliche Auswertung 164
Bilanz 353
Bonität 94, 353
Bonitätsrisiko 353
Break-even-Analyse 182, 186
Buchführung 353
Buchführungspflichten 57
– Verletzung der 82
Buchwert 353
Bürgschaften 353
– Sittenwidrikeit von 73
Burnrate 127, 353
– des Eigenkapitals 173
Business Angel 353
Business Plan 353

C

Cash-Flow 165, 179, 183, 353
– des Kerngeschäfts 180
Cash-Management 176
Cash-Pooling 56
Change-Management
– Grundregeln 92
Controlling 38, 119, 149, 193, 354
– der Strategie 195
– Erstellung der Jahresabschlüsse und der BWAs 195
– Liquiditätssteuerungsinstrumente 194
– operatives 193
– Organisation des Berichtswesens 194
– Planungsrechnungsinstrumente 194
– strategisches 193
– Toleranzen 195
Corporate Governance 354

D

Darlegungs- und Beweislast 41
Dauerhafte Unternehmenssanierung 245
Dauerschuldverhältnis 354
Deckungsbeitrag 234, 354
Drohende Zahlungsunfähigkeit 262
Due Diligence 354
Dynamischer Verschuldungsgrad 179

E

EBIT 354, 358
Eigenkapital 59, 226, 354
Eigenkapital-Unterlegung von Krediten 7
Eigenkapitalersetzende Nutzungsüberlassung 54
Eigenkapitalersetzendes Darlehen 51, 231
Eigenkapitalersetzendes Gesellschafterdarlehen 354
Eigenkapitalersetzende Sicherheit 53
Eigenkapitalfinanzierung 332
Eigenkapitalquote 172, 173
Eigenkapitalrendite 354
Eigenkapitalrentabilität 183
Eigenverwaltung 280, 282, 284, 354
– Abstimmung mit den wesentlichen Gläubigern 280
– als Grundlage des Sanierungskonzepts 283
– Aufhebung der Eigenverwaltung 284
– Durchführung vertrauensbildender Maßnahmen 282
– persönlicher Kontakt zum Insolvenzgericht 282
– positive Prognoseentscheidung des Insolvenzgerichts 284
– Zusammenarbeit mit dem Sachwalter 284
Einbringung eines Gesellschafterdarlehens mit Rangrücktrittserklärung 226
Eingehung gewagter Geschäfte 36
Eingehungsbetrug 84
Eintrittsbarrieren bei Markteintritt 159
Equity Story 354
Erfolgskrise 95, 100, 354
Ergebnisanalyse
– strukturelle 182
Ersatzinvestitionen
– Verschleppung von 181
Ertragswirtschaftliche Kennzahlen 182, 187
– Anteil der außerordentlichen Erträge 185
– Aufwands- und Ertragsstruktur 182
– Break-even-Analyse 186
– Eigenkapitalrentabilität 183
– Ergebnis der gewöhnlichen Geschäftstätigkeit 185
– Gesamtkapitalrentabilität 184
– Rentabilitätsanalyse 183
– Return of Investment 186
– Umsatzrendite 186
Existenzvernichtender Eingriff 56
– Haftung von Geschäftsführer/Gesellschafter 56
Expansion 102

F

Factoring 237, 354
Faktischer Geschäftsführer 38
Feasibility Study 355
Feststellung der Zahlungsunfähigkeit 61
Finanzanalyse 172
- ausstehende Forderungen 176
- Eigenkapitalquote 173
- immaterielle Vermögenswerte 175
- offene Verbindlichkeiten 177
- stille Reserven 174
- Struktur der Fremdfinanzierung 175
- Verschuldungsgrad 173
Finanzierungslaufzeiten
- optimale Bestimmung der 106
Fluktuation 169
Forderungsmanagement 237
Fortführungswert 355
Fremdfinanzierung 175, 355
Fremdkapital 355
- Reduzierung von 184
Fremdkapitalzinslast 172
Fristigkeit der Verschuldung 106
Führungskrise 115
Führungsstil 135
Fusion 355

G

Gefährdungsschaden 79
Gesamtkapitalrentabilität 184
Gesamtvertretungsmacht 46
Geschäftsführer 35, 57, 58, 63, 64, 66, 77, 81, 355
- Anzeige über den Verlust des halben Kapitals 80
- Bankrottdelikte 80
- Beginn der Haftung 40
- Beispiele für Untreuedelikte 77
- Bestechung 85
- Bürgschaft und Mithaftung 73
- Eingehungsbetrug 84
- Ende der Haftung 40
- Englische Limited 47
- Entlastung 43
- Entscheidung auf der Basis angemessener Informationen 37
- faktischer Geschäftsführer 38
- Früherkennung von Risikotatbeständen 38
- Führung eines konzernabhängigen Unternehmens 58
- Geschäftslagentäuschung 80
- Gläubigerbegünstigung 83
- Haftung, Darlegungs- und Beweislast 41
- Haftung bei Insolvenzverschleppung 63
- Haftung für Arbeitnehmerbeiträge zur Sozialversicherung 68
- Haftung für Lohnsteuern 66
- Haftung für Steuerschulden 65
- Haftung für Umsatzsteuern 66
- Haftung gegenüber der Gesellschaft 43
- Haftung gegenüber Gläubigern 63
- Kreditbetrug 83
- Kredite an Geschäftsführer 72
- Massesicherung 87
- mehrere Geschäftsführer 46
- Pflichten im Falle eines Insolvenzverfahrens 42
- Rechnungslegungsvorschriften 57
- risikobehaftete Geschäfte 36
- Risk-Management 37
- sonstige Kreditgewährungen 72
- Sorgfaltsmaßstab 35
- Strafrechtliche Verantwortung 77
- Subventionsbetrug 85
- Treuepflicht 44
- Überwachung der Mitarbeiter 37
- Unberechtigte Amtsniederlegung 70
- Unrichtige Bilanzierung 79
- Untreue 77
- Verletzung der Buchführungspflicht 81
- Weisungen der Gesellschafter 45
- Zahlungen während der Insolvenzreife 64
Geschäftsführer einer konzernabhängigen Gesellschaft
- Interessenkonflikte 59
Geschäftslagentäuschung 80
Gesellschafterdarlehen 230, 277
- Anfechtung von Rückzahlung 277
- Eigenkapital 230
Gesellschafterversammlung 286
- Einberufung der 59
Gewährung von Waren- und Finanzkrediten an Dritte 72
Gläubiger
- Einteilung in Interessengruppen 320
Gläubigerausschuss 355
Gläubigerbegünstigung 83, 355
Gläubigerpool 246
Gläubigerversammlung 355
Gläubigerverzeichnis 272
GmbH 355
GmbH & Co. KG 355
Goodwill 355
Grundkapital 355
Grundkapitalherabsetzung 356
Grundsatz der Massesicherung 87
Gruppenbildung 356

Gütetermin 210
Güteverhandlung 210

H
Haftung für Organverschulden 40
Haftungsrisiken 34
 – für die Geschäftsführer 34
Haftungsübernahme in AGBs 73
Handelsbilanz 356
Handelsregister 356
Hauptversammlung 356
Holding 356
Hypothekarkredite 332

I
Imageschaden 136
Immaterielle Vermögenswerte 175
Indoor-Training 121
Inkongruente Deckung 275
Innere Kündigung 167
Insellösungen 166
Insolvenzanfechtung 356
Insolvenzantrag 61, 64
Insolvenzantragspflicht 61, 64
 – Verletzung der 86
Insolvenzentwicklung 3
Insolvenzgeld 285, 301, 356
Insolvenzgericht 15, 64
 – Haftung für Vorschüsse von Gläubigern an das Insolvenzgericht 64
Insolvenzmasse 272, 298, 356
Insolvenzordnung 14, 299
Insolvenzplan 14, 15, 285, 293, 294, 303, 305, 307, 309, 311, 313, 315, 317, 319, 321, 356
 – Angaben zum Eintritt der Insolvenz 307
 – Aufstellung eines 285
 – bleibender Imageschaden 331
 – darstellender Teil 303
 – Darstellung der vom vorläufigen und endgültigen Insolvenzverwalter getroffenen Maßnahmen 307
 – gestaltender Teil 320
 – Gläubigerinteresse 294
 – Haftungsrisiko der Gläubiger 329
 – Mindestinhalt 304
 – Planinitiative 293
 – Prüfung durch das Gericht 322
 – Reaktion auf die Krisensymptome 306
 – steuerlicher Verlustvortrag 333
 – Vergleichsrechnung 307
Insolvenzplanverfahren 141, 285, 292
 – Pre-packaged-Plan 293
Insolvenzverfahren 17, 53, 262, 268, 269, 356

 – Anfechtung von Rechtshandlungen 273
 – betriebsnotwendiges Vermögen 268
 – Betriebsstilllegungen 271
 – betriebswirtschaftliche Maßnahmen 271
 – Buchhaltung 273
 – Eigenverwaltung 268, 280, 284
 – Eigenverwaltung durch den Schuldner 15
 – Finanzierung der Unternehmensfortführung 270, 294
 – frühzeitige Antragstellung 262
 – Gläubigerversammlung 17, 271, 295, 337, 344
 – Gläubigerverzeichnis 272
 – Gruppenbildung 321
 – Insolvenzantrag 17, 61, 221, 262, 285, 294, 307, 350
 – Kundenabwanderung 295
 – laufende Geschäfte 269
 – Masse- und Gläubigerverzeichniss 272
 – Mitspracherechte der Gläubiger 15
 – Motivationseinbruch bei den Arbeitnehmern 297
 – Personalmaßnahmen 271
 – Pflichten des Geschäftsführer im 42
 – Restschuldbefreiung 16
 – steuerliche Pflichten 273
 – Unternehmensfortführung 268
 – Unternehmensfortführung durch den vorläufigen Insolvenzverwalter 15
 – Vermögensübersicht 272
 – vorläufiger Insolvenzverwalter 266
 – Zerschlagung des Unternehmens 339
Insolvenzverschleppung 61, 63, 86, 356
Insolvenzverschleppungshaftung
 des Geschäftsführers 63
Insolvenzverwalter 356
Intensität des langfristigen Kapitals 172
Interessenausgleich 357
Interessengegensätze bei Unternehmenskrise 137
Interimsmanagement 357
Investitionsanalyse 180
 – Investitionsbedarf 181
 – Investitionsquote 181
 – Selbstliquidationsperiode 180
 – Struktur des Anlagevermögens 181
Investitionswirtschaftliche Kennzahlen 182

J
Jahresabschluss 57
 – Umfang 71
Just-in-Time-Lieferungen 234

K

Kapitalerhöhung 226, 228
- bedingte 353
- des Grundkapitals 226
- des Kommanditkapitals 226
- des Stammkapitals 226

Kapitalersetzende Darlehen 277
Kapitalgesellschaft
- Größenklassen 71

Kapitalherabsetzungsbetrag 229
Kapitalrentabilität 357
Kick-Back-Geschäfte 79
Kleine Kapitalgesellschaften 57
- Jahresabschluss 57

Kommanditgesellschaft 357
Kommanditkapital 357
Komplementärgesellschaft 357
Kongruente Deckung 274
Konsortialführer 357
Konsortium 357
Kontrollkrise 115
Kontrollpflicht des Geschäftsführers gegenüber Mitarbeitern 37
Konzern 357
Kooperativer Führungsstil 135
Kosten einer Unternehmenssanierung 341
Kosten für die Sanierer 341
Kreditbetrug 83
Krise 94
- frühzeitiges Erkennen 94

Krisenmanagement 127
- externe Berater 129, 139
- Führungsstil 134, 135
- Mediation 137, 142
- Verhandlungsführung 137

Krisenmerkmale 38
Krisenursachen 91, 129
Kritikfähigkeit des Managements 134
Kundenstruktur 163
Kündigung 208
- dringende betriebliche Erfordernisse 208
- soziale Auswahl 209

Kündigungsschutzgesetz 207
Kündigungsschutzklage 210
Kündigungsschutzprozess 209
Kündigung von Betriebsvereinbarungen 298
Kurzarbeitergeld 219

L

Lagebericht 57
Lageroptimierung 237
Leasing 236
Limited 47

- Auflösung von Amts wegen 48
- Gründungskapital 48
- Maßgeblichkeit des englischen Rechts 48

Liquidation 357
Liquidationsbilanz 227
Liquidationswert 357
Liquidität 357
Liquiditätsanalyse 178
- Cash-Flow 179
- liquide Reserven 179

Liquiditätskrise 8, 94, 101, 127, 357
Liquiditätsspitzen 176
Lohnsteuerforderungen 66

M

Mahn- und Inkassowesen 237
Management Buy In (MBI) 168, 357
Management Buy Out (MBO) 168, 357
Massearmut 357
Massenkündigung 212
- Mitwirkung des Betriebsrats 212

Masseverbindlichkeiten 294, 300, 357
Masseverkürzungen
- Verhinderung von 65

Mediation 137, 142
Mitarbeiterbeteiligung 214
- Aktienbeteiligung 215
- GmbH-Beteiligung 215
- Kommanditbeteiligung 215
- stille Beteiligung 216

Mithaftungserklärung 73
Moratorium 358
Mündliche Verhandlung vor dem Arbeitsgericht 210

N

Netto-Cashflow 358
Net Working Capital 179
Nichtabführen von Arbeitnehmerbeiträgen zur Sozialversicherung 86

O

Obstruktionsverbot 321, 358
Operatives Controlling 193
Operatives Ergebnis 358
Operative Unternehmensplanung 119
Ordentliche Kapitalerhöhung 358
Ordentliche Kapitalherabsetzung 229
Ordnungsgemäße Buchführung 57
Organisation
- bei ernster Krise 128
- bei verschleppter Krise 128
- bei vorausschauender Sanierung 127

- der Unternehmenssanierung 125
Outdoor-Training 121
Outsourcing 237

P
Personalkosten 202, 238
Pflichten der Aufsichtsorgane 47
Pflichten des Schuldners 285, 286
 - organschaftliche Bestellung des Geschäftsführers 285
 - Pflichten des ehemaligen Geschäftsführers 286
 - während des Eröffnungsverfahrens 285
Positive Fortsetzungsprognose 244, 339
Präklusionswirkung
 - der Geschäftsführerentlastung 43
Pre-packaged-Plan 293
Private Equity 358
Produktpatente 175
Prognoseentscheidung 284
Prüfungstermin 358
Publizität 358
Publizitätsvorschriften 358

Q
Quotenschaden 63

R
Rating 94, 358
Rating Agenturen 358
Raumkosten 238
Rechnungslegungsvorschriften 57
Rechnungswesen 358
Rechtsstreitigkeiten
 - existenzgefährdende 191
Reduzierung der Personalkosten 205
Rentabilität 358
Rentabilitätsanalyse 183
Reorganisation des Unternehmens 202
Restrukturierung 29
Return of Investment 186
Risikoanalyse 117
Risikoinventur 187
Risikomanagement 187
 - Abhängigkeit von neuen Technologien 191
 - Dokumentation des betriebsnotwendigen Know-hows 191
 - Durchschnittlicher Auslastungsgrad 190
 - Ertragsrisiken 189
 - existenzgefährdende Rechtsstreitigkeiten 191
 - Risikoinventur 187
 - Risikowahrscheinlichkeit 189
 - Sicherung des betriebsnotwendigen Humankapitals 190
 - Wettbewerber 192
Risk-Management 37, 121
 - Outdoor-Training 121
ROCE 358
ROE 358
ROI 358
Rücklagen 358

S
Sachwalter 284, 359
Sale-and-lease-back
 - Aktivierung von Sicherheitsreserven 232
Sanierer 128, 131, 139
Sanierung 29
Sanierung durch Erweiterung des Geschäftsbetriebs 28
Sanierung durch Erweiterung des Gesellschafterkreises 26
Sanierungsbeirat 133
 - Funktion 133
 - Zusammensetzung 133
Sanierungsfähigkeit 30
Sanierungsinitiative durch externe Personen 129
Sanierungskonzept 125, 304
Sanierungsmanager 129, 131
 - Anforderungen an den 129
 - Auswahl 129
Sanierungsmaßnahmen 226, 228, 229, 231, 234, 235, 237, 241
 - Änderungen auf der Gesellschafterebene 241
 - Auflösung von Vermögensreserven 231
 - betriebsnotwendiges Vermögen 234
 - Factoring 237
 - Forderungsmanagement 237
 - Forderungsverzichte von Gläubigern 244
 - Gesellschafterdarlehen 230
 - Kapitalerhöhung 228
 - Kapitalherabsetzung 228
 - Konzentration auf Kernkompetenzen 235
 - Lager 237
 - Leasing 236
 - Liquiditätszufuhr durch Eigenkapital 226
 - Liquiditätszufuhr durch Fremdkapital 235
 - Mahn- und Inkassowesen 237
 - Moratorium 241
 - Nachschuss 229
 - Outsourcing 237
 - Personalmaßnahmen 238

- Rangrücktritt 231
- Sale-and-lease-back 232
- Sanierungsgewinn 244
- Veränderung des Betriebsablaufs 235

Sanierungsplan 146, 218, 346
- Abhängigkeit zu anderen Branchen 158
- Altersstruktur der Mitarbeiter 170
- Anhang 198
- Beschreibung der rechtlichen Eckdaten 154
- Beschreibung der Tätigkeit des Unternehmens 160
- Beurteilung der Chancen 197
- Branchenwachstum 158
- Chancen und Risiken 198
- Datenerfassung 164
- Definition einer Vision 154
- Elastizität des Angebots 161
- ertragswirtschaftliche Kennzahlen, vgl. dort 182
- Finanzanalyse, vgl. dort 172
- Fluktuation 169
- Gliederung 154
- immaterielle Vermögenswerte 175
- Inhalt des 149
- Investitionsanalyse, vgl. dort 180
- Krisensymptome und Ursachen 197
- Kundenstruktur 163
- Liquiditätsanalyse, vgl. dort 178
- Management und Mitarbeiter 169
- Marketingkommunikation 162
- Personalentwicklung 170
- Planung der kommenden drei bis fünf Jahre 197
- Positionierung 162
- Position innerhalb der Branche 158
- Produkte und Dienstleistungen 160
- Qualitätsniveau der Mitarbeiter 171
- Sanierungsmaßnahmen 197
- Sanierungsziel 154
- Schwachstellenanalyse 196
- stille Reserven 174
- stilles Wissen 166
- Unternehmensbeständigkeit 167
- Unternehmensnachfolge 168
- Unternehmensstandort 162
- Unternehmensstrategie 155
- Verdrängungswettbewerb 159
- Vergleichsrechnung 198
- Visualisierung der Strategie 156
- Wettbewerbsintensität 159
- Wissensmanagement 164
- Zahlungsmoral der Kunden 164
- Ziel 146

Sanierungstreuhand 246
Sanierungsverhandlungen 140
Sanierungswürdigkeit 30
Sanierung über eine Auffanggesellschaft
- Vor- und Nachteile 336
Schadenersatzansprüche
- gegenüber Geschäftsführer 43
Schadenersatzansprüche gegen Vorstand 47
Schmiergelder 78, 85
Schuldenregulierung 341
Schwachstellen-Analyse 196
Schwerpunkt der geschäftlichen Tätigkeit 160
Selbstliquidationsperiode 180
Share Deal 359
Sittenwidrigkeit von Bürgschaften 73
Sonderprüfung 359
Sorgfalt eines ordentlichen Geschäftsmannes 35
Sozialplan 300, 359
Sperrfrist 212
Sperrzeitverkürzung 213
Spin off 359
Stammkapital 49, 359
- Erhaltung 49
Standortvorteile 162
Steuerliche Mitunternehmerschaft 227
Steuerschulden 65
Stille Reserven 359
Strafrechtsrisiken 34
Straftatbestände 77
Strategische Krise 95, 97, 99, 359
- Früherkennung 97, 100
- Symptome 99
Strategisches Controlling 193
Strukturelle Ergebnisanalyse 182
Stückkosten
- Verbesserung der 238
Substanzwert 359
Subventionsbetrug nach § 264 Abs. 1 StGB 85
SWOT-Analyse 196
Szenarioplanung 119, 359

T
Takeover 359
Total Quality Management 170
Treuebruch im Sinne des § 266 StGB 78
Treuepflicht 44
Turnaround 29, 359

U
Überlassungsunwürdigkeit einer Gesellschaft 54
Überschuldung 61, 62, 359
- Überschuldungsbilanz 62

Übertragende Sanierung 292
Umsatzrendite 186
Umsatzsteuer 66
Umstrukturierungsmaßnahmen 202
Umwandlung 359
Unentgeltliche Verfügungen 278
Unrichtige Bilanzierung 79
Unterlassen einer Anzeige über den Verlust des halben Kapitals 80
Unternehmensanalyse 95, 146
 – Generalcheck 146
Unternehmenskennzahlen 172, 178
Unternehmenskrise 19
 – psychologische Aspekte 19
 – Soziale Aspekte 19
 – traditionelle Aspekte 19
Unternehmensnachfolge 167
Unternehmensplan 359
Unternehmensplanung 116, 360
 – Balanced Scorecards 122
 – operative Unternehmensplanung 119
 – strategische Unternehmensplanung 116
 – Szenarioplanung 119
Unternehmenssanierung 350
 – 7 goldenen Regeln 350
Untreue 77
Ursachen für die Krise 5, 108
 – arbeitsrechtliche Hindernisse 10
 – Beschleunigung der Wirtschaft 11
 – Change Management 92
 – Einfluss der Gesetzeslage und zahlreiche Verwaltungsaufgaben 10
 – Einfluss des Steuerrechts 9
 – Expansion 102
 – Finanzierungsverhalten von Banken und Sparkassen 7
 – Globalisierung der Wirtschaft und Unternehmensführung 6
 – hoher Verschuldungsgrad der Unternehmen 8
 – mangelnde Erfahrung 11
 – Veränderungen der Marktbedingungen 108
 – verlängerte Werkbank 11
 – Wachstumsstörungen 114
 – Wunsch nach Liquiditätssicherung 9
 – Zunahme der Verschuldung 105
 – Zweitursache 109

V
Venture-Capital 360
Venture-Capital-Beteiligung 360
Venture-Capital-Fonds 360
Venture-Capital-Gesellschaft 360
Veränderung der Marktbedingungen 108
Verdeckte Gewinnausschüttungen an Gesellschafter 50
Vereinfachte Kapitalherabsetzung 229
Vergleichsrechnung 307
Verhandlungsführung in der Krise 137
Verlust des halben Kapitals 59
Verschmelzung 355
Verschuldung 232
Verschuldungsgrad 172, 173, 174, 236
 – Ermittlung des 105
 – Zunahme des 105
Verwaltungs- und Verfügungsbefugnis 268
Vollstreckungsmaßnahmen 230
Vorratsvermögen 106, 234, 360
 – Bewertung 101
Vorsätzliche Benachteiligung 277
 – durch entgeltliche Verträge mit nahe stehenden Personen 277
Vorstand 35, 59, 61, 63, 79, 360
 – Schadenersatzansprüche gegen 47
 – Überwachung des 47
Vulture Capitalist 131, 360

W
Wandelanleihe 360
Weisungsbefugnisse der Gesellschafter einer GmbH 45
Wettbewerber
 – Übernahme der Kernkompetenz durch 192
Winning spirit 18
Wissensmanagement 164

Z
Zahlungsmoral der Kunden 164
Zahlungsstockung 61
Zahlungsunfähigkeit 61, 262, 360
Zwangsverwaltung 55